高等学校教学用书

地学信息工程实用软件教程

主　编　陈三明

副主编　胡建明　丁彦礼　程亚平

北　京

冶 金 工 业 出 版 社

2019

内 容 简 介

本书从地质类专业学生的实际需求出发，对涉及到地质专业制图中所需要的软件群结合实例进行了详细的解释，与以工具书的传统介绍软件形式不同的是，每个实例均是在教学一线收集整理学生常出现问题的基础上设计出来的。全书共分三篇：第一篇以地质 CAD、地球化学地球物理图件制作为主的相关软件群(Surfer，Grapher，GeoKit，AutoCAD，Photoshop，CorelDRAW，GCDPlot 等)为主，并对制图中使用的坐标概念及变换进行了详细的阐述；第二篇以 MAPGIS 在地质制图中的使用为主，以实例的形式阐述 MAPGIS 如何以标准规范的形式快速制图，尤其是对地球化学图件的绘制进行了更为详细的引导；第三篇进入到三维领域，讲述地下三维模拟系统 3DMine 软件的使用，并赠送了一套正版软件，3D 在地学领域的应用是目前的热门技术，是数字矿山与矿山现代化管理的必备技术之一。

本书面向大中专院校地质类本科生及研究生，作为教科书可选用其中的部分内容，也可作为勘查单位及矿山企业技术人员的技术提高教材或工具书。

图书在版编目(CIP)数据

地学信息工程实用软件教程/陈三明主编．—北京：冶金工业出版社，2009．10（2019．1 重印）
高等学校教学用书
ISBN 978-7-5024-5096-0

Ⅰ．地…　Ⅱ．陈…　Ⅲ．地质图—计算机制图—应用软件—高等学校—教材　Ⅳ．P285．1－39

中国版本图书馆 CIP 数据核字(2009)第 179974 号

出 版 人　谭学余
地　　址　北京市东城区嵩祝院北巷 39 号　邮编　100009　电话　(010)64027926
网　　址　www．cnmip．com．cn　电子信箱　yjcbs@cnmip．com．cn
责任编辑　李培禄　张　卫　美术编辑　李　新　版式设计　张　青
责任校对　卿文春　责任印制　牛晓波
ISBN 978-7-5024-5096-0
冶金工业出版社出版发行；各地新华书店经销；三河市双峰印刷装订有限公司印刷
2009 年 10 月第 1 版，2019 年 1 月第 4 次印刷
787mm×1092mm　1/16；18．25 印张；478 千字；271 页
36．00 元

冶金工业出版社　投稿电话　(010)64027932　投稿信箱　tougao@cnmip．com．cn
冶金工业出版社营销中心　电话　(010)64044283　传真　(010)64027893
冶金工业出版社天猫旗舰店　yjgycbs．tmall．com
（本书如有印装质量问题，本社营销中心负责退换）

编委会名单

前　言

矿产作为人类的宝贵资源理应受到重视，许多有志青年投身到地质行业，他们迫切需要提高现代地学的制图技能。多年来，我们在学校的教学及矿山企业的培训工作中发现，没有一本系统正规的面向地学信息化二维和三维制图所需的实用教材，而掌握计算机地质制图又是现代地学工作者的必备技能。因此书的出版您可能是以下的受益读者：

如果您是由其他专业转入地质专业的研究生，这本教材理清了很多模糊的地质概念（如各种坐标的应用与数值转换），提供了制图的一些捷径，它对您的帮助将会很大，书中有我们多年来在研究生教育过程中收集到的共性问题及解答。

如果您是地质类专业（地质、地球化学、地球物理、地理信息系统、勘查技术等）的学生，制图作为基本技能，本书可以帮助您完成漂亮的课程设计或毕业设计，您以后进修到更高的级别，作为导师的科研助手或者独立进行深入研究，它也是您必备的工具书。

如果您是企业的技术人员，在工作中遇到了制图的问题，本书将会助您解决许多技术难题，配套相关学习软件及资料放在光盘中奉送于您用于学习。

只要是本书的读者，如果遇到了制图的技术难题，都可以通过电话、QQ 或电子邮件与我们联系，我们会立即解决，并且我们会继续收集共性的问题并汇集成册，免费服务于本书的读者，使您不只是买了一本书，而是一套技术帮助体系，我们的技术网站近期也会建成。因此请您记住我的联系方式，QQ:515991397，Email:515991397@ QQ. COM，我们的技术团队将会为您提供后续的服务。

教材的顺利出版得益于桂林理工大学的《基础地质学》国家级教学实验示范中心、国家级精品课程、“资源勘查工程”国家级教学团队、“地质资源与地质工程”广西人才小高地、广西“十一五”重点教材等项目的支持。

编　者

2009 年 9 月

目　录

第一篇　地质制图 CAD、地球化学图件绘制软件群的应用

第二篇　地理信息系统 MAPGIS 在地质制图中的应用

第三篇　地质体三维模拟系统 3DMine 在数字矿山上的应用

第一篇　地质制图 CAD、地球化学图件绘制软件群的应用

1　Surfer 地学信息可视化表达技术

1.1　整体思路及制图目标

Surfer 软件将地球化学元素含量(或地球化学指标数据、或圠球物理数据等这一类基于 XY 坐标表示的二维数据矩阵)快速生成等值线平面图、立体面状图、立体网状图,快速实现地球化学信息的可视化表达,进而对地球化学抽象数据进行直观的理解和观察,适合于在野外地质工作中的快速成图,它是地学工作者不可或缺的一套软件。

Surfer8.0 注册码是 WS-080359-1968 或 WS-080929-1112。

Surfer8.0 不提供对中文的支持,这是一个小小的遗憾。不过可以把制图的结果 Copy 并粘贴到 Word 之中再加入文字或 Export 到 CorelDRAW 中插入文字说明。

图 1－1 的两幅最终图件是如何使用 Surfer 完成的呢？我们将在下一节介绍。

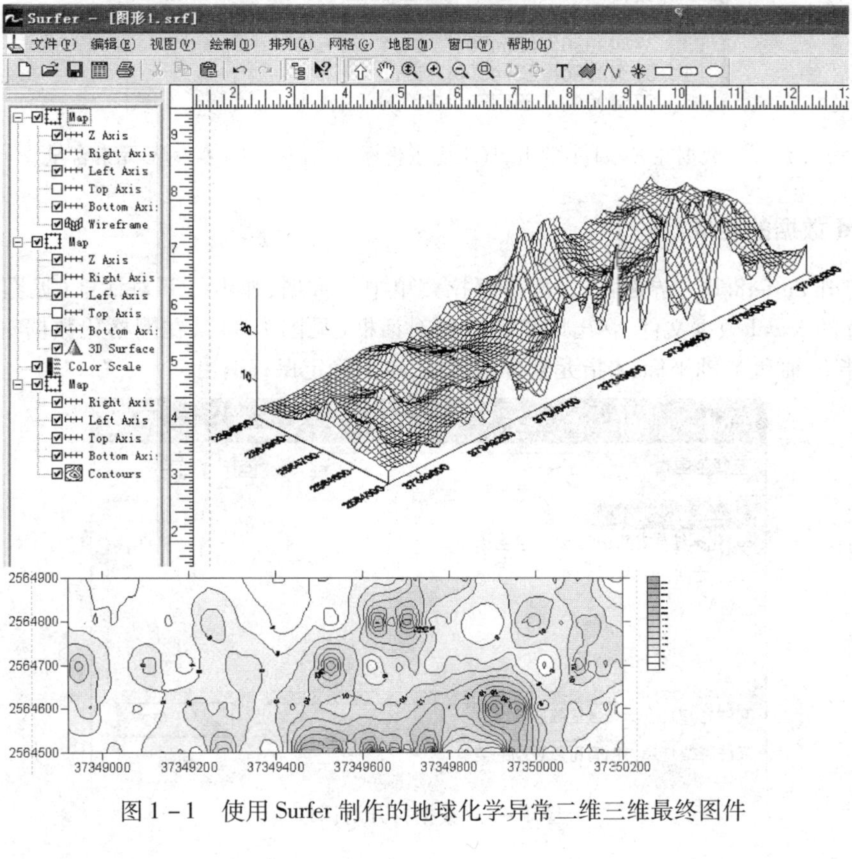

图 1－1　使用 Surfer 制作的地球化学异常二维三维最终图件

1.2 数据准备与制图步骤

1.2.1 建立 Excel 表格

表格的第一、二、三列分别为 X、Y 坐标和元素含量,下面以广西平天山钼矿次生晕地球化学测试数据中的 W 元素含量数据为例。W 元素含量数据如图 1-2 所示。

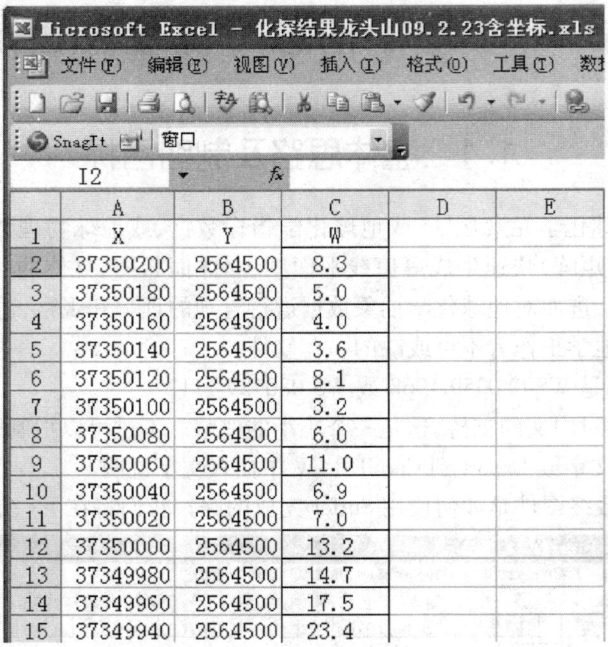

图 1-2 数据在 Excel 中的组织(X 为东坐标,Y 为北坐标,Z 为 W 元素含量)

1.2.2 grd 数据的生成

双击打开 Surfer8.0 主界面,点击网格下拉菜单中的数据,弹出打开对话框(见图 1-3),双击已经建好的 Excel 数据文件,弹出网格化数据对话框(见图 1-4),在网格化数据对话框中,X 和 Y 分别指 X 轴和 Y 轴坐标,Z 指元素含量数据,单击确定保存退出。

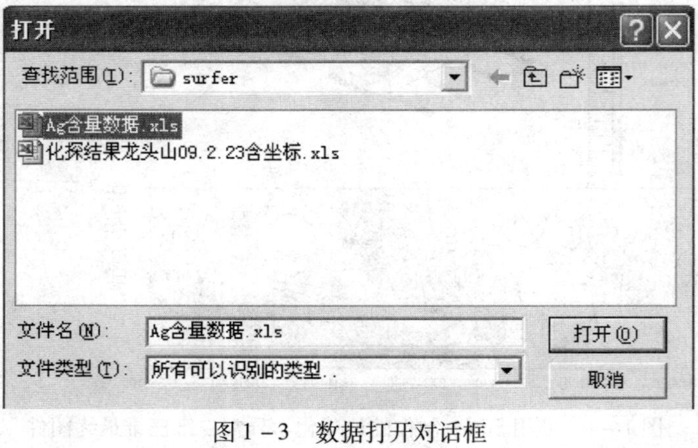

图 1-3 数据打开对话框

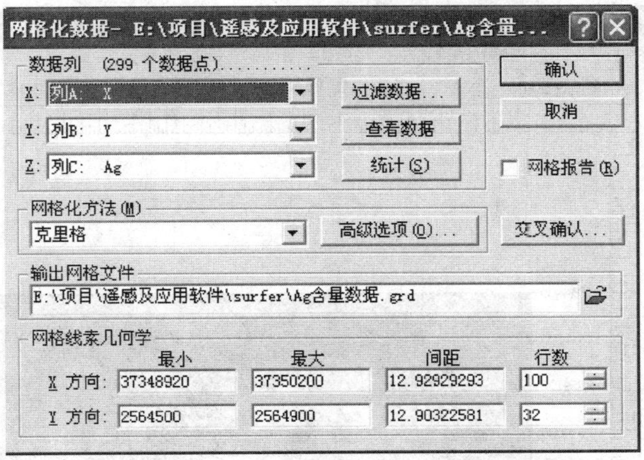

图 1-4 网格化数据对话框(注意参数设置)

1.2.3 生成地球化学等值线平面图

返回 Surfer 主界面,单击打开地图→等值线图→新建等值线图,弹出打开网格界面(见图 1-5),选择上一步做好的 grd 文件,双击打开,弹出已经做好的初始地球化学等值线图(见图 1-6)。

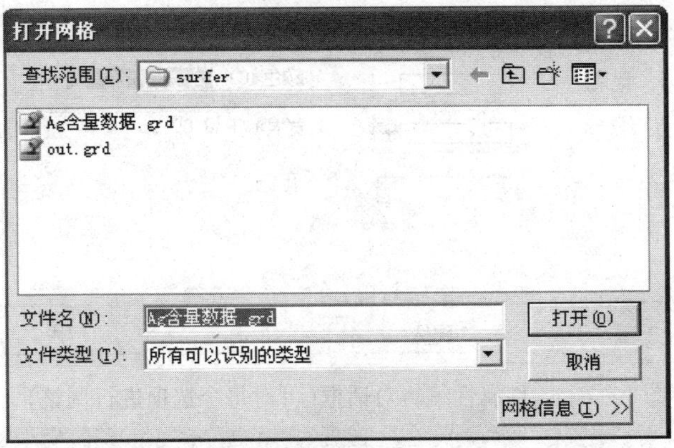

图 1-5 打开网格界面

1.2.4 编辑美化地球化学等值线图

在做好的等值线图中间双击,打开地图属性编辑对话框(见图 1-7),可以根据需要依次对线条、标注、比例系数等进行编辑操作。

推荐使用以下设置:常规中选择填充等值线、颜色比例、平滑等值线、程度“高”(见图 1-8);

等级中一般等值线条数以 10~15 条为恰当,线条为细实线,填充颜色低含量值为白色,高含量值为棕黄色,每根等值线都选择有标注(见图 1-9);

查看、比例、限制和背景以使用系统默认设置为好,设置完毕后确定退出,最后的成果图如图 1-10 所示。

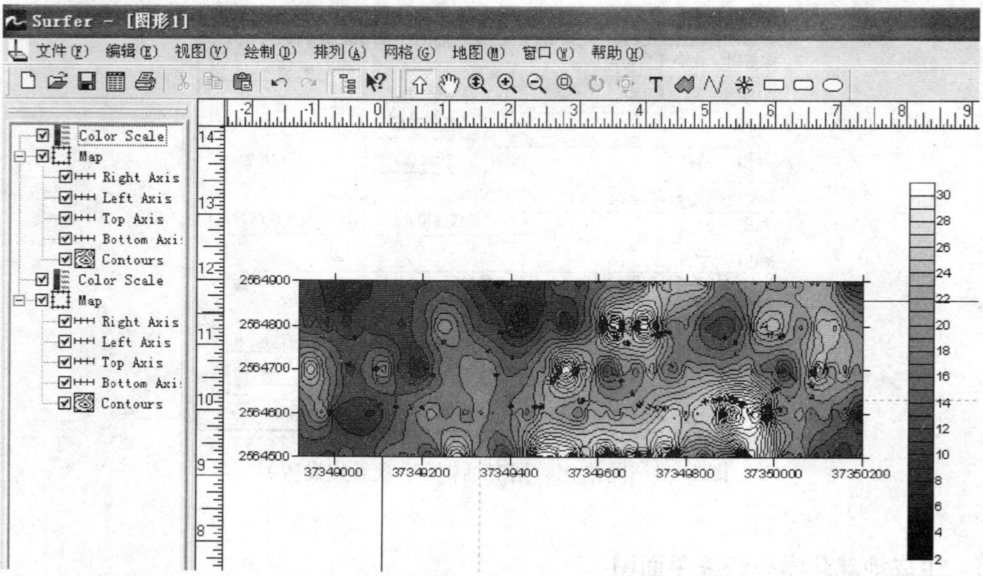

图1-6　初始地球化学等值线平面图

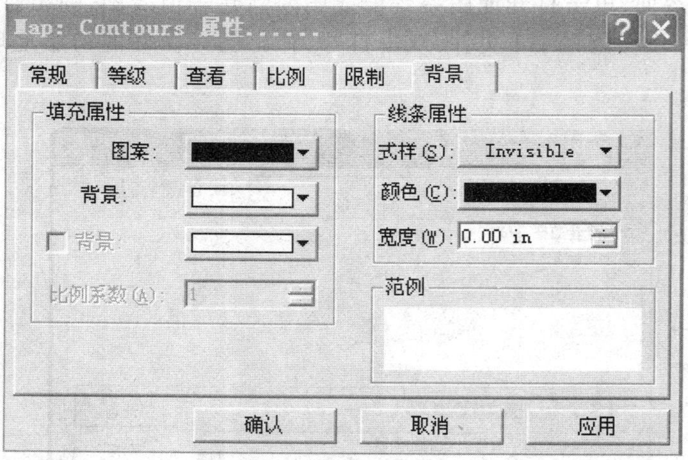

图1-7　图件属性编辑对话框(可对每个选项进行调整)

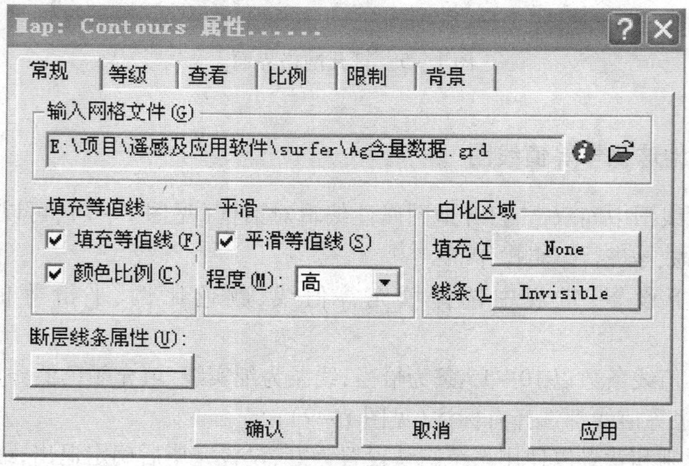

图1-8　常规设置

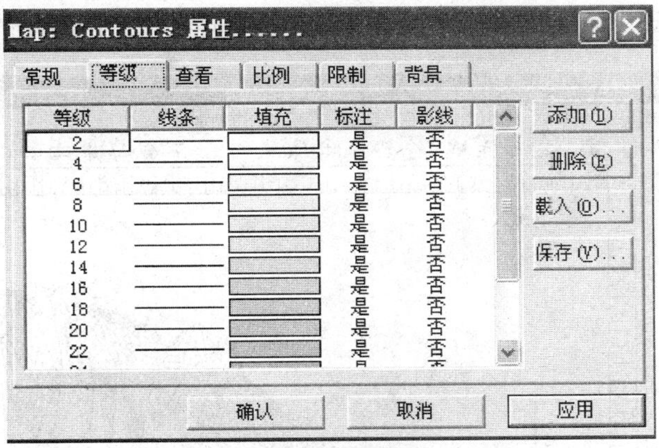

图1-9　等高线间距和颜色的设置

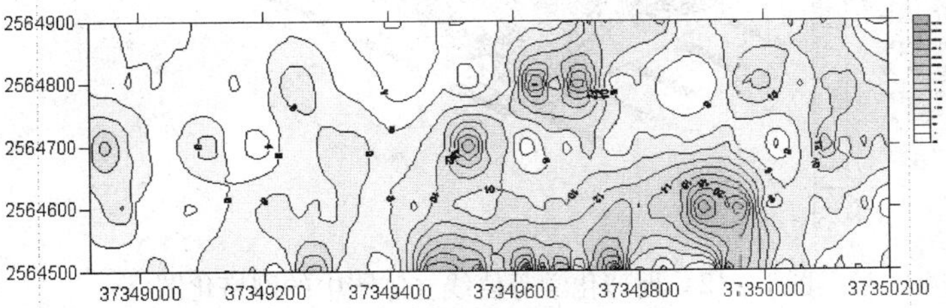

图1-10　地球化学等值线平面图

1.2.5　编辑地球化学等值线立体图

在 Surfer 中可以绘制两种立体图:一种是实体的,另一种是网格化的。

打开 Surfer 主界面,选择地图→表面图,即可自动生成地球化学等值线立体图中的实体图(见图1-11)。需要注意的是,在左边栏目中可对每个选定的图形元素进行相应的修改与调整。若有些属性无法找到,请点击鼠标右键,调出随位菜单进行选择。

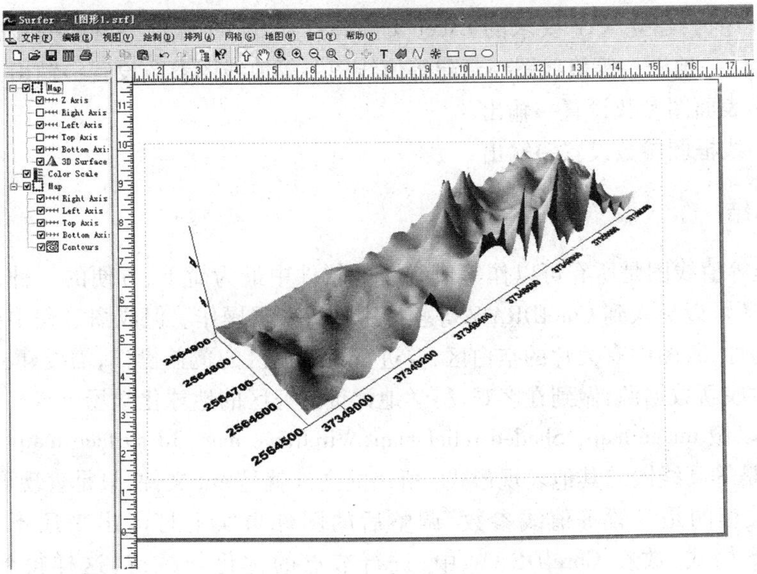

图1-11　地球化学等值线立体图中的实体图

选择地图→线框图,即可自动生成地球化学等值线立体图中的网格化图(见图1－12)。

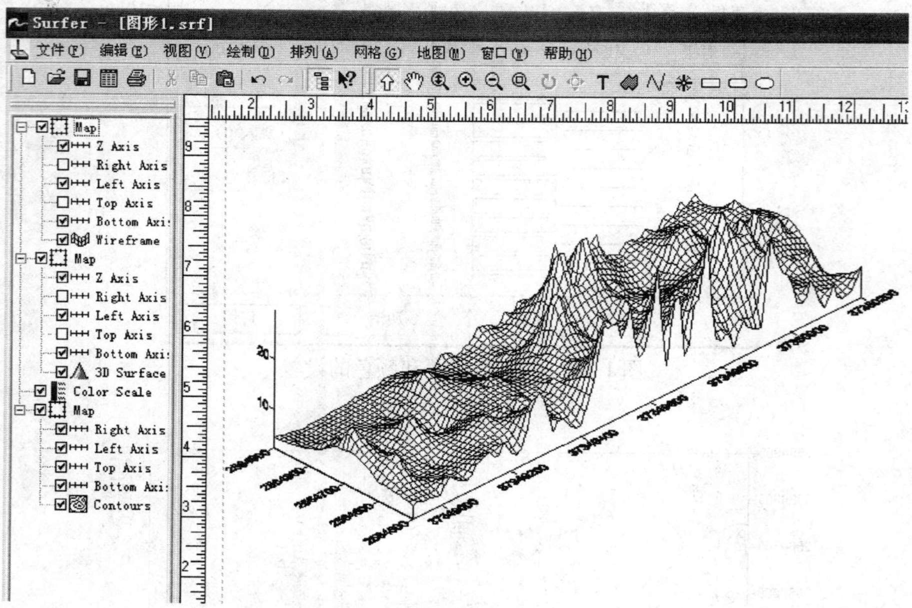

图1－12 地球化学等值线立体图中的网格化图

当然,在自动生成立体图之后若不满意,还可以根据需要双击图面进行编辑操作。针对左边栏框的提示修改右边的图形,或者点右键修改其物体的属性参数。

1.3 流程分析及要点总结

1.3.1 流程分析

整个制图程序为:建立XYZ要求的Excel文件→打开Surfer软件→网格→数据→打开数据源→建立grd文件→地图→等值线图→新建等值线图→等值线图参数设置→输出

↘表面图→表面图参数设置→输出

↘线框图→线框图参数设置→输出

1.3.2 要点总结

用Surfer作等值线图是所有可以作等值线图的软件中最为简单、方便的一种,编辑也方便,可以随时修改,还可以导入到CorelDRAW等软件中进行编辑操作。但成图过程中要注意数据在图中分布的均匀性,若图中有大片的空白区,要进行无数据区的覆盖操作,需要建立BLN数据与原始数据一起生成新数据源,做到在客观、科学地评价研究区的地球化学场。

Surfer还可以做Image map, Shaded relief map, Wireframe map, 3d surface map等多种map形式,这些其实都是等高线图的其他表现形式,所用的文件就是grd文件,只是表现形式不同而已。

在制图中关键的是设置等值线参数,调整后的图件事实上打印出来还不太光滑,此时可以导出为EPS格式,放在CorelDRAW中,进行节点的优化与减持,这样得到的图件非常光滑美观。

1.4 作业习题与问题思考

(1) 用现有的数据在 Surfer 平台上做一份地球化学等值线平面图。
(2) 如何自由选择颜色的填充？如何编辑操作等值线右边颜色柱？
(3) 如何将生成的图件输出到 CorelDRAW 和 Photoshop 之中作进一步的处理？

1.5 Surfer 在制图中的一些常见问题及解答 FAQ

(1) 问:能将等值线图上的数据存为文件吗？
答:启动 Surfer→打开 . grd 文件→GRID→GRID NODE EDITOR(网点编辑器)
——SAVE AS→ASCII XYZ (. dat)。
(2) 问:Surfer 有 Curve Fitting(曲线按拟合)函数的功能吗？
答:没有,TableCurve 3D 具有此功能。或者使用 Grapher 和 OriginLab。
(3) 问:三维表面图可与三维点图合并在一起吗？
答:不可以,TableCurve 3D 具有此功能。
(4) 问:可以将 Surfer 的轮廓线剖开,取出其 Z 值吗？
答:可以,Grid→Slice (. bln 文档)。
(5) 问:可以求取 Surface 表面积下的体积吗？
答:可以, Grid→Volume。
(6) 问:可以将 Surfer 某部分不要画出来吗？
答:可以, Grid→Blank (. bln 文件)。
首先讲一下 bln 文件的格式,bln 文件具有以下格式:

```
length,flag
x1,y1
x2,y2
...
xn,yn
length,flag
x1,y1
x2,y2
...
xn,yn
```

其中,length 是背景地图曲线中点坐标的个数,如果 xn = x1,yn = y1,那么所有的点将围成一个圈。如果不是这样,则是一条不闭合的曲线。flag 的值为 1 或 0,当 flag = 1 时,闭合曲线里面的等高线可以用此 bln 文件 blank 掉(即将闭合曲线中的等高线消除),如果 flag = 0,则是曲线外面的等高线被 blank。怎样 blank 等高线？假设我们已经有了一个等高线图,其原始数据文件为 1. grd. 打开 grid|blank... 选择文件 1. grd,"ok",然后在新的对话框中选择 999. bln 空白文件,"ok",再在新的对话框中输入要输出的 grd 文件的名字,点 ok 就可以得到一个 blank 过的 grd 文件(假设为 out. grd),则用 out. grd 再做等高线图,即可出现我所给第三部分中图的效果。

(7) 问:可以将 N 个 Surfer 图重叠吗？

答:可以, Map→Overlay Maps;Stack Maps。

(8) 问:可以将Grid文件缩小吗?

答:可以, Grid→Extract。

(9) 问:可以直接用函数画 $z=f(x,y)$ 的曲面吗?

答:可以,Grid→Function。

(10) 问:可以画向量图(如电磁场、热流场、风向图等)吗(在地球物理上用途较大)?

a. 答:如果资料是X,Y,Z。其中X,Y是平面几何坐标,Z是物理量(如平板上的压力),

——网格化后 Map→Vector Map→New 1-Grid Vector 即可

——这是最基本的平面坐标向量图,直接以物理量Z值为向量图依据。

b. 答:如果资料是X,Y,Z,Z1,

——其中Z1是位于X,Y,Z上的物理量(如各地的大气压)。

——您必须做两次网格化,取得两个网格文件后才能开始用New 1-Grid Vector,

——X,Y,Z几何位置用(当底图用),

——X,Y,Z1 物理量。

c. 答:如果资料是X,Y,Z,X1,Y1,

——其中X1,Y1是位于X,Y,Z上的x,y向量分量(如桂林各测点的风速及风向)。

——您必须做三个网格文件后才能开始用New 2-Grid Vector,

——X,Y,Z几何位置用(当底图用,可以立体显示),

——X,Y,X1 x向量分量,

——X,Y,Y1 y向量分量,

d. 答:如果您的资料是X,Y,Z,Angle,Length,

——其中Angle,Length是位于X,Y,Z上的向量角度及大小。做法同c。

2-grid vector map用到两个不同的grd文件,一般讲这两个文件应该有相同的坐标网格。2-grid vector map的grd文件可以有两种表示方法,一种是直角坐标形式,一种是极坐标形式。对直角坐标形式,其中一个grd文件里是X方向的值,另一个是Y方向的值。对极坐标形式,一个grd文件是vector的方向,另一个grd文件是vector的振幅值。下面举个具体的例子来说明如何作图。

假设我们已经有了风分量u和v的两个直角坐标的grd文件(包括x,y,windu三个分量),名字分别为amipii. u. Jan. sp. dat和amipii. v. Jan. sp. dat两个grd文件(需要注意的是,这两个文件已经是ascii码的grd文件,看不到相应的三个分量,但不需要再进行grid过程)。打开map|vector map|new 2-grid vector map,将打开"open x component (angle) grid"对话框,此时选中amipii. u. Jan. sp. dat(注意,需要在文件类型中选择all files(*.*)才可以选择*.dat文件),随后会打开"open y component (length) grid"对话框,此时选中amipii. v. Jan. sp. dat,选择"ok",就会出现一副风的箭头图,再加上base map就成了一幅很漂亮的图。

通过双击就可以打开此图的属性(map vectors properties)。注意:在"data"选项卡中,coordinate system要选cartesian(x,y)(如果你用极坐标,就选polar (angle, length))。在"symbol"选项卡中可以修改箭头的形状、线的属性,其中frequency是设置X和Y方向需要箭头的频率,此处改为3,3,即在X和Y方向都是每3点画一个箭头,也即省略了两点。其中的color scaling可以绘色彩箭头。在"scaling"选项卡中,可以设置箭头起始点的位置(symbol项),以及箭头长度的比例形式(线性,log,平方根等,在scaling项中改)。在右边还有两个选项,一个是反转箭头方向,一个是给出箭头的图标(legend),选中后者。

在下面可以设置箭头的各个属性(mangitude,shaft length,head length和symbol width,分别表

示风的振幅大小(可改,这里选用缺省值),箭头杆的长度,箭头头的长度和箭头的宽度,这里其最小最大值分别为(后三项) 0. 04 in,0. 2 in,0. 04 in,0. 04 in,0. 01 in,0. 01 in)。在"scale"选项卡中,选择 x scale 下的 length 为 6in,y scale 下的 length 为 3 in。其他属性不做改动,即可生成本书所给的图形 1 - 13。当然,你也可以给出风 uv 项的角度和振幅,用极坐标来画图,这其中要注意极坐标的参考点可以是东(角度逆时针)或北(角度顺时针),请注意选择(在属性的"data"选项卡中修改,且其角度可以用度或弧度作单位)。

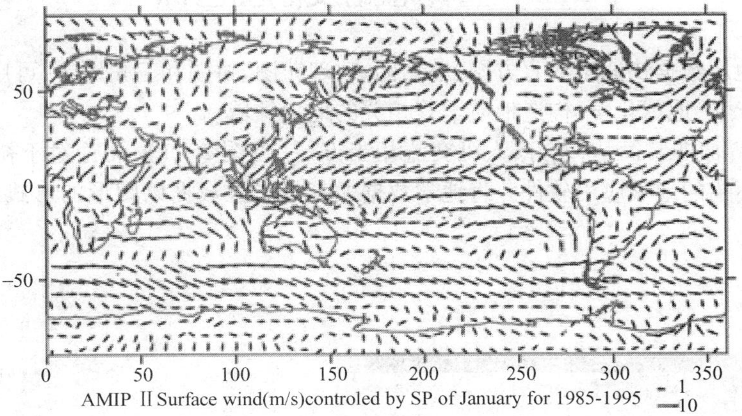

图 1 - 13　用 Surfer 制作流体性质的图件,反映数据的动态分布规律

(11) 问:可以在 Surfer 中画断层吗?

答:可以,Grid→Advanced options→Breaklines and Faults (. bln 文件要含 Z 值),空文件的制作在前面的问题 6 之中已说明清楚。

(12) 问:如何在图上加入文字?

答:当做好图以后,按 F2 键,再按 Ctrl + C,就可以将图形复制,直接粘贴到 Word 文档中,再加入文字。此外,还可以通过"file 文件|export 输出"菜单输出各种格式的图形图像(如 jpeg, wmf 等)。向量图 eps 的输出,可以通过 CorelDRAW 导入进来后再加入文字。

2 Grapher 地质地化基本制图技术

2.1 整体思路及制图目标

利用各种地质数据快速生成直方图、散点图、玫瑰花图、饼图和三角图等,可广泛应用在岩石学、矿物学、矿床学、地球化学、构造地质学等相关的地学领域。

Grapher 主界面非常简洁,友好,人机交流相当方便(见图2-1),无论对于初学者还是高手都是一款相当不错的地学应用软件。将地学数据尤其是二维数据以图形的形式表达出来,该软件是首选工具。

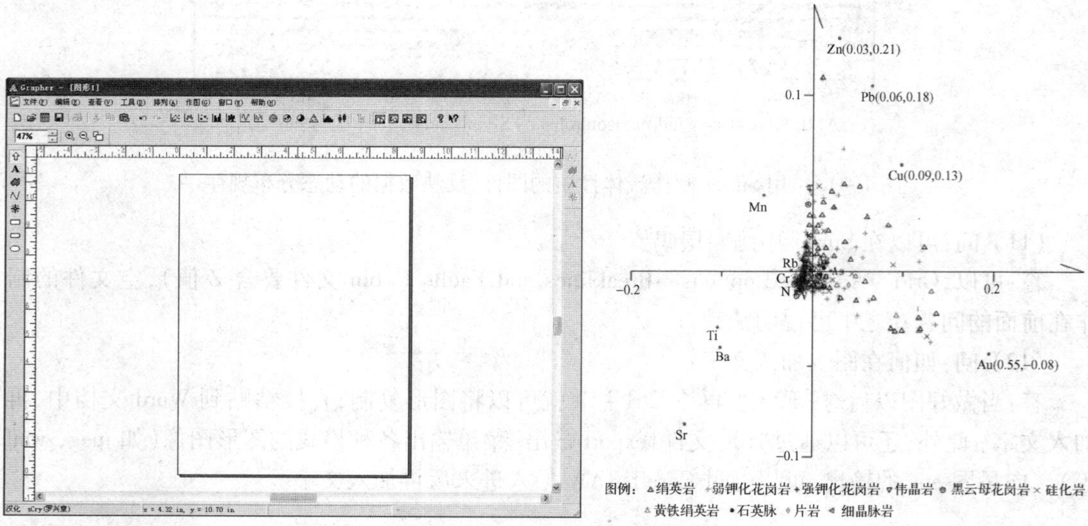

图2-1 Grapher 主界面及最终需要绘制的图件

2.2 数据准备与制图步骤

2.2.1 岩石地球化学散点图的绘制

以广西姑婆山花岗岩 Harker 图解为例,操作步骤分解如下:

2.2.1.1 分别建立不同花岗岩体的 Excel 表格

见图2-2,表格的第一、二列分别为岩体中不同样品的 SiO_2 和 TiO_2 含量(见图2-3)。

2.2.1.2 生成望高岩体 Harker 图解

双击打开 Grapher 主界面(见图2-1),点击作图→新建图形→曲线/符号图(L),或者单击菜单栏中的快捷图标,打开数据源(见图2-4)。双击打开,弹出散点图设置界面(见图2-5)

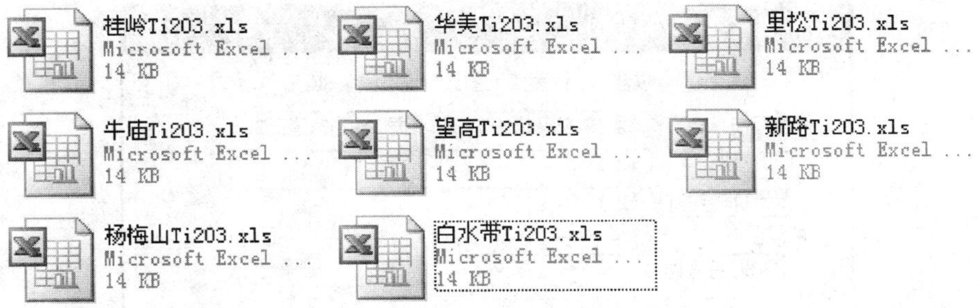

图 2－2 不同花岗岩体的 Excel 表格(见光盘相应章节的文件夹)

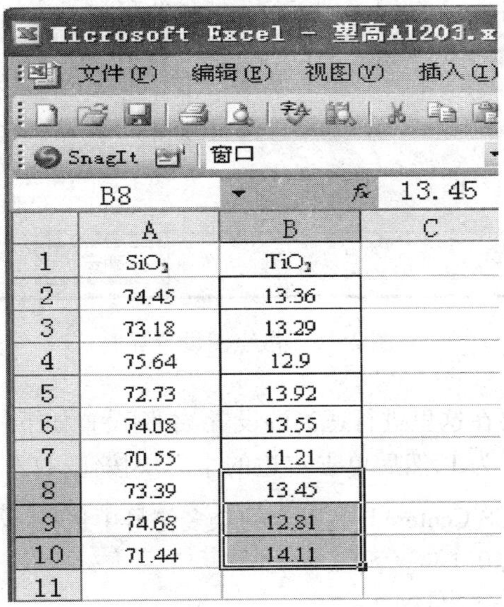

图 2－3 望高岩体的 SiO_2 和 TiO_2 含量

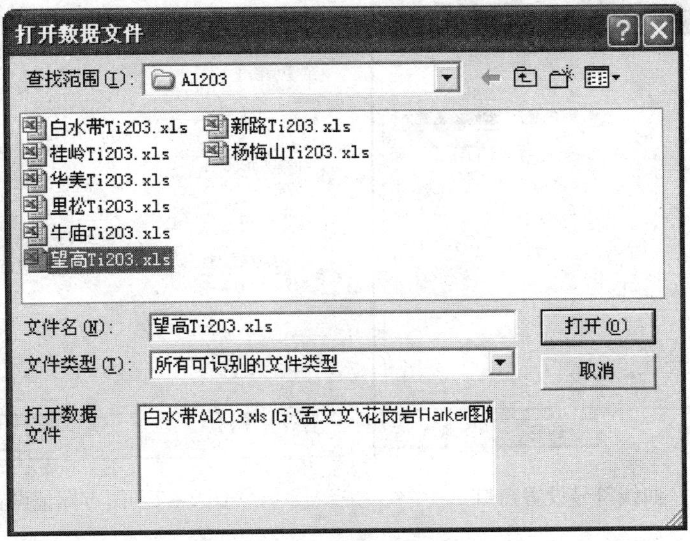

图 2－4 打开数据文件界面

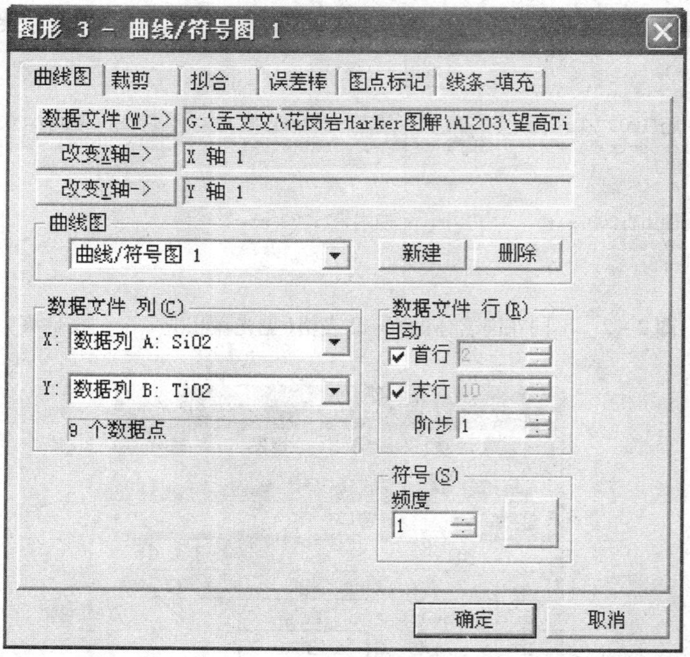

图 2 - 5　散点图设置界面

你可以根据个人的需要在这里进行适当的设置，本例设置如下：

在符号下方的频度设置为 1，然后单击右边的小方块按钮，打开曲线符号设置界面窗口（见图 2 - 6），符号设置中选择 GS Centered，在下方的众多符号中选择，选择的符号以简单、清晰为原则，颜色选择红色，大小为 0.1 in。

图点标记中选择显示标记（见图 2 - 7）

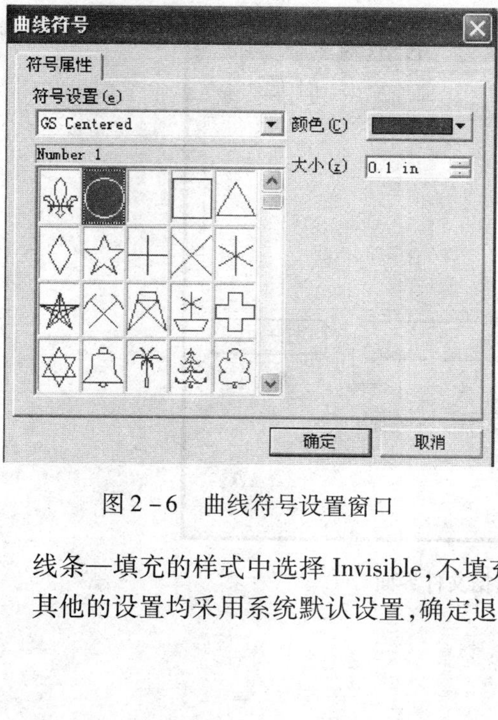

图 2 - 6　曲线符号设置窗口

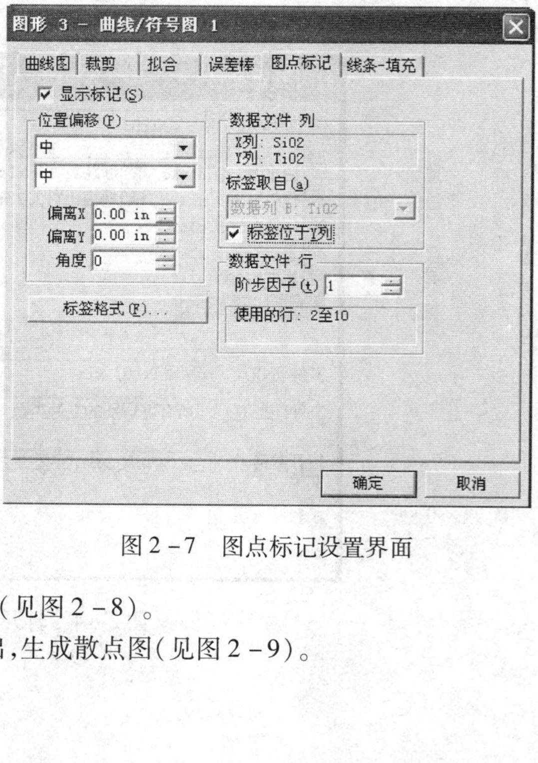

图 2 - 7　图点标记设置界面

线条—填充的样式中选择 Invisible，不填充（见图 2 - 8）。

其他的设置均采用系统默认设置，确定退出，生成散点图（见图 2 - 9）。

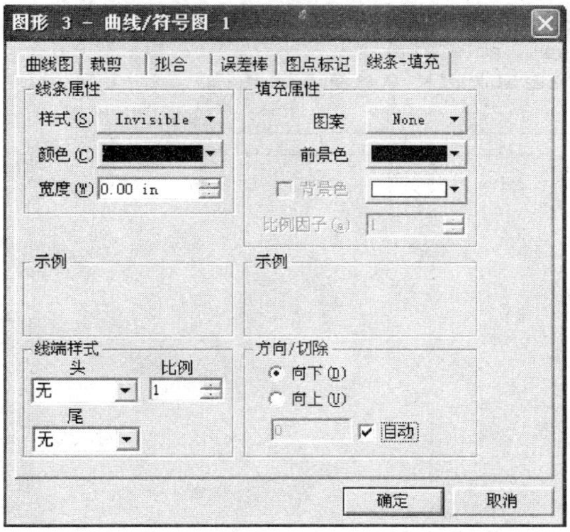

图 2-8　线条—填充设置界面

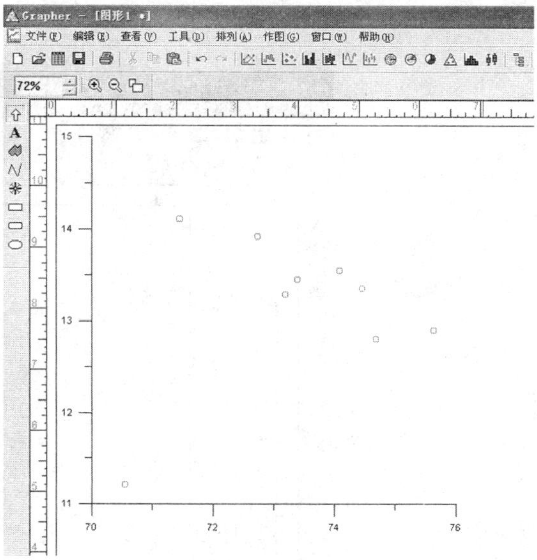

图 2-9　望高花岗岩 SiO_2 和 TiO_2 对应散点图

2.2.1.3　添加其他岩体

单击打开：查看→样式工具→窗口/图形管理器，打开图形管理器（见图 2-10）。

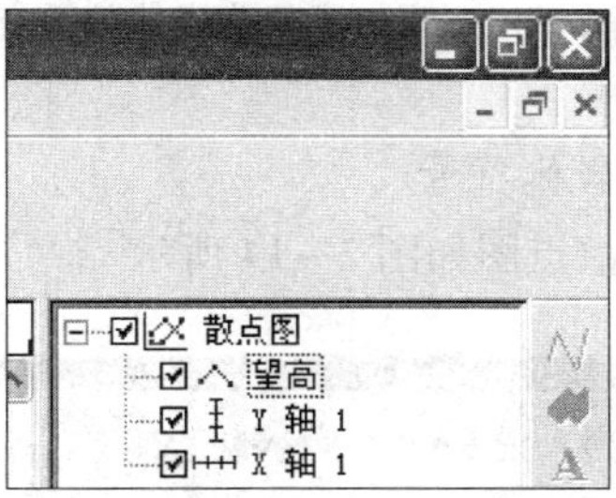

图 2-10　图形管理器

将鼠标放在散点图的位置，单击右键，在弹出的对话框中选择添加图像，出现选择曲线图类型对话框（见图 2-11），选择曲线/符号图→确定→弹出选择坐标轴对话框（见图 2-12），选择原来的坐标轴→确定→打开要添加的数据文件→确定→再同理进行符号图的设置。

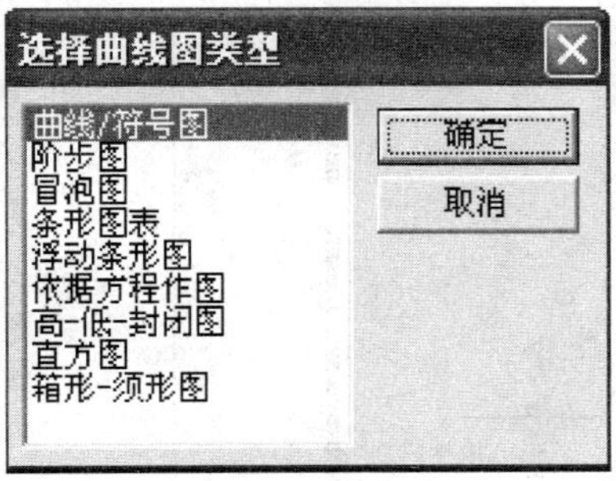

图 2-11　选择曲线图对话框

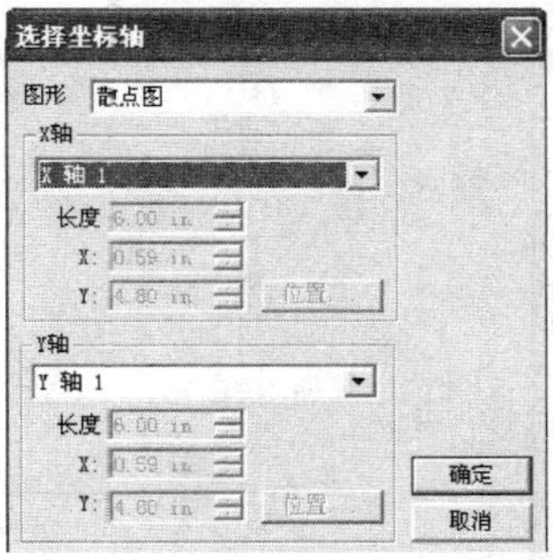

图 2-12　选择坐标轴对话框

通过符号图的设置，我们可以看到，新路岩体的符号△已经添加到原来的坐标系统中了

（见图 2－13）。

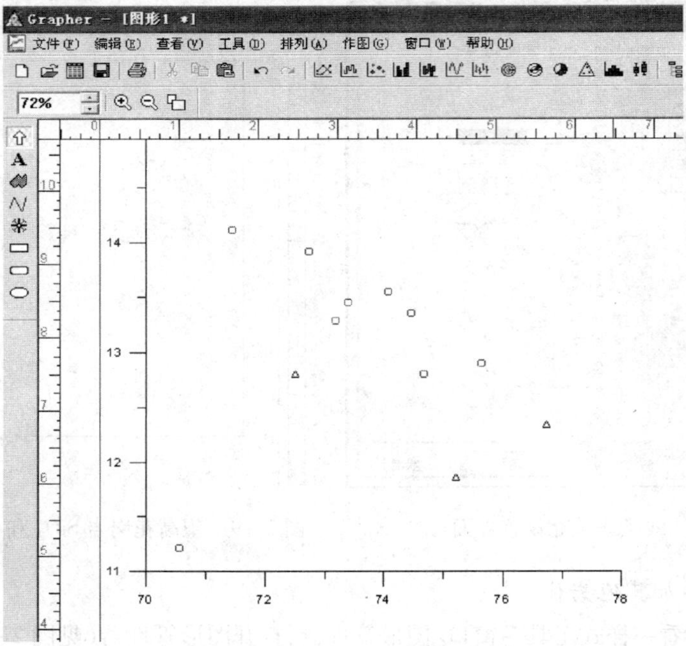

图 2－13　添加了新路岩体的散点图

2.2.1.4　继续添加余下的岩体符号

在同理添加其他岩体之后的散点图如图 2－14 所示。

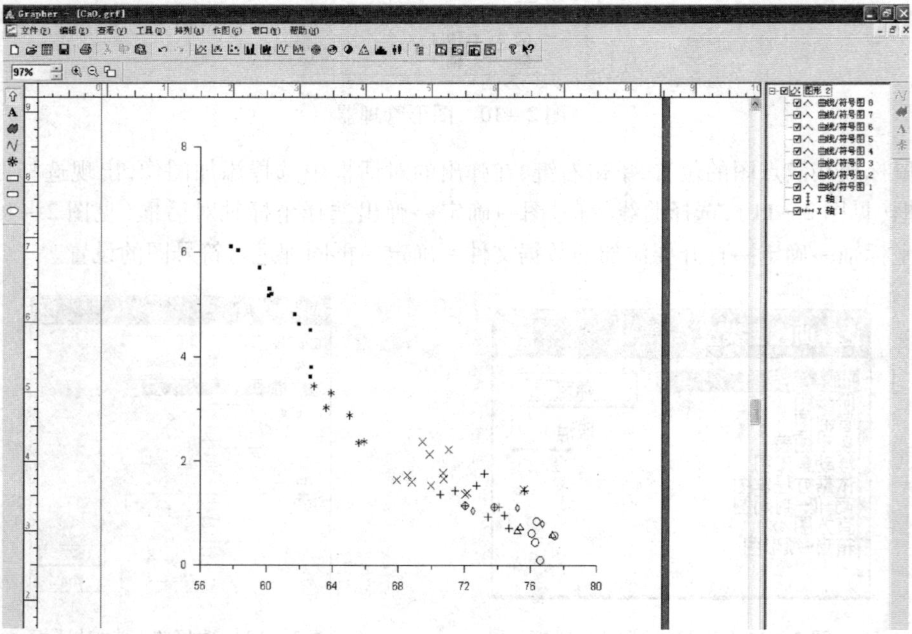

图 2－14　广西姑婆山花岗岩 Harker 图解

2.2.2 对应分析图的绘制

在地球化学研究中，利用对应分析可以解决不同的元素之间、不同岩性的样品之间以及元素和样品之间的多维对应关系。结合多元统计处理软件 SPSS，在 Grapher 中成图则可以实现完美的多元对应分析图。以山东望儿山金矿不同岩性的多元素数据为例剖析如下。

2.2.2.1 多元数据的准备

新建 Excel 表格，将不同岩性的多元素分析数据放在一个页面，并且对不同岩性的数据进行编号，同一类岩性的标号一致（见图 2－15）。

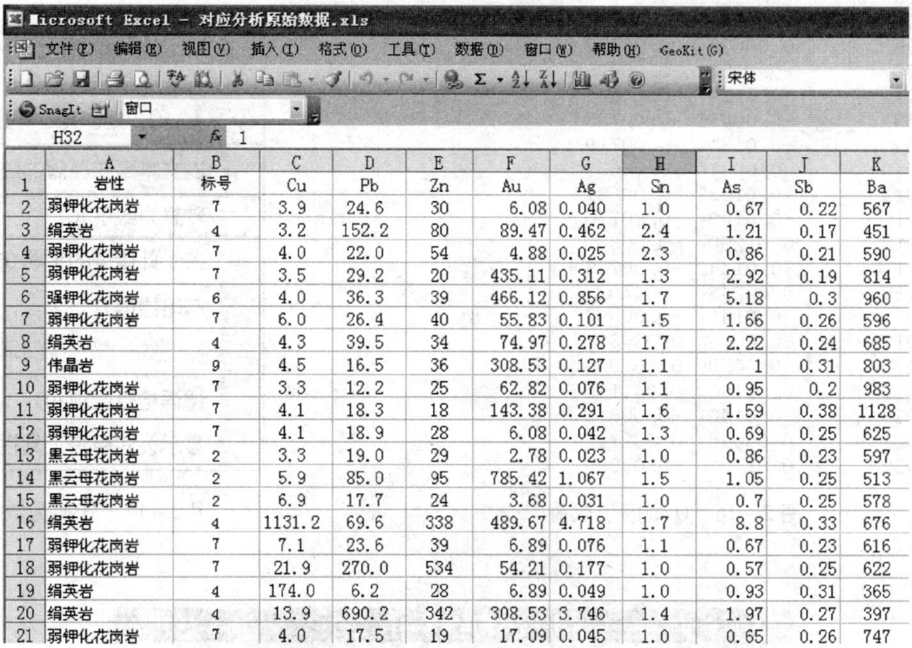

	A	B	C	D	E	F	G	H	I	J	K
1	岩性	标号	Cu	Pb	Zn	Au	Ag	Sn	As	Sb	Ba
2	弱钾化花岗岩	7	3.9	24.6	30	6.08	0.040	1.0	0.67	0.22	567
3	绢英岩	4	3.2	152.2	80	89.47	0.462	2.4	1.21	0.17	451
4	弱钾化花岗岩	7	4.0	22.0	54	4.88	0.025	2.3	0.86	0.21	590
5	弱钾化花岗岩	7	3.5	29.2	20	435.11	0.312	1.3	2.92	0.19	814
6	强钾化花岗岩	6	4.0	36.3	39	466.12	0.856	1.7	5.18	0.3	960
7	弱钾化花岗岩	7	6.0	26.4	40	55.83	0.101	1.5	1.66	0.26	596
8	绢英岩	4	4.3	39.5	34	74.97	0.278	1.7	2.22	0.24	685
9	伟晶岩	9	4.5	16.5	36	308.53	0.127	1.1	1	0.31	803
10	弱钾化花岗岩	7	3.3	12.2	25	62.82	0.076	1.1	0.95	0.2	983
11	弱钾化花岗岩	7	4.1	18.3	18	143.38	0.291	1.6	1.59	0.38	1128
12	弱钾化花岗岩	7	4.1	18.9	28	6.08	0.042	1.3	0.69	0.25	625
13	黑云母花岗岩	2	3.3	19.0	29	2.78	0.023	1.0	0.86	0.23	597
14	黑云母花岗岩	2	5.9	85.0	95	785.42	1.067	1.5	1.05	0.25	513
15	黑云母花岗岩	2	6.9	17.7	24	3.68	0.031	1.0	0.7	0.25	578
16	绢英岩	4	1131.2	69.6	338	489.67	4.718	1.7	8.8	0.33	676
17	弱钾化花岗岩	7	7.1	23.6	39	6.89	0.076	1.1	0.67	0.23	616
18	弱钾化花岗岩	7	21.9	270.0	534	54.21	0.177	1.0	0.57	0.25	622
19	绢英岩	4	174.0	6.2	28	6.89	0.049	1.0	0.93	0.31	365
20	绢英岩	4	13.9	690.2	342	308.53	3.746	1.4	1.97	0.27	397
21	弱钾化花岗岩	7	4.0	17.5	19	17.09	0.045	1.0	0.65	0.26	747

图 2－15 对不同岩性之间的数据进行标号

2.2.2.2 利用 SPSS 软件求取 R 型因子载荷和 Q 型因子载荷

R 型因子载荷是指不同元素之间的对应关系，Q 型因子载荷是指不同样品之间的对应关系。

利用在 SPSS 里面多元统计对应分析插件即可方便地求取 R 型因子载荷和 Q 型因子载荷。将求取的因子载荷复制到 Excel 表格里面（见图 2－16），单击数据左边绿色小三角将数据转换为数字（见图 2－17），最后将转换好的数据复制到已经标号的原始表格里面（见图 2－18），对所有 Q 型因子载荷数据按岩性进行分类。在同一个文件夹里面分类建立不同岩性的 Q 型因子载荷数据和元素的 R 型因子载荷数据（见图 2－19），以备后用。在 Excel 文件里面，第一列为 G1 因子，第二列为 G2 因子，删除无关的数据，不要表头。

2.2.2.3 绘制对应分析图

打开 Grapher 软件，利用其中的曲线/符号图（L）做对应分析图，具体操作步骤同做散点图一样，先做元素的散点图，再把不同岩性的 Q 型因子载荷数据一个个添加进去，结果如图 2－20 所示。

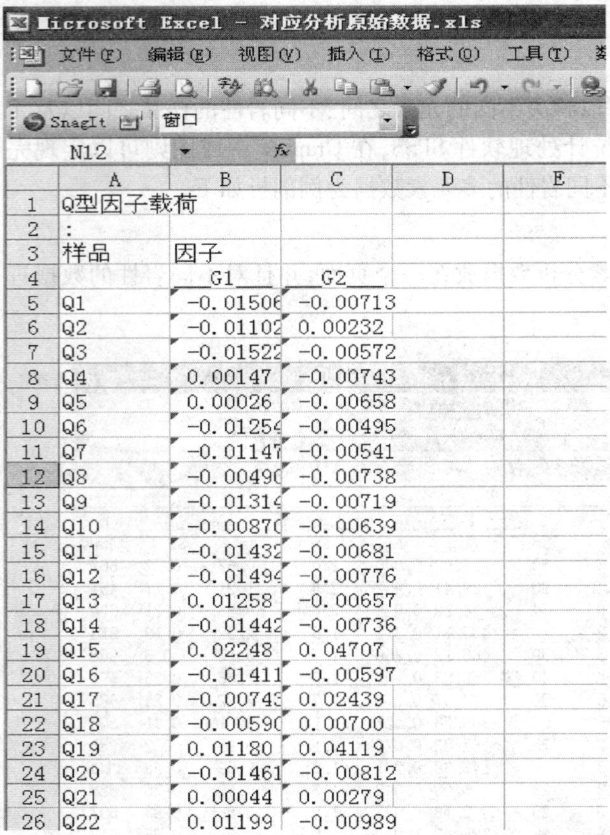

	A	B	C	D	E
1	Q型因子载荷				
2	:				
3	样品	因子			
4		G1	G2		
5	Q1	-0.01506	-0.00713		
6	Q2	-0.01102	0.00232		
7	Q3	-0.01522	-0.00572		
8	Q4	0.00147	-0.00743		
9	Q5	0.00026	-0.00658		
10	Q6	-0.01254	-0.00495		
11	Q7	-0.01147	-0.00541		
12	Q8	-0.00490	-0.00738		
13	Q9	-0.01314	-0.00719		
14	Q10	-0.00870	-0.00639		
15	Q11	-0.01432	-0.00681		
16	Q12	-0.01494	-0.00776		
17	Q13	0.01258	-0.00657		
18	Q14	-0.01442	-0.00736		
19	Q15	0.02248	0.04707		
20	Q16	-0.01411	-0.00597		
21	Q17	-0.00743	0.02439		
22	Q18	-0.00590	0.00700		
23	Q19	0.01180	0.04119		
24	Q20	-0.01461	-0.00812		
25	Q21	0.00044	0.00279		
26	Q22	0.01199	-0.00989		

图 2-16　Q 型因子载荷

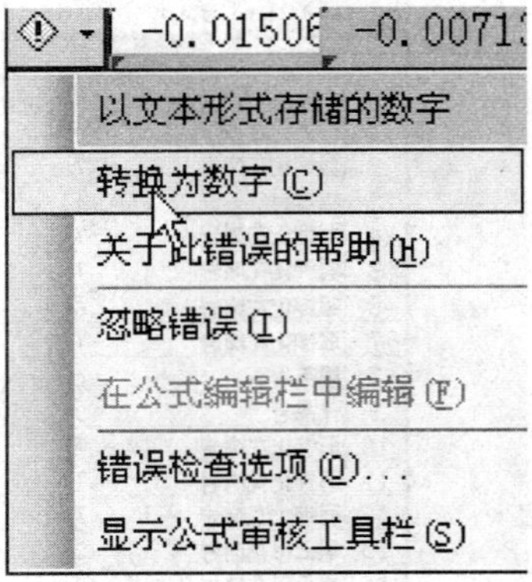

图 2-17　转换为数字

	A	B	C	D	E	F
1	编号	岩性			G1	G2
2	W350-1	弱钾化花岗岩	7	Q1	-0.01506	-0.00713
3	W350-2	绢英岩	4	Q2	-0.01102	0.00232
4	W350-3	弱钾化花岗岩	7	Q3	-0.01522	-0.00572
5	W350-4	弱钾化花岗岩	7	Q4	0.00147	-0.00743
6	W350-5	强钾化花岗岩	6	Q5	0.00026	-0.00658
7	W350-6	弱钾化花岗岩	7	Q6	-0.01254	-0.00495
8	W350-7	绢英岩	4	Q7	-0.01147	-0.00541
9	W350-8	伟晶岩	9	Q8	-0.0049	-0.00738
10	W350-9	弱钾化花岗岩	7	Q9	-0.01314	-0.00719
11	W350-10	弱钾化花岗岩	7	Q10	-0.0087	-0.00639
12	W350-11	弱钾化花岗岩	7	Q11	-0.01432	-0.00681
13	W350-12	黑云母花岗岩	2	Q12	-0.01494	-0.00776
14	W350-13	黑云母花岗岩	2	Q13	0.01258	-0.00657
15	W350-14	黑云母花岗岩	2	Q14	-0.01442	-0.00736
16	W350-15	绢英岩	4	Q15	0.02248	0.04707

图 2-18　Q 型因子载荷按岩性分类

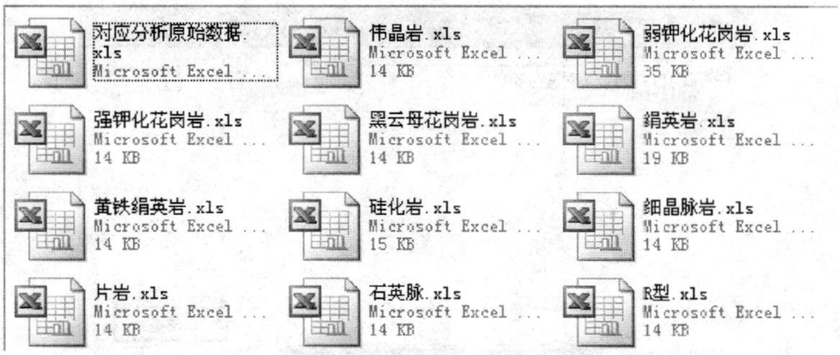

图 2-19 建立不同岩性的 Q 型因子载荷文件

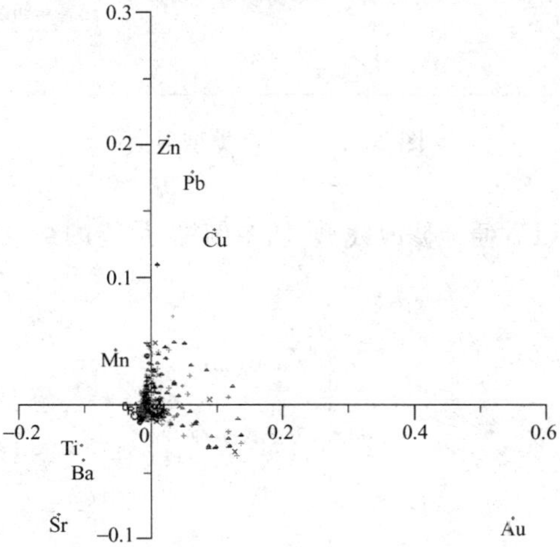

图 2-20 不同岩性与元素的对应分析图

2.2.2.4 对应分析图的完善和美化

点击文件,选择导出(见图 2-21),弹出输出点界面,在保存类型中选择 .wmf 格式(见图 2-22),WMF 文件可以直接导入到 CorelDRAW 里面进行编辑,而且效果比较好。

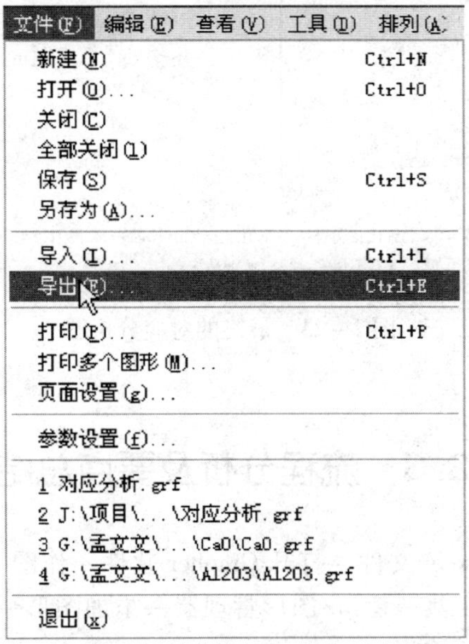

图 2-21 导出图形到其他软件中进行后期修改

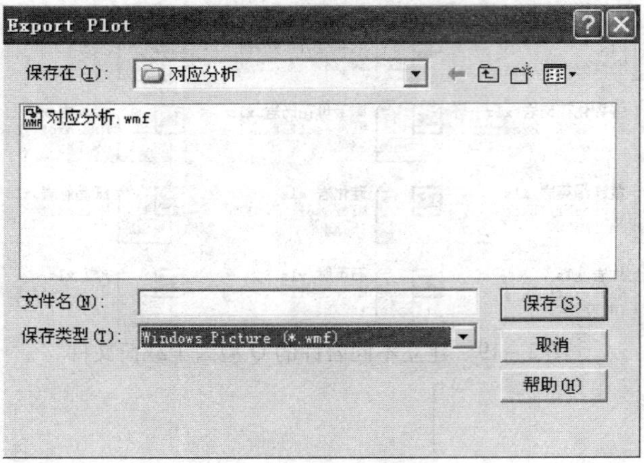

图 2 - 22　保存类型界面

在 CorelDRAW 里面可以方便地修改线型,加图例等,最终的结果如图 2 - 23 所示。

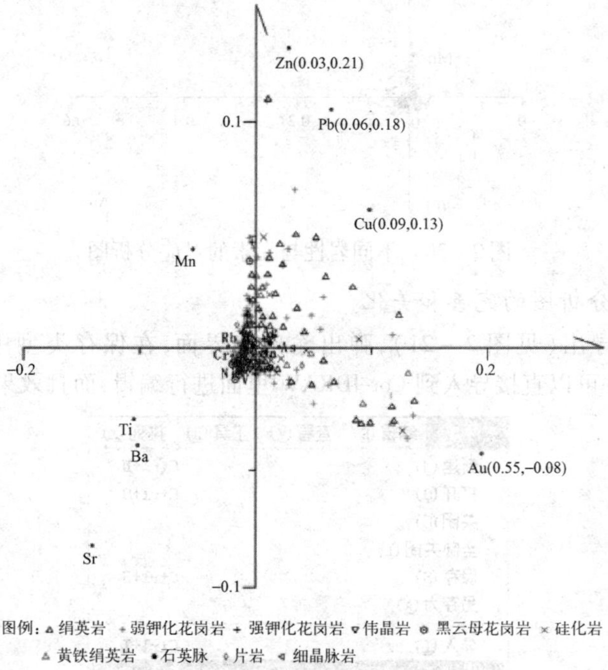

图 2 - 23　最终的对应分析图

2.3　流程分析及要点总结

整个制图的流程:建立 Excel 文件→打开 Grapher 软件→作图→新建图形→曲线/符号图→符号图的设置→查看→样式工具→窗口/图形管理器→添加图形→选用同样的坐标系→同理再次添加图形→符号图的设置→输出。

2.4　作业习题与问题思考

（1）用现有的数据在 Grapher 平台上做一个散点图。

（2）不同的地质标志为何要选用不同的符号？

（3）如何编辑操作图例？试修改看看。

（4）可以将做好的图导出到 CorelDRAW 中增加线条、填充及文字吗？试着做一下。

3　地球化学数据处理工具软件包 GeoKit

地球化学数据处理工具软件包 GeoKit 由宜昌地质矿产研究所路远发开发。地球化学参数和图解是地质－地球化学研究工作中常用的有效工具，借助这些图解和参数，我们可以进行岩石分类、岩石、矿床的成因判别，进行构造环境的判别研究，进而研究地质演化历史等。

在从事岩石学、矿床学和地球化学等研究工作中，经常要进行地球化学参数的计算和图解的绘制工作，其中有一些格式是固定的，如各种岩石的分类图解，稀土元素分配图解、从全球岩石地球化学数据库中提炼出来的构造环境判别图解（如 Pearce 等的花岗岩类微量元素构造环境判别图解属于此类）以及一些经验判别图解等。这些图解及参数计算的原理分散在各种文献中，一方面给使用者经常性的引用带来不便，另一方面利用手工投图也会花费引用者大量的劳动并且也不够准确。现代计算机技术为收集、存储和处理这些常见的参数、图形提供了便利的条件。

GeoKit 主要包括任意直角坐标和三角形散点图、稀土元素分布型式图、微量元素蛛网图、同位素等时线年龄图解、Pb、Sr、Nd 同位素参数计算等功能。在地球化学散点图程序中，集成了大量的地球化学模式图，对于从事地球化学和岩石学研究的学者，具有非常实用的价值。

3.1　GeoKit 的组成与结构

GeoKit 系统按功能可分主控模块、辅助模块、应用程序三部分，如图 3－1 所示。

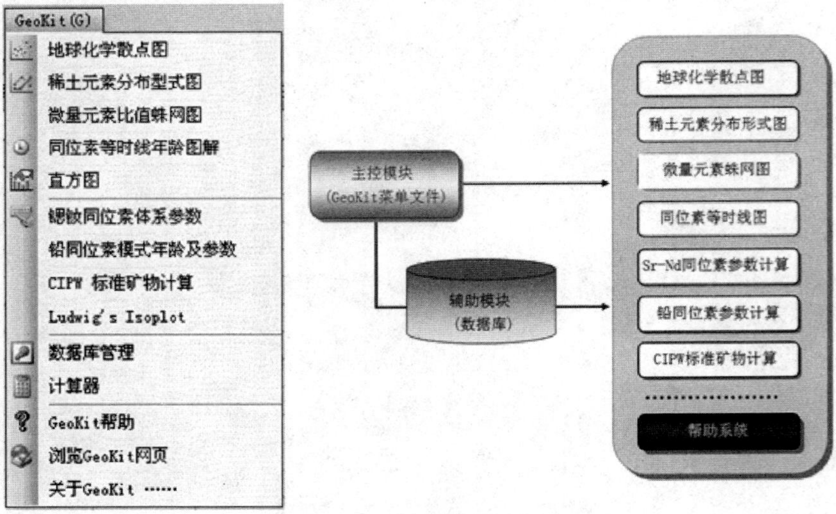

图 3－1　GeoKit 界面及系统构成模块图

3.1.1　安装

安装前请先关闭所有 Excel 文件。双击“GeoKit. exe”文件，将自动运行安装程序。

3.1.2　运行

程序安装后，会在您的 Excel 窗口安装后，系统会在您的 Excel 窗口的菜单栏的最右边自动生成一个名为“GeoKit(G)”下拉式菜单(如图 3-1 所示),通过该菜单您可方便地调用各功能模块。

如果安装后在 Excel 窗口未见到“GeoKit(G)”下拉式菜单,可通过手工的方式添加此菜单,方法是用“工具”菜单中的“加载宏”按钮,打开加载宏窗口,单击其中的“浏览”按钮,找到 GeoKit 目录下的“GeoKit”文件,双击“GeoKit”文件并可将“GeoKit(G)”菜单添加到 Excel 窗口中。

3.1.3　注册申请

试用版:试用版本与注册版本具有同样的功能,但非注册用户有 60 次的试用期,试用期结束后,GeoKit 将不可用(也不能重新安装)。如果你对本程序感兴趣,请您及时注册。见图 3-2。

注册方法:点击“GeoKit(G)”菜单中的“注册申请”选项或开始菜单中“GeoKit”下的“注册申请”,在弹出的注册申请表中填入相关申请信息。填好申请后,系统会生成一个注册申请文件。请您务必将注册申请文件发送给作者,在收到申请后完成您的注册。

注意:本软件采用的注册方式是机器码识别法,在哪台机子上注册就只能在哪台机子上使用。因此,注册申请务必在您自己的机子上完成。

地球化学数据库是为 GeoKit 设计的数据管理系统,是GeoKit 的数据支撑系统,当然用户也可以单独使用,用来管理自己科研数据。

数据库是一个底层数据存放在 Access 数据库文件中而在 Excel 中建立的数据库管理系统的一个专业数据库。这样设计的主要目的是:既利用了 Access 数据库的安全性,也充分利用了 Excel 对数据输入、编辑的方便性。

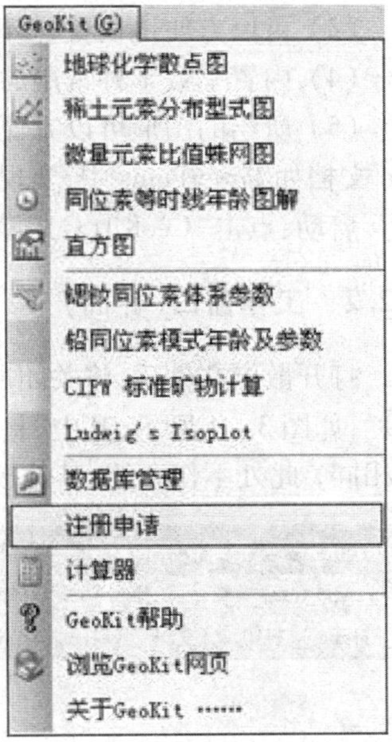

图 3-2　GeoKit 系统注册申请

3.1.4　数据库的结构

GeoKit 数据库的结构如图 3-3 所示。

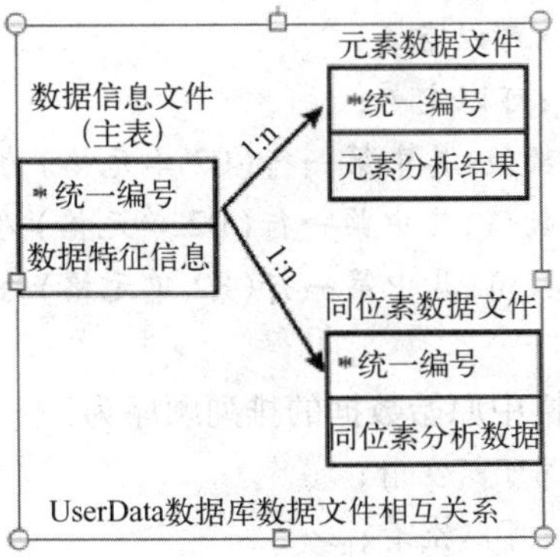

图 3-3　GeoKit 数据库结构图

3.2　地球化学散点图

3.2.1　功能简介

本程序具有如下主要功能：

(1) 支持任意直角坐标和三角形散点图；

(2) 可以任意修改图形的大小(既可以用鼠标随意拖放,也可准确地设定其尺寸)；

(3) 可以方便地设置、修改各数据点的格式 (包括形状、大小和颜色)；

(4) 内置了数十种常用的地球化学图,并给出了相应的文献出处及注释,使用方便；

(5) 所绘的图形可以方便地复制到 Word 文档中,以实现图文混排,也可以复制到其他 Office 文档如 PowerPoint 中,实现资源共享。

启动:点击“GeoKit(G)”菜单中的“地球化学散点图”可打开本程序。

3.2.2　工作窗口(界面)

打开散点文件后,将关闭所有 Excel 原有的工具栏,并在窗口的底部建立一个自定义绘图工具栏,如图 3－4 所示,其中“打开”、“复制”、和“选择性粘贴”按钮与 Excel 系统中有关按钮的功能相同, 此处不作介绍,其他按钮和菜单的功能将在下面介绍。

图 3－4　GeoKit 地球化学散点图

3.2.3　数据准备

本程序只能对“散点图”工作簿内 “三变量” 和“双变量”两工作表中的相应数据进行绘图处理;两工作表中的数据分别用于作三角形图和直角坐标图。因此,必须将待投图的数据输入到相应的工作表中的相应位置。数据的格式为:

工作表的第一行为系统提示行,用户数据从第二行开始,且第二行必须放置各变量的名称。

“三变量”(三角形图) 表格中原始数据的排列顺序为:

第一列(A)为样品号(点号);可以空着;

第二列(B)为样品名(点性);可以空着;

第三列(C)为上顶点变量的数值,其中第一行(C2 单元格)为变量名;

第四列(D)为右下角变量的数值,其中第一行(D2 单元格)为变量名;

第五列(E)为左下角变量的数值,其中第一行(E2 单元格)为变量名;

如图 3－5 所示。

“双变量”(直角坐标图) 表格中原始数据的排列顺序为:

第一列(A)为样品号(点号);可以空着;

第二列(B)为样品名(点性);可以空着;

第三列(C)为横坐标变量的数值,其中第一行(C2 单元格)为变量名;

第四列(D)为纵坐标变量的数值,其中第一行(D2 单元格)为变量名;

	A	B	C	D	E	F
1	样号	岩性	上	左下	右下	分组
2			A	B	C	
3	R90	玄武岩	11.98	5.04	13.69	1
4	R104	玄武岩	11.30	6.55	14.60	1
5	R126	玄武岩	9.93	6.35	16.72	1
6	R128	板岩(微晶玄	10.68	6.48	15.99	1
7	R307	玄武岩	8.36	5.41	16.19	2
8	R319	玄武岩	13.12	5.20	11.99	4
9	R366	玄武岩	8.28	5.04	15.29	2
10	w13	玄武岩	9.80	4.56	13.81	2
11	S1	玄武岩	10.06	6.54	13.80	2

图 3－5 GeoKit 数据安排格式，注意行列的布局

如图 3－6 所示。

	A	B	C	D	F
1	样号	岩性	横坐标	纵坐标	分组
2			SiO2	Na20+K20	
3	R90	玄武岩	52.95	3.90	3
4	R104	玄武岩	51.62	4.32	2
5	R126	玄武岩	47.99	3.11	2
6	R128	板岩(微晶玄武	51.09	4.42	2
7	R307	玄武岩	49.66	2.67	1
8	R319	玄武岩	52.08	3.21	1
9	R366	玄武岩	53.83	4.49	1
10	w13	玄武岩	55.88	4.10	3

图 3－6 GeoKit 数据排列格式

两工作表本身自带的演示数据显示了这一数据样式，用户可将自己的数据输入到相应的位置即可。

在两工作表中除用户输入的原始数据外，还有一系列的图形数据，这些数据将由系统在绘图过程中自动生成，用户不需干预。

3.2.4 作图

当数据准备好后，只需用鼠标单击自定义工具栏上的“作图”按钮，程序将自动完成绘图的全过程。此时您可得到一张模式图，其数据点格式按“图形格式区”已存在的格式设置。

3.2.5 整饰（调整）

上述作图过程完成的是一张无模式图，其格式不一定符合您的要求，此时您可用工具栏中“整饰”菜单下的有关功能对图形进行调整。“整饰”菜单具有如下选项：

（1）调整数据点格式。数据点格式包括点的形状（符号）、大小和颜色。

1）符号：本程序可使用下列 10 种符号，符号前数值为其代码。

1—● 2—○ 3—■ 4—□ 5—▲ 6—△ 7—◆ 8—◇ 9—＋ 10—×

2）大小：点（符号）的大小单位为磅值。在本程序的列表框中，可选范围为 2～10 磅，实际可

使用范围为≥2 的任意大小。当超出列表的可选范围时，可用键盘在列表框中键入您所希望的大小(值)，如 20。

3）颜色：本程序所可使用下列 16 种颜色，颜色前数值为其代码。如果要在图上隐去某点，可将其颜色设为“0 不画”，这样该点在图上就不会表现出来。见表 3－1。

表 3－1　GeoKit 定义的系统颜色

0	不画	1	黑	3	红	4	鲜绿	5	蓝	6	黄
7	粉红	8	青色	10	绿色	13	紫色	18	梅红	33	天蓝
35	浅绿	37	淡蓝	44	金色	46	桔黄	53	褐色		

(2) 设置图形大小(长×宽)。设置直角坐标图的大小(长×宽，单位为 mm)。此数值理论上讲应是 X 轴与 Y 轴范围内矩开图框的大小，但实际上也包括了轴旁的标志(数值)所占用的区域，使用时需注意。该功能在“三变量”绘图状态不可用。

(3) 交换 X 轴与 Y 轴变量

用于将 X 轴与 Y 轴进行转置。此功能同时也交换工作表中 C 列与 D 列的数据。该功能在“三变量”绘图状态不可用。

(4) 设置三角形边长。对于三角形图，可以精确地设定三角形的边长(单位为 mm)。在下拉菜单中设置的边长的有效值为 50～130 mm，间隔为 5 mm。实际上您可以设置任何您所想要的大小。当您所需要的值超出下拉菜单的可选范围时，您可用键盘在列表框中键入您所希望的值。该功能在“双变量”绘图状态不可用。

(5) 交换三角形顶点变量。在三角形图上，各顶点的变量是与工作表中 C、D、E 列的变量相对应的，有时当我们把图作好后发现，各顶点的变量设置有误，需要调整。该功能就是为此而设置的。单击“整饰”菜单中的“交换三角形顶点变量”菜单项，将弹出一选项对话框，按对话框中的标识选择即可。该功能在“双变量”绘图状态不可用。

3.2.6　编辑图例

“图例”菜单中有两个选项：

(1) 重新设置图例项，当绘制一个新图后而现有的图例不符合要求时，需要重设置图例，图例的设置按数据点的符号检索，对大小和颜色未作图例项设置，如果需要可用手工添加。

(2) 显示/隐藏图例，当前图表已存在图例时可用此命令来显示或隐藏图例。

3.2.7　插入图形库中的图形模式(图形库/菜单)

地球化学散点图程序中内置了数十种(为人们所接受并广泛引用的)地球化学模式图，这也是本程序最有用的部分。该菜单中的模式按“三变量”和“双变量”分类建立了若干个子菜单。打开“图形库”下的各子菜单，选择与当前图表相吻合的模式，程序将会把模式添加到图中。如果插入模式前图上已有模式，则程序先将原先的模式删除，然后再把当前选择的模式添加到图上。如果插入模式后想要返回无模式状态，可用该菜单中的“删除模式”命令将其删除。

图形库中各模式图的命名规则为：

三角形图按“上—左下—右下”的变量顺序命名；

直角坐标图按“纵坐标(Y 轴)—横坐标(X 轴)”的变量顺序命名。

3.2.8 图表信息

所有的图件见本章末尾。

3.2.9 保存当前图表

本程序对图形库中的模式图大多数据都给出了原图的出处(参考文献),同时还标出了图中的有关注释。“图表信息”按钮可显示或隐藏图表的有关信息。

3.2.10 切换图表

散点图工作簿有“双变量”和“三变量”两个绘图环境,在“双变量”环境中只能完成直角坐标图,而在“三变量”环境中只能完成三角形图,因此常常需要切换工作环境。“切换图表”工具按钮就是为实现这一功能而设置。

3.3 稀土元素分布型图

3.3.1 功能简介

本程序具有如下主要功能:

(1) 本程序具有对球粒陨石、北美页岩和洋脊玄武岩(MORB)三种标准进行标准化作图的功能。

(2) 可以任意修改图形的大小(既可以用鼠标随意拖放,也可准确地设定其尺寸);

(3) 可以方便地设置、修改每一条分布型式曲线的格式(包括点形状、大小和颜色及线型);

(4) 所绘的图形可以方便地复制到 Word 及 WPS2000 等文档中,以实现图文混排,也可以复制到其他 Office 文档如 PowerPoint 中,实现资源共享。

3.3.2 启动

点击“GeoKit(G)”菜单中的“稀土元素分布型式图”选项可打开本程序(见图 3-7)。

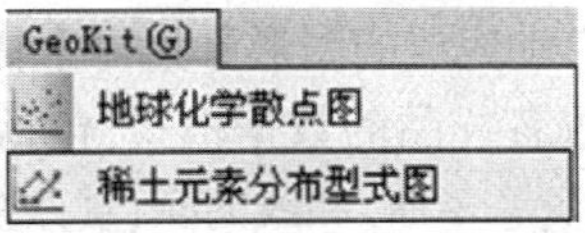

图 3-7 GeoKit 稀土元素分布型式图

3.3.3 认识工作窗口(界面)

(1) 工作表。本程序所在工作簿含有两个工作表,即“原始数据”和“××标准化”,前一表放置原始数据,后一工作表存放标准化后的数据及相应的图形。

(2) 工作表菜单与工具栏。如图 3-8 所示。

图 3-8 GeoKit 稀土元素分布型式图工具栏

3.3.4　数据准备

本程序要求稀土元素按原子序数的顺序排列，其中 61 号元素钷（Pm，介于 Nd 与 Sm 之间）无分析结果，在数据表中不占位置（但在分布型式图中留有一空位）。表 3－2 为原始数据样表。

表 3－2　GeoKit 定义的稀土元素分布型式图数据样表

A	B	C	D	E	F	G	H	I	J	K	L	M	N	O	P
样品号	样品名	La	Ce	Pr	Nd	Sm	Eu	Gd	Tb	Dy	Ho	Er	Tm	Yb	Lu
R90	玄武岩	18.6	29.5	3.79	17.10	4.30	1.56	5.69	1.00	6.81	1.45	3.97	0.61	3.44	0.52
R104	玄武岩	15.3	23.0	3.26	14.60	3.91	1.35	5.26	0.91	6.53	1.20	3.70	0.62	3.54	0.52
R126	玄武岩	7.54	14.0	1.73	8.81	2.63	1.12	3.73	0.70	4.55	0.94	3.23	0.43	2.61	0.30

3.3.5　标准化图/绘新图

本程序不要求将数据放到程序所在的工作簿文件中。在含有宏（程序）的工作簿打开后（其标志是存在上述工作菜单）任一符合格式要求的工作簿（表），只要处在活动状态（即可见状态），均可进行绘图操作，在执行了“标准化图”操作后，程序将自动把当前活动状态工作表中的数据复制到程序所在的工作簿之“原始数据”工作表中。随后会弹出一对话框，列出所有的样品，要求选择样品。

单击“绘新图”按钮，可对已标准化的数据重新作图，此按钮的功能与“标准化图”相同，只是省略了对原始数据的标准化过程。

3.3.6　调整

对于一幅新图有时需要作一定的调整，调整项目包括以下几种：

（1）添加数据。在当前图中添加数据（线），单击相关按钮，弹出一选择样品对话框，其中的样品列表为还未上图的样品（图中已有的样品已被剔除），选中要添加的样品即可。

（2）删除数据。从当前图中删除部分样品（线），单击相关按钮，弹出一选择样品对话框，选择要删除的样品即可将其从图中删除（删除后还可用添加命令将其添加到图中）。

（3）设置数据点（线）的格式。自动完成的图形已为每个样品选择了一种不同的符号，但颜色均为黑色。此功能可让您进一步设置各样品的数据格式，包括点的符号（形状）、大小、颜色、线型（有实线、虚线、点线、点划线、双点划线等多种）和线的颜色（线的颜色可以与点的颜色不同）。

（4）设置 Y 轴。设置 Y 轴的最大值和最小值。自动绘图过程已确保图中的所有点都在图框范围内，但有时（如因对比的需要）需要调整最大值和/或最小值。“设置 Y 轴”按钮即为实现这一功能而设置。

3.3.7　标准化数据管理

调整图形大小：定量设置图形的长和宽（单位为 mm）。

3.3.8　保存图表

3.3.9　地球化学微量元素蛛网图

主要功能：

（1）数据管理形式多样，方便、快捷，可以按常规的 Excel 方法键入用户数据，可能通过复制、粘贴的方法从其他已有的 Excel 文档中获得数据，还可方便地从自带的数据库（Userdata.mdb）中取得数据。

（2）本程序具有对球粒陨石、洋脊玄武岩（MORB）三种标准进行标准化作图的功能。

（3）用户方便地选择元素的组合、元素的排列顺序、标准化方式。系统自带了多套标准数据可供用户选择。

（4）可以方便地设置、修改每一条分布型式曲线的格式（包括点形状、大小和颜色及线型）。

（5）所绘的图形可以方便地复制到 Word 及 WPS2000 等文档中，以实现图文混排，也可以复制到其他 Office 文档如 PowerPoint 中，实现资源共享。

3.4　CIPW 标准矿物计算

3.4.1　功能简介

本程序的 CIPW 标准矿物计算部分使用了 Kurt Hollocher 的程序 主要用于火成岩 CIPW 标准矿物计算，适用于基性岩到酸性岩各类岩石。

3.4.2　启动

为方便作图（与散点图程序配套），该程序部分还附带有两组岩石化学参数计算，即 Batchelor 的多阳离子 R1-R2 图解中 R1、R2 值和 Pearce 的玄武岩构造环境判别图所用的 F1、F2、F3 值。

见前面讲到的“运行”部分，方法一样。

3.4.3　认识工作窗口（界面）

启动本程序后，程序将在 Excel 工作表中添加一个浮动工具栏。

3.4.4　数据准备

本软件所使用的数据格式如下：

原始数据可存放于任何 Excel 工作簿文件任一表格中，只要它处在活动状态就可计算。

工作表的第一列为样品号，在有效范围内不得有空格，否则空格所在行及其以下的样品不参与计算。

工作表的第一行为变量名，在有效范围内不得有空格。

第二列为岩石类型，该参数对于需要进行 Fe_2O_3-FeO 校正的岩浆岩是必要的，本软件只识别“火山岩”和“侵入岩”两类，填其他类型或空白则不作铁校正。

从第三列起，变量按下表的习惯顺序排列，顺序不得打乱，也不得跳过；缺项可用空格，也可输入 0 值。

GeoKit 定义的系统颜色数据格式见表 3－3。

表 3－3　GeoKit 定义的系统颜色数据格式样表

样号	岩 性	SiO_2	TiO_2	Al_2O_3	Fe_2O_3	FeO	MnO	MgO	CaO	Na_2O	K_2O	P_2O_5	Sr	Ba	Zr
R3	辉长岩	49.25	0.80	17.86	0.89	6.49	0.18	5.99	10.67	2.59	0.54	0.05	290	220	68

续表 3-3

样号	岩性	SiO_2	TiO_2	Al_2O_3	Fe_2O_3	FeO	MnO	MgO	CaO	Na_2O	K_2O	P_2O_5	Sr	Ba	Zr
R9	闪长玢岩	57.47	0.86	18.06	0.70	6.58	0.15	2.61	6.34	3.19	1.10	0.21	600	460	210
R23	石英闪长岩	48.68	3.00	15.16	1.16	10.17	0.24	6.11	10.10	2.88	0.46	0.44	560	170	225
R54	花岗闪长岩	59.38	0.90	16.16	1.17	6.22	0.16	1.66	6.28	2.64	1.96	0.14	480	600	160
R65	辉长岩	49.58	1.13	15.04	1.42	7.91	0.20	8.19	7.60	3.96	0.04	0.10	150	79	90
R80	闪长岩	50.72	1.02	17.63	0.95	9.76	0.23	5.02	10.16	2.78	0.32	0.20	690	170	83
R90	玄武岩	52.95	1.88	13.69	2.25	9.73	0.26	5.04	8.41	3.74	0.16	0.23	225	79	140
R101	黑云闪长岩	52.60	1.21	17.42	1.54	8.44	0.22	4.36	8.12	2.40	1.10	0.17	500	490	110
R104	玄武岩	51.62	1.81	14.60	1.62	9.68	0.20	6.55	8.00	3.94	0.38	0.17	240	110	130
R126	玄武岩	47.99	1.27	16.72	1.35	8.58	0.22	6.35	10.39	2.59	0.52	0.13	360	105	100
R138	花岗闪长玢岩	58.02	0.82	16.67	1.19	6.74	0.17	3.48	6.46	2.58	2.00	0.15	500	740	130
S1	玄武岩	45.86	1.17	13.80	5.01	5.05	0.22	6.54	11.05	2.76	0.79	0.11	290	110	71

蓝色背景部分（Cl 前面的元素及氧化物）单位为%，黄色背景部分（Sr 后面的元素）单位为 ppm，SO_3 和 S 是不同相态的硫，前者形成硬石膏，后者生成黄铁矿。

3.4.5　计算

当数据准备好后点击浮动工具栏中的“CIPW 标准矿物计算”按钮即可完成全部计算。计算结果保存在一个新的工作表中。

3.4.6　保存计算结果

保存结果请用 CIPW 浮动工具栏中的“保存当前工作表”选项。

以下模式图中的图形清单说明（按顺序排列，请自行对应，也可以对照样例作图）：

3.4.7　综合作业

请绘制出后面的地球化学分解图，并根据所绘制的图件将以下的图名与图件对应起来，在图名后标出图件说明。

（1）三元图。

花岗岩 Q-A-P 分类图

花岗岩 构造环境 Rb/30-Hf-3Ta 判别图

玄武岩 构造环境 Ti/100-Zr-Sr/2 判别图

玄武岩 构造环境 2Nb-Zr/4-Y 判别图

玄武岩 构造环境 Ti/100-Zr-Y ×3 判别图

玄武岩 构造环境 Hf/3-Th-Nb/16 判别图

玄武岩 构造环境 Hf/3-Th-Ta 判别图

玄武岩 岩石系列 FeO *-Na_2O + K_2O-MgO（FAM）图

玄武岩 构造环境 TiO_2-10 × MnO-10 × P_2O_5 图

玄武岩 10 · TiO_2-Al_2O_3-10 · K_2O 图解（赵崇贺）

Pearce' s 玄武岩 FeO *-MgO-Al_2O_3 判别图（FMA）

Pearce' s TiO_2-K_2O-P_2O_5 图解

（2）二元图。

火山岩全碱—硅(TAS)分类图
火山岩 Zr/TiO_2—Nb/Y 分类图(Winchester and Floyd,1977)
火山岩 SiO_2—Zr/TiO_2分类图(Winchester and Floyd,1977)
Al_2O_3—SiO_2 岩石热水成因模式图
SiO_2—$Al_2O_3/(K_2O+Na_2O+CaO)$(含矿性判别图)
玄武岩 TFeO/MgO—TiO_2 成因图解
玄武岩 P_2O_5—TiO_2 成因图解
玄武岩 构造环境 Ti—Zr 判别图
玄武岩 构造环境 Zr/Y—Zr 判别图
玄武岩 构造环境 La—Nb 判别图
玄武岩 构造环境 Pearce's F1-F2 判别图
玄武岩 构造环境 Pearce's F2-F3 判别图
Batchelor's R1—R2 花岗岩成因分类图解
花岗岩 构造环境 Nb—Y 判别图
花岗岩 构造环境 Ta—Yb 判别图
花岗岩 构造环境 Rb—Y + Nb 判别图
花岗岩 构造环境 Rb—Yb + Ta 判别图

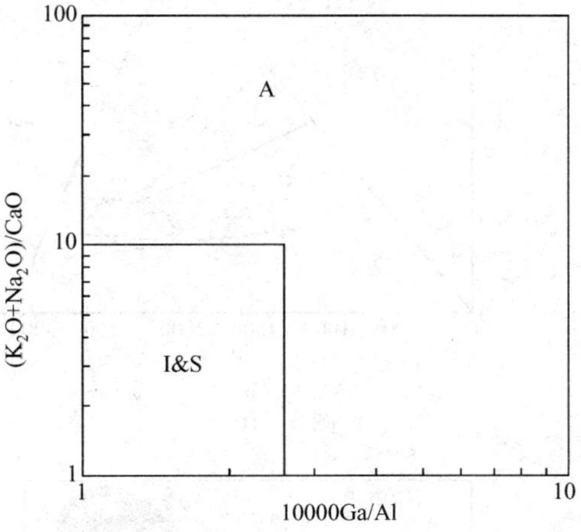

图 3－9

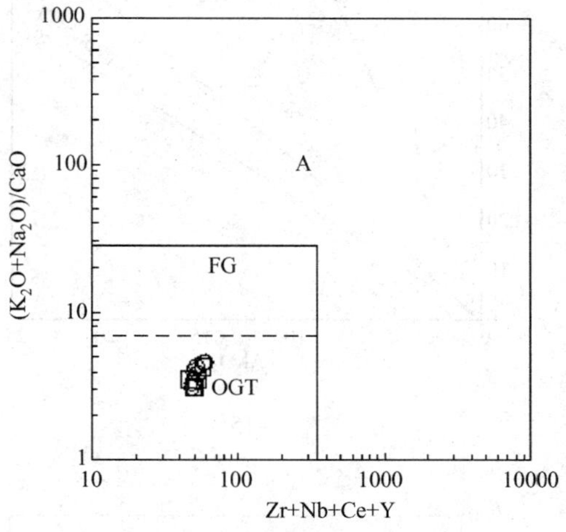

图 3－10

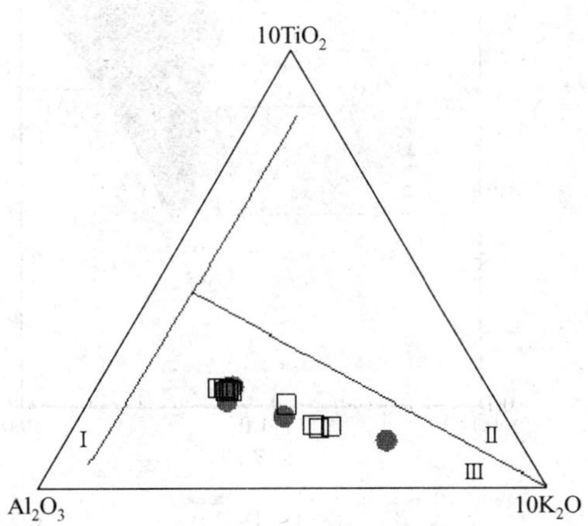

图 3－11

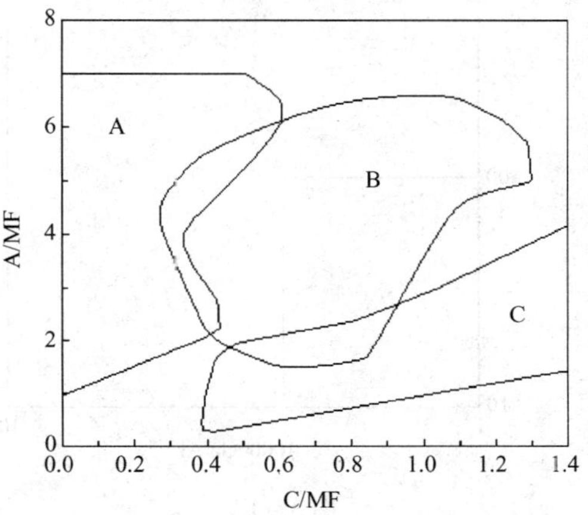

图 3－12

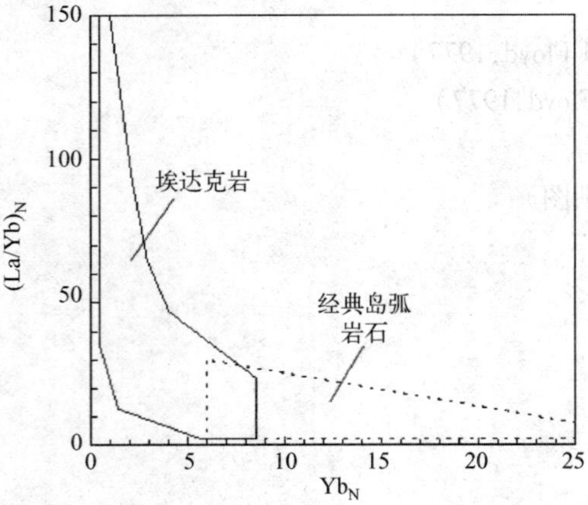

图 3－13

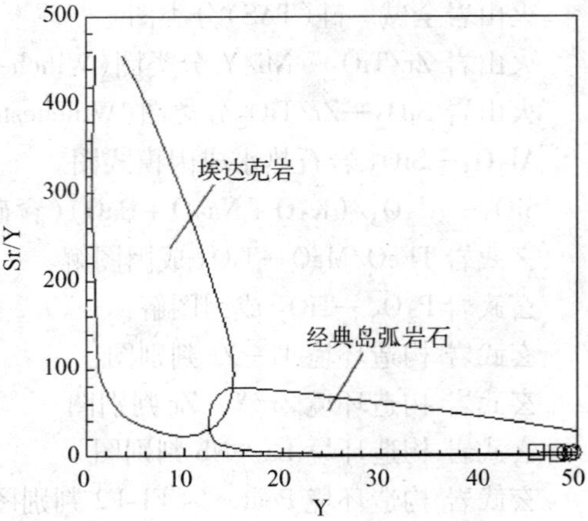

图 3－14

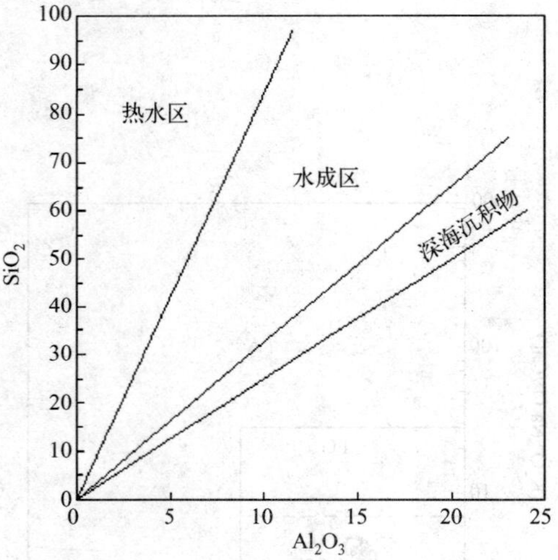

图 3－15

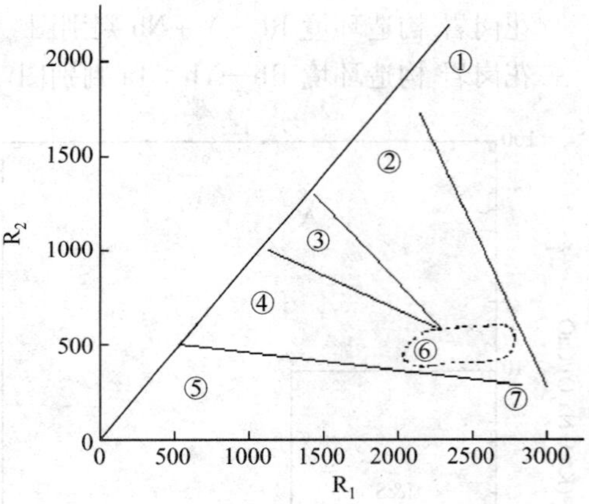

图 3－16

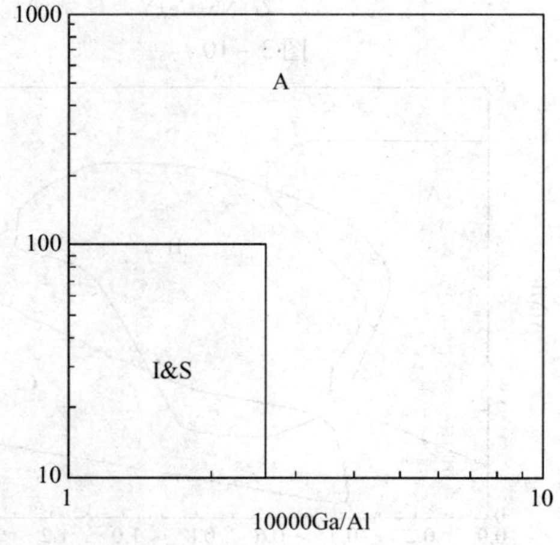

图 3－17

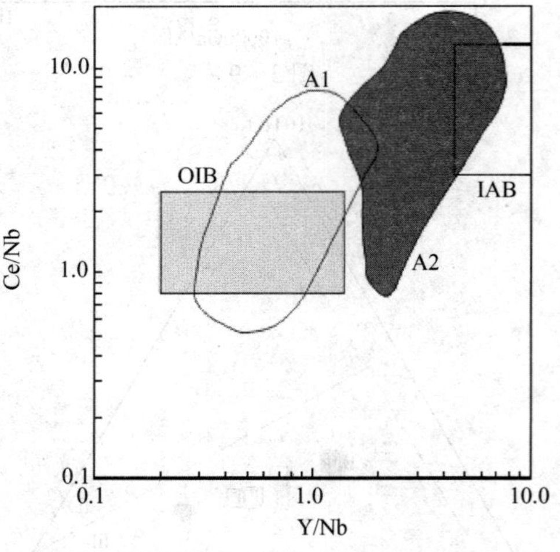

图 3－18

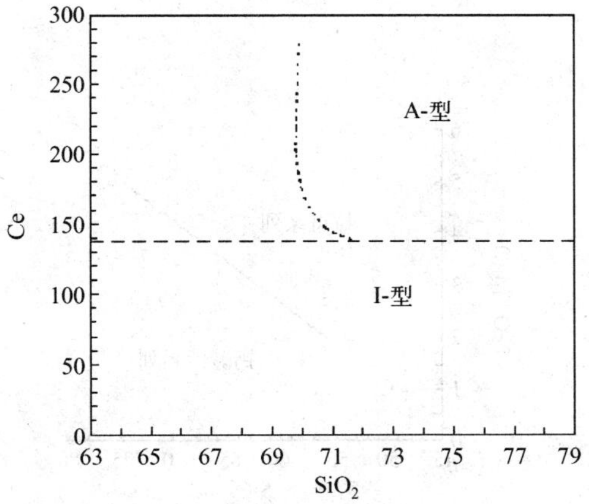

图 3－19

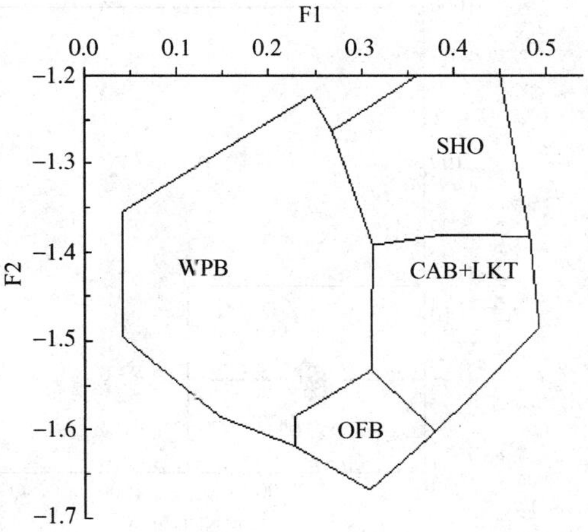

图 3－20

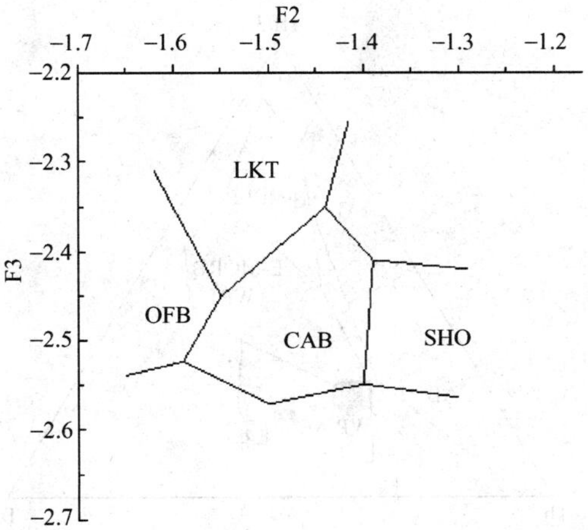

图 3－21

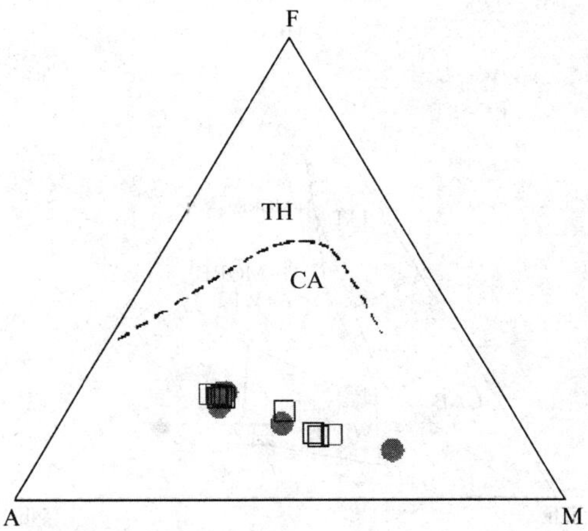

图 3－22

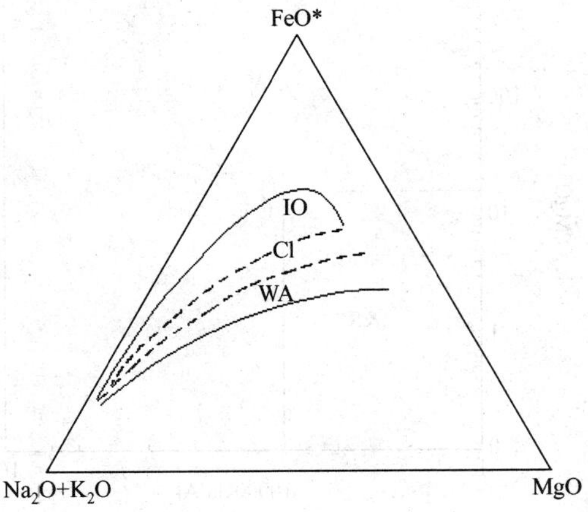

图 3－23

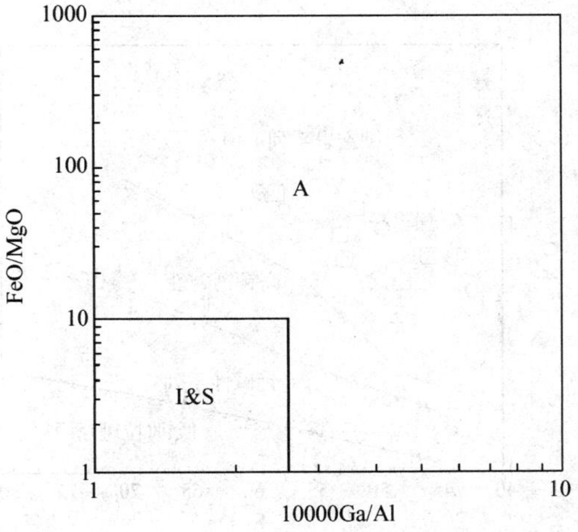

图 3－24

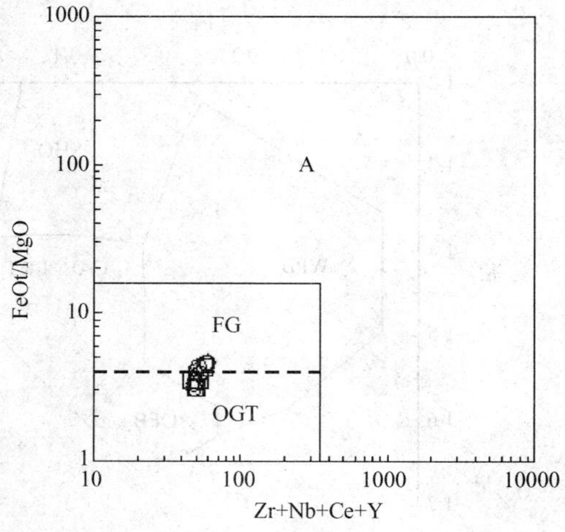

图 3－25

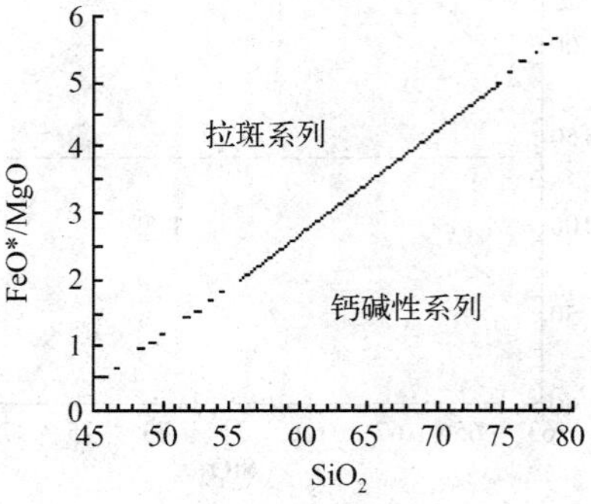

图 3－26

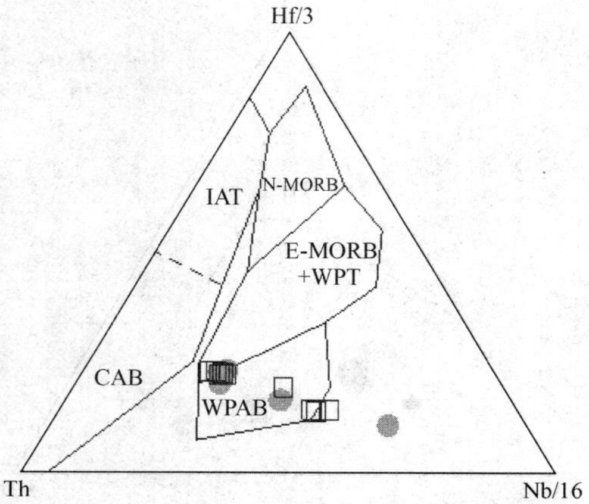

图 3－27

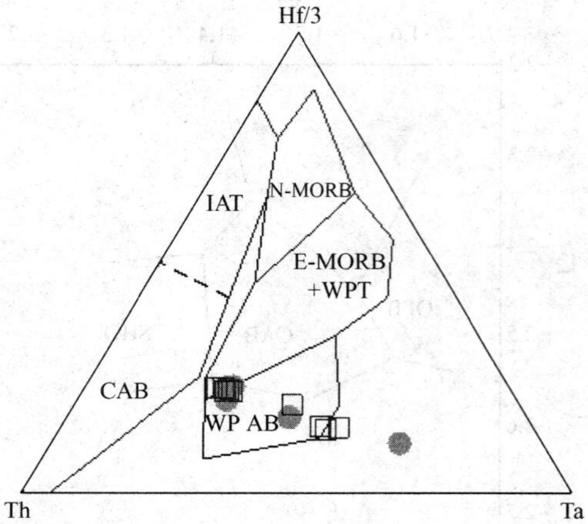

图 3－28

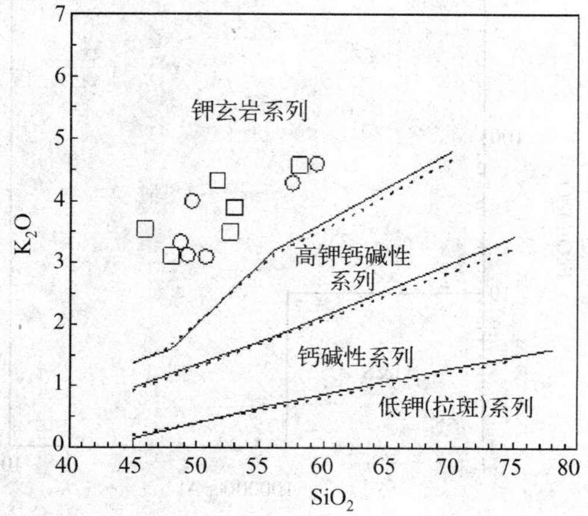

图 3－29

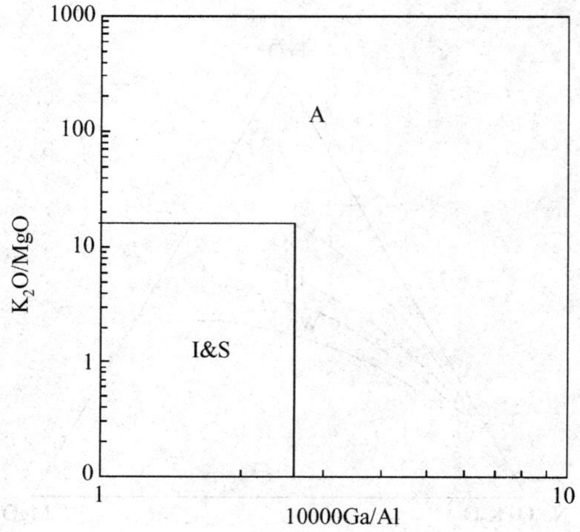

图 3－30

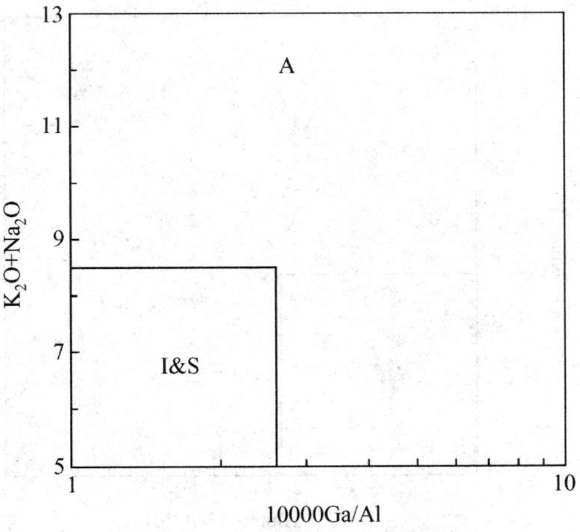

图 3－31

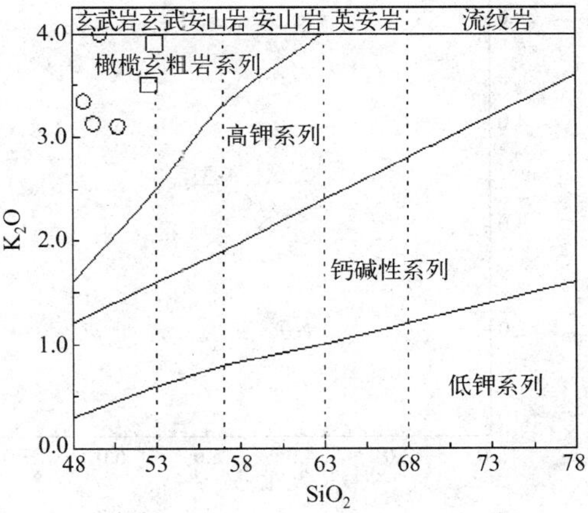

图 3－32

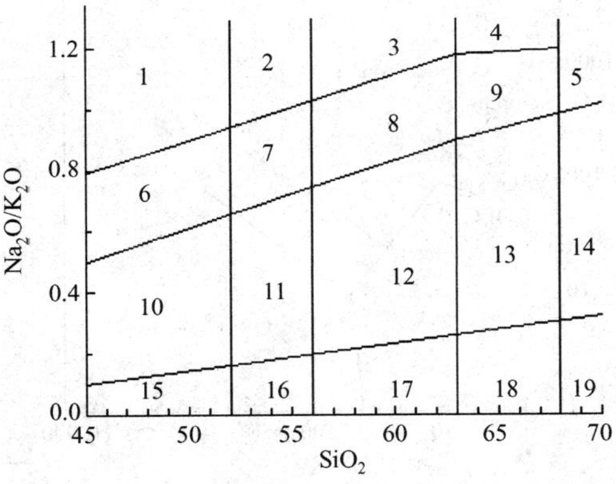

图 3－33

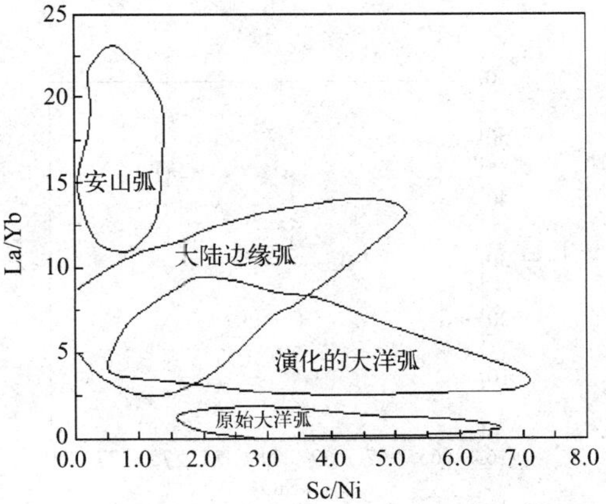

图 3－34

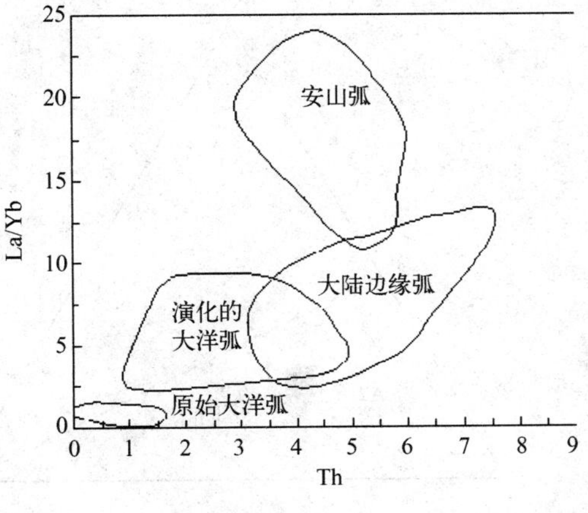

图 3－35

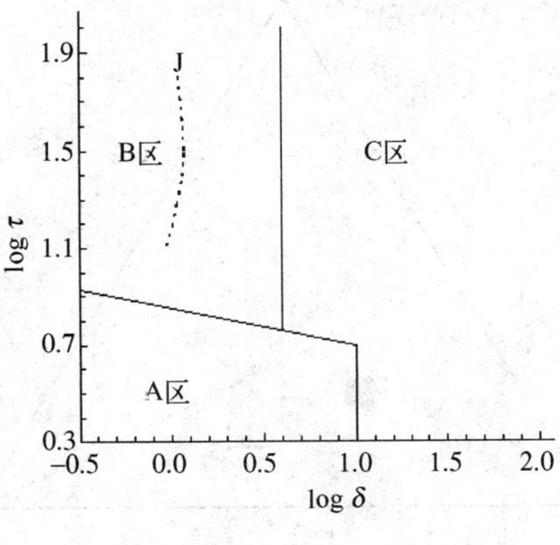

图 3－36

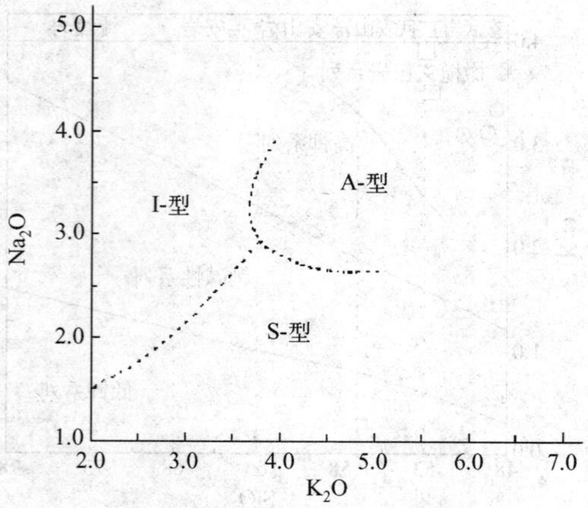

图 3－37

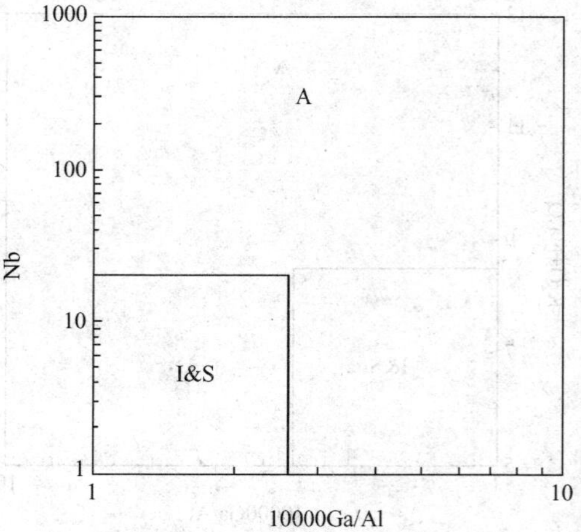

图 3－38

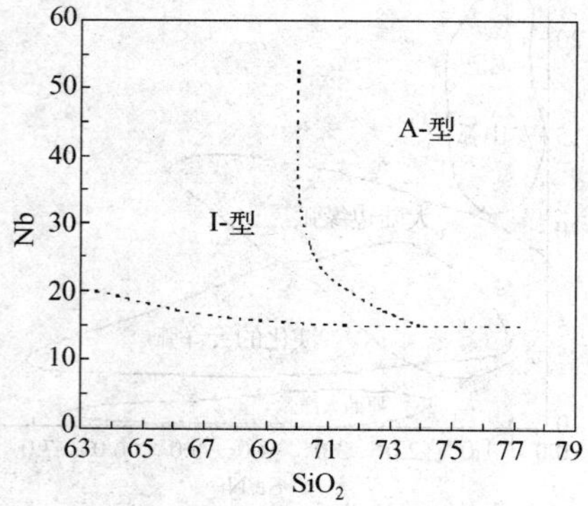

图 3－39

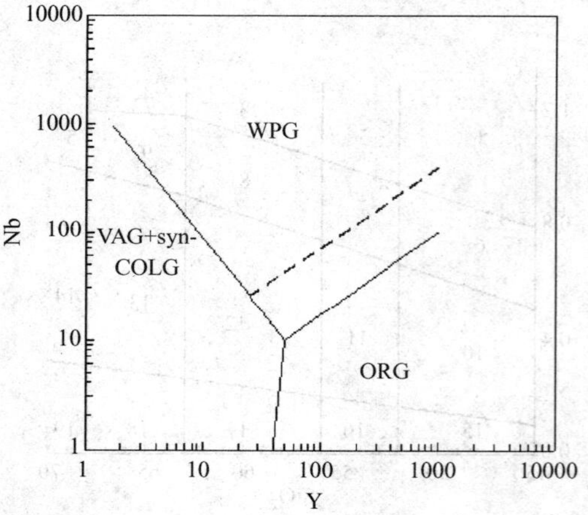

图 3－40

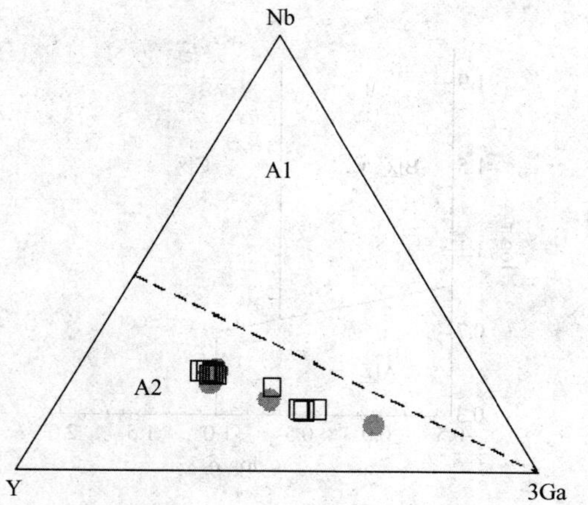

图 3－41

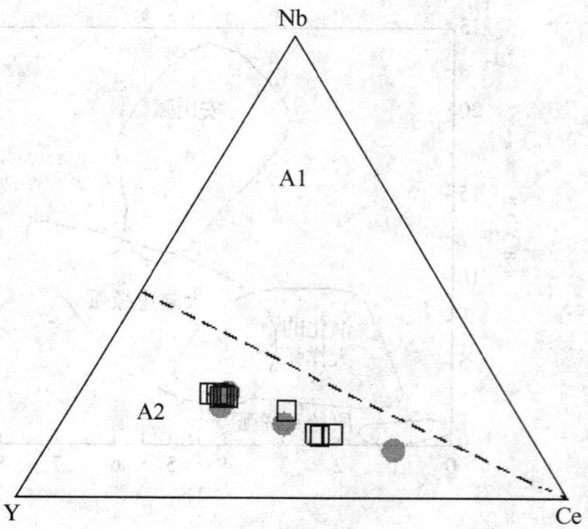

图 3－42

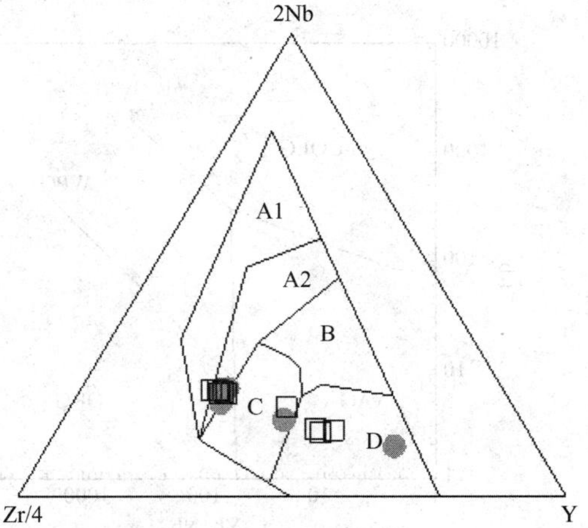

图 3－43

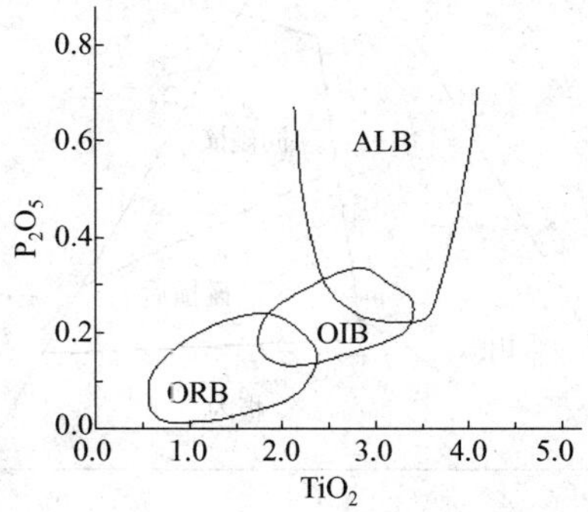

图 3－44

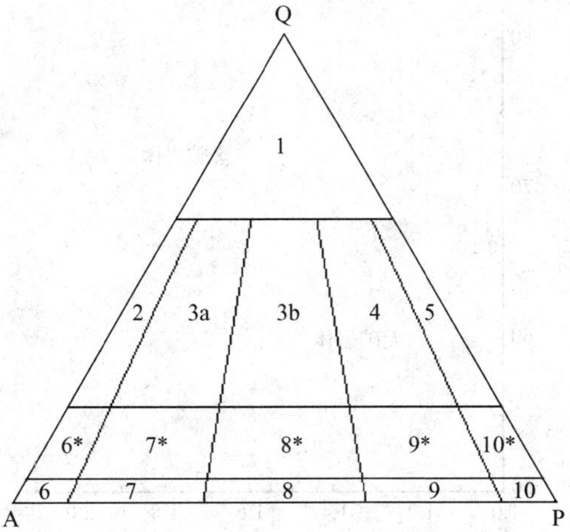

图 3－45

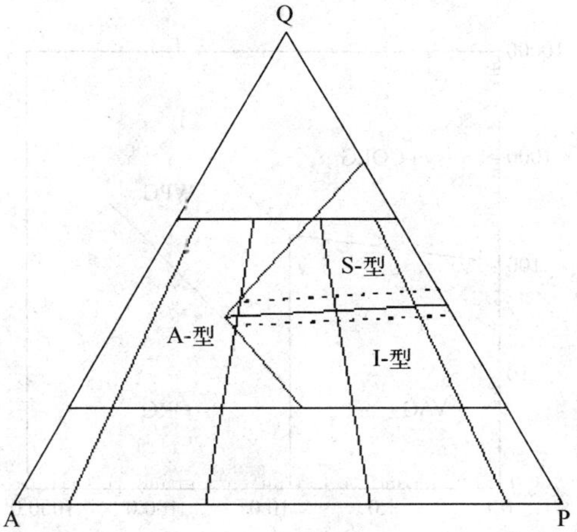

图 3－46

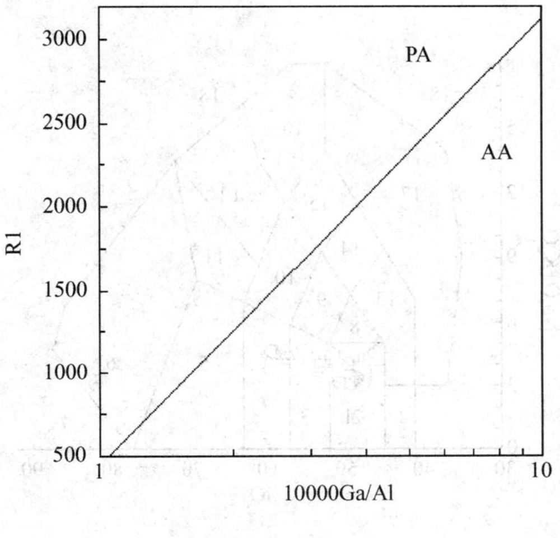

图 3－47

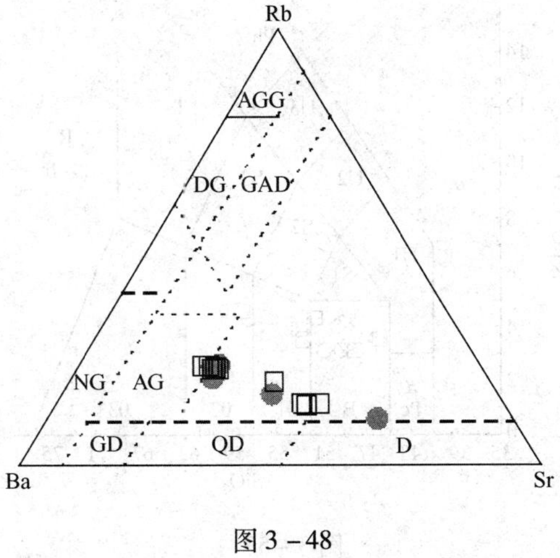

图 3－48

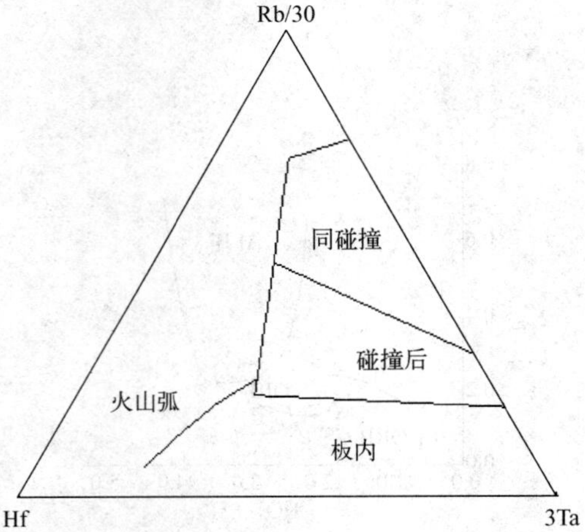

图 3 - 49

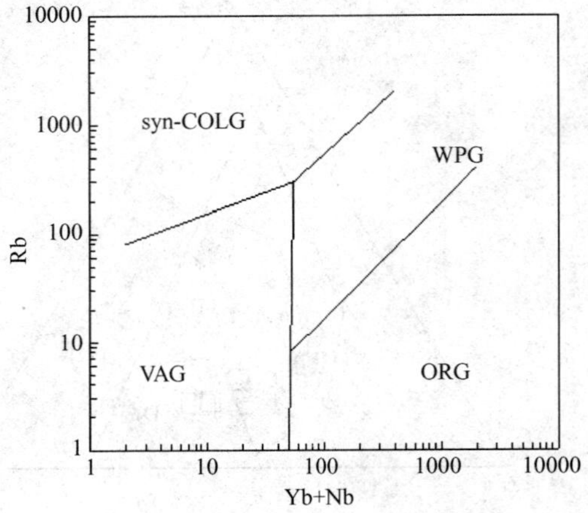

图 3 - 50

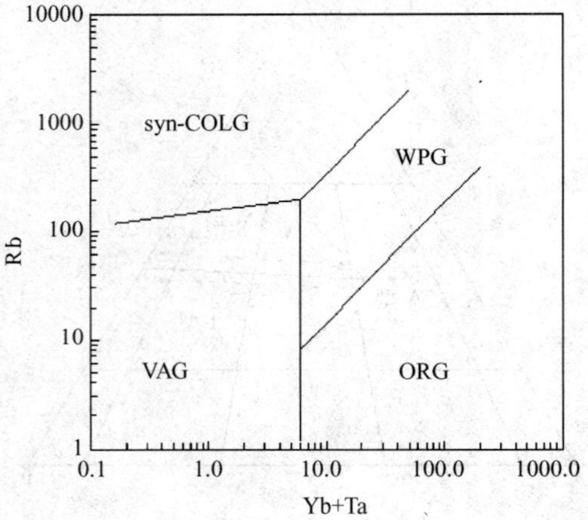

图 3 - 51

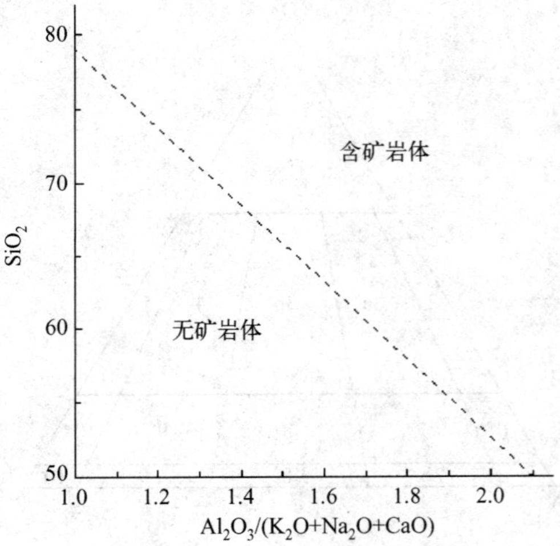

图 3 - 52

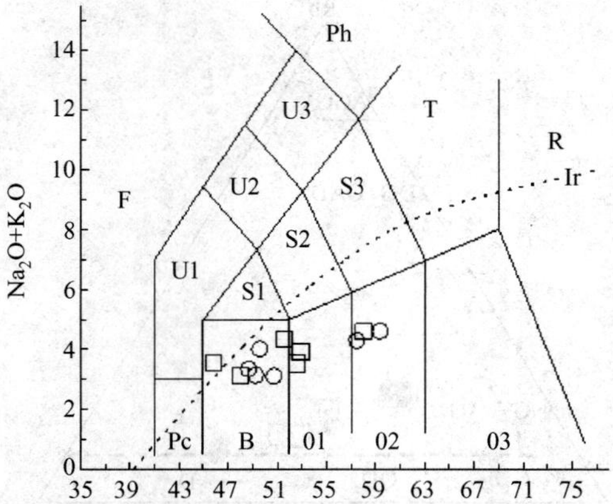

图 3 - 53

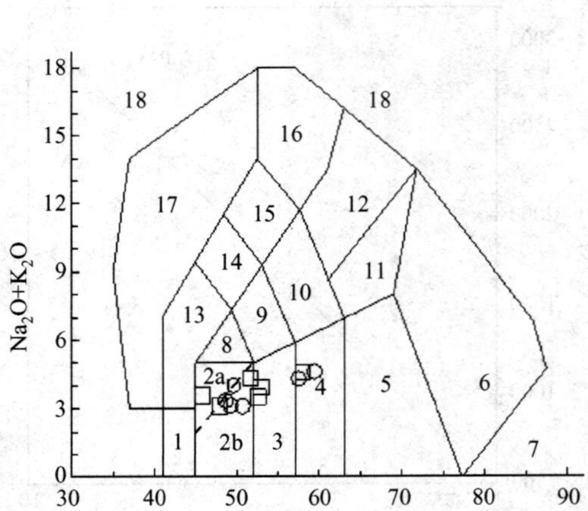

图 3 - 54

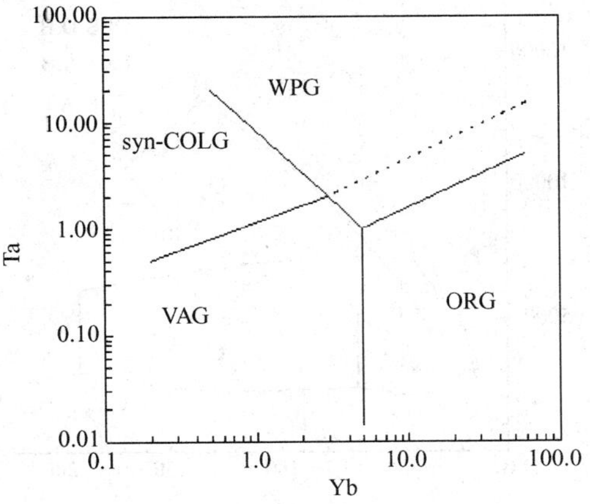

图 3 - 55

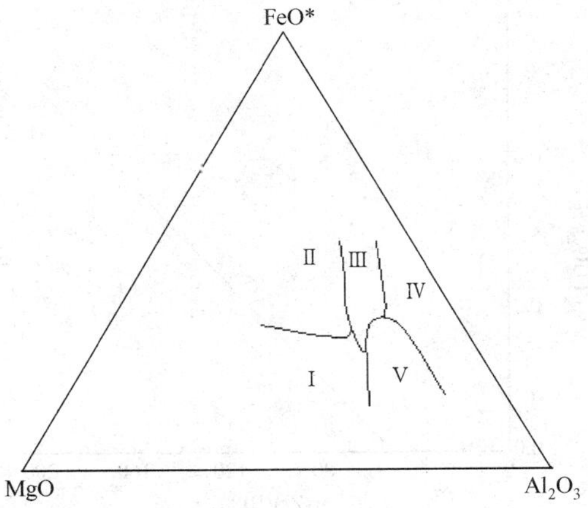

图 3 - 56

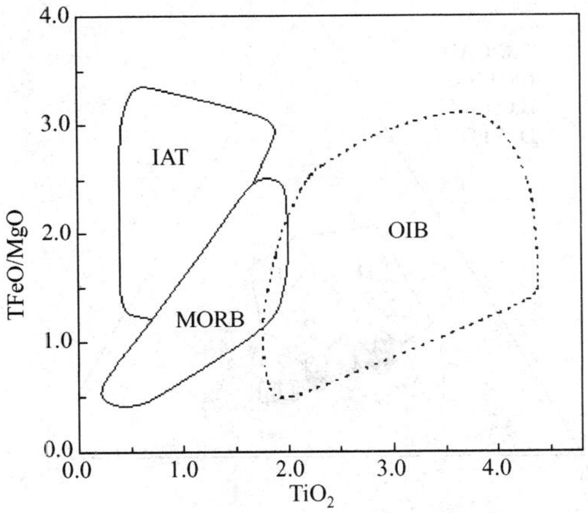

图 3 - 57

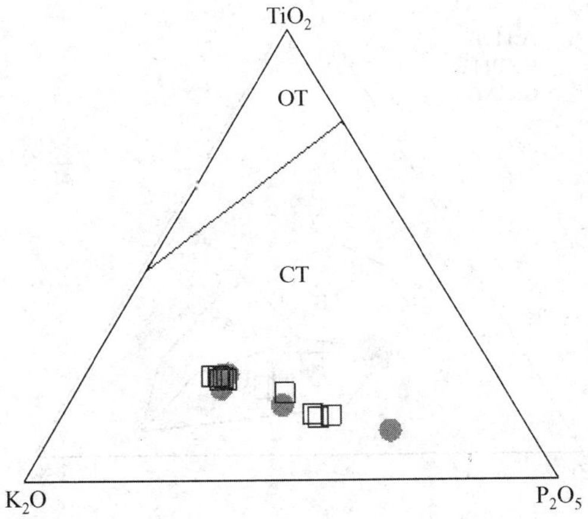

图 3 - 58

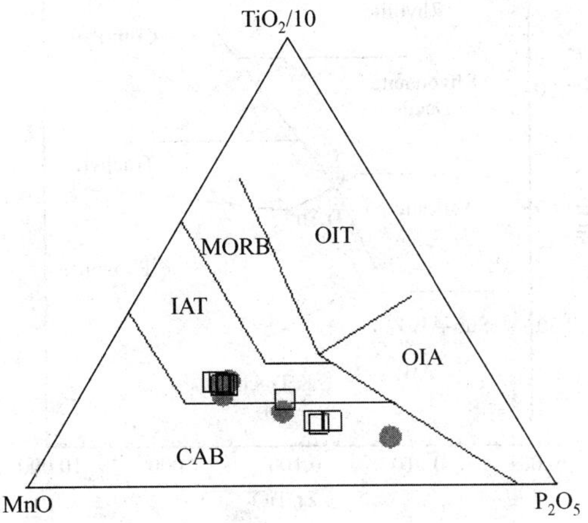

图 3 - 59

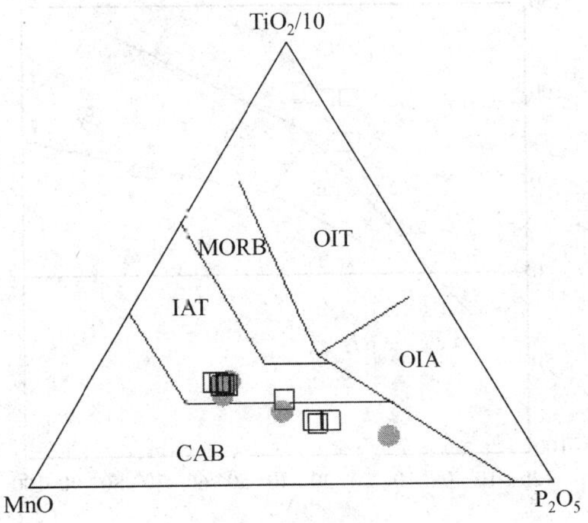

图 3 - 60

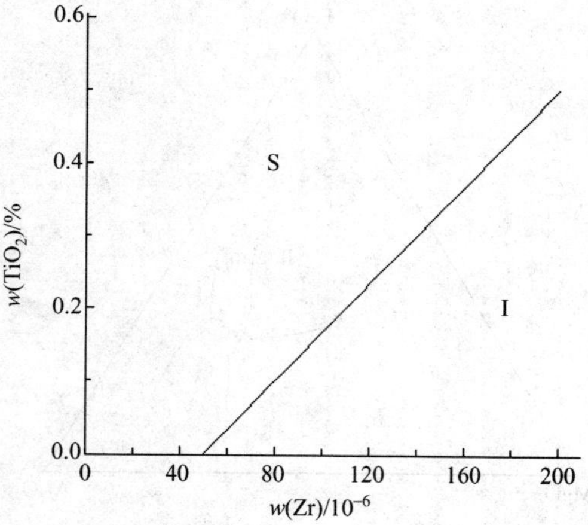

图 3 - 61

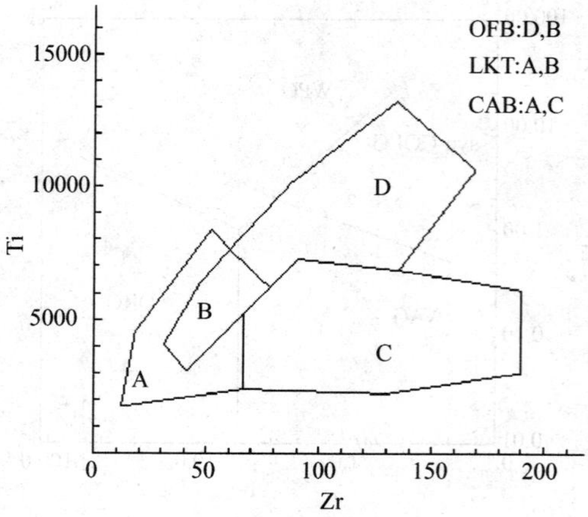

图 3 - 62

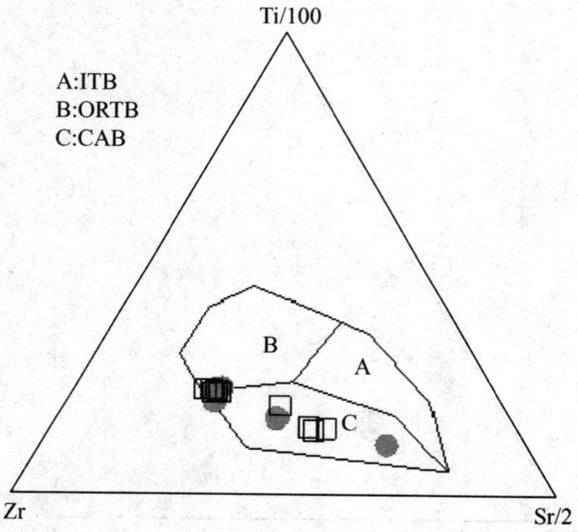

图 3 - 63

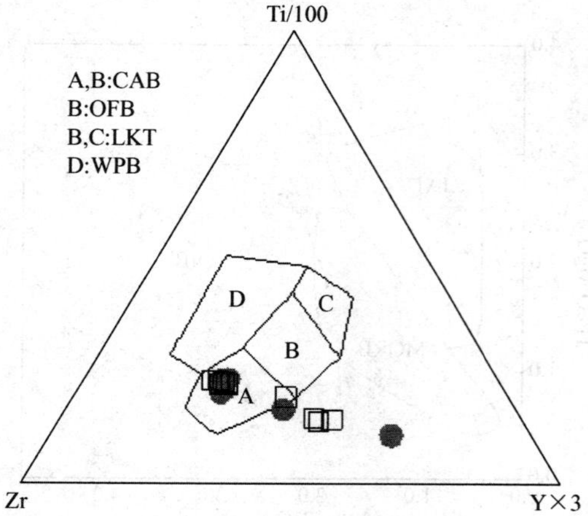

图 3 - 64

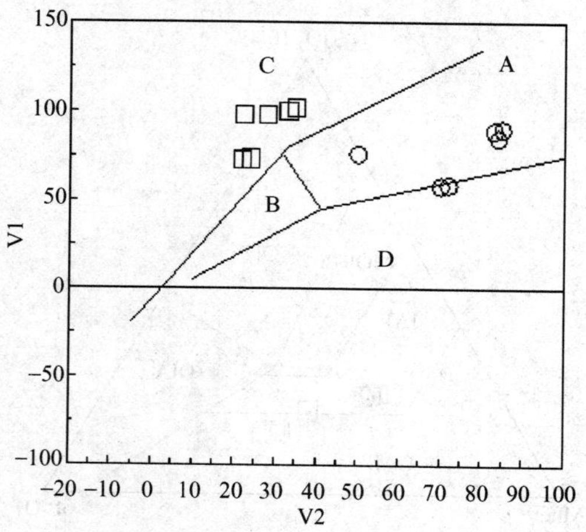

图 3 - 65

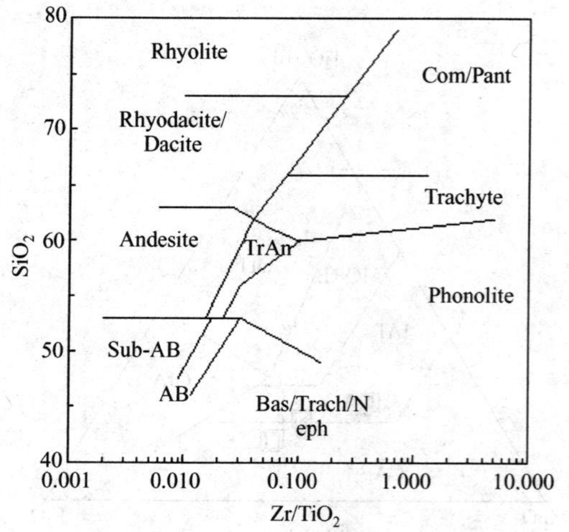

图 3 - 66

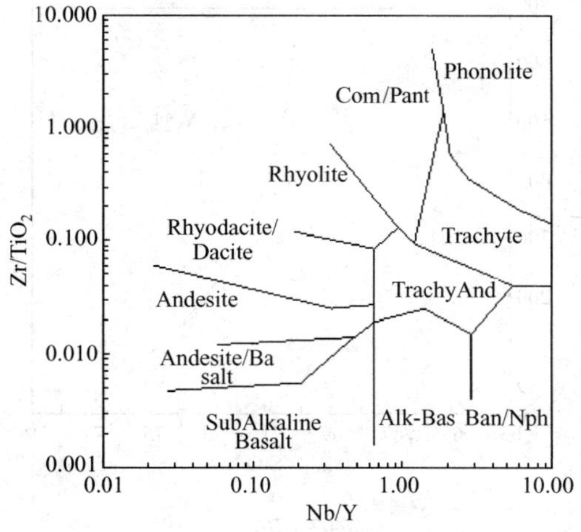

图 3－67

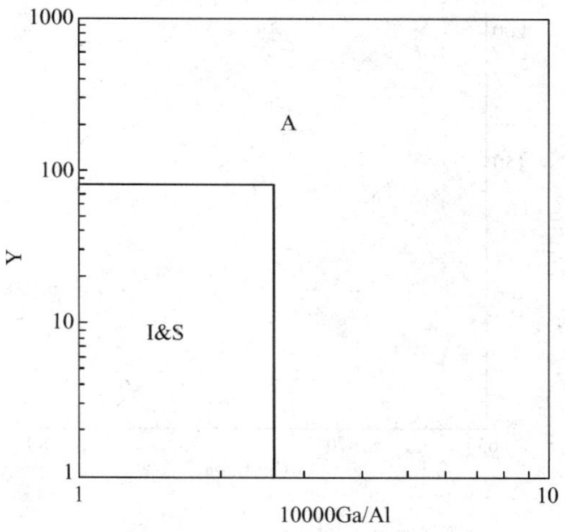

图 3－68

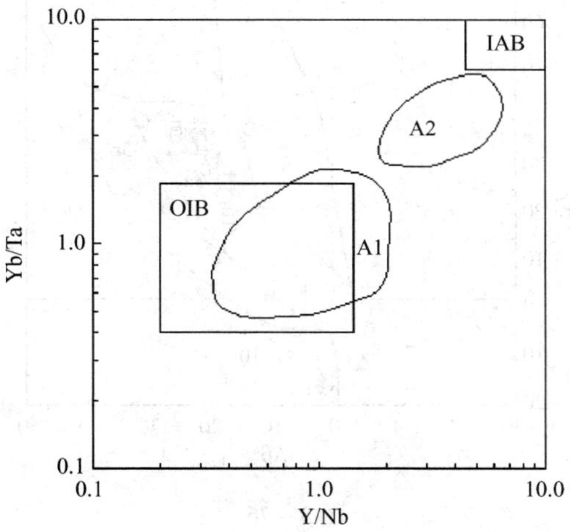

图 3－69

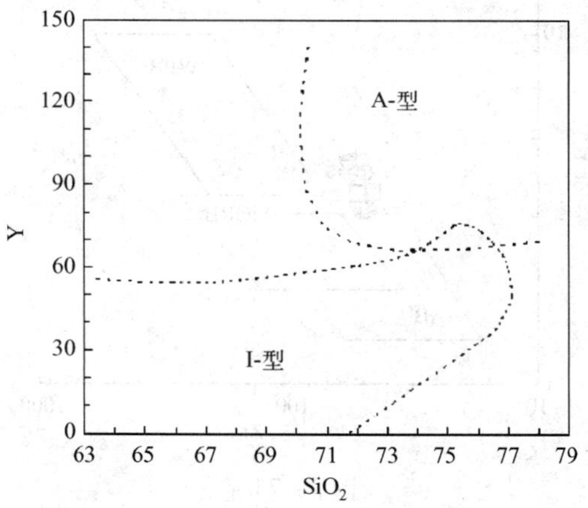

图 3－70

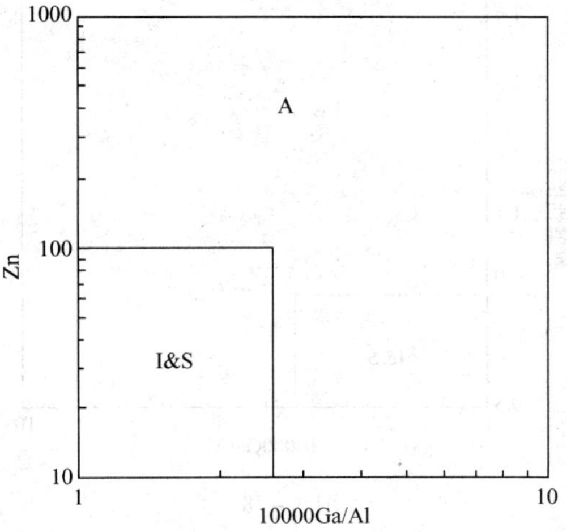

图 3－71

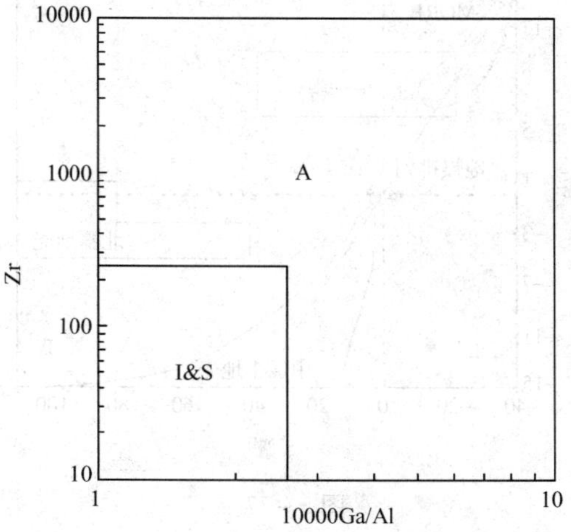

图 3－72

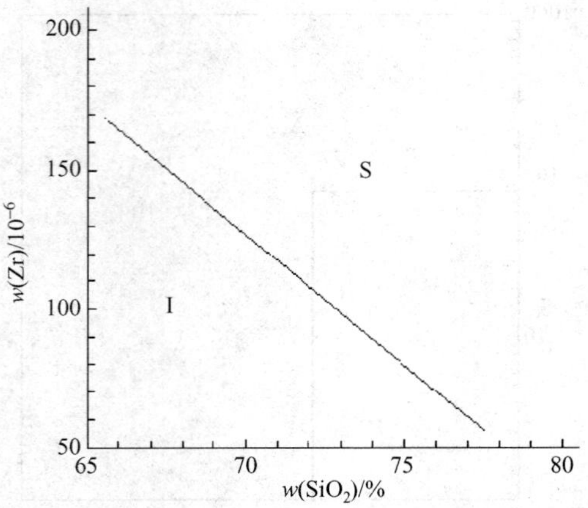

图 3－73

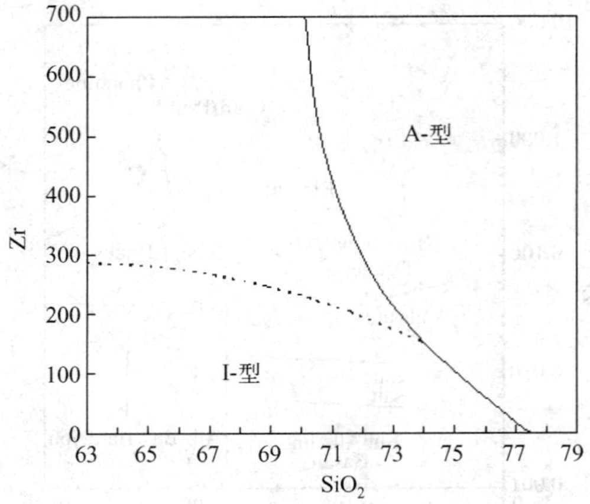

图 3－74

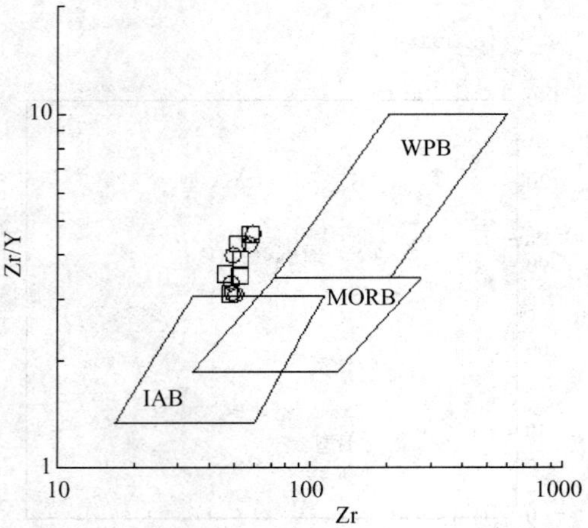

图 3－75

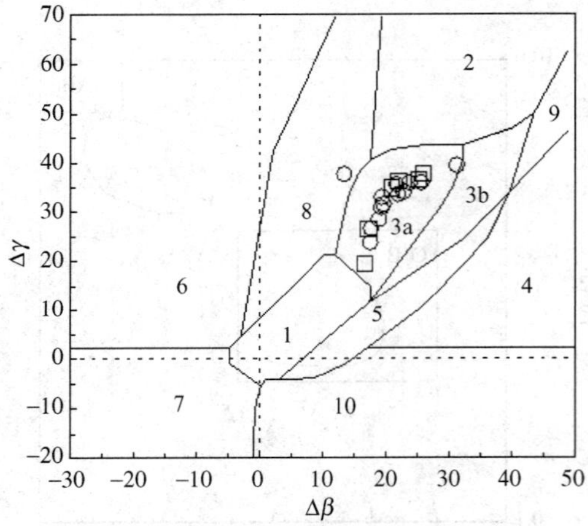

图 3－76

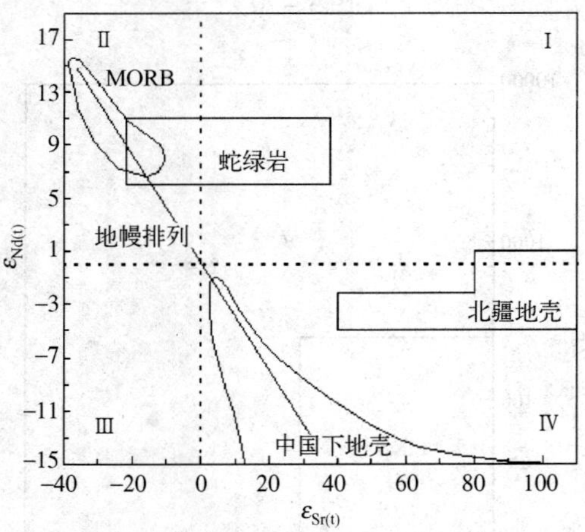

图 3－77

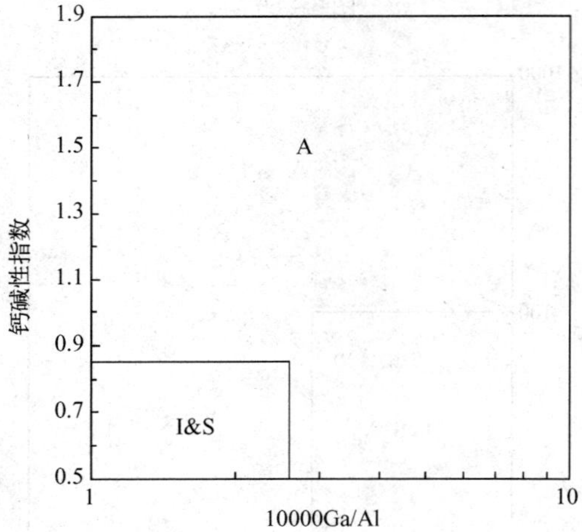

图 3－78

4　GCDPlot 地球化学图解绘制 VBA 程序

GCDPlot 是 Excel 的一个宏程序，可以使用 Excel 的数据以标准的 Excel 图表格式绘制各类地球化学图解，还可以对各类图解进行增、删、修改等操作，生成工具所没有附带的图解。

4.1　特　　点

（1）纯 Microsoft Excel VBA 加载宏程序。

（2）直接应用 Excel 数据作图，无须数据转换。

（3）输出是标准的 Excel 图表，可以在 Excel 中进行修改、修饰、输出、打印等操作，程序可以绘制的图解可以任意修改、增删程序提供图解修改工具。

（4）其他地化 Excel 模板（蛛网图，REE），CIPW 标准矿物计算，元素周期表。

（5）安装：启动 Excel，选择工具/加载宏，如果 GCDPlot 没有在列表，选择浏览找到其所在目录并选择。

（6）卸载：启动 Excel，从工具/加载宏，去掉对 GCDPlot 的选择，然后删除 GCDPlot 的所有文件即可。

4.2　图解绘制

4.2.1　选择图解类型

在 Excel 下加载宏后，GCDPlot 会向 Excel 增加一个工具条和一个名为“Discrimination”的按钮，单击后会弹出一个对话框，可以从中选择需要的图解，双击条目或者单击对话框的“确定”或“Next”按钮到下一步：数据输入。

4.2.2　输入数据

数据输入部分可以加入数个系列的数据，根据不同的地化图解，每个系列有二或三个输入文本框。对于直角坐标的图解（也称协变图解），则需要 X 轴或 Y 轴两组数据，而对于三角图解，则需要三组数据。文本框为 Excel 的 RefEdit 文本框，也称“数据区域框”，利用它用户可以简单地在电子表格中利用鼠标拖拉选择需要的数据。

4.2.3　编辑、修改图解

选择数据后，单击完成即可完成需要的图解。如果没有选择数据，或者选择的数据有问题，程序会自动忽略有问题的数据，或者不绘制数据，用户可以利用 Excel 提供的方法，简单地在图表上单击鼠标右键，选择数据源，然后进一步添加需要的数据。所生成的图解为标准的 Excel 图表格式，可以进一步编辑、修改、输出和打印，增加需要的修饰，增、删、修改数据。

4.2.4　散点图和三角图

单击“Discrimination”图标，从“diagram categories”选择“scatter and ternary”，然后选择散点图或三角图，添加数据即可绘制。

4.2.5　增加、编辑、删除图解

程序有两种办法增加、编辑、删除图解。

第一种是编辑图解定义文件（位于程序目录下 dig 子目录），定义文件格式为标准的 Windows INI 文件格式，其格式具体说明见后。

另外，可以使用图解修改工具修改。单击“config”按钮，一个对话框会显示所有图解的类型以及各类型的具体图解，用户可以使用此工具对图解进行必要的修改、增删。

4.2.6　其他工具

单击“Chart template”选择蛛网图，REE 图解，可新建绘制此类图解的 Excel 文件。

单击 CIPW、Periodic 按钮，启动 CIPW 标准矿物计算，元素周期表。

4.2.7　作业题

使用 GCDPlot 程序绘制以下四幅图。

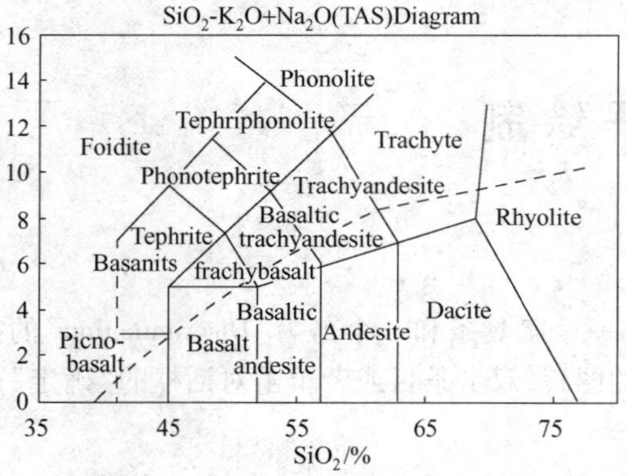

图 4－1

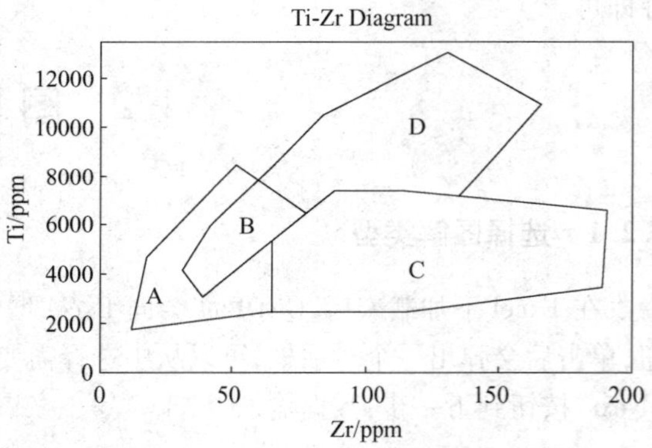

图 4－2

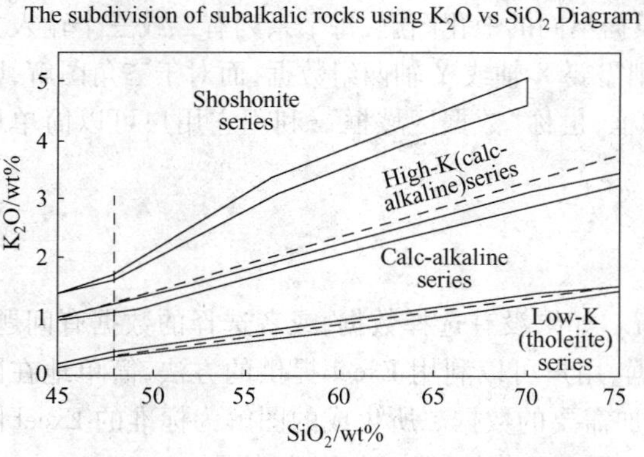

图 4－3

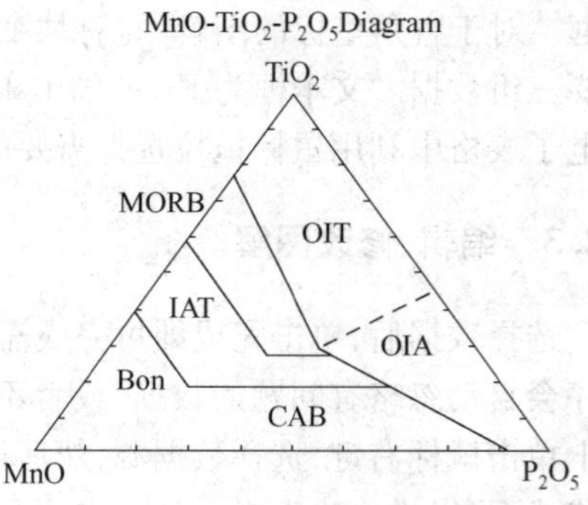

图 4－4

5　地质成图 CAD 及辅助制图工具集

5.1　AutoCAD 的基本图形绘制技术

AutoCAD 基本技能练习只要把下面这个剖面图绘制完成，基本的绘图功能全部囊括在其中，这是我近 20 年来一直坚持教学 CAD 必修的第一课，且这一课的内容足矣，其基本思路可以举一反三到任何需要使用到 CAD 平面绘图技术的领域。

5.1.1　教学目的——从本章中您究竟要学到些什么

本章的学习目的是从一个完整的实例入手，将整个绘图过程、常见的绘图与修改命令有机地融合在一个实例之中，这种教学方法我们称之为“目标驱动”。

“目标驱动、反向教学”法并不是先将一个个命令、一个个功能进行详解，这样学习效率与兴趣都不高，而是先设定一个目标练习(不是随意定的)，下面这幅图就是一个需要您达到的“目标”，其中已将制图中的 20 多种常见命令与功能有机地融入到这个“目标”之中。

只要做完下面的这道题，保证让您学有兴趣，学有效率，20 年来，习者无数，编者一直使用这种教学方法面向研究生、本科、高职及短期培训班的学员，取得了相当好的教学成效。

5.1.2　终图分析——如何绘制这幅图

图 5－1 从哪儿下手呢？首先分析这幅图的要素：有图形、标注、文字、图案四种，图案使用填充图案工具，需要注意到缩放比例因子的调整；文字使用文字创建工具，需注意到字形；标注用到了多种标注方式：直线标注、连续标注、圆心标注、圆弧标注等，重点是标注样式的设定。

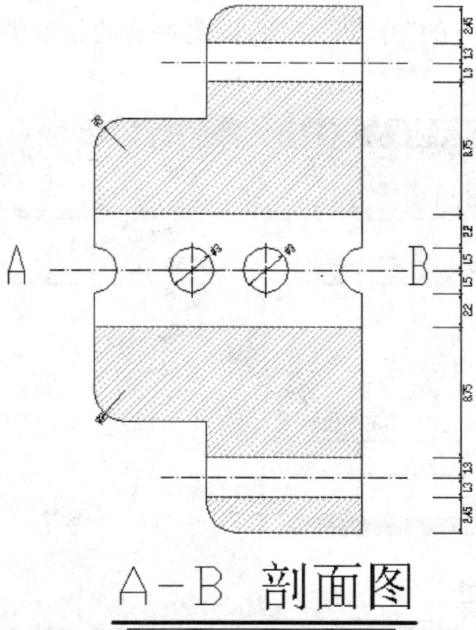

图 5－1　最终需要绘制的这幅图

图形要素是关键，因为对称，所以先应该画下面，再通过镜像复制到上边，绘制下面部分需用到画直线、偏移、圆角、修剪等命令，中间的小圆用阵列命令，向右扩展需用到拉伸命令。

5.1.3 绘图步骤——步进教程助您上机实验操作

（1）点击新建文件，在“打开”处选择“无样板打开—公制”一项，创建空文档，如图 5 - 2 所示。

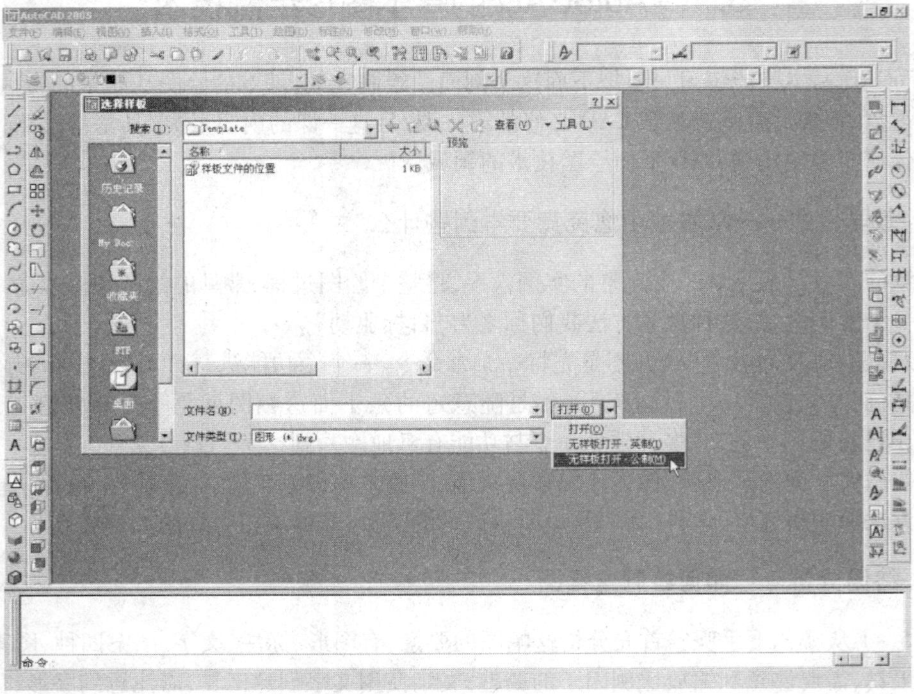

图 5 - 2　使用默认设置建立一个新文件

（2）点击菜单“格式”之下的“单位”一项，设置系统的长度类型为“小数”、精度为“0.00”，图形单位为“厘米”，见图 5 - 3。

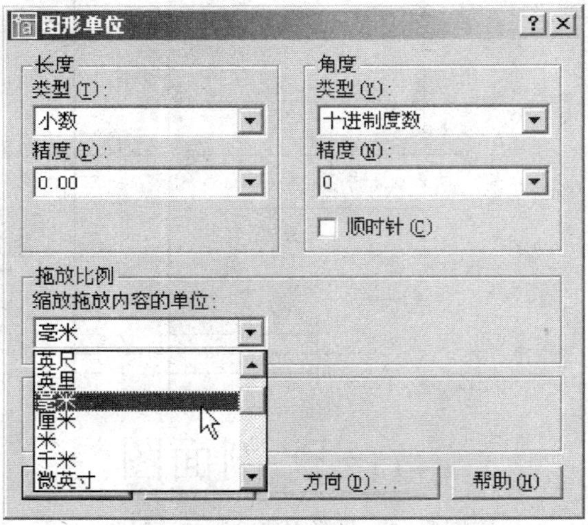

图 5 - 3　设置单位为毫米，精度为两位小数

(3) 点击菜单“格式”/“图形界限”,设定图形界限的右上角(矩形区域)坐标为(6,5)。命令行的显示为:

指定左下角点或[开(ON)/关(OFF)]<0.00,0.00>: [按空格表示默认坐标为(0,0)]

指定右上角点<420.00,297.00>:6,5 [按空格、回车、鼠标右键都是结束]

》》》什么是图形界限:

因为 CAD 绘图原则是实际尺寸绘图,不同比例输出;而实际工程有大到一个城市的规划,小到一个零件,尺寸何止相差十万八千里,但你要将它放进计算机这么大的一个屏幕里,必须给它设置一个虚拟空间,与实际工程的尺寸大致相符,那么这个矩形的虚拟空间就是“图形界限”,所以你先绘某一幅图,想一想它到底实际有多大的一个范围,然后必须设置这个界限范围,不能太大或太小,设置了图形界限后,必须要进行全局(部)缩放。

(4) 点击全局(部)缩放图标(见图 5-4),可以看到屏幕左下角鼠标的 X、Y 坐标在图形界限范围内(6,5)变动数值。

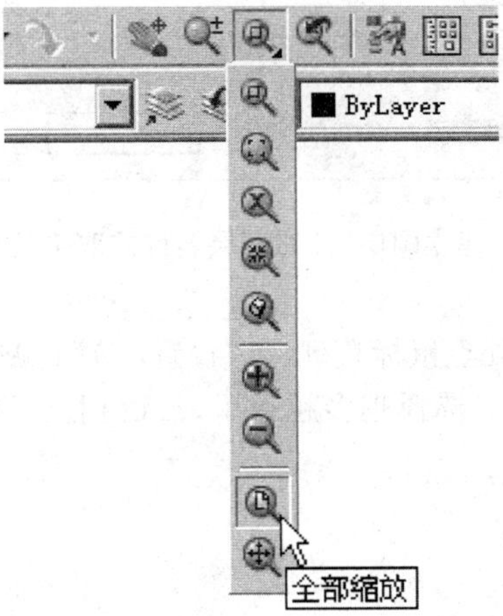

图 5-4 第一排工具栏上的四个缩放按钮及有三角区隐藏的按钮以后在绘图中经常使用到

(5) 点击建立图层按钮,并按下列方式建立五个不同颜色的图层,如图 5-5 所示。

(6) 进入图层“01-图形”之中开始绘图,点击 F8 功能键切换到“正交”方式(也即是只在水平方向及垂直方向进行绘图),点左边绘图工具的绘制直线工具(或直接敲热键 L),给第一点坐标为(1.5,2.5),光标向下移动后直接键入 1,然后鼠标右移(不能点,给了数值后必须按空格)给 0.75,下移给 0.75,右移给 0.75,上移又给 3,回车后结束画线(见图 5-6),结果如下:

命令:_line 指定第一点:1.5,2.5 [空格或右键或回车结束]

指定下一点或[放弃(U)]:1 [垂直向下 1 cm]

指定下一点或[放弃(U)]:0.75 [水平向右 0.75 cm]

指定下一点或[闭合(C)/放弃(U)]:0.75 [垂直向下 0.75 cm]

指定下一点或[闭合(C)/放弃(U)]:0.75 [水平向右 0.75 cm]

指定下一点或[闭合(C)/放弃(U)]:3 [垂直向上 3 cm]

指定下一点或[闭合(C)/放弃(U)]: [中间错了可按 U 放弃]

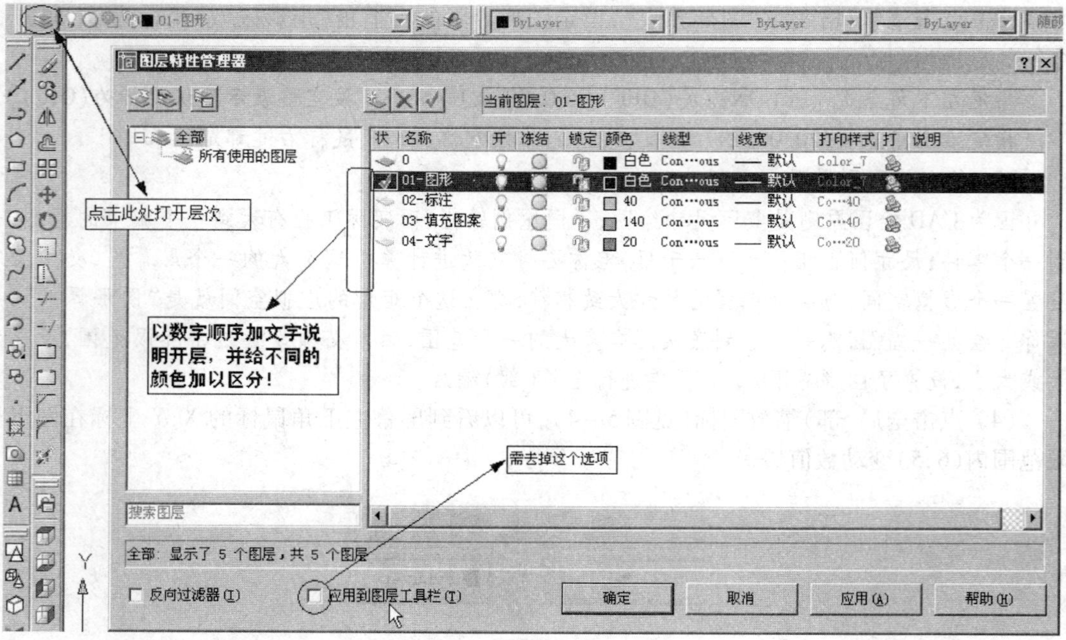

图 5－5　建立图层（注意图层名称的取法及颜色设置）

（7）在状态栏的对象捕捉处点鼠标右键，点"设置（S）"（见图 5－7），将捕捉点设为中点、垂点、端点、交点（见图 5－8），并非选择越多越省事，恰恰相反，选择越多系统捕捉识别得越慢越不准！

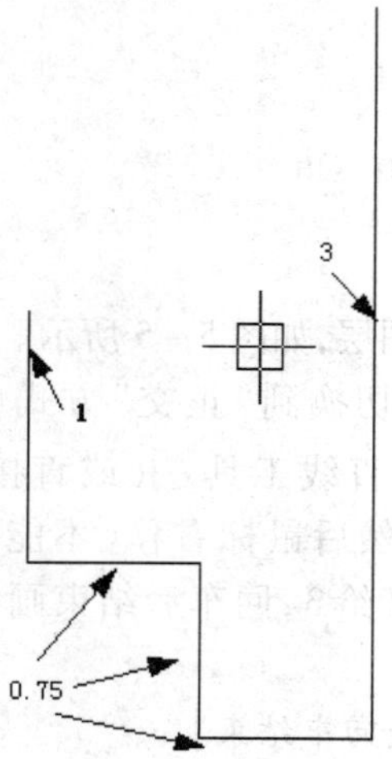

图 5－6　使用正交方式绘制直线段

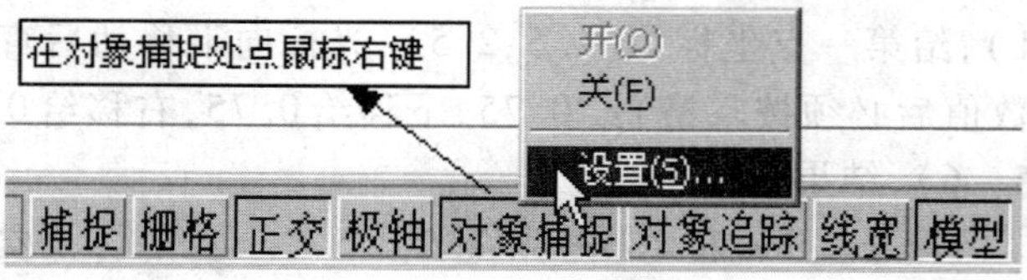

图 5－7　设置对象捕捉的特征点（F3 可切换捕捉状态）

（8）从左边的两个线段的中点向右边引直线捕捉到垂足为止，见图 5－9。

（9）在左边第二列修改工具栏，点偏移按钮（热键为 O），将下面的横线 A 向上向下分别错位 0.13，B 线段向上偏移复制 0.13，其结果如图 5－10 所示，操作如下：

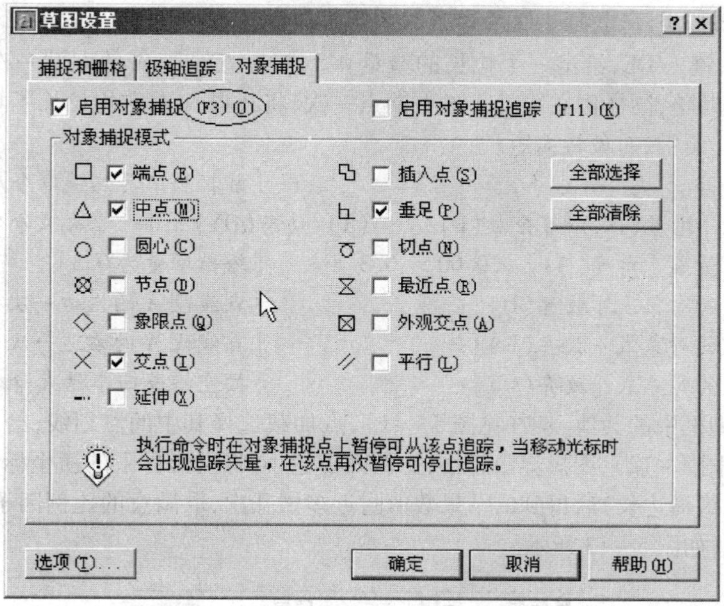

图 5－8　对象捕捉设置为常用的几种特征点:端点,中点,交点及垂点

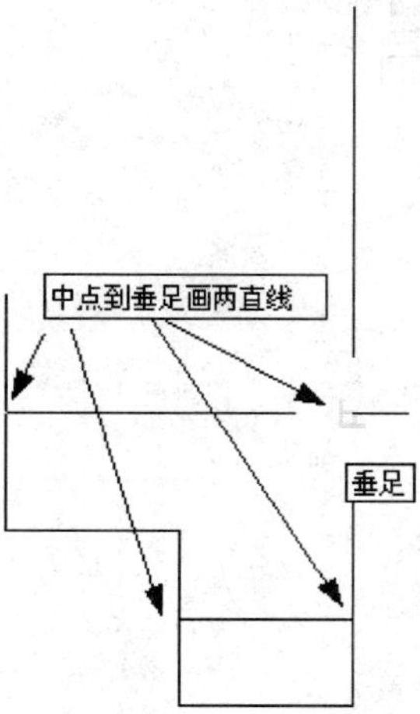

图 5－9　画直线自左边中点至右边垂足

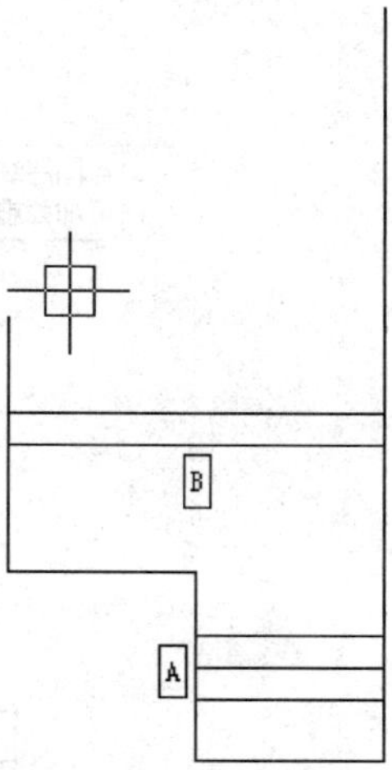

图 5－10　在 B 线向上 A 线上下各偏移 0.13 复制线段

命令:_offset　[点热键 O 也可以]
指定偏移距离或 [通过(T)] <1.00>:0.13　[给偏移距离 0.13]
选择要偏移的对象或 < 退出 >:　[选择线段 A]
指定点以确定偏移所在一侧:[点击线段 A 的上方后就在上方复制一段同长线,间距 0.13]
选择要偏移的对象或 < 退出 >:　[再点选线段 A]
指定点以确定偏移所在一侧:[点击线段 A 的下方后就在下方复制一段同长线,间距 0.13]
选择要偏移的对象或 < 退出 >:　[继续点选线段 B]
指定点以确定偏移所在一侧:[点击线段 B 的上方后就在上方复制一段同长线,间距 0.13]
选择要偏移的对象或 < 退出 >:　[按空格或回车结束偏移命令]

(10) 删除线段 B,在上命令行敲 LEN 拉长线段命令(CAD2005 以下版本也可在绘图工具栏点拉长按钮),键入 DE,给定一个拉长的增量 0.3,然后点线段 A 的左端一次变将 A 拉长了 0.3,点几次拉长几倍,同样再在线段 A 的右端点一次,将线段 A 左右均拉长了 0.3,需要说明的是,若是拉长给出负键,对象将缩短。

命令:LEN　　[敲拉长工具热键命令后]
选择对象或[增量(DE)/百分数(P)/全部(T)/动态(DY)]:de　　[次级命令用增量 DE]
输入长度增量或[角度(A)] <0.00 >:0.3　　[给出增量为 0.3]
选择要修改的对象或[放弃(U)]:　　[点线段 A 的左边一次向左拉长 0.3]
选择要修改的对象或[放弃(U)]:　　[点线段 A 的右边一次向右拉长 0.3]
选择要修改的对象或[放弃(U)]:　　[按空格或回车结束命令]

(11) 点线型框中的其他一项(见图 5-11),点加载选择其中的点划线,给该线的全局比例因子为 0.01(见图 5-12),图形界限越小,比例因子越小,将图形界限的横坐标(本例中为 6)除以 420(默认 A3 纸横边长)后得到的结果数值附近多试几次,取满意的比例因子即可,选择线段 A 将它变成虚线,如图 5-13 所示。

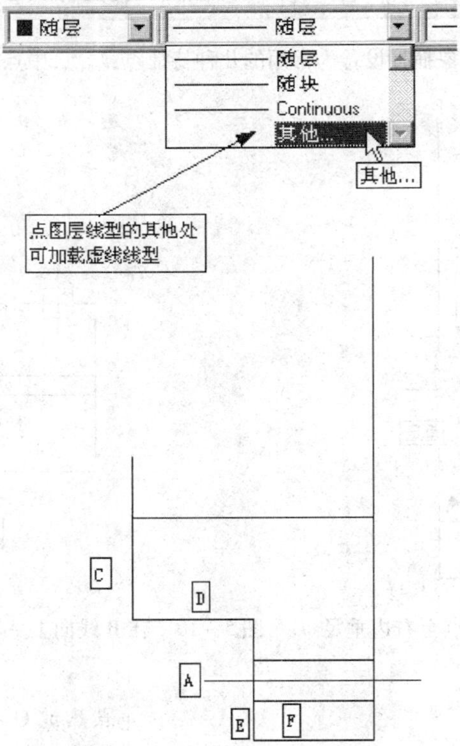

图 5-11　在线型设置处加载虚线赋予线段 A

》》》比例因子如何确定:

在电脑上有时给出的虚线显示不出来,或者后面要讲到的:标注出来后特别大,有时比图形还大;图案填充时没看到图案等情况,都要设定比例因子,一般系统默认纸张尺寸为 A3:420 × 297,所以我们可以将图形界限的第一个数值除以 420 后得到的一个数值就是比例因子的大致数值或数量级,例如图形界限为 5,6,比例因子即是:5/420 约等于 0.01,所以在后面的比例因子就在这个数值的左右进行设置即可,一定要记住这个法则。

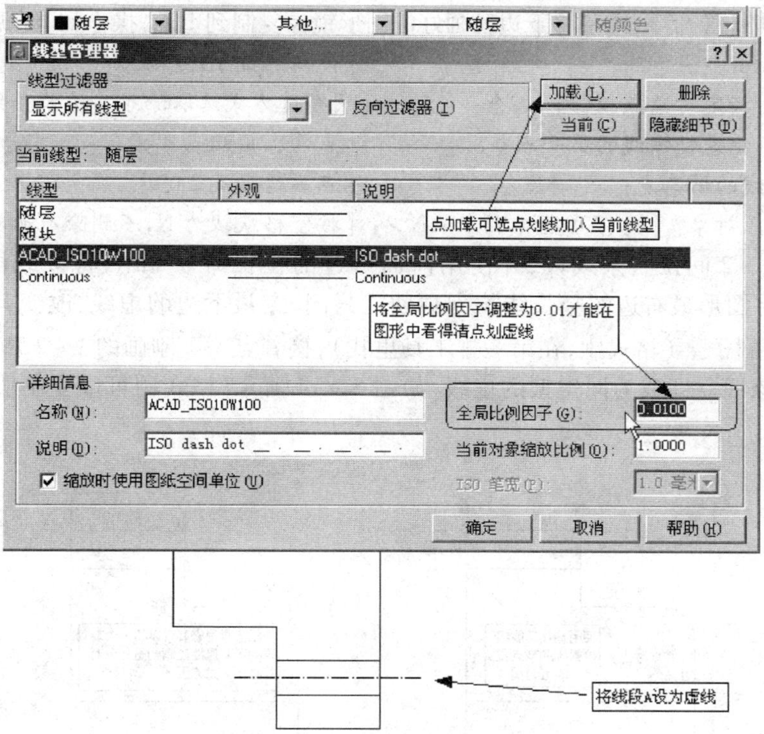

图 5－12　设定虚线的全局比例因子为 0.01 后才能看见线型

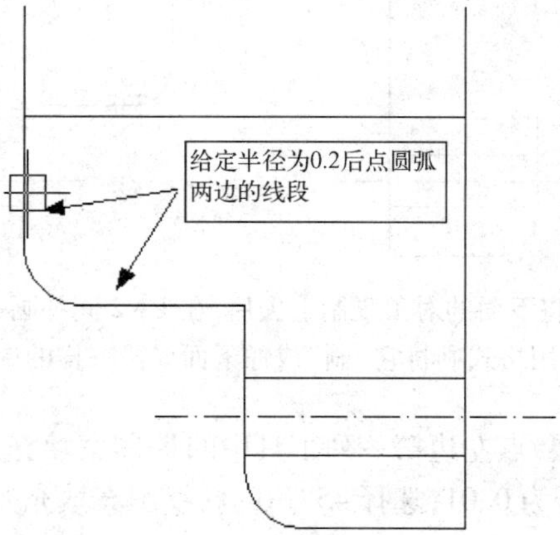

图 5－13　形成圆角一般都是先画直线，再使用圆角命令生成

(12) 点左边第二列工具的圆角按钮，对 C、D 线段及 E、F 线段间形成圆半径 0.2 的两个弧度角(见图 5－13)，操作如下：

命令：_fillet　　[记住它的热键是：F]

当前模式：模式＝修剪，半径＝10.00　　[目前半径为 10，太大需要修改]

选择第一个对象或［多段线(P)/半径(R)/修剪(T)］：r 指定圆角半径 <10.00>：0.2

选择第一个对象或［多段线(P)/半径(R)/修剪(T)］：[点线段 C]

选择第二个对象：　　[点临近的线段 D]

(13) 点镜像命令，准备将下边已画好的图形镜像复制到上面，操作如下(见图 5－14)：

命令：_mirror [使用热键 MI 也可以]

选择对象：指定对角点：找到 12 个 [用窗选方式选取除了右边长竖线的所有线段]

选择对象：指定镜像线的第一点： [点左上角端点 1]

指定镜像线的第二点： [点右边垂足 2]

是否删除源对象？[是(Y)/否(N)] <N>：[按空格默认为 N，不删除原始对象]

(14) 在 1～2 间拉一条线段，并使用前面讲过的拉长命令 LEN，将该线段左右均拉长 0.3 cm，然后将图形最右边的竖长线拉到顶使之封闭，点最下边的虚线，改变其颜色为绿色，再点属性匹配刷子(格式刷，在第一排工具里找)，接着点一下刚画的 1～2 那条线及最上面的虚线，可使该线立即成为同类型的虚线，如图 5－14 所示，格式刷可以复制所有的属性(颜色，线型等)。

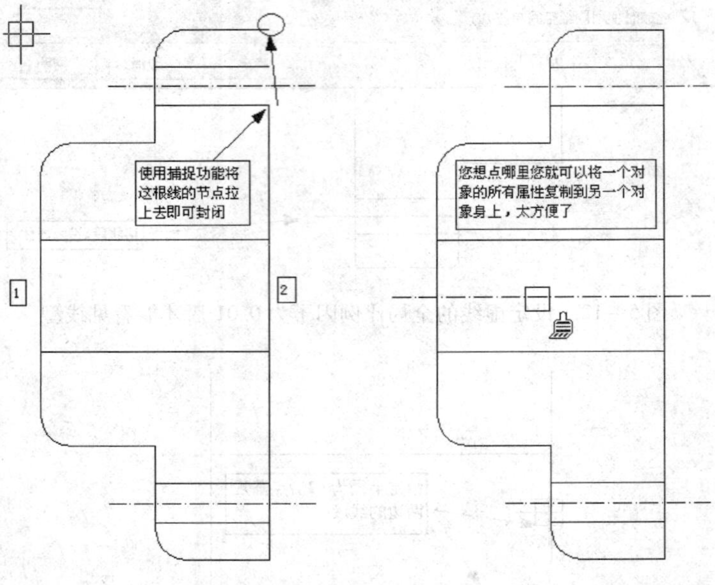

图 5－14 将下面的对象复制上去后，在 1～2 间补画一中心直线，
并用格式刷将它"刷"成像下面线段一样的虚线

(15) 进入图层"图案"层，点左边第一列工具中的图案填充工具，在 1、2、3、4 区域点取封闭区域内部点，确定比例因子为 0.01，选择 45°角的斜线图案填充如图 5－15 所示。

(16) 又回到"01－图形"层，在中心虚线处再画四个半径为 0.15 的圆，要用到阵列命令(见图 5－16)，操作如下：点画圆工具，以端点捕捉圆心。

命令：_circle [或使用热键 C] 指定圆的圆心或 [三点(3P)/两点(2P)/相切、相切、半径(T)]：[点取圆心]指定圆的半径或 [直径(D)] <0.15>：0.15 [空格结束]

先选取小圆，再点击阵列复制按钮，出现如图 5－17 所示的对话框。

(17) 剪裁圆和边界，点击左边第二列修改工具栏之中的修剪工具，如下图选择左右两个圆及边线，按空格后点击不需要的线段，就可以修剪成如图 5－18 右边所示的图形。

(18) 标注零件，先将"03－图案"层的灯泡关掉，隐藏剖面线图案层，因为这些图案会影响到后面标注线的捕捉，尤其是端点的捕捉。

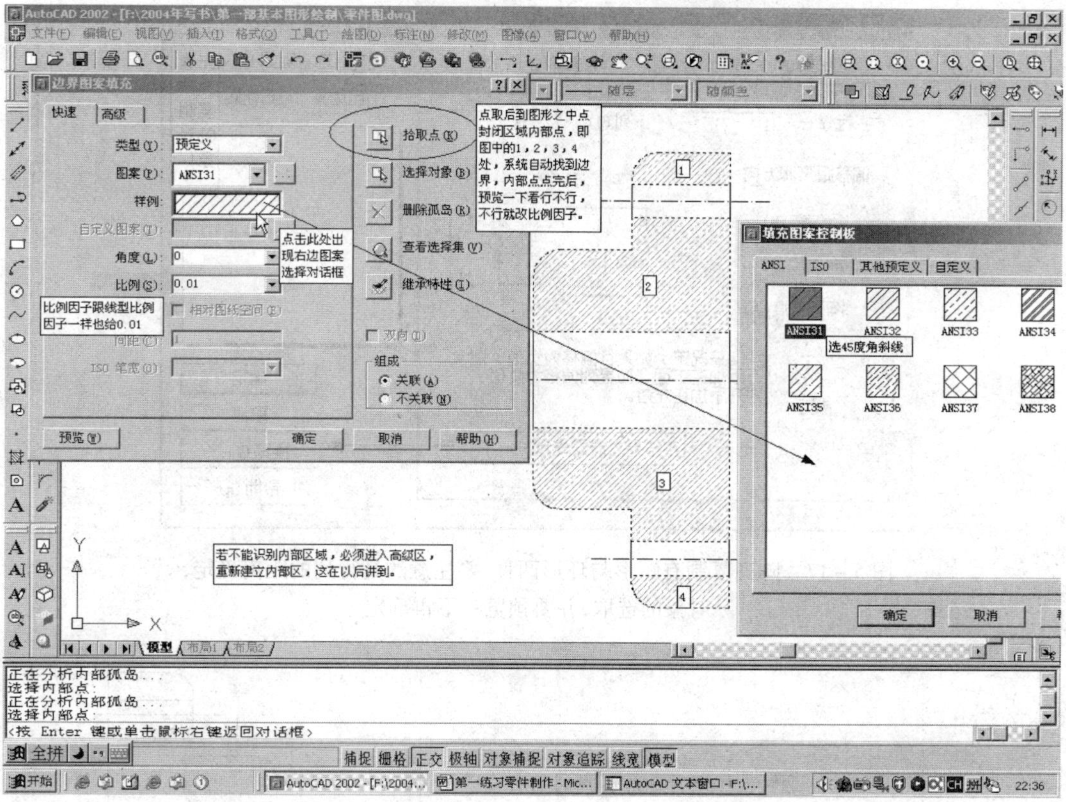

图 5－15　先选择图案，再拾取封闭区域内部点，出现虚线区域表明找到了边界，再改比例(因子)为统一的 0.01

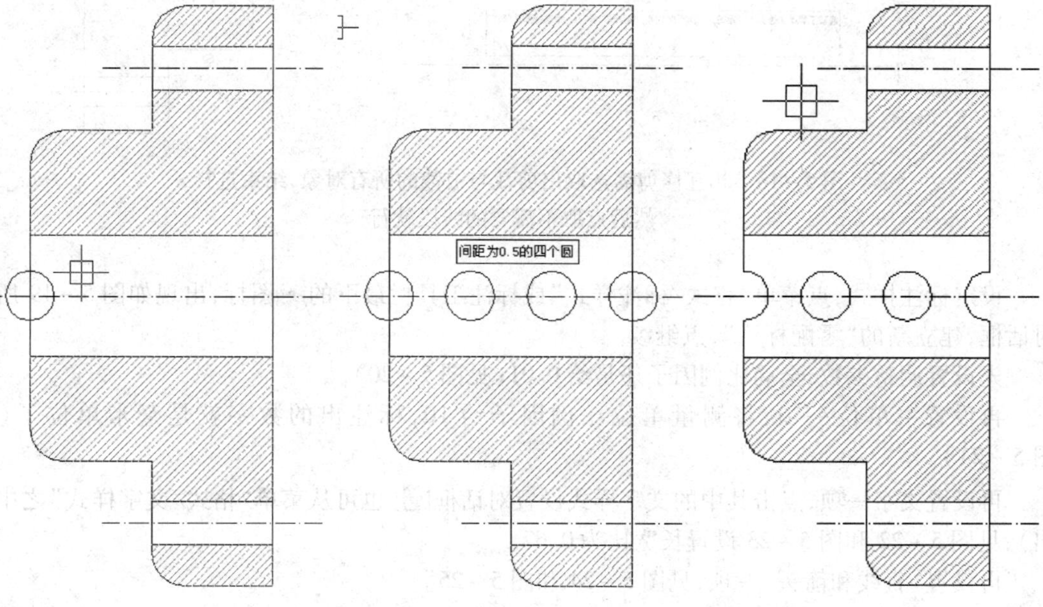

图 5－16　先捕捉圆心画个圆，再向右 0.5 cm 阵列四个圆，再使用裁剪命令将边线去掉

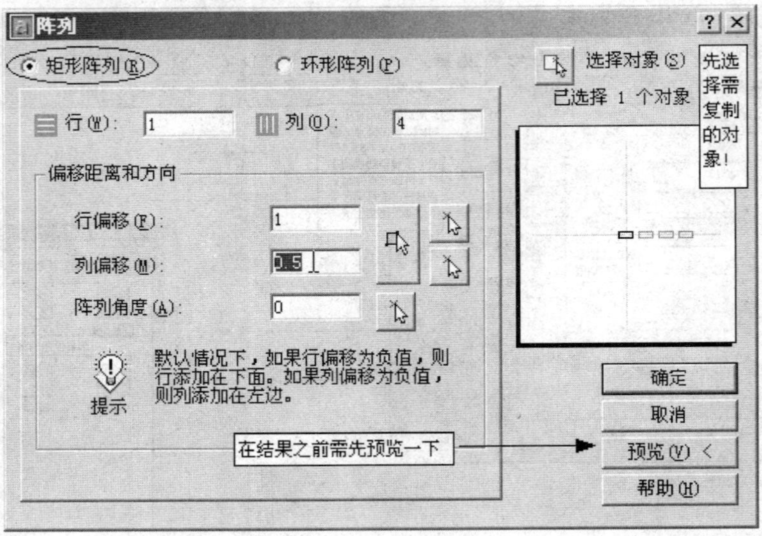

图 5－17　阵列复制有矩形与环形两种，要注意的是行列的距离确定，对象的选取，并要预览一下再确定

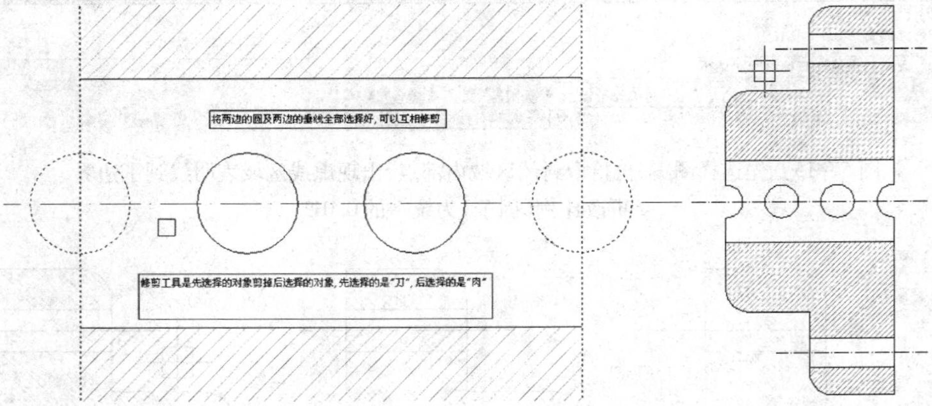

图 5－18　相互修剪需选取出剪裁与被裁的所有对象，结束选择，然后点取不需要的线段就行

设定标注样式，点菜单“格式/标注样式”或标注工具栏最下的图标，出现如图 5－19 所示对话框，建立新的“零配标注”，点继续。

先设置调整参数，全局比例因子还是给 0.01（见图 5－20）。

再设置主单位一项，将测量单位比例因子给 10，标注出的数字就是毫米单位了（见图 5－21）。

再设置文字一项，点击其中的文字样式设置对话框（也可从菜单“格式/文字样式”之中调出），见图 5－22 和图 5－23 设置长宽比为 0.67。

再设置“直线和箭头”一项，见图 5－24 和图 5－25。

（19）连续标注：先点击直线标注，从图形右边自上向下取点标出第一个标注，再点连续标注图标，自上向下一直标注完后如图 5－26 和图 5－27 所示（中间可使用放大工具）。

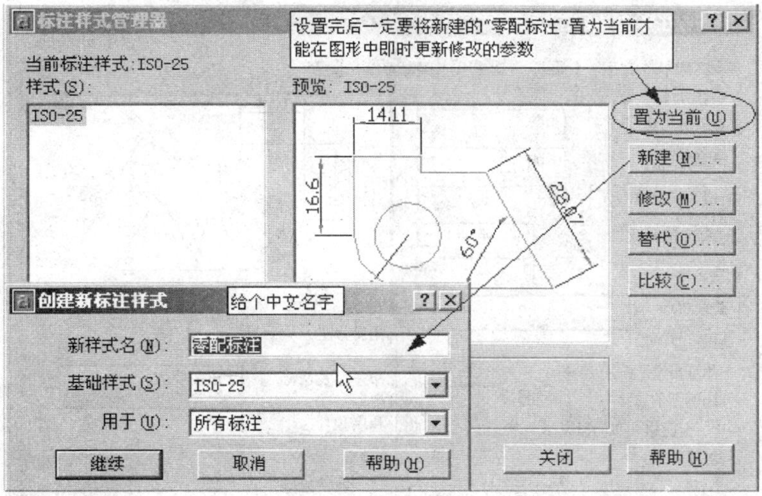

图 5-19 建立新的标注样式可在原样式基础上"继续",
但建立完后一定要将它置为当前标注样式

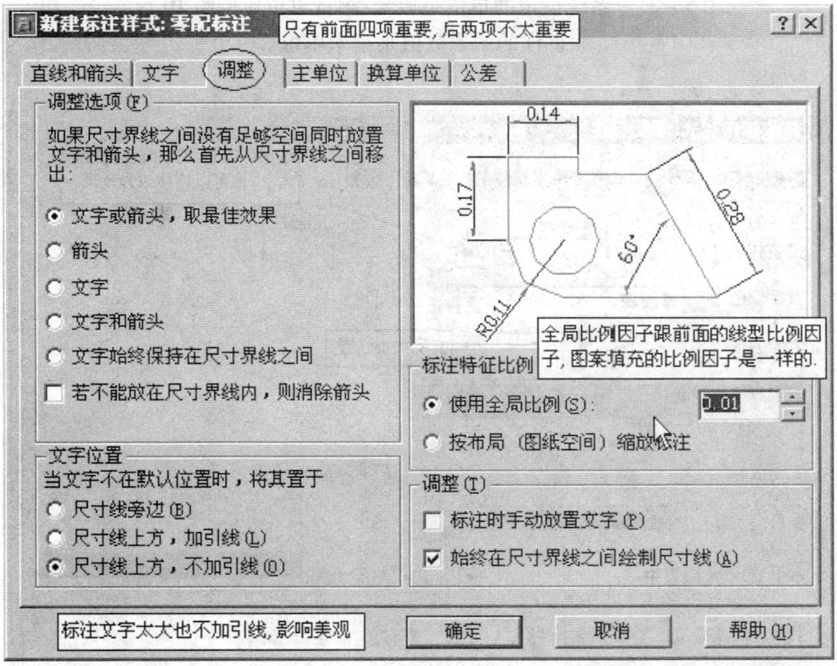

图 5-20 全局比例因子与图案填充,线型等比例因子一样,
对标注的几何属性及文字进行统一缩放

同样地使用圆心标记工具对中间的两个圆标注出中心,再用直径标注工具标出两圆的直径数值,对两个圆弧则使用半径标注工具进行标注,最终结果如图 5-28 所示。

(20) 拉伸右侧:点击拉伸工具,鼠标从右下角至左上角相交选取(简称"交选")如图 5-28 所示,需要套住线段的端点,随意指定一个起始位置点,鼠标向右移动,键入 0.3 即可,

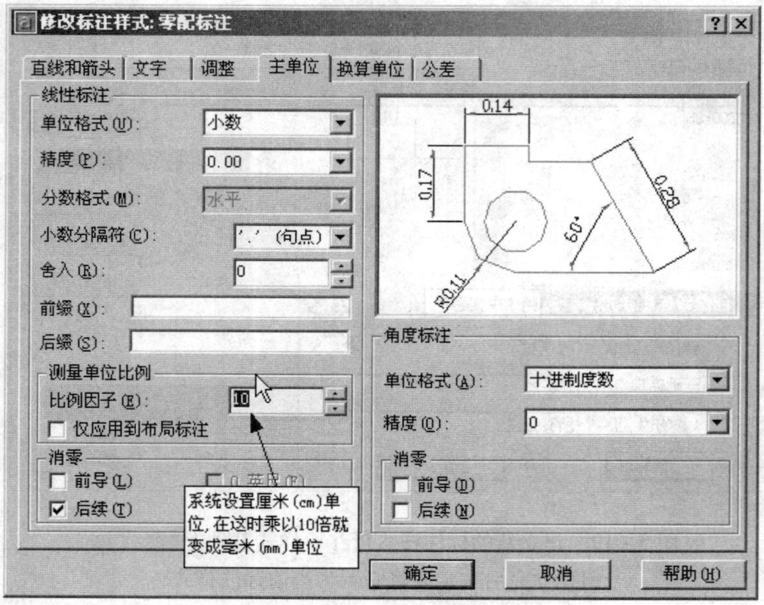

图 5－21　系统设定的单位是厘米，测量单位比例给 10 后，
标注的结果数值是毫米单位

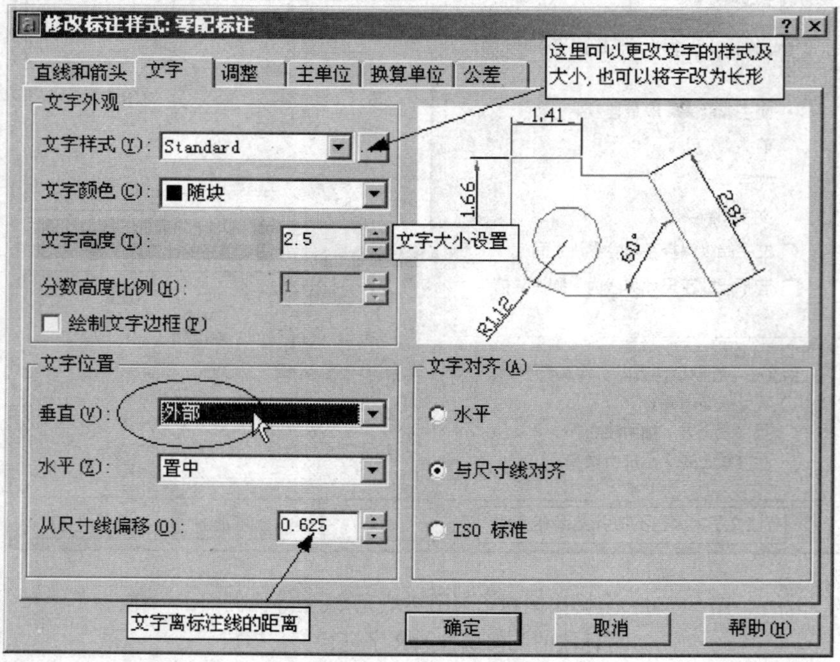

图 5－22　文字可以使用新建立的标注类型的文字样式

然后点击移动工具，使用框选方法（鼠标从左上角向右下角完全框住的对象才能被选择）选择两个圆，指定一个起始点后，鼠标向右移动，键入数值 0.15 即可，完成后如图 5－28 所示。

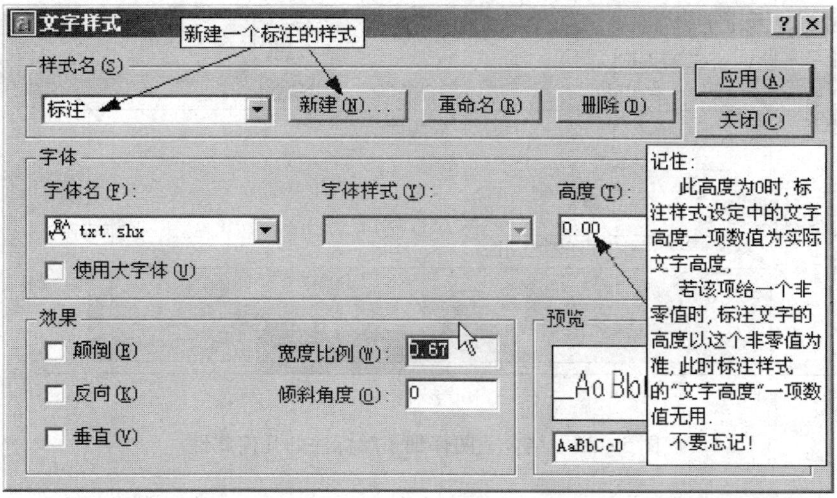

图 5－23　宽度比例因子为 0.67 可得到长形字,此处高度为 0,
文字高度就是图 5－22 中设置的文字高度

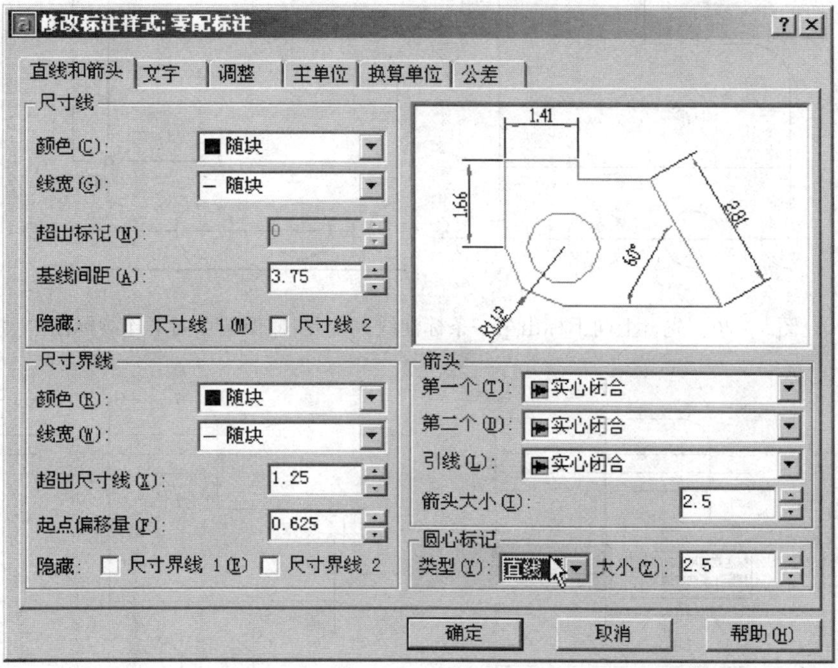

图 5－24　看对话框要先看框架,此处有:尺寸线,尺寸界线,
箭头,圆心标记四个部分的几何属性

(21) 进入图层"04－文字",点文字工具 A ,在图形中画出一个方框后出现文字录入对话框,如图 5－29 所示。

给文字的尺寸为 0.25,调整文字的位置,将"图案层"灯泡点亮让它显示出来,最终的结果如图 5－30 所示。

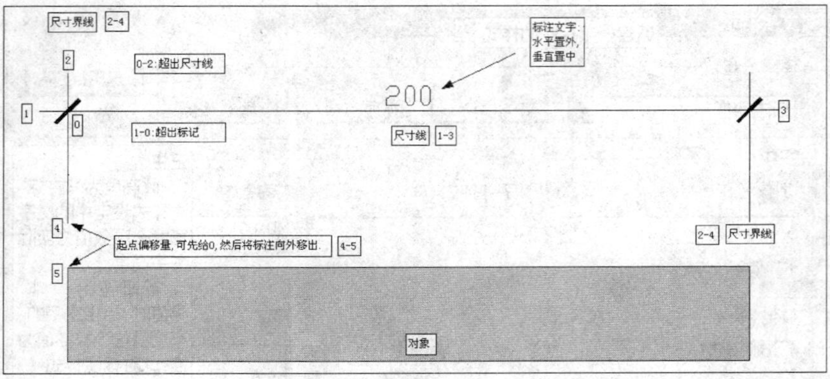

图 5－25　结合上图仔细了解标注的几何属性

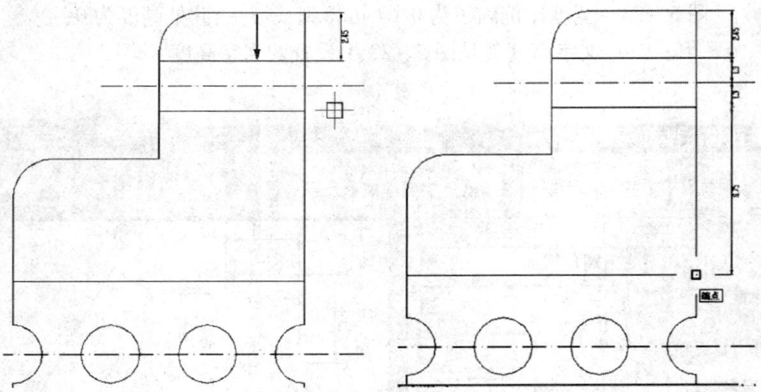

图 5－26　先自上向下标出第一条标注线，再不断捕捉端点向下连续标注

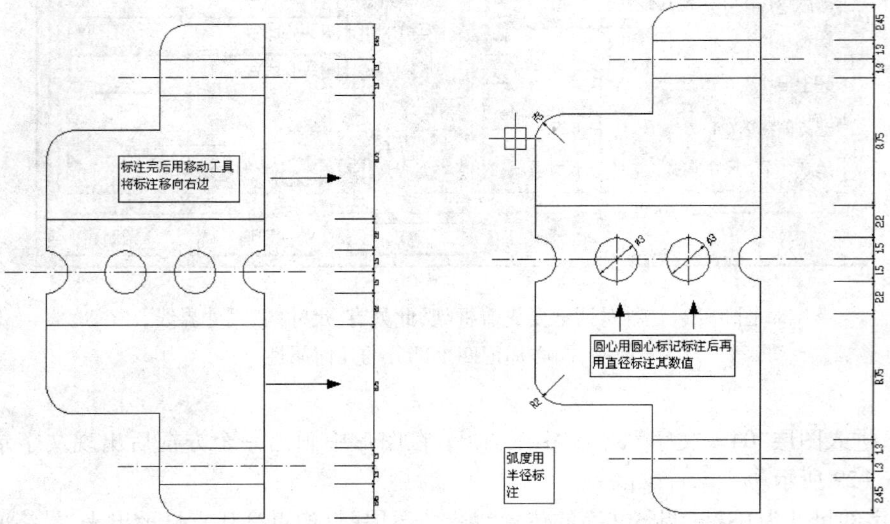

图 5－27　用移动命令将标注向右移出一段距离，并标注圆心、直径、弧度的半径

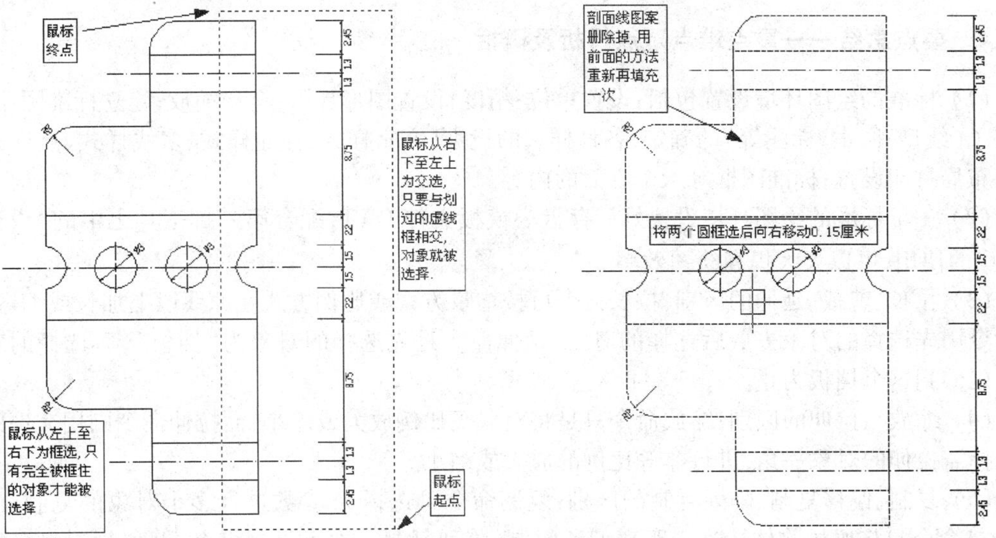

图 5－28　右下至左上交选图形右边区域，水平向右拉伸 0.3 cm，并将圆处右移 0.15 cm，并重新填充图案

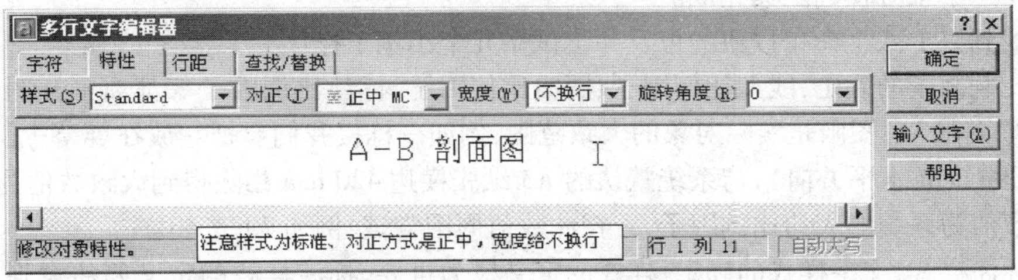

图 5－29　文字选择正中对正且宽度不换行，并将其尺寸改为 0.25

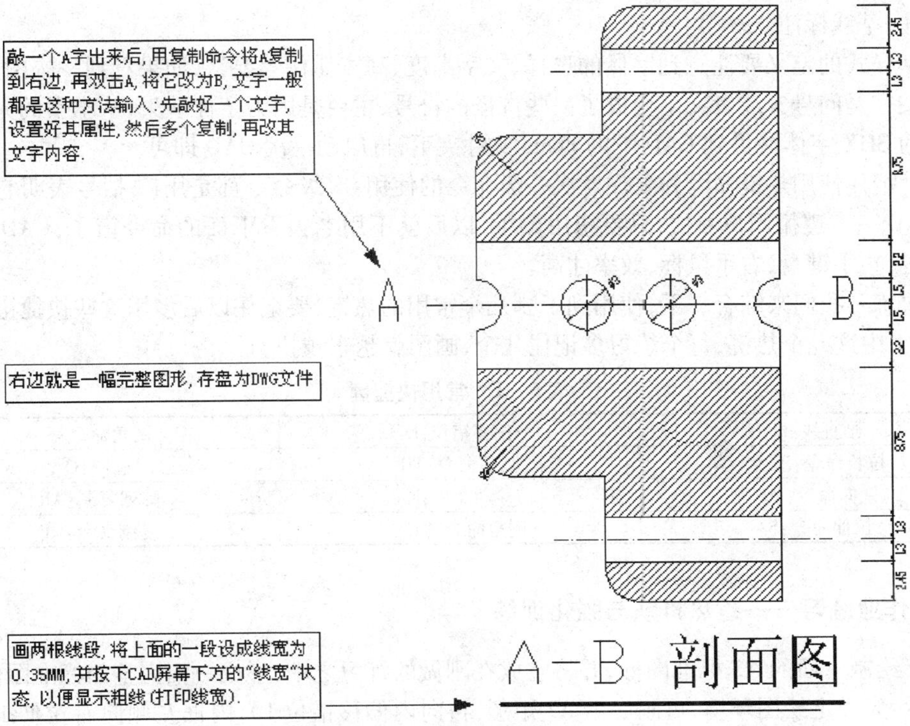

图 5－30　终图，在标题下划两横线，将上一条线加粗至打印宽度 0.35 mm，存盘交作业

5.1.4　要点总结——重点难点疑点解析及概括

（1）标准的绘图环境设置包括：设置单位、精度；设置图形界限；全局缩放；建立标准图层；比例因子（线型、图案、标注等）的确定；各种样式的设定（文字样式、标注样式、多线样式、点样式）；页面布局打印设置；标准图框等八个方面的内容。

（2）一个标准的绘图环境设置好后存盘为模板文件 DWT，配合第一排工具之中的“设计中心”的使用，可以大大提高绘图效率。

（3）拉长、剪裁、延伸的区别：拉长命令可按增量方式或比例方式在原线段上加长或缩短；剪裁命令用先选择的对象去剪后选择的对象；延伸命令是先选择的对象为“挡板”，后选择的对象直接延伸到这个挡板为止。

（4）缩放与拉伸的区别：缩放命令只是将对象等比例放大或缩小；而拉伸命令则用交选的方法选择需拉伸的对象一角，进行非等比例的放大或缩小。

（5）复制、偏移复制、阵列复制的区别：复制命令可选择 M 参数进行多个对象的复制；偏移（错位）命令只将原始物体按一定距离偏移复制；阵列复制一次可复制多个，例如复制很多排的灯具就是用这个很方便的工具完成。

请您找到以上八个命令按钮的位置并尝试做几个小例子操作一下。

（6）比例因子的确定：线型比例因子、图案比例因子、标注比例因子等都离不开图形界限的设置（简称“图限”），图限是实际对象的大致范围，例如一栋楼我们要把它放在屏幕上，设置它的图限为 25000 mm（水平方向），与系统默认的 A3 纸张横边 420 mm 相除得到大致数值为 50，我们就以这个数值为系统的大约比例因子，可在此数值周围尝试，例如 70 或 40。

（7）标注样式、文字样式的确定：样式的定义极为重要，标注样式的定义要注意到全局比例因子、文字属性的定义、尺寸线尺寸界线的几何定义、箭头的大小，然后根据情况使用快速标注、连续标注、基线标注。

文字样式的定义要注意到字体的选择、文字高度、高宽比例等要素，如果看到一幅图，打开后发现是文字是问号？或者文字变成了一些古怪的符号，主要是因为字体缺失，从本书的光盘中可将标准的 SHX 字体拷贝到 CAD 下的 Fonts 文件夹下，再启动一次 CAD 即可。

（8）记住使用热键命令并要注意次一级命令的使用：次级命令都是用[ ]括号表明它的热键命令，CAD 一直遵循用户习惯，只要您用熟了，以后就不用老去看下面的命令窗了，CAD 画图要多用热键，左手键盘、右手鼠标，效率才高。

这次练习我们来综合一下，使用到了哪几个常用的热键，要记住以后多用这些快捷键。先记下表 5－1 中这九个热键，每个练习多记住几个，画图就越来越快

表 5－1　常用快捷键

画直线：L	偏移错位：O	圆角命令：F
拉长命令：LEN	裁剪命令：TR	画圆：C
镜向命令：MI	移动命令：M	阵列复制：AR
拉伸命令：S	倒角命令：CHA	复制命令：CP

5.1.5　作业练习——趁热打铁与强化训练

（1）绘制下面的 A2 标准图框，并将它放在刚做的练习之中，形成一幅完整的标准图件。

提示：先设定绘图环境，再画一个 A2 矩形，再向内偏移错位 10，内框左侧向右拉伸 15，标题栏与会签栏都是先画一条线，再用阵列命令（间距如何定？），然后用到剪裁命令，最后敲字。

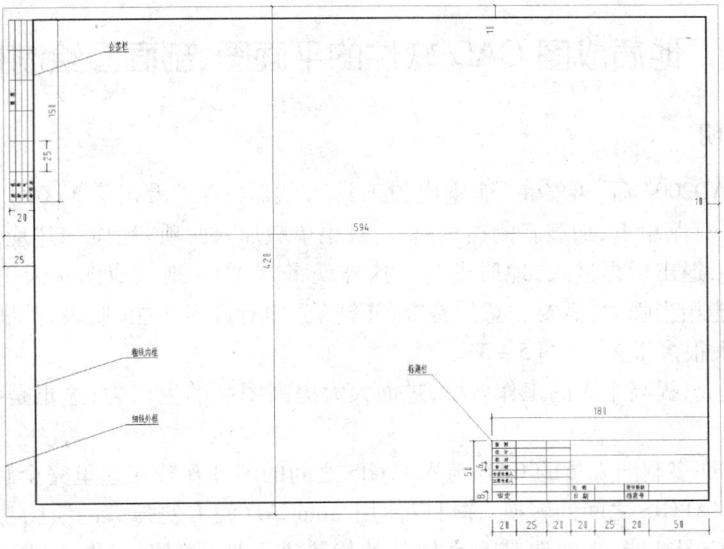

（2）如何定义一幅图的图形界限？如何理解 CAD 的绘图原则“实际尺寸绘图，不同比例输出”？

（3）请根据绘图环境的设置，将所有可能使用到的参数先设定好，然后用天正建筑制图及下面要讲到的地质成图软件分别绘制出下面的地质勘查柱状剖面图。

钻　孔　柱　状　图

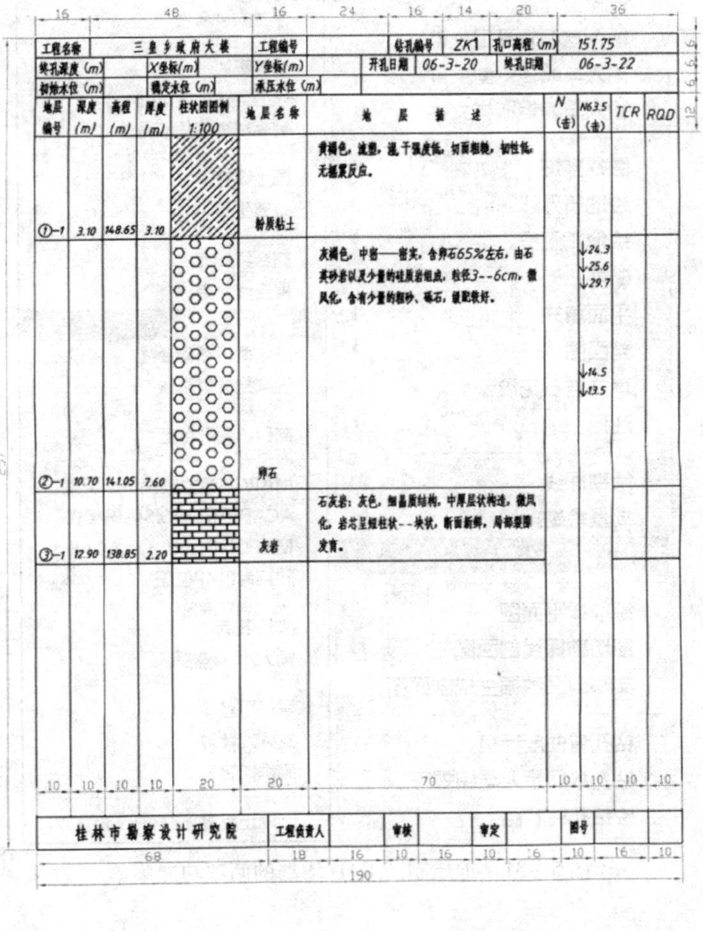

5.2　地质成图 CAD 软件的平面图、剖面图绘制技术

5.2.1　安装说明

安装 AutoCAD2004 后，再安装“地质成图工具”，然后安装“天正 7.5”（网上可下载学习软件），在工具的自订菜单下，加载新的搜索路径，且菜单中加入两项“地质”与“应用”，然后设置一下当前配置文件，退出后再进入“地质成图”，这样就将“CAD＋地质成图＋天正建筑”三者整合在一起了，其功能相当强大，需要注意的是“天正建筑”中有许多功能（制表、扩展工具）比地质成图与 CAD 要强大很多很多，见图 5－31。

多个软件集成，提高个人的工作效率，进而大大提高团队的生产力，这正是我多年来一直倡导的理念！

一直困扰着许多制图人员的 CAD 与 MAPGIS 之间的图件互转在这里完全解决，以明码的方式建立 CAD 与 MAPGIS 之间的转换，你可以使用 AutoCAD 的方便强大的绘图功能以弥补 MAPGIS 不太方便的绘图功能，当然取其两套软件的优势进行地质制图工作，可以大大提高工作效率，可以节省更多的时间去享受美好的生活，而不要整天呆在电脑前琢磨与发呆。

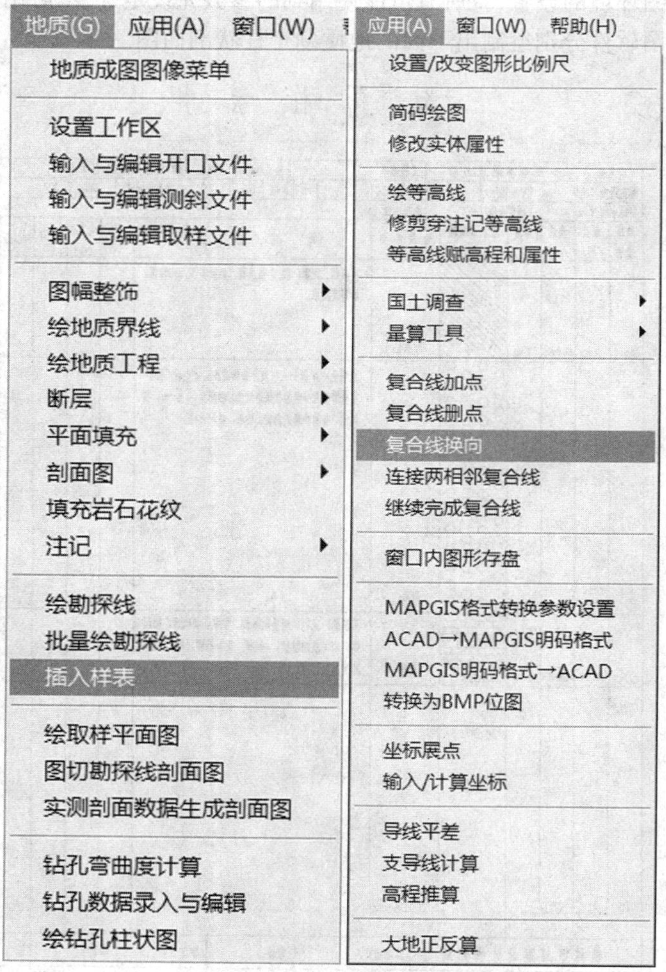

图 5－31　地质制图 CAD 增加的两项功能菜单

5.2.2　地质图像菜单

可根据自选的图块，然后按提示栏中的参数确定个性化的地质单元图件。

绘图时应注意左下角的提示，按提示操作，当要求输入点时，既可由鼠标拾取也可由键盘输入。

绘点状工程符号、地质符号：对于无方向的点状地质符号，选择相应菜单，点击注记位置即可；有方向的点状地质符号，选择相应菜单，点击注记位置后，可由键盘输入旋转角度，也可由鼠标确定方向。见图 5－32。

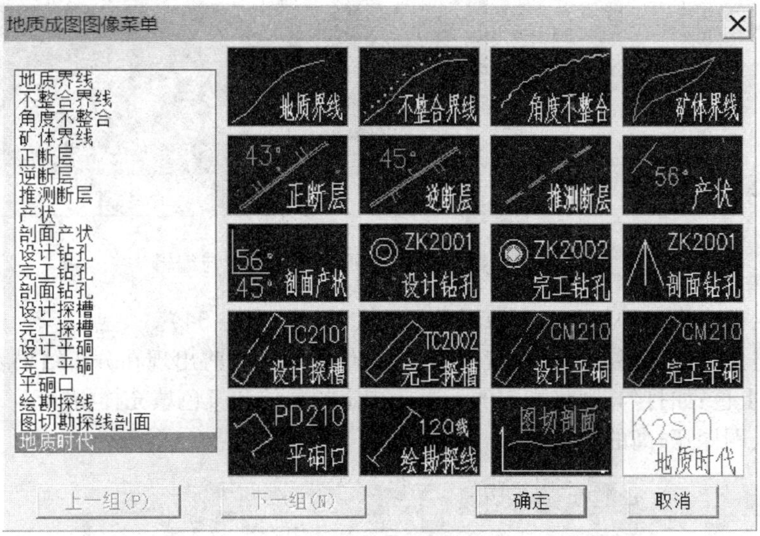

图 5－32　地质制图 CAD 增加的两项功能菜单

绘断层：绘制断层时，应注意绘图方向，断层的倾向绘在绘图前进方向的右侧。断层线默认为光滑曲线。

绘探槽与平硐：绘探槽与平硐时，可根据测量数据选择左、中、右三种绘图方式，绘图时只显示提示线，完成后显示工程；当两条巷道相交时，可用编辑多线工具打通。

绘平面图角度不整合界线：角度不整合界线的点在绘图方向的左侧，角度不整合界线的默认值是不光滑曲线。

填充岩性花纹：独创的岩性花纹填充对话框，几百种岩性花纹可以立即找到，同时可以自定义添加分组。需要输入产状的，产状应输入视倾角，向图的左边倾为正，向图的右边倾为负。

绘样表：绘样品分析结果表，只需输入表格左上角点和表格行数，程序能自动生成表格。

5.2.3　设置工作区

根据所在工作区的实际情况，设置工作区的名称，剖面图的比例，控制标高，主要元素等，为绘制各种图件提供初始数据（见图 5－33）。

工作区名称：您所在工作区的名称，如：XX 矿区。

剖面图比例：您想要绘剖面图的比例尺。

控制标高：剖面图最下一根横坐标线的高程。

平面图宽：剖面图下平面图的绝对宽度，与比例无关，单位为 mm。

开口文件：记录工作区各工程开口坐标的文件。

测斜文件：记录工作区各工程导线数据的文件。

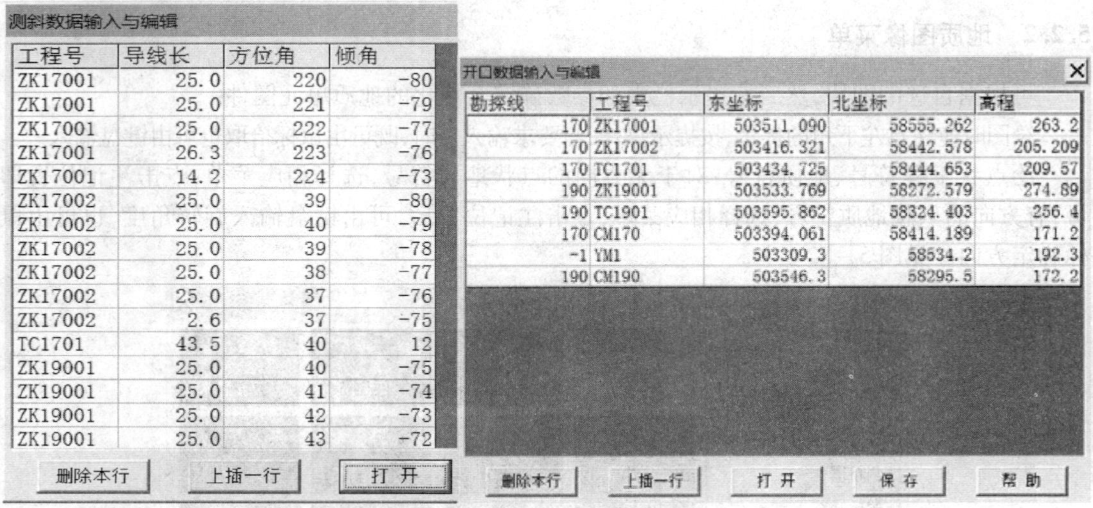

工程号	导线长	方位角	倾角
ZK17001	25.0	220	-80
ZK17001	25.0	221	-79
ZK17001	25.0	222	-77
ZK17001	26.3	223	-76
ZK17001	14.2	224	-73
ZK17002	25.0	39	-80
ZK17002	25.0	40	-79
ZK17002	25.0	39	-78
ZK17002	25.0	38	-77
ZK17002	25.0	37	-76
ZK17002	2.6	37	-75
TC1701	43.5	40	12
ZK19001	25.0	40	-75
ZK19001	25.0	41	-74
ZK19001	25.0	42	-73
ZK19001	25.0	43	-72

勘探线	工程号	东坐标	北坐标	高程
170	ZK17001	503511.090	58555.262	263.2
170	ZK17002	503416.321	58442.578	205.209
170	TC1701	503434.725	58444.653	209.57
190	ZK19001	503533.769	58272.579	274.89
190	TC1901	503595.862	58324.403	256.4
170	CM170	503394.061	58414.189	171.2
-1	YM1	503309.3	58534.2	192.3
190	CM190	503546.3	58295.5	172.2

图 5－33　测斜数据与开口数据输入与编辑

取样文件：记录您工作区各工程取样数据的文件（见图 5－34）。

分析元素：您工作区要分析的元素（可包含品位单位），它将出现在分析结果表中。

分析结果上色：如打勾，则将指定的元素按指定的品位和颜色填充样格。

探槽宽度、硐探宽，高的单位为 m。

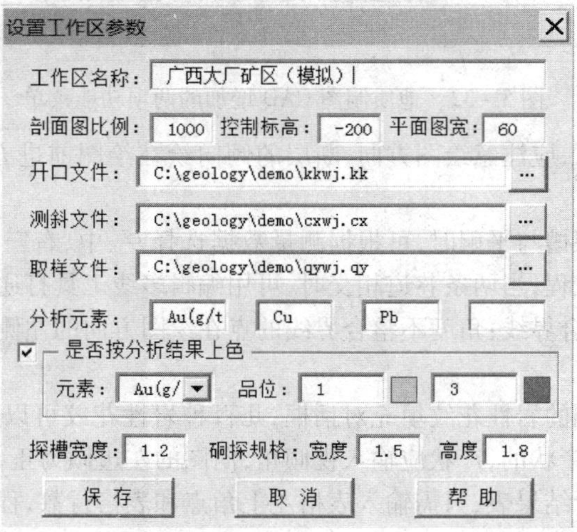

图 5－34　设置工作区的全部参数

5.2.4　绘剖面地形图

可以根据剖面实测数据绘实测剖面地形图，实测数据格式可参照实例文件（pmt.dat）。其结构为：各导线数据（即：导线长 < 倾角，倾角上行为正，下行为负）。剖面图地形线没有光滑，是为了方便用量算工具定出岩性分界点。

打开安装的 geology/demo 文件夹下的 example.dwg 文件，记住这个 DEMO 文件夹中的数据是所有演示和练习数据的基础，可以用写字板打开它，并分析排列格式，当然也可以在需要输入数据时，找到保存与打开的位置，点击相应的文件即可（见图 5－35）。

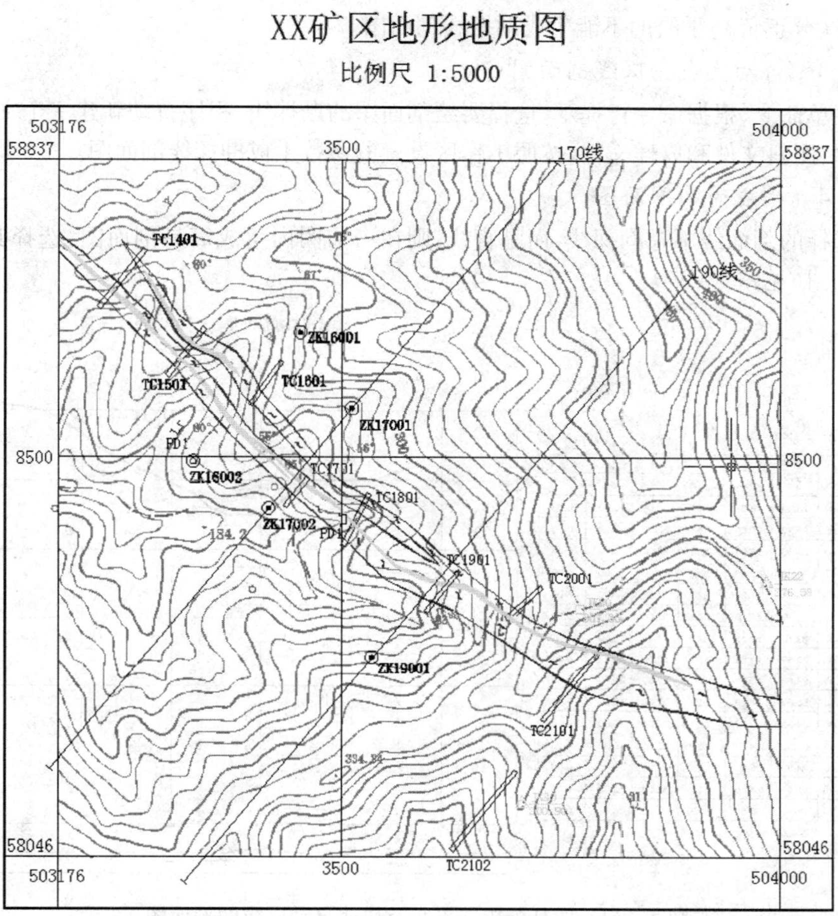

图5-35 某矿区地形图及勘查线绘制

该图可以模拟绘出,都是使用地质制图的功能菜单生成的,标题和外框见图5-36。

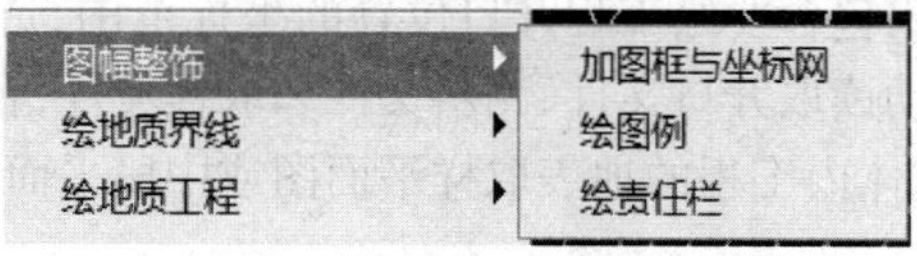

图5-36 图幅整饰

图幅整饰,其中用到了简码绘图,勘探线的生成,剖面线的增加等功能。

5.2.5 图切勘探线剖面图

要图切勘探线剖面图,首先要有已经赋高程的地形图,且等高线必须在“DGX”层;还要有开口文件、测斜文件和取样文件;以及本程充生成的勘探线。

5.2.5.1 检查工作区设置是否已更新

您在开始绘图之前必须设置自己的工作区参数,程序所带的设置是指向示例文件的。

5.2.5.2 生成勘探线

根据命令行提示输入起点坐标、勘探线长、方位角、线号等数据,由程序自动生成勘探线,对于批量绘制勘探还要输入勘探线间距(前进方向的右侧为正,往左为负),起始勘探线号,勘探线增量（也要区分正负），手绘的不能生成勘探线剖面图。

5.2.5.3 自动生成勘探线剖面图

选择菜单命令，根据命令行提示，选择要绘剖面图的勘探线，程序自动新建一个文件，自动读取开口文件、测斜文件和取样文件，按照工作区设置的参数生成勘探线剖面图。

5.2.5.4 生成简易剖面图

如果选择的剖面线不是勘探线，而是直线，则在当前图内生成简易剖面图，选择其他线型则不生成剖面图（见图5－37）。

样品分析结果表

工程号	样号	样长(m)	取样位置(m) 自	至	分析元素 Au(g/t)	Cu	Pb	
ZK19001	H1	1.00	23.50	24.50	0.20	53.00	0.00	0.00
ZK19001	H2	1.00	24.50	25.50	1.20	83.00	0.00	0.00
ZK19001	H3	1.00	25.50	26.50	3.20	83.00	0.00	0.00
ZK19001	H4	1.00	26.50	27.50	2.20	23.00	0.00	0.00
ZK19001	H5	1.00	80.20	81.20	0.20	13.00	0.00	0.00
ZK19001	H6	0.90	81.20	82.10	3.20	53.00	0.00	0.00
ZK19001	H7	1.20	82.10	83.30	3.20	83.00	0.00	0.00
TC1901	K1	1.00	23.50	24.50	0.20	53.00	0.00	0.00
TC1901	K2	1.00	24.50	25.50	1.20	83.00	0.00	0.00
TC1901	K3	1.00	55.50	56.50	3.20	83.00	0.00	0.00
TC1901	K4	1.00	56.50	57.50	2.20	23.00	0.00	0.00
CM190	K1	1.00	23.50	24.50	0.20	53.00	0.00	0.00
CM190	K2	1.00	24.50	25.50	1.20	83.00	0.00	0.00
CM190	K3	1.00	55.50	56.50	3.20	83.00	0.00	0.00
CM190	K4	1.00	56.50	57.50	2.20	23.00	0.00	0.00

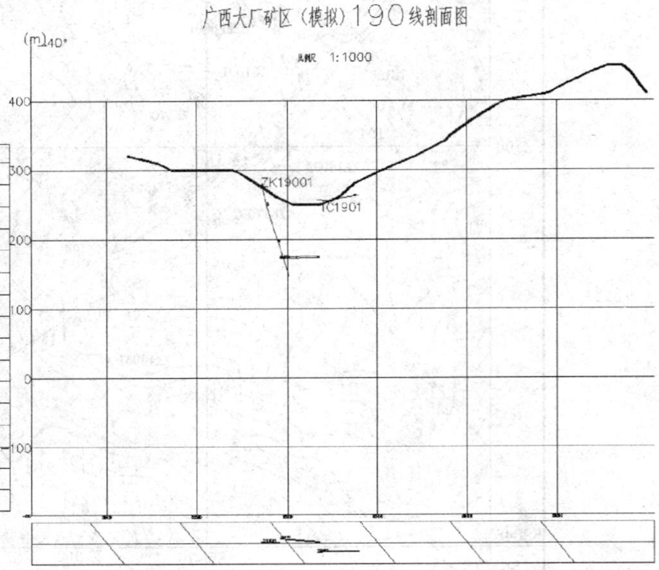

图5－37 样品分析结果表及快速自动生成的剖面图

5.2.6 绘地表取样和中段平面图

根据对话框的提示，输入包含要绘工程开口位置的坐标范围，选择要绘图形的类型，程序根据工作区设置中的数据，自动读取开口文件、测斜文件和取样文件，在当前绘图区，绘出开口坐标在给出坐标范围围成的立方体内工程的地表取样平面图或中段平面图（见图5－38）。

样品分析结果表

工程号	样号	样长(m)	取样位置(m) 自	至	分析元素 Au(g/t)	Cu	Pb	
TC1701	K1	1.00	23.50	24.50	0.20	53.00	0.00	0.00
TC1701	K2	1.00	24.50	25.50	1.20	83.00	0.00	0.00
TC1701	K3	1.00	25.50	26.50	3.20	83.00	0.00	0.00
TC1701	K4	1.00	26.50	27.50	2.20	23.00	0.00	0.00
TC1901	K1	1.00	23.50	24.50	0.20	53.00	0.00	0.00
TC1901	K2	1.00	24.50	25.50	1.20	83.00	0.00	0.00
TC1901	K3	1.00	55.50	56.50	3.20	83.00	0.00	0.00
TC1901	K4	1.00	56.50	57.50	2.20	23.00	0.00	0.00

图5－38 样品分析结果图表

5.2.7　钻孔资料整理

要绘钻孔柱状图,先要编辑钻孔资料,根据"钻孔数据录入与编辑"对话框的提示,以及编录资料,输入数据,保存;点击"绘钻孔柱状图"菜单,选择钻孔数据文件,程序自动绘制钻孔柱状图。

5.2.7.1　钻孔数据录入与编辑

根据编录资料,以及编辑钻孔资料对话框的提示,输入数据,数据按分层数据一层一层输,输完一层记录一层;输入完成后请注意保存,注意:输入的层数与总层数框中的数据要相等,钻孔的回次编号的输入格式为:如 1 回次 1/2 段至 3 回次 5/12 段写作 1/1/2-3/5/12(见图 5－39)。

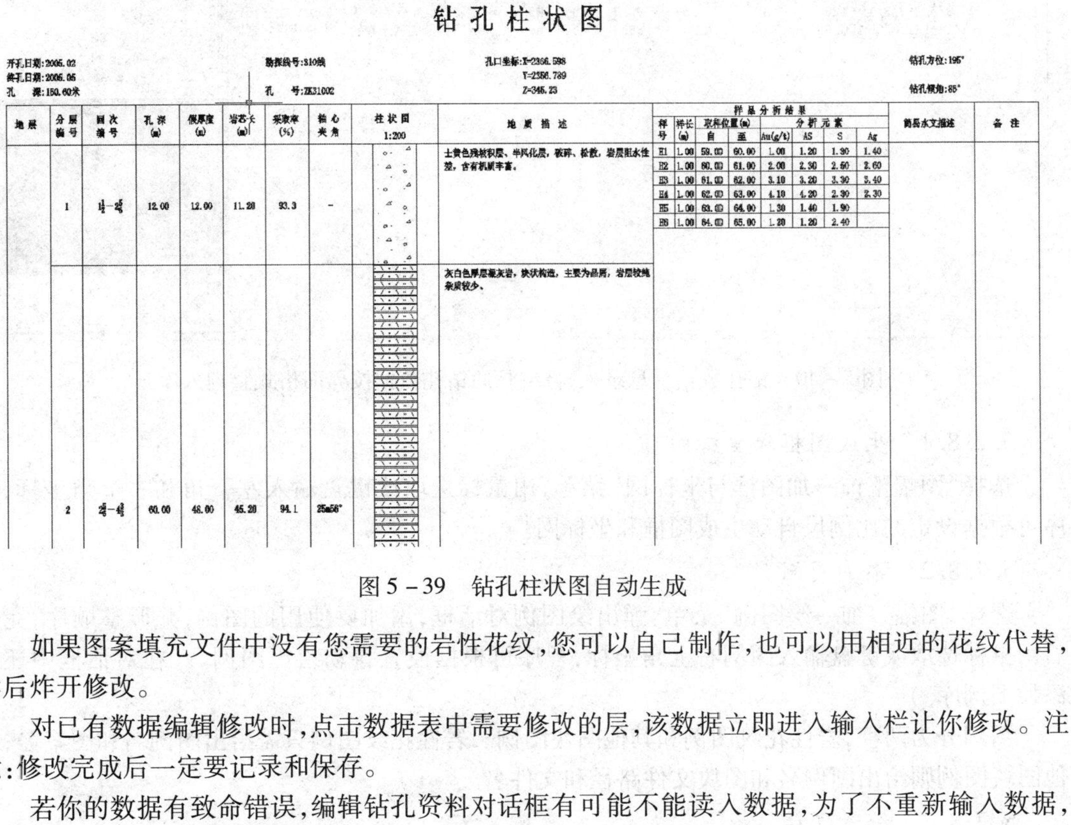

图 5－39　钻孔柱状图自动生成

如果图案填充文件中没有您需要的岩性花纹,您可以自己制作,也可以用相近的花纹代替,然后炸开修改。

对已有数据编辑修改时,点击数据表中需要修改的层,该数据立即进入输入栏让你修改。注意:修改完成后一定要记录和保存。

若你的数据有致命错误,编辑钻孔资料对话框有可能不能读入数据,为了不重新输入数据,你可以用记事本打开进行修改。

编辑钻孔资料对话框不能使用鼠标右键功能,但能使用快捷键 Ctrl + V、Ctrl + P、Ctrl + C 等。

5.2.7.2　钻孔弯曲度计算

根据对话框的提示,输入控制米距,与勘探线方位之差,顶角,按"计算"按钮,即可计算出各项数据,按"绘图"按钮就会绘出钻孔平面和剖面轨迹。按"保存"可将计算结果保存为 Excel 文件。

5.2.8　图幅整饰

图幅整饰功能,可以自动生成图框、坐标网和责任栏。

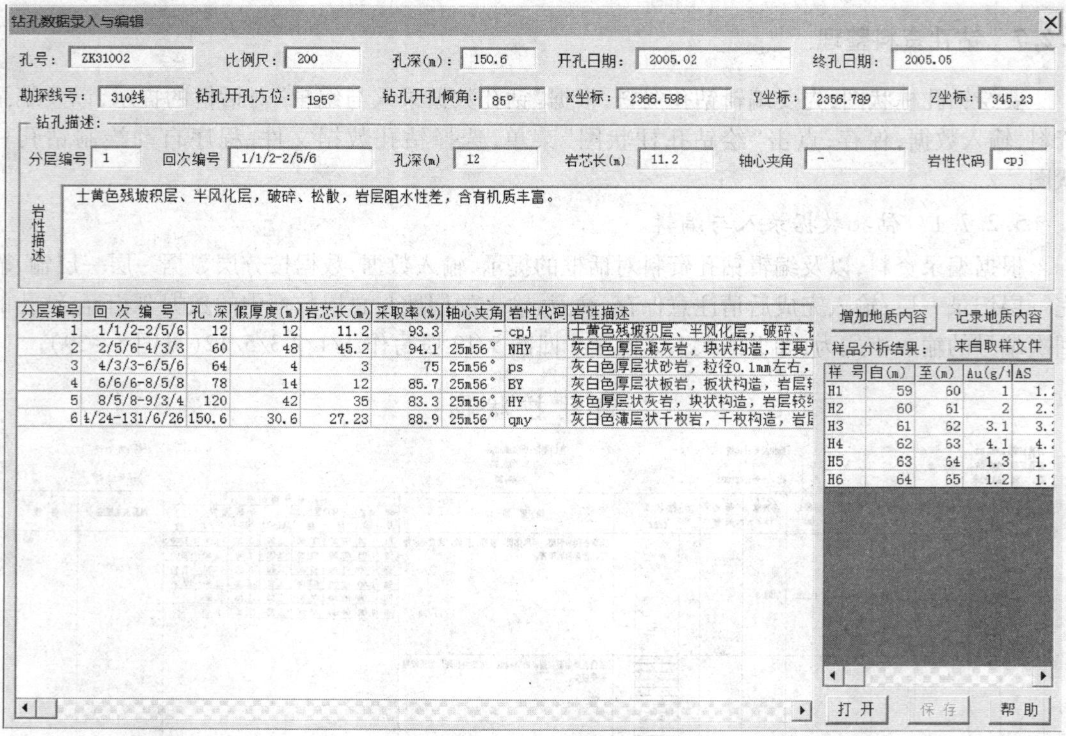

图 5－40　钻孔数据全息录入，将编录的钻孔数据按界面格式整理入库

5.2.8.1　生成图框和坐标网

选择“图幅整饰→加图框与坐标网”菜单，用鼠标选取或键盘输入左下角和右上角坐标，程序可根据设定的比例尺自动生成图框和坐标网。

5.2.8.2　添加图例

选择“图幅整饰→绘图例”菜单，弹出绘图例对话框，添加要使用的图例，并调整顺序，完成后用鼠标选取或键盘输入图例右上角坐标，程序可根据设置自动绘出图例。（在对话框中还可添加图例库。）

图例分为两种，岩性花纹图例和其他图块图例。岩性花纹图例只需给出图例名和图案名；其他图块图例则给出图例名和图块文件路径和文件名。

5.2.8.3　绘责任栏

选择“图幅整饰→绘责任栏”菜单，弹出绘责任栏对话框，按提示输入/编辑各项内容，用鼠标选取或键盘输入责任栏右上角坐标，程序自动生成责任栏，并保存输入的信息，下次使用时只要编辑一下就行了。

弹出绘责任栏对话框时，程序已自动生成图名，日期，比例尺等信息。图名按“工作区设定”中的“工作区名”和图名生成。

5.2.9　量算定点与坐标展点

为了方便准确地绘图，程序提供了多种实用量算工具。

（1）量算定点：根据一条已知直线，定出与已知直线成一定角度的另一直线的端点。

（2）边长交汇：根据未知点到两已知点的距离，确定未知点的位置。

(3) 垂线足点:绘出已知点到已知直线或已知两点的垂足点。

(4) 面积量算:面积量算工具可以量算任意封闭区域的面积,还可以将量算结果输入到文本文件,并且有平方米和亩两种单位。

方法为:选择"量算定点→面积量算"菜单,选择是否保存面积数据,在封闭区域内点一下,程序用红斜线显示正在量算的区域,询问是否正确,若正确按"确定"键,面积立即在文本栏显示。

(5) 坐标展点:根据坐标点数据文件,按坐标数据,批量地将点展绘到图上。

展点数据结构为"每点一行",每行格式为:

点号1,东坐标X,北坐标Y,高程

点号2,东坐标X,北坐标Y,高程

……

5.2.10　简码绘图

程序可以根据坐标文件中的简码进行绘图,简码不区分大小写,写在点号之后,若无简码则展点,具体格式为:

KZ:测量控制点;

DZ:地质观察点;

TC + 宽度:探槽如 TC1.8,若不加宽度则默认为 1.2 m;

QJ:浅井;

ZK:钻孔;

PD + 方位:平硐口,如 PD165,若不加方位则默认为 0°;

CM + 宽度:穿脉和沿脉,如 CM1.8,若不加宽度则默认为 1.2 m;

XJ + 方位:斜井口,如 XJ165,若不加方位则默认为 0°;

SJ:竖井;

PL + 线宽:多义线;

+:表示该点为线状地物的后续点。

具体可参见 jmht.dat 文件。

5.2.11　编辑工具

复合线加点:在选择的位置上增加复合线顶点。

复合线删点:在选择的位置上删除复合线顶点。

复合线换向:改变复合线的前进方向。

连接相邻复合线:连接两条相邻的复合线,两条相邻的复合线之间间隔要求不能超过 0.5 mm。

继续完成复合线:接着已经有的复合线继续绘下去。

窗口存盘:将选定窗口内的图形存为另一个文件,图形分幅时很有用。

5.2.12　国土调查

国土调查功能可以将权属人、图斑号、地类号、图斑面积等属性写入图斑图元,并提供查询和修改属性功能,还可将属性输出至指定的文件,使用方法为:

(1) 生成地类图斑。

1) 首先用直线或曲线绘出图斑界线,界线可以相交,但要保证图斑内相对封闭;

2) 点击生成地类图斑菜单,按提示在图斑内点一下,弹出输入属性对话框,输入权属人、图斑号、地类代码,程序自动将含图斑面积的属性写入图斑图元。

3) 注意:权属人可以是任一字符,图斑号和地类代码只能为整数。

(2) 编辑图斑属性。点击"编辑图斑属性"菜单后,选择要编辑的图斑的图斑号、地类代码或分数线,弹出输入属性对话框,修改权属人、图斑号、地类代码,程序自动将含图斑面积的属性写入图斑图元。

(3) 查询图斑信息。点击"查询图斑信息"菜单后,选择要查询的图斑的图斑号、地类代码或分数线,即显示图斑信息。

(4) 更新图斑面积。图斑界线变化后,需将变化后的面积写入图斑图元,点击"更新图斑面积"菜单后,选择要更新的部分或全部,程序即可自动更新。

(5) 输出图斑属性。可将选取的部分或全部图斑的属性输出至指定的文件。然后用 Excel 程序编辑汇总。

5.2.13　文件转换

5.2.13.1　由 AutoCAD 格式转换为 MAPGIS 格式

文字、图块和多行文字分别转换成点文件中的注释、子图和版面;

线、圆和弧则转换成线文件中的折线;

图案填充换成区文件中的区和弧段,若 MAPGIS 区填充图案中无相对应的图案,则将 AutoCAD 中的图案转换成线文件中的折线,颜色则转换为相应的颜色区。

5.2.13.2　由 MAPGIS 格式转换为 AutoCAD 格式

程序只能读入 MAPGIS 的点文件和线文件。

5.2.13.3　MAPGIS 格式转换环境设置

文件转换时按照格式转换对照文件一一对应进行转换,您可以按照您的 MAPGIS 和 AutoCAD 环境设置转换参数,使图形可以按您的要求转换。

你可以从"MAPGIS 格式转换设置"对话框中设置,也可以用写字板打开相应的设置文件进行设置。

(1) 图层对照文件(gis. tc)。

AutoCAD 图层名　MAPGIS 图层号　AutoCAD 图层色号　AutoCAD 图层线型

……

(2) 颜色对照文件(gis. ys)。

AutoCAD 色号　MAPGIS 色号

……

(3) 线型对照文件(gis. xl)。

AutoCAD 线型　MAPGIS 线号　X 系数缩放　Y 系数缩放　线宽缩放

……

(4) 图元对照文件(gis. tk)。

AutoCAD 图块　MAPGIS 图元　高度缩放　宽度缩放　角度差

……

(5) 图案对照文件(gis. xp)。

AutoCAD 图案 MAPGIS 图案 图案高度缩放 图案宽度缩放

……

说明:因为 CAD 中的图块与 MAPGIS 中的子图在大小和角度上可能不一致,所以在图元对照文件中需要设置高度缩放、宽度缩放、角度差三个参数;CAD 中的线型和图案与 MAPGIS 中的线型和图案高、宽系数不同,为了使图形可以无差别地转换,所以必须设置相应的参数。

5.2.14 测绘平差与计算

程序能进行导线平差、支导线计算和高程推算,原始数据文件为 *. dx 文件,计算结果文件为 *. dat 文件。原始数据文件格式分别如下。

(1) 导线平差原始数据文件格式:

方向点号,方向点(北坐标 N),方向点(东坐标 E)

起点点号,观测角,平距,倾角,仪高,标高,起点(北坐标 N),起点(东坐标 E)

第一点测点号,观测角,平距,倾角,仪高,标高,

第二点测点号,观测角,平距,倾角,仪高,标高,

……

第 N 点测点号,观测角,平距,倾角,仪高,标高,

终点点号,观测角,终点(北坐标 N),终点(东坐标 E)

方向点号,方向点(北坐标 N),方向点(东坐标 E)

(2) 支导线计算原始数据文件格式:

方向点号,方向点(北坐标 N),方向点(东坐标 E)

起点点号,起点(北坐标 N),起点(东坐标 E)

第一点测点号,标记,观测角,平距,倾角,仪高,标高,

第二点测点号,标记,观测角,平距,倾角,仪高,标高,

……

第 N 点测点号,标记,观测角,平距,倾角,仪高,标高,

注:观测角,平距,倾角,仪高,标高,为测该点数据。标记为“1”,则为支导线点,“0”为碎部点;一站上有支导线点和碎部点时先计算碎部点,详见实例。

(3) 高程推算原始数据文件格式:

测站数,起点高程

第一点测点号,平距,垂直角,仪高,标高

第二点测点号,平距,垂直角,仪高,标高

……

第 N 点测点号,平距,垂直角,仪高,标高

5.2.15 等高线工具

5.2.15.1 绘制等高线

程序可以根据坐标文件或图上带高程的点自动生成等高线。方法是:点击“绘等高线”菜单或工具栏图标,弹出“建立等高线”对话框,选填好对话框各项,点“建立”,如果是根据坐标文件,则自动建立等高线,若是根据图上带高程的点,则要选择参加生成等高线的点,然后自动建立等高线。

5.2.15.2　修剪穿注记等高线

可以批量修剪等高线，点击“修剪穿注记等高线”菜单，选择被等高线穿过的文字，等高线则自动修剪，其他线则不会被修剪。

5.2.15.3　等高线赋高程和属性

只能逐个给等高线赋高程和属性。

5.2.16　大地正反算

程序能在“北京 54”和“国家 80”坐标系中进行正算、反算和换带计算。你只要根据对话框提示选择功能，输入参数，即可得到你要的结果。

注意：角度格式为“度. 分秒”；如：25°45′34.7″写作 25.45347。

6 图形图像处理软件 Photoshop 和 CorelDRAW 在地质中的应用

6.1 地质裂隙等密图、玫瑰图的绘制

裂隙统计是地学工程信息化工作的一部分,也是野外测量后的成果图件之一。“裂隙等密图、玫瑰图”软件能根据对裂隙数据的统计分析,生成相应的图形文件,使用 HyperSnap 将屏幕的图像“挖”下来,然后在 CorelDRAW 之中进行矢量化描图,或用 CorelTrace 进行自动矢量化工作,加上相应的图框后,可作为正式图件保存下来,也可转存成 MAPGIS 识别的 DXF 格式文件。

软件可计算生成裂隙极点等密度图、裂隙走向玫瑰图、裂隙倾向玫瑰图、裂隙倾角直方图及相应的统计数据表,数据先在 TXT 文件之中,仅输入裂隙倾向及倾角,每一组为一行,然后将 TXT 文件改名成 DAT 文件,运行程序后自动进行走向换算。数据文件的格式如下:(打开 DAT 文件就知道了)

裂隙倾向,裂隙倾角

……

裂隙倾向,裂隙倾角

例如:270,67

以系统提供的数据生成如图 6-1 所示。在 Excel 之中,将倾向和倾角数据排列成两列,存成 CSV(逗号分割)格式,然后将 CSV 格式改成 DAT 格式(改扩展名),程序即可自动识别数据。

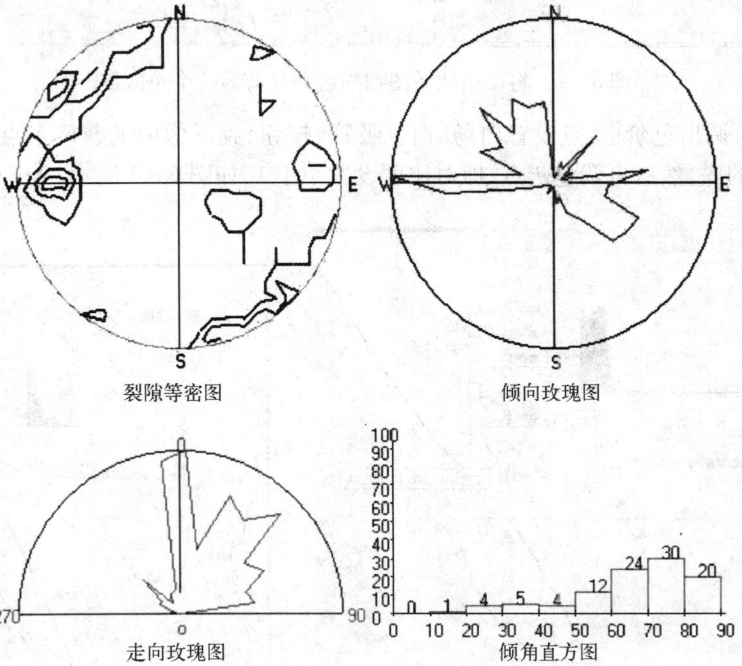

图 6-1 裂隙等密图及走向玫瑰图

此图还不太完善，因此用截图软件 Hyper Snap 或 SnagIT 软件将它截取后，到 CorelDRAW 中进入基本的描图，并加上文字及装饰，作为正式图件再打印出来。

6.2　Photoshop 处理扫描的地质图——MAPGIS 矢量之前的预处理

一般来说，Photoshop 软件用在地质上的地方出现在扫描后的图像处理，以及成图后的美化这两个方面。尤其是在地质图的扫描后处理非常重要，因为它直接关系着矢量化的精度与准确度。

使用 PS 的裁剪工具切出右上角的一块进行处理后再矢量化，但是发现图 6－2 右边的图像因为扫描的原因，有很重的灰底，而且线条文字均较模糊，那么如何处理呢？

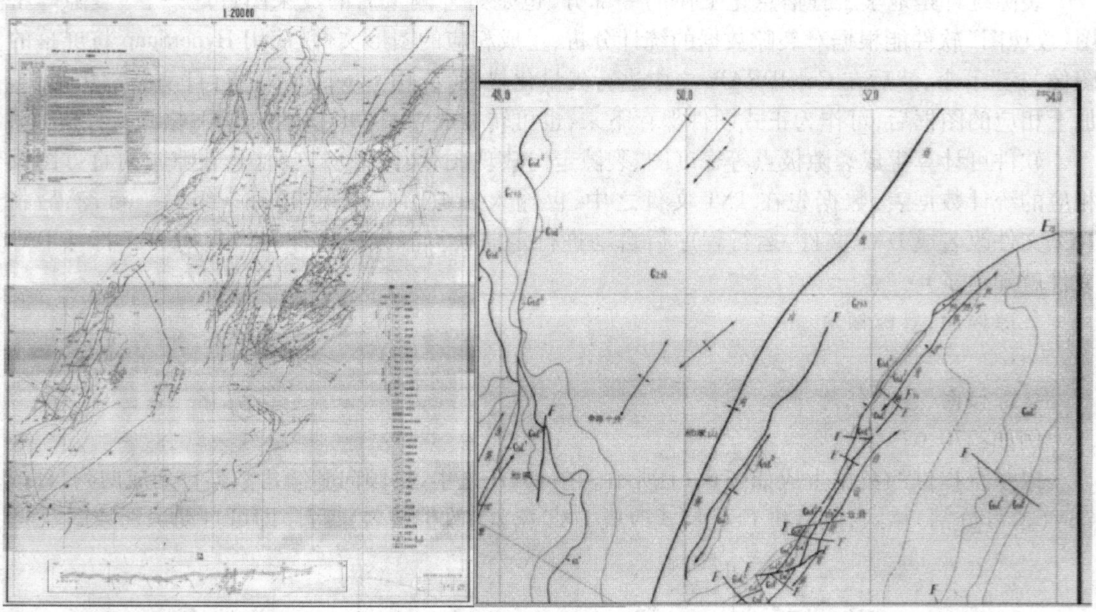

图 6－2　将矿山地质图扫描后并裁剪为一个小区域

按 Ctrl＋L，调出色阶框，点设置白场（白色吸管）按钮，到图像中的灰底上点一下，系统将把灰底变成白色的底，然后再调整灰点，即对比度设置小于 1，如图 6－3 所示。

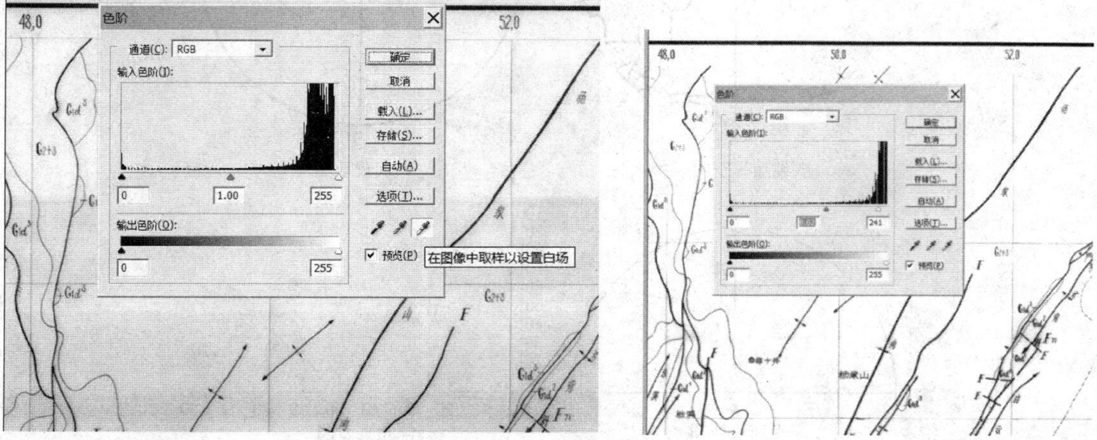

图 6－3　调整图像色阶，选取白场及黑场

经过调整灰底为白场，移动灰点至0.62，白点至241色阶，一幅扫描的底图立刻变得清晰明亮，各种线条清楚地展示出来了。但是又有一个问题：那就是文字和线条均有些模糊，那么如何用PS锐化图像呢？

点菜单的“滤镜”子菜单，进入“锐化”的“USM锐化”项，调整数量至线条锐化得满意为止，这样处理后的图片，既没有灰底，也清楚美观，在此基础上再存成TIF图像文件后，置入MAPGIS中再进一步矢量化，无论是速度还是精确度均大幅提高（见图6-4）。

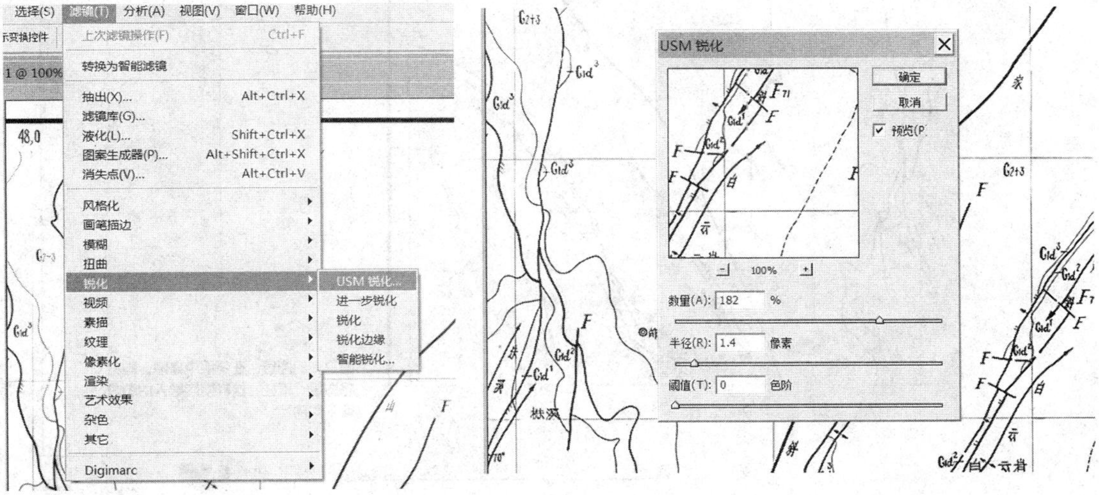

图6-4 选取滤镜中的锐化之USM锐化功能，调整参数让图像更清晰

6.3 CorelDRAW 和 CorelTrace 对地质图的矢量化及描图

CorelDRAW 软件在地质上的应用事实上是非常广泛的，尤其是出图的时候，其强大的自由绘图功能，尤其是对Grapher、Surfer等软件绘制的图件进行美化与增删内容均有着极大的方便性。因为该软件是面向于艺术设计的人设计的，荣获过世界性大奖近30项。

6.3.1 导入图像到 CorelDRAW 之中

（1）进入 CorelDRAW 软件，点击导入按钮或 Ctrl + L 将前面经 PS 处理过的图像导入到CorelDRAW之中。在“对象管理器”的右下角点建立新的图层按钮，在新图层中描图，同时将原“图层1”锁住，在图层前出现图6-5这样刚刚导入的图像就不能动了。

（2）然后在“描图层”中绘图（见图6-6），进入 左边工具的“贝塞尔曲线”直接在图上描线条，第一点不要拖动鼠标，其他各点适当拖动鼠标形成BEIZER曲线，上面有节点，按F10可以进入节点编辑状态，若觉得曲线上的节点数不多，双击鼠标可以增加节点数，在某个节点上双击也能删除该节点，需要注意的是：一条光滑的曲线并非节点数越多越好，只有到曲线拐点的地方加上节点，这样一条曲线才能以最少的节点表达最光滑的曲线（见图6-7）。

（3）在两条线接口处不能留下细缝，因为这样到 Photoshop 中魔棒选区时不封闭，则找不到自己需要的色块区域。

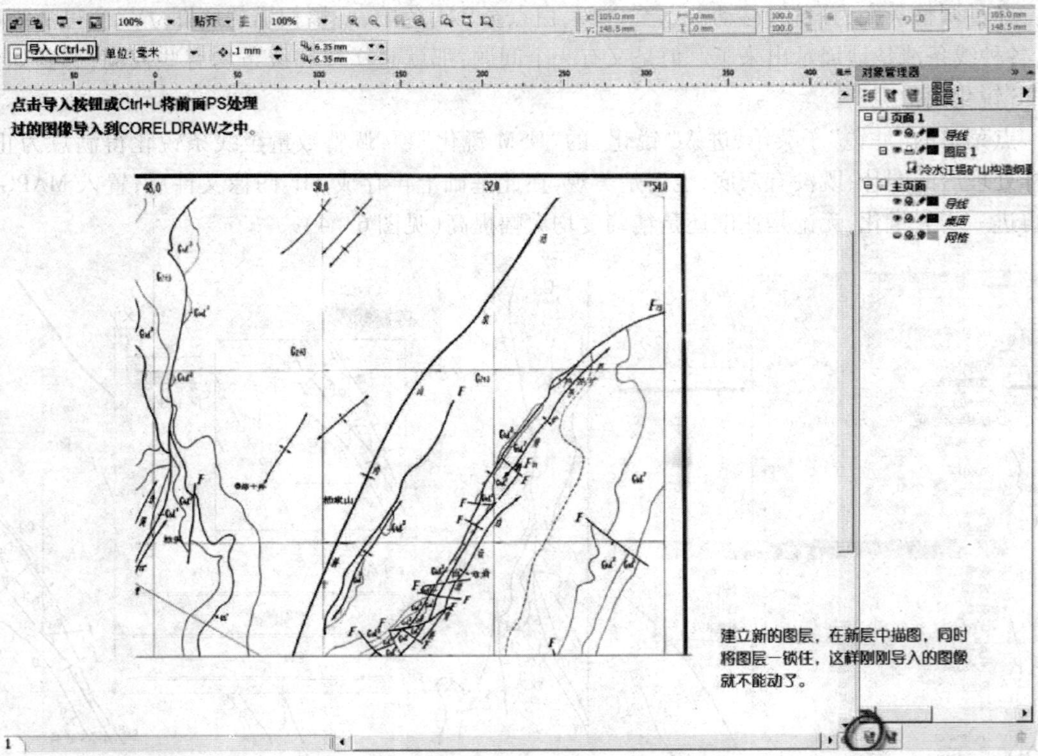

图 6－5 导入图像到 CorelDRAW 中，建立新图层，锁定导入图像的图层

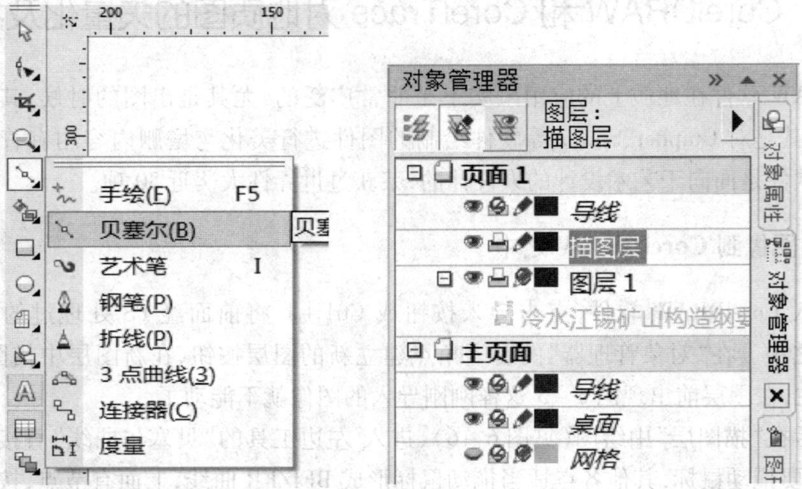

图 6－6 点铅笔即可锁定图层 1，在描图层里用 BEIZER 曲线绘图

（4）直接在对象管理器中点眼睛图标，将底层隐藏起来后，选择需要导出的图形，按 Ctrl＋E 或导出按钮，将图形以 PSD 的格式导入到 Photoshop 中做进一步的处理（见图 6－8）。

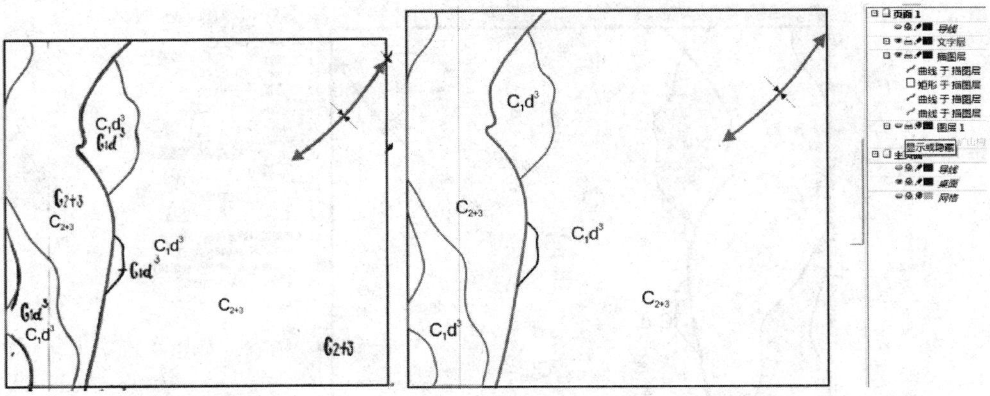

图 6-7 使用贝塞尔曲线绘制完线条后将图层 1 关闭，并建立新文字图层

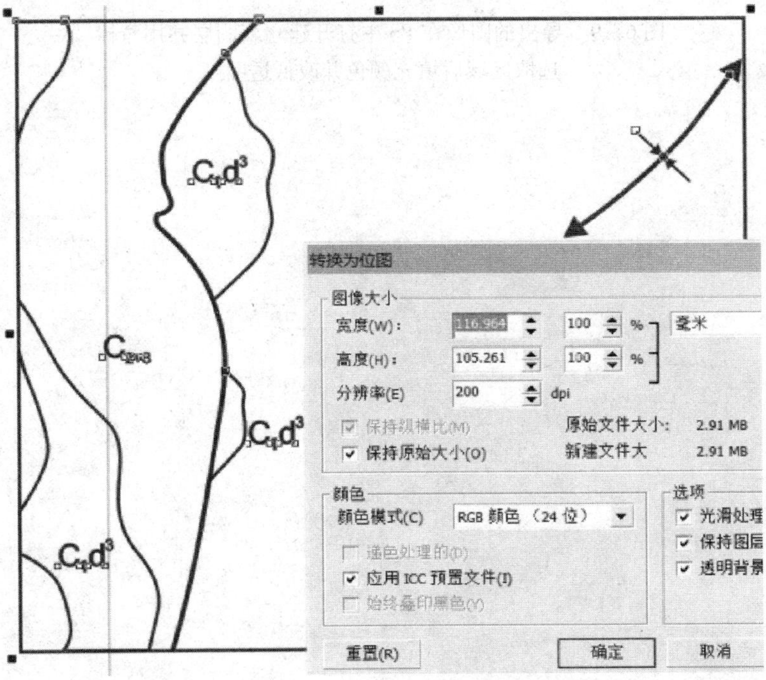

图 6-8 导出图像时选取 PSD 格式并选择透明背景，保持图层及光滑处理三项

6.3.2 Photoshop 中的后期处理

（1）打开 PS，建立一新层，注意：每一个色块均要新开一层，方便以后修改。点魔棒工具，在菜单下的属性选项中，有三种布尔运算（相融、相减、相交），选择布尔相融，以便加选同地层区域，点击区域的内部一个点让魔棒自己寻找区域后，建立新层，按 Alt + Del 充填前景颜色，并改变图层的不透明度（见图 6-9）。

（2）将各个地层块选择出来建立单独的图层。对有些文字增加一些阴影和描边，以增强其立体感，当然这种装饰的图件放在 PPT 中作为演示用最好，不宜用于工程图。

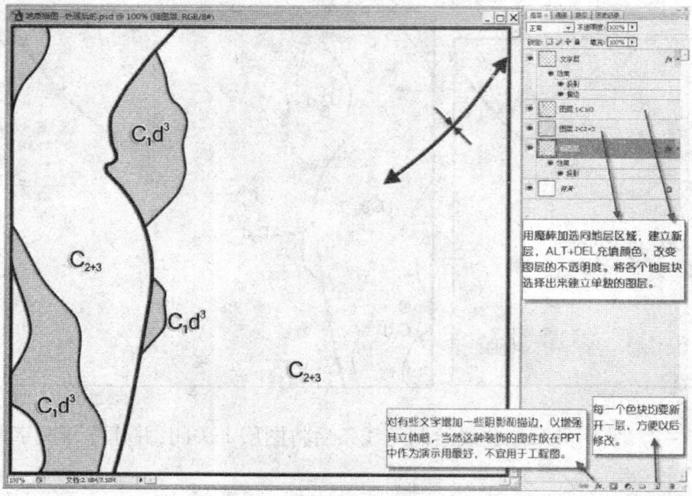

图 6-9　导出的图像在 PS 中打开建立新图层并用魔棒选取区域后填充颜色并改低透明度

7　多种投影正反转换程序

多种投影之间的数据转换是地质制图中经常需要进行计算的一项工作,本系列小程序能用于不同基准面、3°或6°分带、单点及批量数据的高斯－克吕格(UTM、墨卡托、兰勃特)投影正、反转换,正投影时的输入经纬度数据可以是度、度分及度分秒格式。它是由青岛海洋地质研究所戴勤奋同志开发的,深受广大地质工作者的欢迎。

图7－1中是光盘中配送的软件,进入文件夹中直接运行程序文件即可。因为投影正反转换的方式几乎差不多,因此软件的说明以个性为主。

图7－1　在光盘中的小软件,涉及到各种格式的转换

7.1　地图投影的选择

选择投影的目的在于使所选投影的性质、特点适合于地图的用途,同时考虑地图在图廓范围内变形较小而且变形分布均匀。

我国的基本比例尺地形图(1∶5千,1∶1万,1∶2.5万,1∶5万,1∶10万,1∶25万,1∶50万,1∶100万)中,大于等于50万的多采用高斯－克吕格投影(Gauss-Kruger),这是一个等角横切椭圆柱投影,是横轴墨卡托投影(Transverse Mercator)的一个变种;小于50万的地形图采用等角正轴割圆锥投影,又叫兰勃特等角投影(Lambert Conformal Conic);海上小于50万的地形图多用等角正轴圆柱投影,又叫墨卡托投影(Mercator)。一般应该采用与我国基本比例尺地形图系列一致的地图投影系统。

7.2　大地基准面的选择

地图坐标系由大地基准面和地图投影确定,大地基准面是利用特定椭球体对特定地区地球表面的逼近,因此每个国家或地区均有各自的大地基准面,我们通常称谓的北京54坐标系、西安80坐标系实际上指的是我国的两个大地基准面。

我国参照前苏联从1953年起采用克拉索夫斯基(Krassovsky)椭球体建立了我国的北京54坐标系,1978年采用国际大地测量协会推荐的IAG 75地球椭球体建立了我国新的大地坐标系——西安80坐标系,目前GPS定位所得出的结果都属于WGS84坐标系统,WGS84基准面采用WGS84椭球体,它是一地心坐标系,即以地心作为椭球体中心的坐标系。

相对同一地理位置,不同的大地基准面,它们的经纬度坐标是有差异的。程序中采用的三个椭球体参数见表7－1(源自"全球定位系统测量规范GB/T 18314—2001")。

表 7-1　几种常见椭球体的长短半轴数据

椭 球 体	长 半 轴	短 半 轴
Krassovsky	6378245	6356863.0188
IAG 75	6378140	6356755.2882
WGS 84	6378137	6356752.3142

椭球体与大地基准面之间的关系是一对多的关系，也就是基准面是在椭球体基础上建立的，但椭球体不能代表基准面，同样的椭球体能定义不同的基准面，如前苏联的 Pulkovo 1942、索马里的 Afgooye 基准面都采用了 Krassovsky 椭球体，但它们的大地基准面显然是不同的。在目前的 GIS 商用软件中，大地基准面都通过当地基准面向 WGS84 的转换七参数来定义，即三个平移参数 ΔX、ΔY、ΔZ 表示两坐标原点的平移值；三个旋转参数 εx、εy、εz 表示当地坐标系旋转至与地心坐标系平行时，分别绕 Xt、Yt、Zt 的旋转角；最后是比例校正因子，用于调整椭球大小。我国的北京 54、西安 80 相对 WGS84 的转换参数保密，至今没有公开。实际工作中可通过当地测绘部门获取相应参数，或利用工作区内已知的北京 54 或西安 80 坐标控制点计算，计算方法有“三参数莫洛金斯基（Molodenski）”法，“七参数布尔莎（Bursa-Wolf）”法，及多项式或线性转换等。

以中央经度为 123°的（32°，121°）高斯－克吕格投影结果为例，北京 54 及 WGS84 基准面，两者投影结果在南北方向差距约 63 m（见表 7-2），东西方向基本一致；西安 80 与 WGS84 投影结果基本一致。

表 7-2　几种常见投影数据之间的区别

	输入坐标/(°)	北京 54 高斯/m	西安 80 高斯/m	WGS84 高斯/m
纬度值（X）	32	3543664	3543603	3543601
经度值（Y）	121	21310994	21310997	21310997

7.3 单点转换

单点转换步骤如下：

（1）选择是高斯正转换还是反转换，缺省为经纬度转换到高斯投影坐标，投影坐标单位为米。

（2）选择大地基准面，缺省北京 54，如果是 GPS 定位数据别忘了切换为 WGS84。

（3）选择分带，3°或 6°，缺省为 6°。

（4）输入中央经度，20 带（114°E～120°E）中央经度为 117°，21 带（120°E～126°E）中央经度为 123°。

（5）如正向投影，选择经纬度输入数据格式，有三个选项，缺省为十进制度格式。具体输入方式见表 7-3。

表 7-3　几种经纬度的输入方式比较

格　式	原始纬度值	原始经度值	输入纬度值	输入经度值
十进制度	35.445901°	122.997344°	35.445901	122.997344
度分	35°26.7541′	122°59.8406′	3526.7541	12259.8406
度分秒	35°26′45.245″	122°59′50.438″	352645.245	1225950.438

(6) 正投影按选定格式在“输入”栏输入经纬度值,反投影输入以米为单位的 X、Y 坐标值。

(7) 单击“单点转换”按钮。

(8) 在“输出”栏查看计算结果。

7.4 批量转换

批量转换步骤如下:

(1) 准备好需要转换的输入数据文件,要求是文本文件,分两列,第一列纬度值或纵向坐标值,第二列经度值或横向坐标值,两列之间用分隔符分开。正向投影时,纬度值及经度值格式可以有三种选择,缺省当作十进制度处理;反向投影时,纵向及横向坐标值必须以米为单位。

下例为度分秒格式(WGS84)的 6°带正投影输入数据文件 testdata. txt。

352645. 245　1225950. 438
353800. 402　1230000. 378
351600. 519　1225959. 506
345800. 101　1225959. 8
343600. 336　1230000. 26
341400. 018　1225959. 897
335159. 17　1225959. 46
333000. 08　1230000. 28

(2) 选择是高斯正转换还是反转换,缺省为经纬度转换到高斯投影坐标,投影坐标单位为米。

(3) 选择大地基准面,缺省为 WGS84。

(4) 选择分带,3°或 6°,缺省为 6°。

(5) 输入中央经度,20 带(114°E ~ 120°E)中央经度为 117°,21 带(120°E ~ 126°E)中央经度为 123°。

(6) 如正向投影,选择输入数据文件中的经纬度输入数据格式,有三个选项,缺省为十进制度格式。

(7) 单击“批量转换”按钮。弹出打开文件对话框,输入数据文件名。

(8) 输入转换结果文件名,单击“保存”后,程序开始进行计算。

(9) 打开输出文件查看计算结果,结果分五列,第一列为序号,第二列输入纬度值或纵向坐标值,第三列输入经度值或横向坐标值,第四列转换后纬度值或纵向坐标值,第五列转换后经度值或横向坐标值。

下例为度分秒格式(WGS84)的 6°带,中央经度 123°正投影转换结果数据文件 result. txt。

1	352645. 245	1225950. 438	3924063. 29	21499758. 85
2	353800. 402	1230000. 378	3944871. 34	21500009. 51
3	351600. 519	1225959. 506	3904193. 7	21499987. 51
4	345800. 101	1225959. 8	3870898. 01	21499994. 93
5	343600. 336	1230000. 26	3830228. 49	21500006. 62
6	341400. 018	1225959. 897	3789544. 38	21499997. 36
7	335159. 17	1225959. 46	3748846. 38	21499986. 12
8	333000. 08	1230000. 28	3708204. 97	21500007. 23

7.5　可选的几种常见投影

7.5.1　高斯－克吕格(Gauss-Kruger)投影

7.5.1.1　高斯－克吕格投影性质

高斯－克吕格(Gauss-Kruger)投影简称“高斯投影”,又名“等角横切椭圆柱投影”,地球椭球面和平面间正形投影的一种。德国数学家、物理学家、天文学家高斯(Carl Friedrich Gauss,1777～1855)于19世纪20年代拟定,后经德国大地测量学家克吕格(Johannes Kruger,1857～1928)于1912年对投影公式加以补充。该投影按照投影带中央子午线投影为直线且长度不变和赤道投影为直线的条件,确定函数的形式,从而得到高斯－克吕格投影公式。投影后,除中央子午线和赤道为直线外,其他子午线均为对称于中央子午线的曲线。设想用一个椭圆柱横切于椭球面上投影带的中央子午线,按上述投影条件,将中央子午线两侧一定经差范围内的椭球面正形投影于椭圆柱面。将椭圆柱面沿过南北极的母线剪开展平,即为高斯投影平面。取中央子午线与赤道交点的投影为原点,中央子午线的投影为纵坐标X轴,赤道的投影为横坐标Y轴,构成高斯－克吕格平面直角坐标系。

高斯－克吕格投影在长度和面积上变形很小,中央经线无变形,自中央经线向投影带边缘,变形逐渐增加,变形最大之处在投影带内赤道的两端。由于其投影精度高,变形小,而且计算简便(各投影带坐标一致,只要算出一个带的数据,其他各带都能应用),因此在大比例尺地形图中应用,可以满足军事上各种需要,能在图上进行精确的量测计算。

7.5.1.2　高斯－克吕格投影分带

按一定经差将地球椭球面划分成若干投影带,这是高斯投影中限制长度变形的最有效方法。分带时既要控制长度变形使其不大于测图误差,又要使带数不致过多以减少换带计算工作,据此原则将地球椭球面沿子午线划分成经差相等的瓜瓣形地带,以便分带投影。通常按经差6°或3°分为六度带或三度带。六度带自0°子午线起每隔经差6°自西向东分带,带号依次编为第1、2、…、60带。三度带是在六度带的基础上分成的,它的中央子午线与六度带的中央子午线和分带子午线重合,即自1.5°子午线起每隔经差3°自西向东分带,带号依次编为三度带第1、2、…、120带。我国的经度范围西起73°东至135°,可分成六度带11个,各带中央经线依次为75°、81°、87°、…、117°、123°、129°、135°,或三度带22个。六度带可用于中小比例尺(如1∶250000)测图,三度带可用于大比例尺(如1∶10000)测图,城建坐标多采用三度带的高斯投影。

7.5.1.3　高斯－克吕格投影坐标系

见图7－2,高斯－克吕格投影是按分带方法各自进行投影,故各带坐标成独立系统。以中央经线投影为纵轴X,赤道投影为横轴Y,两轴交点即为各带的坐标原点。纵坐标以赤道为零起算,赤道以北为正,以南为负。我国位于北半球,纵坐标均为正值。横坐标如以中央经线为零起算,中央经线以东为正,以西为负,横坐标出现负值,使用不便,故规定将坐标纵轴西移500 km当作起始轴,凡是带内的横坐标值均加500 km。由于高斯－克吕格投影每一个投影带的坐标都是对本带坐标原点的相对值,所以各带的坐标完全相同,为了区别某一坐标系统属于哪一带,在横轴坐标前加上带号,如(4231898 m,21655933 m),其中21即为带号。

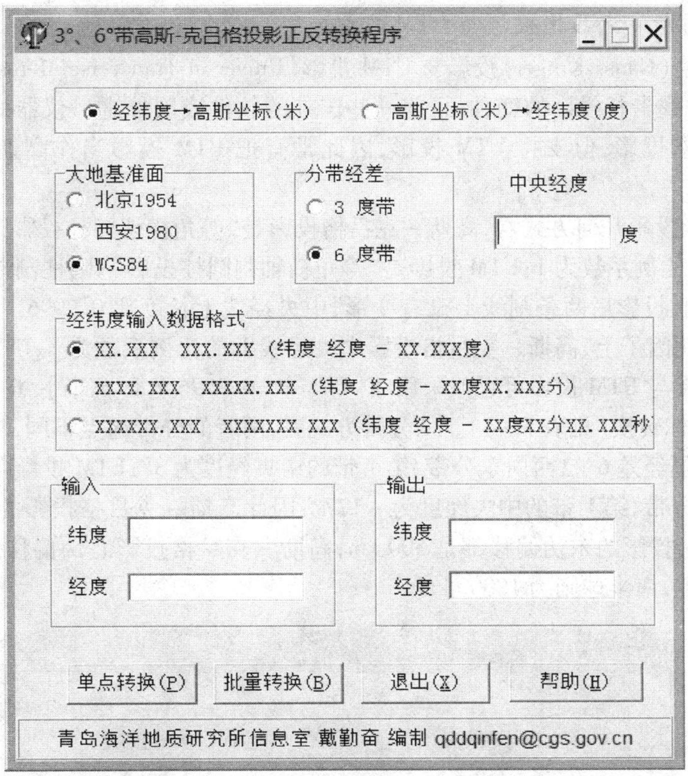

图7-2 三度带与六度带的高斯克吕格投影正反转换程序界面

7.5.2 UTM(Universal Transverse Mercator)投影

7.5.2.1 UTM 投影性质

UTM 投影全称为“通用横轴墨卡托投影”,是一种“等角横轴割圆柱投影”,椭圆柱割地球于南纬 80°、北纬 84°两条等高圈,投影后两条相割的经线上没有变形,而中央经线上长度比 0.9996。UTM 投影是为了全球战争需要创建的,美国于 1948 年完成这种通用投影系统的计算。与高斯-克吕格投影相似,该投影角度没有变形,中央经线为直线,且为投影的对称轴,中央经线的比例因子取 0.9996 是为了保证离中央经线左右约 330 km 处有两条不失真的标准经线。

7.5.2.2 UTM 投影分带

UTM 投影分带方法与高斯-克吕格投影相似,不过是自西经 180°起每隔经差 6°自西向东分带,将地球划分为 60 个投影带。高斯-克吕格投影的第 1 带是 UTM 的第 31 带。

7.5.2.3 UTM 投影坐标系

UTM 投影按分带方法各自进行投影,故各带坐标成独立系统。以中央经线(L0)投影为纵轴 X,赤道投影为横轴 Y,两轴交点即为各带的坐标原点。为了避免横坐标出现负值,UTM 北半球投影中规定将坐标纵轴西移 500 km 当作起始轴,而 UTM 南半球投影除了将纵轴西移 500 km 外,横轴南移 10000 km。根据使用习惯本套程序在高斯-克吕格投影横轴坐标前加了带号,而 UTM 投影没有加带号。

7.5.2.4　高斯－克吕格投影与 UTM 投影

高斯－克吕格(Gauss-Kruger)投影与 UTM 投影(Universal Transverse Mercator,通用横轴墨卡托投影)都是横轴墨卡托投影的变种,目前一些国外的软件或国外进口仪器的配套软件往往不支持高斯－克吕格投影,但支持 UTM 投影,因此常有把 UTM 投影当作高斯－克吕格投影的现象。

见图 7－3,从投影几何方式看,高斯－克吕格投影是“等角横切圆柱投影”,投影后中央经线保持长度不变,即比例系数为 1;UTM 投影是“等角横轴割圆柱投影”,圆柱割地球于南纬 80°、北纬 84°两条等高圈,投影后两条割线上没有变形,中央经线上长度比 0.9996。从计算结果看,两者主要差别在比例因子上,高斯－克吕格投影中央经线上的比例系数为 1,UTM 投影为 0.9996,高斯－克吕格投影与 UTM 投影可近似采用 X[UTM] = 0.9996 × X[高斯],Y[UTM] = 0.9996 × Y[高斯],进行坐标转换(见表 7－4)。从分带方式看,两者的分带起点不同,高斯－克吕格投影自 0°子午线起每隔经差 6°自西向东分带,第 1 带的中央经度为 3°;UTM 投影自西经 180°起每隔经差 6°自西向东分带,第 1 带的中央经度为 －177°,因此高斯－克吕格投影的第 1 带是 UTM 的第 31 带。此外,两投影的东伪偏移都是 500 km,高斯－克吕格投影北伪偏移为零,UTM 北半球投影北伪偏移为零,南半球则为 10000 km。

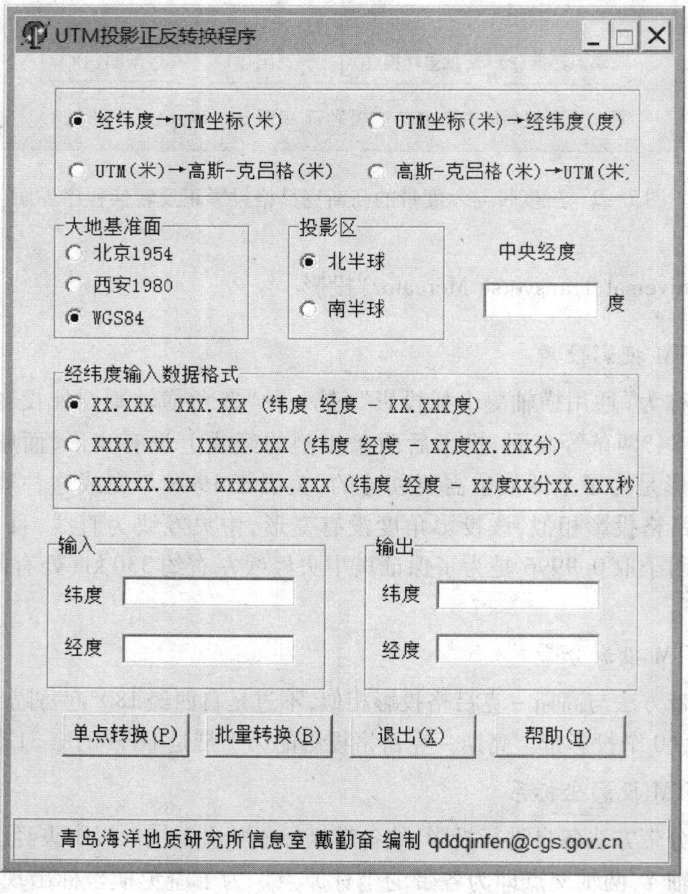

图 7－3　UTM 投影正反转换程序界面

高斯－克吕格投影与 UTM 投影可近似采用 Xutm = 0.9996 × X 高斯,Yutm = 0.9996 × Y 高

斯进行坐标转换。以下举例说明(基准面为WGS84,中央经度为123°)。

表7-4　坐标数值输入与输出结果对比

	输入坐标/(°)	高斯投影/m	UTM投影/m	Xutm=0.9996×X高斯,Yutm=0.9996×Y高斯
纬度值(X)	32	3543600.9	3542183.5	3543600.9×0.9996≈3542183.5
经度值(Y)	121	21310996.8	311072.4	(310996.8-500000)×0.9996+500000≈311072.4

注:坐标点(32,121)位于高斯投影的21带,高斯投影Y值21310996.8中前两位"21"为带号;坐标点(32,121)位于UTM投影的51带,表7-4中UTM投影的Y值没加带号。因坐标纵轴西移了500000 m,转换时必须将Y值减去500000乘上比例因子后再加500000。

7.5.3　墨卡托(Mercator)投影

7.5.3.1　墨卡托投影性质

墨卡托(Mercator)投影,是一"等角正轴圆柱投影",荷兰地图学家墨卡托(Gerhardus Mercator,1512~1594)在1569年拟定,假设地球被围在一中空的圆柱里,其标准纬线与圆柱相切接触,然后再假想地球中心有一盏灯,把球面上的图形投影到圆柱体上,再把圆柱体展开,这就是一幅选定标准纬线的"墨卡托投影"绘制出的世界地图。

墨卡托投影没有角度变形,由每一点向各方向的长度比相等,它的经纬线都是平行直线,且相交成直角,经线间隔相等,纬线间隔从标准纬线向两极逐渐增大。墨卡托投影的地图上长度和面积变形明显,标准纬线无变形,从标准纬线向两极变形逐渐增大,但因为它具有各个方向均等扩大的特性,保持了方向和相互位置关系的正确。在地图上保持方向和角度的正确是墨卡托投影的优点,墨卡托投影地图常用作航海图和航空图,如果循着墨卡托投影图上两点间的直线航行,方向不变可以一直到达目的地,因此它对船舰在航行中定位、确定航向都具有有利条件,给航海者带来很大方便。

"海底地形图编绘规范"(GB/T 17834—1999,海军航保部起草)中规定1:25万及更小比例尺的海图采用墨卡托投影,其中基本比例尺海底地形图(1:5万,1:25万,1:100万)采用统一基准纬线30°,非基本比例尺图以制图区域中纬为基准纬线。基准纬线取至整度或整分。

7.5.3.2　墨卡托投影坐标系

取零子午线或自定义原点经线与赤道交点的投影为原点,零子午线或自定义原点经线的投影为纵坐标X轴,赤道的投影为横坐标Y轴,构成墨卡托平面直角坐标系,此投影标准纬线无变形(见图7-4)。

7.5.4　兰勃特(Lambert Conformal Conic)投影

7.5.4.1　兰勃特投影性质

兰勃特等角(Lambert Conformal Conic)投影,是一"等角正割圆锥投影",由德国数学家兰勃特(J. H. Lambert)在1772年拟定。设想用一个正圆锥切于或割于球面,应用等角条件将地球面投影到圆锥面上,然后沿一母线展开,即为兰勃特投影平面。投影后纬线为同心圆弧,经线为同心圆半径。

兰勃特投影采用双标准纬线相割,与采用单标准纬线相切比较,其投影变形小而均匀,兰勃特投影的变形分布规律是:

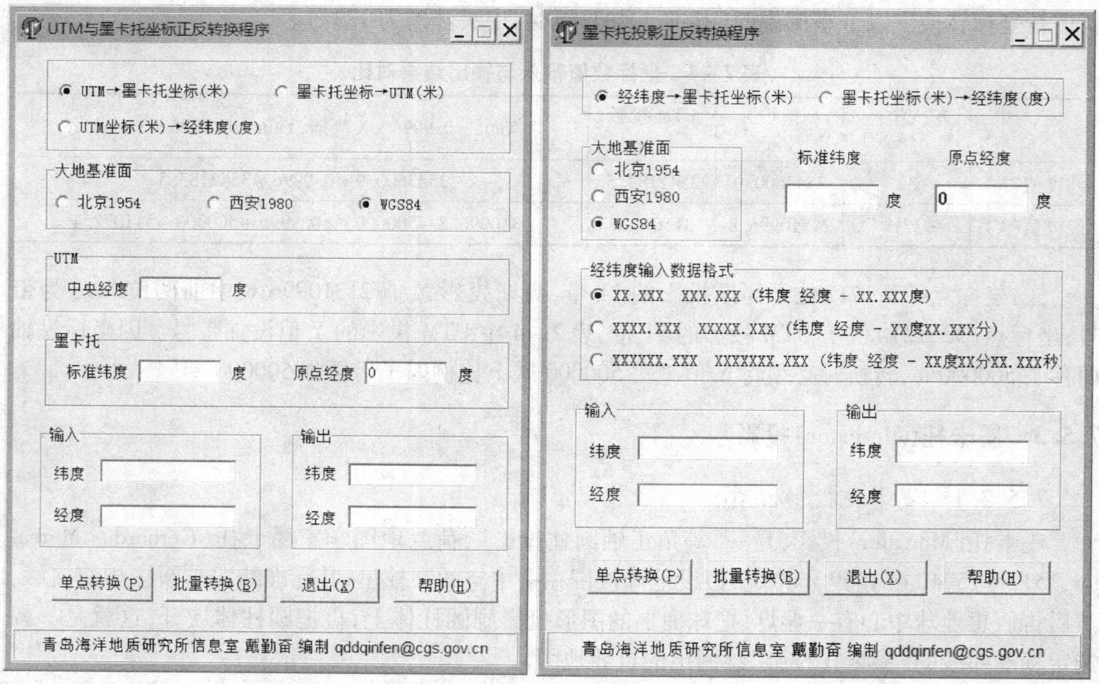

图 7-4 UTM 与墨卡托坐标投影正反转换程序界面

(1) 角度没有变形,即投影前后对应的微分面积保持图形相似,故亦可称为正形投影;

(2) 等变形线和纬线一致,即同一条纬线上的变形处处相等;

(3) 两条标准纬线上没有任何变形;

(4) 在同一经线上,两标准纬线外侧为正变形(长度比大于1),而两标准纬线之间为负变形(长度比小于1)。因此,变形比较均匀,变形绝对值也比较小;

(5) 同一纬线上等经差的线段长度相等,两条纬线间的经纬线长度处处相等。

兰勃特投影常用于小比例尺地形图。“1∶1000000 地形图编绘规范及图式 GB/T 14515—93”中规定 1∶100 万地形图采用正轴等角圆锥投影(兰勃特等角投影),并采用了国际地理学会规定的全球统一使用的国际百万分之一地图的分幅原则,按纬差 4°从赤道向北、经差 6°从 -180°向东分幅,每个投影分幅单独计算坐标,每幅两条标准纬线,第一标准纬线为图幅南端纬度加 30′的纬线,第二标准纬线为图幅北端纬度减 30′的纬线。由于是纬差 4°分带投影的,所以当沿着纬线方向拼接地图时,不论多少图幅,均不会产生裂隙;但是,当沿着经线方向拼接时,因拼接线分别处于上下不同的投影带,投影后的曲率不同,致使拼接时会产生裂隙。

7.5.4.2 兰勃特投影坐标系

以图幅的原点经线(一般是中央经线)作纵坐标 X 轴,原点经线与原点纬线(一般是最南端纬线)的交点作为原点,过此点的切线作为横坐标 Y 轴,构成兰勃特平面直角坐标系,此投影两标准纬线无变形。

在我国 1∶100 万兰勃特投影地形图中,由于经纬网图形是以中央经线为轴左右对称的(原点经线选择图幅的中央经线,原点纬线选择最南端纬线)。因此,只要计算右方经差为 1°、2°、3°的经纬线交点的坐标,左方的经纬线交点的坐标,只需 Y 值为负即可。一幅图的直角坐标成果可以在同一纬度带中通用(见图 7-5)。

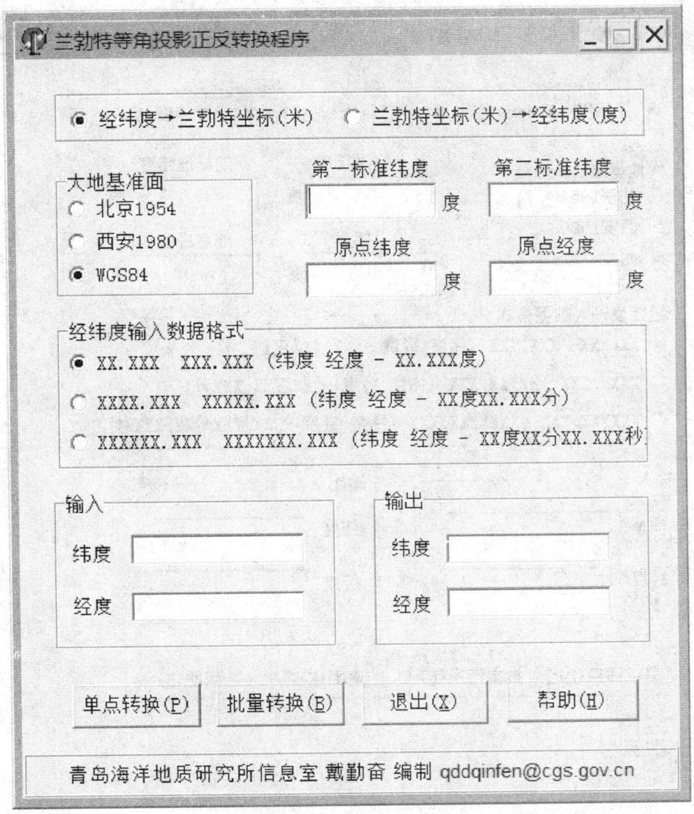

图 7 – 5　Lambert 等角投影正反转换程序界面

7.5.5　Albers 等面积投影

7.5.5.1　Albers 等面积投影性质

亚尔勃斯等面积(Albers Equal Area)投影,是一"等面积正割圆锥投影",由德国的亚尔勃斯(Heinrich Christian Albers,1773 ~ 1833)于 1805 年拟定。设想用一个正圆锥割于球面,应用等面积条件将地球面投影到圆锥面上,然后沿一母线展开,即为亚尔勃斯投影平面。投影后纬线为同心圆弧,经线为同心圆半径。

亚尔勃斯等面积投影采用双标准纬线相割,两标准纬线之间的经线上长度放大,而两标准纬线外的经线上长度缩短,最后得到一个等面积圆锥投影的地图,其变形比较均匀,变形绝对值也比较小。

亚尔勃斯等面积圆锥投影适于绘制南北窄东西长的地区和中纬度地区的地图,常用于小比例尺全疆域地图,我国常用的投影参数为:第一标准纬线 25°,第二标准纬线 47°,原点纬度 0°,原点(中央)经度 105°。

7.5.5.2　Albers 等面积投影坐标系

以图幅的原点经线(一般是中央经线)作纵坐标 X 轴,原点经线与原点纬线(赤道)的交点作为原点,过此点的切线作为横坐标 Y 轴,构成亚尔勃斯平面直角坐标系(见图 7 – 6)。

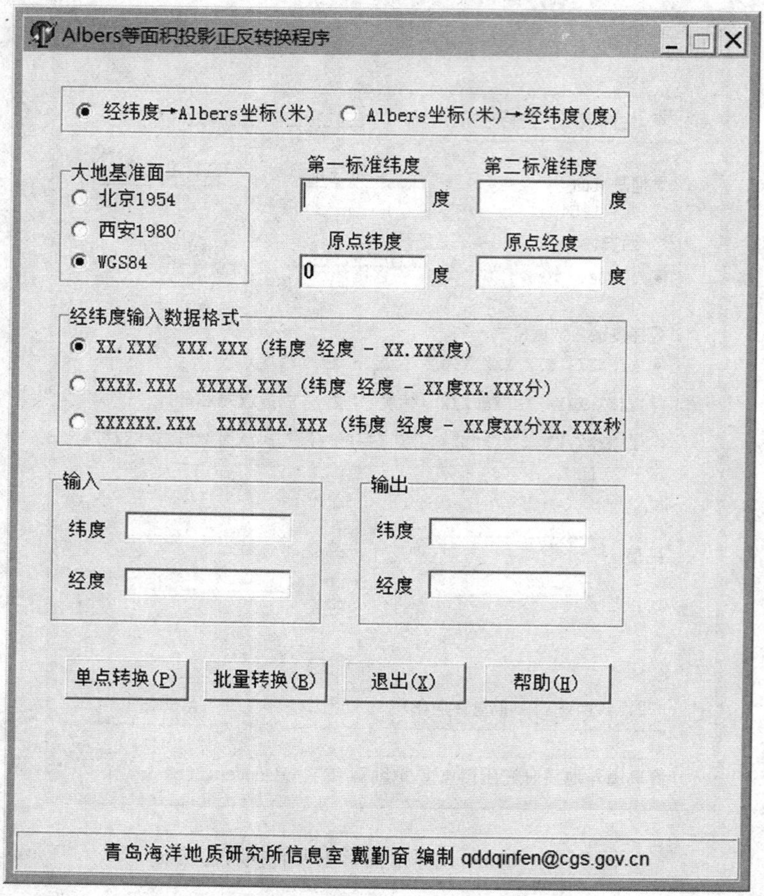

图 7－6　Albers 等面积投影正反转换程序界面

7.6　坐标转换

注意:中央子午线是用六度带或三度带分,我们一般用六度带。即从 0°开始到 6°为一个带,我们用此坐标转换的时候要输入带的中间一个度,即 3°。如桂林在 108°～114°,中央经线为 111°,故应输入 111°。

7.6.1　XYH 转 BLH(或 XY 转 NE)

见图 7－7,注意:

(1) X 是 2777300,Y 是 37402800 或 19402800,但 37 或 19 的带号不要。

(2) 转换后,N 到 25:05:52.6 即可,同样,E 到 110:02:11.1 即可。

7.6.2　BLH 转 XYH(或 NE 转 XY)

见图 7－8 和图 7－9,注意:转换后,X 到 2777299 即可,Y 到 402798 即可,但前面要加 37 或 19 带号。

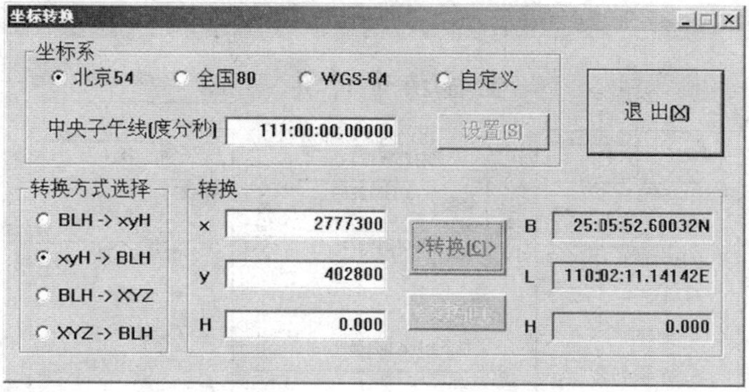

图 7-7　北京 54 全国 80 及 WGS-84 坐标转换程序界面（xyH→BLH 模式）

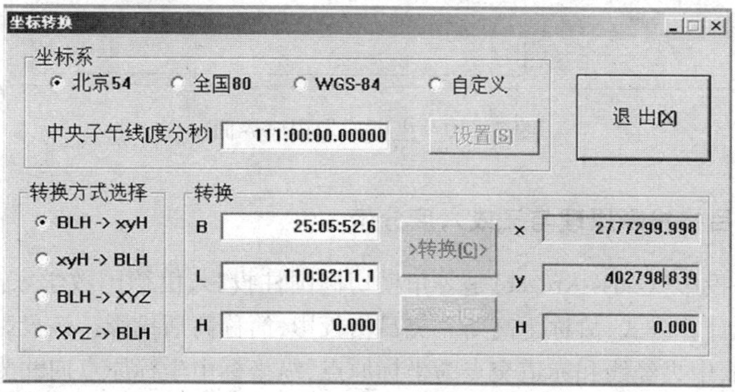

图 7-8　北京 54 全国 80 及 WGS-84 坐标转换程序界面（BLH→xyH 模式）

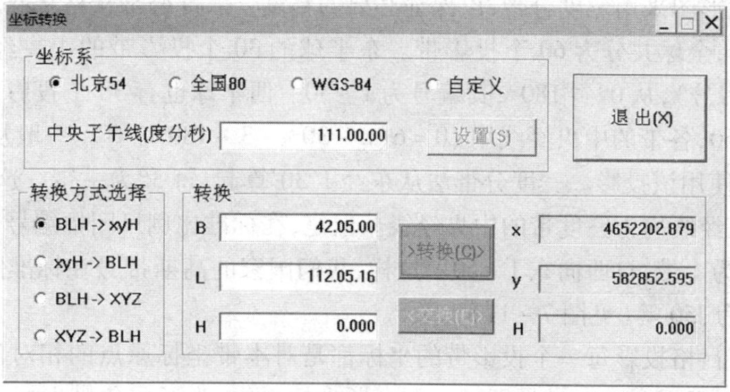

图 7-9　北京 54 全国 80 及 WGS-84 坐标转换中的带号处理

7.7　坐标换带程序

本程序可以实现高斯－克吕格投影不同分带坐标的相互转换，经纬度转换为坐标，并可以求取任一点所在国家标准图幅编号，同时显示所在 1∶50000 地形图地形等级及地区调整系数（大调查经费预算用）。见图 7-10。

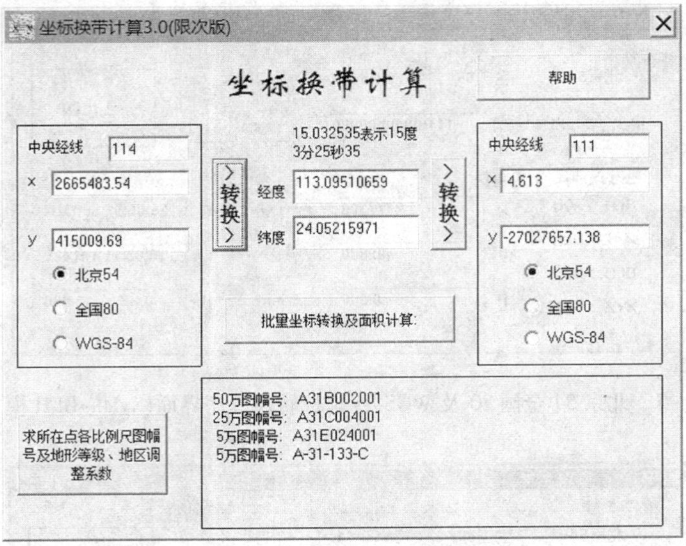

图 7 - 10　坐标换带程序界面

7.7.1　高斯 - 克吕格投影原理与三或六度分带

高斯 - 克吕格投影(Gauss-Kruger)是等角横切椭圆柱投影,由德国数学家高斯提出,后经克吕格扩充并推倒出计算公式,故称为高斯 - 克吕格投影,简称高斯投影。该投影以中央经线和赤道投影后为坐标轴,中央经线和赤道交点为坐标原点,纵坐标由坐标原点向北为正,向南为负,规定为 X 轴,横坐标从中央经线起算,向东为正,向西为负,规定为 Y 轴。

为了控制变形,本投影采用分带的办法。我国 1:2.5 ~ 1:50 万地形图均采用六度分带;1:1 万及更大比例尺地形图采用三度分带,以保证必要的精度。六度分带从格林威治零度经线起,每 6°分为一个投影带,全球共分为 60 个投影带。东半球的 30 个投影带的中央经线用 $L0 = 6n - 3$ 计算(n 为投影带带号),从 0°到 180°,其编号为 1 ~ 30。西半球也有 30 个投影带,从 -180°回到 0°,其编号为 31 ~ 60,各带的中央经线用 $L0 = 6(n - 30) - 3 - 180$ 计算。一般从南纬度 80°到北纬度 84°的范围内使用该投影。三度分带法从东经 1°30′算起,每 3°为一带。这样分带的方法在于使六度带的中央经线均为三度带的中央经线。但是,在标准比例尺图幅编号中,带号是从西经 -180°算起,每 6°为 1 带,自西向东 1 ~ 60。这样,我们国家的高斯带号在标准图幅编号中,要加 30,如 20 带,表示为 J50 等(见图 7 - 11)。

由于高斯 - 克吕格投影每一个投影带的坐标都是对本带坐标原点的相对值,所以各带的坐标完全相同,使用时只需变一个带号即可。在高斯坐标系中,为了避免横坐标 Y 有负值,将其起算原点向西移动 500 km,即对横坐标 Y 值按代数法加上 500000 m。此外,在计算出来的和数前面加上带号,以便识别该点位于何带。

7.7.2　三度带、六度带分带投影相互转换方法实例

某三度带中央经线为 114°,带号为 38,坐标为 $x = 2665483.54$,$y = 38415009.69$,欲转换成六度带坐标(其中央经线为 111°,带号为 19)。

(1) 程序左边输入中央经线 114°,及坐标 $x = 2665483.54$,$y = 415009.69$(y 坐标无需带号);

(2) 按左转换键先转成经纬度;

（3）在右边输入待转换带中央经线 111°，点击程序右转换键即可。转换结果为：x = 2666927.673，y = 19720096.236（19 为六度带带号）。

（4）如果有批量数据需要处理，直接点击“批量坐标转换及面积计算”（见图 7－12）。

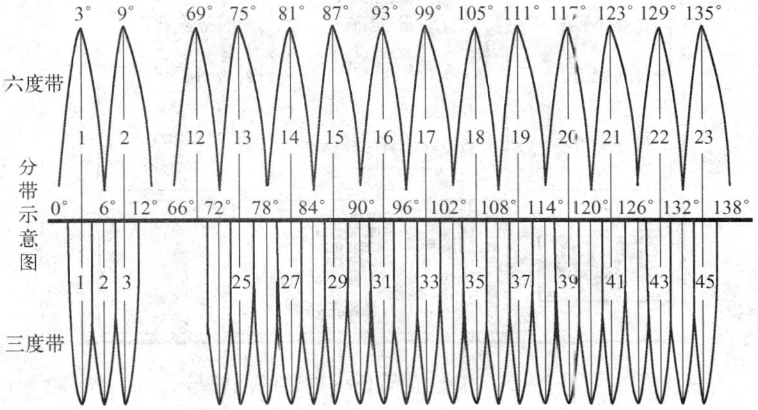

图 7－11　三度带、六度带与中央经线之间的关系图

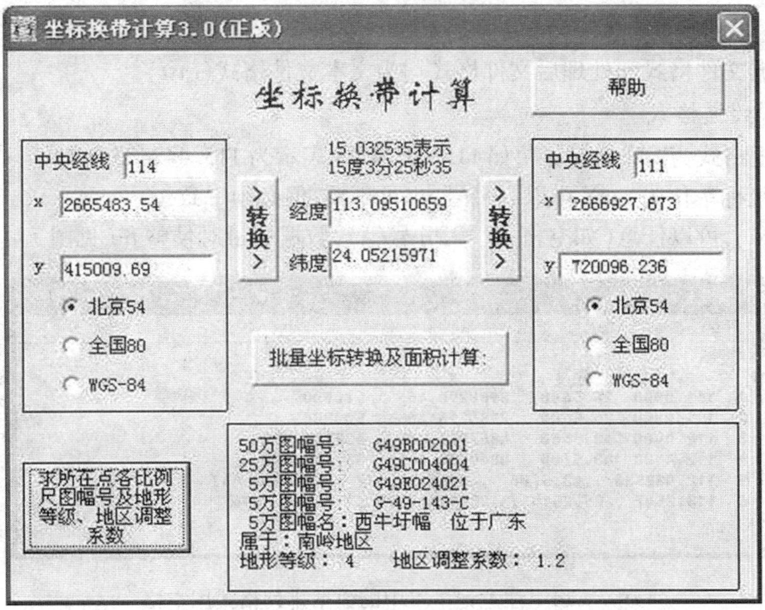

图 7－12　坐标换带中的参数设置

7.7.3　经纬度转换为坐标

在程序中部按所示格式输入经纬度坐标，选择投影中央经线，按右转换键即可。

7.7.4　求任一点所在图幅编号、地形等级及地区调整系数

在程序中央按格式输入经纬度，按程序左下方确定键即可。

经纬度亦可由平面直角坐标转换而成（见图 7－13）。

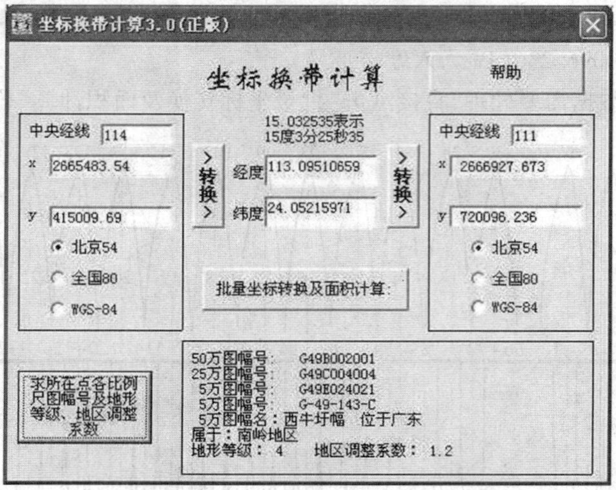

图 7－13　自动计算任一地区的图幅号

7.7.5　批量数据处理

7.7.5.1　文件格式

待处理数据文件格式和处理后文件格式均为文本文件格式(.txt)。

7.7.5.2　数据格式

(1) 经纬度格式为“dd. mm. ss”,如 115°44′24″25 表示为 115.442425。

(2) X、Y 坐标单位为米,Y 可以有带号,也可不要,但必须一致。

(3) 分隔符号可以任意(如空格,逗号,分号等),数据尽量对仗整齐(见图 7－14)。

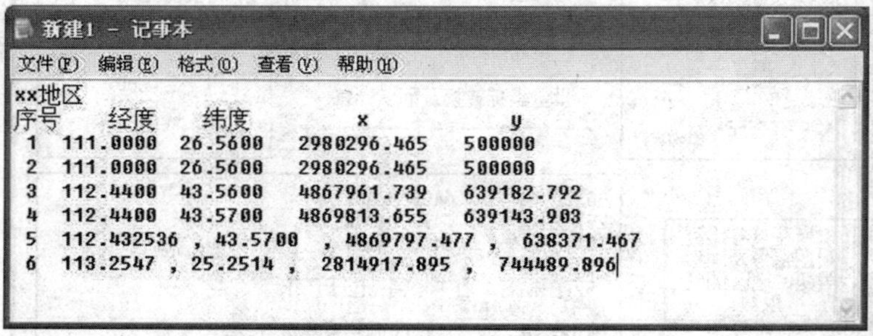

图 7－14　注意记事本中的数据排列格式用空格

7.7.5.3　使用方法

(1) 见图 7－15,坐标换带(平面坐标转换为另一带平面坐标)必需设置好投影转换“前”和“后”两套参数。如仅只经纬度转换为平面坐标则只设置投影转换“后”参数即可。

(2) 打开数据文本文件。

(3) 对原始数据进行选择,指定起始行,数据所在列(平面坐标有自动识别功能,列号是相对数),可以人工调整至所选择数据有尖括号提示为妥。

(4) 点击“平面坐标换带计算”或“经纬度转平面坐标”按钮。

(5) 保存数据(未注册版本数据显示有限且不能复制和保存)。

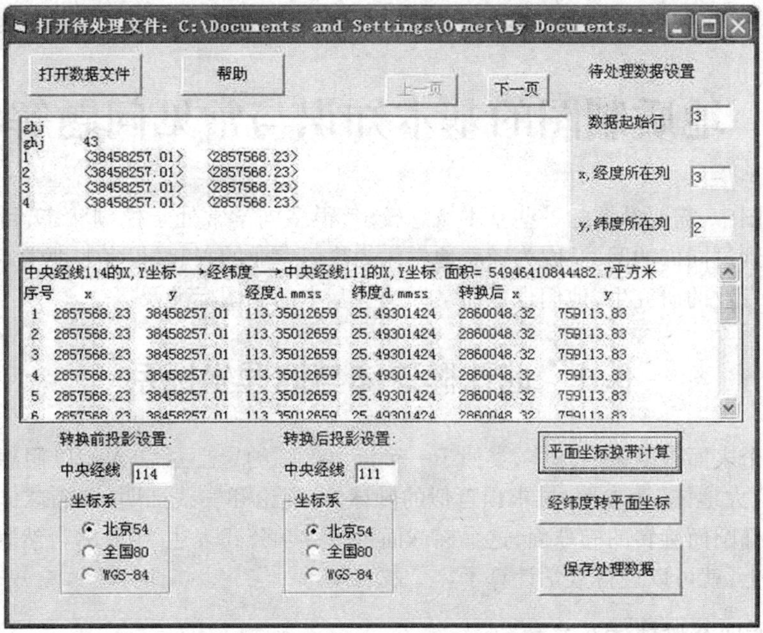

图 7－15　批量处理数据时的程序设置

8　地质制图的基本知识与常见问题解答

在地质制图中,需要掌握的一些基本概念较多,很多同学常处于模糊状态,目前尤其在研究生教学中也遇到过同样的问题,因为随着地学作为热门专业的兴起,很多非地学专业的学生转行也考上了地学专业的研究生,他们也急需掌握这些基本的制图标准及概念。

8.1　地球椭球体与地理坐标系

地球是一个表面很复杂的球体,类似于一个近似椭圆的"土豆"。人们以假想的平均静止的海水面形成的"大地体"为参照,推求出近似的椭球体,理论和实践证明,该椭球体近似一个以地球短轴为轴的椭圆而旋转的椭球面,这个椭球面可用数学公式表达,于是将自然表面上的点投影到这个椭球面上,就可以进行数学计算了。

8.1.1　常用的四个椭球体及参数

(1) 海福特椭球(1910),我国 1952 年以前基准椭球(长轴 a、短轴 b、扁率 α)。

$$a = 6378388\ \text{m}\quad b = 6356911.9461279\ \text{m}\quad \alpha = 0.33670033670$$

(2) 克拉索夫斯基椭球(1940 Krassovsky),北京 54 坐标系基准椭球。

$$a = 6378245\ \text{m}\quad b = 6356863.018773\ \text{m}\quad \alpha = 0.33523298692$$

(3)1975 年 I. U. G. G 推荐椭球(国际大地测量协会 1975)西安 80 坐标系基准椭球。

$$a = 6378140\ \text{m}\quad b = 6356755.2881575\ \text{m}\quad \alpha = 0.0033528131778$$

(4) WGS-84 椭球(GPS 全球定位系统椭球、17 届国际大地测量协会)WGS-84 GPS 基准椭球。

$$a = 6378137\ \text{m}\quad b = 6356752.3142451\ \text{m}\quad \alpha = 0.00335281006247$$

地球椭球面上任一点的位置,可由该点的纬度(B)和经度(L)确定,即地面点的地理坐标值,由经线和纬线构成两组互相正交的曲线坐标网称为地理坐标网。

由经纬度构成的地理坐标系统又称为地理坐标系。

地理坐标分为天文地理坐标和大地地理坐标,天文地理坐标是用天文测量方法确定的,大地地理坐标是用大地测量方法确定的。我们在地球椭球面上所用的地理坐标系属于大地地理坐标系,简称大地坐标系。

确定椭球的大小后,还要进行椭球定向,即把旋转椭球面套在地球的一个适当的位置,这一位置就是该地理坐标系的"坐标原点",是全部大地坐标计算的起算点,俗称"大地原点",例如西安 80 坐标系就是以陕西泾阳县一处测量点作为大地原点。

8.1.2　高斯－克吕格直角坐标

为解决由不可展的椭球面描绘到平面上的矛盾,用几何透视方法或数学分析的方法,将地球上的点和线投影到可展的曲面(平面、圆柱面或圆锥面)上,将此可展曲面展成平面,建立该平面上的点、线和地球椭球面上的点、线的对应关系。高斯－克吕格投影是设想用一个椭圆柱横套在地球椭球的外面,并与设定的中央经线相切。

高斯－克吕格投影分带规定：该投影是国家基本比例尺地形图的数学基础，为控制变形，采用分带投影的方法，在比例尺1∶2.5万～1∶50万图上采用六度分带，对比例尺为1∶1万及大于1∶1万的图采用三度分带。

8.1.3　六度分带法和三度分带法

从格林威治零度经线起，每6°分为一个投影带，全球共分为60个投影带，东半球从东经0°～6°为第一带，中央经线为3°，依此类推，投影带号为1～30。其没影代号 n 和中央经线经度 L 的计算公式为：$L=(6n-3)°$；西半球投影带从180°回算到0°，编号为31～60，投影代号 n 和中央经线经度 L 的计算公式为 $L=360-(6n-3)°$。

从东经1°30′起，每3°为一带，将全球划分为120个投影带，东经1°30′～4°30′，…，178°30′—西经178°30′，…，1°30′—东经1°30′。

东半球有60个投影带，编号1～60，各带中央经线计算公式：$L=3°n$，中央经线为3°，6°，…，180°。

西半球有60个投影带，编号1～60，各带中央经线计算公式：$L=360°\sim3°n$，中央经线为西经177°，…，3°，0°。

我国规定将各带纵坐标轴西移500 km，即将所有 y 值加上500 km，简称“伪东距”。坐标值前再加各带带号以18带为例，如：原坐标值为 $y=243353.5$ m，西移后为 $y=743353.5$，加带号通用坐标为 $y=18743353.5$

8.1.4　我国地形图分幅与编号

我国基本比例尺地形图分幅与编号，以1∶100万地形图为基础，延伸出1∶50万、1∶25万、1∶10万，再以1∶10万为基础，延伸出1∶5万、1∶2.5万及1∶1万三种比例尺。

1∶100万从赤道起向两极每纬差4°为一行，至88°，南北半球各分为22横行，依次编号A，B，…，V；由精度180°西向东每6°一列，全球60列，以1～60表示，如海南所在1∶100万图在第5行，第49列，其编号为E-49 。

在1∶100万图上，按经差3°纬差2°分成4幅1∶50万地形图，编为A、B、C、D，如E-49-A，按经差1°30′纬差1°分成16幅1∶25万地形图，编为[1]，…，[16]，如E-49-[1]。按经差30′纬差20′分成144幅1∶10万地形图，编为1，…，144，如E-49-1。既后三种北例尺各自独立地与1∶100万地图的图号联系。

1∶10万图上每经差15′纬差10′分成4幅1∶5万地形图，编为A、B、C、D，如E-49-1-A 。

1∶5万图上每经差7′30″纬差5′分成4幅1∶2.5万，编为1、2、3、4，如E-49-1-A-1。

1∶10万图上每经差3′45″纬差2′30″分成64幅1∶1万地形图，编为(1)、…、(64)，如E-49-1-(1)。

1∶1万图上每经差1′52″纬差1′15″分成4幅1∶5000地形图，编为a、b、c、d，如：E-49-1-(1)-a。

通过一个编号可以查找到国内某个地区的图幅，同样地，通过一个图幅所在的经纬度可以得到该图幅的编号，这在光盘中的一个程序称为“坐标换带”中可以实现。

8.2　大地坐标系、北京54、西安80、WGS-84、地心坐标系之间的区别

8.2.1　什么是大地坐标系(BLH)

大地坐标系是大地测量中以参考椭球面为基准面建立起来的坐标系。地面点的位置用大地

经度 B、大地纬度 L 和大地高度 H 表示。大地坐标系的确立包括选择一个椭球、对椭球进行定位和确定大地起算数据。一个形状、大小和定位、定向都已确定的地球椭球称为参考椭球。参考椭球一旦确定,则标志着大地坐标系已经建立。

8.2.2　什么是 54 北京坐标系

新中国成立后,很长一段时间采用 1954 年北京坐标系统,它与苏联 1942 年建立的以普尔科夫天文台为原点的大地坐标系统相联系而推导来的,相应的椭球为克拉索夫斯基椭球。到 20 世纪 80 年代初,我国已基本完成了天文大地测量,经计算表明,54 坐标系统普遍低于我国的大地水准面,平均误差为 29 m 左右。

8.2.3　什么是 80 西安坐标系

1978 年 4 月在西安召开全国天文大地网平差会议,确定重新定位,建立我国新的坐标系。为此有了 1980 年国家大地坐标系。1980 年国家大地坐标系采用地球椭球基本参数为 1975 年国际大地测量与地球物理联合会第十六届大会推荐的数据。该坐标系的大地原点设在我国中部的陕西省泾阳县永乐镇,位于西安市西北方向约 60 km,故称 1980 年西安坐标系,又简称西安大地原点。基准面采用青岛大港验潮站 1952 ~ 1979 年确定的黄海平均海水面(即 1985 国家黄海高程基准)。

8.2.4　什么是地心坐标系

以地球的质心作为坐标原点的坐标系称之为地心坐标系,即要求椭球体的中心与地心重合。人造地球卫星绕地球运行时,轨道平面时时通过地球的质心,同样对于远程武器和各种宇宙飞行器的跟踪观测也是以地球的质心作为坐标系的原点,参考坐标系已不能满足精确推算轨道与跟踪观测的要求。因此建立精确的地心坐标系对于卫星大地测量、全球性导航和地球动态研究等都具有重要意义。

8.2.5　什么是 WGS-84 坐标系

WGS-84 坐标系是一种国际上采用的地心坐标系。坐标原点为地球质心,其地心空间直角坐标系的 Z 轴指向国际时间局(BIH)1984.0 定义的协议地极(CTP)方向,X 轴指向 BIH1984.0 的协议子午面和 CTP 赤道的交点,Y 轴与 Z 轴、X 轴垂直构成右手坐标系,称为 1984 年世界大地坐标系。这是一个国际协议地球参考系统(ITRS),是目前国际上统一采用的大地坐标系,因此 GPS 采用 WGS-84 坐标系,遥感数据的投影亦是使用标准的 WGS-84 地心坐标系。

8.3　地理坐标系与投影坐标系的区别

首先理解地理坐标系(Geographic Coordinate System),Geographic Coordinate System 直译为地理坐标系统,是以经纬度为地图的存储单位的。

投影坐标系统,实质上便是平面坐标系统,其地图单位通常为米。那么为什么投影坐标系统中要存在坐标系统的参数经纬度呢?

这时候,又要说明一下投影的意义:将球面坐标转化为平面坐标的过程便称为投影。

投影的条件:一个是球面坐标;一个是转化过程(也就是算法),也就是说,要得到投影坐标就必须得有一个“拿来”投影的球面坐标,然后才能使用算法去投影!即每一个投影坐标系统都必须要求有 Geographic Coordinate System 参数。因此投影坐标系统中要存在坐标系统的经纬度参数。

8.4　大地坐标与方里网的区别

8.4.1　大地坐标(Geodetic Coordinate)(BHL)

大地测量中以参考椭球面为基准面的坐标。地面点 P 的位置用大地经度 L、大地纬度 B 和大地高 H 表示。当点在参考椭球面上时,仅用大地经度和大地纬度表示。大地经度是通过该点的大地子午面与起始大地子午面之间的夹角,大地纬度是通过该点的法线与赤道面的夹角,大地高是地面点沿法线到参考椭球面的距离。

8.4.2　方里网

方里网是由平行于投影坐标轴的两组平行线所构成的方格网。因为是每隔整公里绘出坐标纵线和坐标横线,所以称之为方里网,由于方里线同时又是平行于直角坐标轴的坐标网线,故又称直角坐标网。

在1∶1万~1∶20万比例尺的地形图上,经纬线只以图廓线的形式直接表现出来,并在图角处注出相应度数。为了在用图时加密成网,在内外图廓间还绘有加密经纬网的加密分划短线(图式中称“分度带”),必要时对应短线相连就可以构成加密的经纬线网。1∶2.5万地形图上,除内图廓上绘有经纬网的加密分划外,图内还有加密用的十字线。

我国的1∶50万~1∶100万地形图,在图面上直接绘出经纬线网,内图廓上也有供加密经纬线网的加密分划短线。

直角坐标网的坐标系以中央经线投影后的直线为X轴,以赤道投影后的直线为Y轴,它们的交点为坐标原点。这样,坐标系中就出现了四个象限。纵坐标从赤道算起向北为正、向南为负;横坐标从中央经线算起,向东为正、向西为负。

虽然我们可以认为方里网是直角坐标,大地坐标就是球面坐标。但是我们在一幅地形图上经常见到方里网和经纬度网,我们很习惯地称经纬度网为大地坐标,这个时候的大地坐标不是球面坐标,它与方里网的投影是一样的(一般为高斯克吕格投影),也是平面坐标。因此我们常看到一幅图外框为经纬度标记,内框为方里网标记。

8.5　高斯坐标和北京54、西安80坐标有什么区别

学生常有类似的问题提出:高斯平面直角坐标系的中心是中央经线和0°纬线的交点,西安80坐标系原点在陕西境内,那么,高斯平面坐标 x、y 和西安80坐标系下的坐标 x、y 一样吗?有什么关系?

温馨提示:举个例子,野外采集GPS数据,数据是用大地坐标表示的,也就是用经纬度和高程表示。而采集的数据要在地图上显示出来,就需要将经纬度转化为平面坐标,也就是通常说的 x、y 坐标。因为我国地形图一般采用高斯投影,所以通常转化成高斯平面坐标显示到地图上。而在经纬度向平面坐标转化的过程中,需要用到椭球参数,因此要考虑所选的坐标系,我国常用的坐标系有北京54、西安80、WGS-84坐标系,不同的坐标系对应的椭球体是不一样的,这里你可能会不明白跟椭球体有什么关系,是这样的,我们所说的地理数据都是为了描述大地水准面上的某一个点,而大地水准面是不规则的,我们用一个规定的椭球面去拟合这个水准面,用椭球面上

的点来近似表示地球上的点。每个国家地理情况不同,采用的椭球体也不尽相同。我国北京 54 坐标系采用的是克拉索夫斯基(Krassovsky)椭球体,而西安 80 采用的是 IAG 75 地球椭球体。因此这两个坐标系是目前国内图件常用的坐标系,早期的地质图以北京 54 为主,后期的地质图均以西安 80 为主,因此这三个坐标之间是有区别的。

8.6　GPS72 野外如何设定北京 54 坐标系

我们单位买了 Garmin GPS72 型的手提 GPS,但是自己没有带北京 54 坐标系,能不能转换至北京 54 坐标? GPS 里有用户自定义坐标系功能,要设定: DX: DY: DZ: DA: DF 等一些设定选项,怎么操作?

温馨提示:前面的 DX,DY,DY 是三个两个坐标系(WGS-84 和北京 54 坐标系的转换三参数),一般情况下是当地测绘部门给的,DA 是两个坐标系的长半轴的差值,即:WGS-84-BJ54 = 6378137 − 6378243 = − 108, DF 是两个坐标和的扁率之差,即:WGS-BJ54 = 1/298. 257223563 − 1/298. 3,算出来是多少就是多少,因为这个数据算出来比较小,所以一般的手持机都有一个放大系数,请注意看一下手持机上有没有类似于(X10000)的东西,如果有这个数据,那么输入的时候就需要把算出来的数据放大 10000 倍。把这三个数据输入 GPS 的自定义坐标系中,选择好投影的椭球体和基准面后,GPS 将显示经纬度及高程数的同时还显示平面东坐标及北坐标。

8.7　在同一坐标系内大地坐标和平面坐标的转换

在不同的坐标系内转换坐标需要设置参数,如北京 54 到 WGS-84,但如果是在同一坐标系内的大地坐标转平面坐标还需要设置参数吗? 如同属于北京 54 坐标系的大地坐标转平面坐标需要设置参数吗?

温馨提示:工程施工过程中,常常会遇到不同坐标系统间,坐标转换的问题。目前国内常见的转换有以下几种:(1) 大地坐标(BLH)对平面直角坐标(XYZ);(2) 北京 54、全国 80 及 WGS-84 坐标系的相互转换;(3) 任意两空间坐标系的转换。其中第二类可归入第三类中。所谓坐标转换的过程就是转换参数的求解过程。常用的方法有三参数法、四参数法和七参数法。以下对上述三种情况作详细描述。

8.7.1　大地坐标(BLH)对平面直角坐标(XYZ)

常规的转换应先确定转换参数,即椭球参数、分带标准(3°,6°)和中央子午线的经度。椭球参数就是指平面直角坐标系采用什么样的椭球基准,对应有不同的长短轴及扁率。一般的工程中三度带应用较为广泛。对于中央子午线的确定有两种方法,一是取平面直角坐标系中 Y 坐标的前两位乘以 3,即可得到对应的中央子午线的经度。如 $x = 3250212$ m,$y = 395121123$ m,则中央子午线的经度 = 39 × 3 = 117°。另一种方法是根据大地坐标经度,如果经度是在 155. 5° ~ 185. 5°之间,那么对应的中央子午线的经度 = (155. 5 + 185. 5)/2 = 117°,其他情况可以据此 3°类推。

8.7.2　北京 54 全国 80 及 WGS-84 坐标系的相互转换

这三个坐标系统是当前国内较为常用的,它们均采用不同的椭球基准。其中北京 54 坐标系,属三心坐标系,大地原点在前苏联的普而科沃,长轴 6378245 m,短轴 6356863,扁率 1/298. 3;

全国80坐标系，属三心坐标系，大地原点在陕西省泾阳县永乐镇，长轴6378140 m，短轴6356755，扁率 1/298.25722101；WGS-84 坐标系，长轴 6378137.000m，短轴 6356752.314，扁率 1/298.257223563。由于采用的椭球基准不一样，并且由于投影的局限性，使得全国各地并不存在一致的转换参数。对于这种转换由于量较大，有条件的话，一般都采用 GPS 联测已知点，应用 GPS 软件自动完成坐标的转换。

8.8　大地坐标系和地理坐标系为何不是一个东西?

温馨提示：地理坐标系，也可称为真实世界的坐标系，是用于确定地物在地球上位置的坐标系。一个特定的地理坐标系是由一个特定的椭球体和一种特定的地图投影构成，其中椭球体是一种对地球形状的数学描述，而地图投影是将球面坐标转换成平面坐标的数学方法。绝大多数的地图都是遵照一种已知的地理坐标系来显示坐标数据。例如，全国1:25 万地形图就是采用在克拉索夫斯基椭球体上的高斯－克吕格投影。

最常用的地理坐标系是经纬度坐标系，这个坐标系可以确定地球上任何一点的位置，如果我们将地球看作一个球体，而经纬网就是加在地球表面的地理坐标参照系格网，经度和纬度是从地球中心对地球表面给定点量测得到的角度，经度是东西方向，而纬度是南北方向，经线从地球南北极穿过，而纬线是平行于赤道的环线，需要说明的是经纬度坐标系不是一种平面坐标系，因为度不是标准的长度单位，不可用其量测面积长度；平面坐标系（又称笛卡儿坐标系），因其具有以下特性：可量测水平 X 方向和竖直 Y 方向的距离，可进行长度、角度和面积的量测，可用不同的数学公式将地球球体表面投影到二维平面上而得到广泛的应用，而每一个平面坐标系都有一特定的地图投影方法。

但是任何一种对地球表面的表示方法（即地图投影）都会在形状、面积、距离或者方向上产生变形，不同的投影产生不同的变形，每一种投影都有其各自的适用方面。例如，墨卡托投影适用于海图，其面积变形随着纬度的增高而加大，但其方向变形很小；横轴墨卡托投影的面积变形随着距中央经线距离的加大而增大，适用于制作不同国家的地图。

8.9　方里网坐标、大地坐标、地理坐标、WGS-84 坐标的区别

同样的问题：WGS-84 坐标是属于地理坐标系还是大地坐标系？地理坐标和 WGS-84 坐标有什么关系？方里网坐标和大地坐标有什么关系？

温馨提示：WGS-84 坐标是大地坐标系，GPS 用的就是它；地理坐标和大地坐标可以在 WGS-84 坐标系中互相转换；方里网坐标和大地坐标可以换算，方里网坐标一般是高斯平面坐标系坐标。同时见前面的问题二之中也有一些近似的解答。

8.10　通过坐标能否看出是北京54 坐标还是全国80 坐标

比如下面的这个，

3367347.6　40508389.1
3367514.4　40508702.7
3367452.2　40508735.9
3367328.9　40508597.8

3367280.9　40508424.2

或者说是不是本来就相差很小？

温馨提示：这个是看不出来的。举个例子，野外采集 GPS 数据，数据是用大地坐标表示的，也就是用经纬度和高程表示。而采集的数据要在地图上显示出来，就需要将经纬度转化为平面坐标，也就是通常说的 X、Y 坐标。因为我国地形图一般采用高斯投影，所以通常转化成高斯平面坐标显示到地图上。而在经纬度向平面坐标转化的过程中，需要用到椭球参数，因此要考虑所选的坐标系，我国常用的坐标系有北京 54、西安 80、WGS-84 坐标系，不同的坐标系对应的椭球体是不一样的，这里你可能会不明白与椭球体有什么关系，是这样的，我们所说的地理数据都是为了描述大地水准面上的某一个点，而大地水准面是不规则的，我们用一个规定的椭球面去拟合这个水准面，用椭球面上的点来近似表示地球上的点。每个国家地理情况不同，采用的椭球体也不尽相同。北京 54 坐标系采用的是克拉索夫斯基（Krassovsky）椭球体，而西安 80 采用的是 IAG 75 地球椭球体。

“相差很小”的说法也是不对的，理论上不同的两个地点的改正量是不一样的，有时大有时小，但是绘图的时候确实是选取一个公共的改正量的，地形图由北京 54 坐标系转换到西安 80 坐标系应在高斯平面上进行，新旧椭球参数不同，参心所在位置也不同，在高斯平面上其纵横坐标轴不重合，因此地形图上各点在两坐标系统下 x、y 均有一差值。将北京 54 坐标地形图转换到西安 80 坐标地形图，就是对每幅旧地图上求出测图控制点的新旧坐标系统之高斯平面坐标的差值，即改正量，通过这些改正量，在旧图上建立新系统的公里网线确定新的图廓点，使之成为一幅新图。通过对我国 1∶10 万地形图内数千个一二等大地点的计算统计证明，每幅图只要计算一个控制点的高斯平面坐标改正量作为整幅图的公共改正量。而我国的大部分 GIS 工程均采用大于 1∶10 万比例尺建库，因此每幅均可用选一点计算高斯平面的改正量作为该图幅公共改正量进行新的地形图转换。

[课外阅读]回答学生“何谓成功,你是如何成功的”

成功就是一种感觉,我认为自己就是成功的。有些很成功的人士故意谦虚地说“自己还不成功,需要多多努力”。需要多多努力是对的,但成功了就应肯定,否则就很矫情,不真实。你这么厉害了还不算成功,那我们这些弱势群体即使累死也恐怕没戏了。靠自己的勤劳汗水获取成功的报答,这本身就要自我肯定,它也是一种积极的谦虚。而且需要把一些体会与学生零距离地分享,让学生成功才是更大的成就。

我对成功的理解是:

“想像美好未来,认真把握现在,体会一点幸福,多多感受实在。”

人生需要规划,我的规划与国家五年规划同步,从20岁开始我就做出自己的五年规划,现在正在进行的是第四个五年计划,基本上每个五年计划都完成得很好。只要把握大方向和目标,局部走向却需要根据形势的判断进行更改或微调。每年的最后一天我都要坐在一个不为人知的角落,花上半天时间,回顾一年来的成败并总结经验教训。

个人的眼光应当放远些,就不会因为暂时的挫折而失去未来的信心。而且要分析并把握住行业的趋势,这个非常重要,人生顺势而为,不要逆势而上,有些事情逆水行舟搞不定,我不赞成咬定青山不放松的人生态度,因为现在的社会机遇不少,可选项也很多。选择好方向后聚集个人的全部能量放在一个地方,如同激光聚焦,成功就是向一个方向发射自己的全部能量,不问收获,只管耕耘,到时你不成功都不行。

信息社会很容易让人迷茫,蜻蜓点水式的东一下西一下容易耗散有限的精力与激情,我认为一个人一辈子只要干好一件事,这就够了,把剩下的时间用于美化我们的生活,让生活充满情趣,发展自己的爱好,调整自己的心态,一个完整的人不能成为一个工作上的“人形机器人”——长得像个人样,但基本上是个工作机器,每天在繁杂与困惑中茫然渡过,忙忙碌碌苦中求,东奔西走何时休?多年来我从打羽毛球、乒乓球、逛公园、游漓江、骑山地越野赛车、吹葫芦丝、欣赏古典音乐、帮助贫困学生、学习新软件等等爱好中找到了许多生活乐趣。

18岁我从湖北黄冈来到美丽的桂林读书,在桂林已度过了23年,我对这片山水充满了敬重与热爱,她实在是一个学习和修炼的绝好地方。在刚满23岁时,写出了一本畅销五版的计算机普及教材(竟然买了第一套房子,我俗称“书中自有黄土屋”),那是完全顺应时代需求,把握电脑发展趋势的结果。然后是坚持了19年业余时间的对外电脑培训,几乎所有的业余时间都用在电脑培训之上,很多教师只开了一两期培训班就终止了,而我认为培训是一个给习者提供知识更新的加油站,这个加油站不能只顾眼前,要长期发展,为学员提供源源不断的技术能量,不图利益,它是事业而非商业,商业追求利润,事业则谋求长远的发展与感恩,微利支持了培训的发展,19年来竟然培育了近万人,涌现了许多许多的英才,成功者非常之多,把很多教师家长认为不可教的孩子培养成为社会的有用之才,真是人生的一大乐事。

早期我也没有预期到这些结果,我只是觉得,软件体现的智慧给人带来的快乐需要更多人分享,并让他们在分享软件应用带来快乐的同时,修炼他们的人生差异化生存优势。这种模糊的信念一直坚持与把守,苦心经营,终成大树。然后又写出了几本畅销教材,讲课水平与日俱增,其影响力也越来越大,有十几所大学请我讲课,在多媒体课件设计及精品课程网站制作方面为全广西高校培训了1500多位教师,同时为一些上市公司的中层干部培训多媒体软件技术。其实我不是一个聪明的老师,但自认为是一个非常勤奋并且非常单纯的老师,天道酬勤,只要你付出努力,老天都要服你,回报是天赐,是必然的结果,任何人挡不住,我认为这便是成功。

看到许多学生从我的工作室走出，带着自信成为社会的成功人士，改变其一生的人生轨迹，以感恩的心情对待我们的付出，这不是物质财富能够带给人的一种全新感受，它是一种助人者留己乐的境界，一种身心安定、自信满满的快乐。

我把师从于我的学生分成三个不同的层次：学生、徒弟、入门弟子。上过我的课的“学生”，他（她）认得我，我不一定认得他们，课程上完了就结束了，这叫“学生”，而且我有两个不好的习惯，领导是不喜欢的，一是我从不点名，我认为点名影响了师生之间的感情，如果你的水平可以吸引学生，学生趋之若鹜，点名浪费时间；如果你的水平不行硬要学生来听，我认为那是师者的不自信，是修道不精的教师对学生的惩罚，事实上学生来了也做别的事情，没有学习，只是忽悠你而已。二是只要修我的课程的学生，我都给他至少 60 分，但告诉学生，事实上你没有通过这门课，为了不给你带来生活上的痛苦，建议要继续自学，而且我认为教师的考试不能等同于社会的考试，你没发现有很多成绩好的学生在社会上混得不好，而有些成绩平平的学生却有顽强灵活的社会生存力吗？教育考试与社会评判存在着矛盾也是目前学生厌学的原因之一。

来到我的培训班学习其中一套技术的，称为“徒弟”，我知道他们达到了什么技术层次，技术上有面对面的辅导，熟悉这些学生，有感情交流。在我身边学习一年或两年的称为“入门弟子”，全套技术均学成，并参与项目制作，作为辅导人员帮助后来学员的学习，他们的水平达到什么层次我很清楚，因人施教，不仅有感情交流而且要进行人品素质的培养，如同自己的助手，这是最高层次的学习，一般这样的学生都被公司要走，供不应求。

我一直建议我的弟子们都要会用 MindManager 软件，规划每天或每周的事情，每天写出十件事情，按轻重缓急排出序号，从重点到轻点一个一个地完成，有些小事可以几件一起办或者缓办，把自己主要的精力完成重要的事情，这样会有成就感，晚上睡觉会充实些，每天前进一小步，没有倒退，这就是成功。

在多媒体教育软件领域，我充分发挥想像力与创造力，将教学思维与教育技术融为一体，苦心修炼，熟练掌握了 130 多个应用软件，成功地推出了多部 CAI 教材，高教出版社出版了一部，电子工业出版社出版了一部，国防工业出版社也出版了一部，并且荣获了四项全国多媒体教育软件大赛奖，最高至国家级一等奖，广西高校多媒体教育软件大赛一等奖五项，二等奖三项等等共计 25 项奖励的业绩，以无可辩驳的优势成为广西教育技术先进个人、桂林理工大学多媒体软件开发与应用研究所所长，为桂林理工大学在多媒体课件与精品课程建设走在广西前列赢得了相当的荣誉，事迹入选桂林理工大学“桂工精英”榜上（桂工成立五十周年仅有 58 名桂工精英），我认为这就是成功，这种感觉很好，其实报酬并不高，但人活着要活出自己的特色来，活出个样儿来，活出个实实在在来，所谓成功就是在成长的路上付出艰辛的汗水后上天对你有所回报的喜悦体会。

我们这个时代是一个羡慕成功人士的时代，是可以张扬个人“英雄主义”的时代，过去在中国只讲集体主义，它的不利是人人都没有干劲了，现在的社会是一个个性化发展与展示的时代，它的好处是充分地调动了每一个人的积极性，张扬个性，弘扬创新，有特色地工作着、生长着，而不至千篇一律，差异化生存我认为是现代社会的一个重要丛林生存法则。

有特色地活在群体之中并活出意义来，不要怪罪环境和别人，有道是“成功者给困难一个完美的解决方案，失败者给问题一个圆满的台阶下”，以感恩的心态对待一切，将自己喜爱的工作变成自己的一种人生的爱好、一种生活的享受、一种修炼的习惯，以积极而不是消极的心态对待任何事情，这恐怕就是成功。

和谐的社会需要很多心态良好的成功者，要相信自己一定能成功，但愿你能成功，你也一定能成功！

第二篇　地理信息系统 MAPGIS 在地质制图中的应用

9　MAPGIS 简介

MAPGIS 是中国地质大学信息工程学院武汉中地信息工程有限公司自行研制开发的地理信息系统，是国产优秀的桌面 GIS 软件，它属于矢量数据结构 GIS 平台，主要优势功能有：

(1) 将空间数据数字化输入、编辑、拓扑一体化。

(2) 具有强大的制图功能，包括各种专题图例符号的制作方便灵活。

(3) 直接在 MAPGIS 平台上可以完成各种地学数据的空间分析功能。

9.1　MAPGIS 的主要功能

9.1.1　数据输入

在建立数据库时，我们需要将各种类型的空间数据转换为数字数据，数据输入是 GIS 的关键之一。MAPGIS 提供的数据输入有数字化仪输入、扫描矢量化输入、GPS 输入和其他数据源的直接转换。

9.1.1.1　数字化输入

数字化输入也就是实现数字化过程，即实现空间信息从模拟式到数字式的转换，一般数字化输入常用的仪器为数字化仪。

9.1.1.2　扫描矢量化输入

扫描矢量化子系统，通过扫描仪输入扫描图像，然后通过矢量追踪，确定实体的空间位置。对于高质量的原资料，扫描是一种省时、高效的数据输入方式。

9.1.1.3　GPS 输入

GPS 是确定地球表面精确位置的新工具，它根据一系列卫星的接收信号，快速地计算地球表面特征的位置。由于 GPS 测定的三维空间位置以数字坐标表示，因此不需作任何转换，可直接输入数据库。

9.1.1.4　其他数据源输入

MAPGIS 升级子系统可接收低版本数据，实现 6. X 与 5. X 版本数据的相互转换，即数据可升可降，供 MAPGIS 使用。MAPGIS 还可以接收 AutoCAD、ARC/INFO、MAPINFO 等软件的公开格式文件。同时提供了外业测量数据直接成图功能，从而实现了数据采集、录入、成图一体化，大大提高了数据精度和作业流程。

9.1.2　数据处理

输入计算机后的数据及分析、统计等生成的数据在入库、输出的过程中常常要进行数据校正、编辑、图形整饰、误差消除、坐标变换等工作。MAPGIS 通过图形编辑子系统及投影变换、误差校正等系统来完成,下面分别介绍。

9.1.2.1　图形编辑

该系统用来编辑修改矢量结构的点、线、区域的空间位置及其图形属性,增加或删除点、线、区域边界,并适时自动校正拓扑关系。图形编辑子系统是对图形数据库中的图形进行编辑、修改、检索、造区等,从而使输入的图形更准确、更丰富、更漂亮。

9.1.2.2　投影变换

地图投影的基本问题是如何将地球表面(椭球面或圆球面)表示在地图平面上。这种表示方法有多种,而不同的投影方法实现不同图件的需要,因此在进行图形数据处理中很可能要从一个地图投影坐标系统转换到另一个投影坐标系统,该系统就是为实现这一功能服务的,本系统共提供了 20 种不同投影间的相互转换及经纬网生成功能。通过图框生成功能可自动生成不同比例尺的标准图框。

9.1.2.3　误差校正

在图件数字化输入过程中,通常的输入法有:扫描矢量化、数字化仪跟踪数字化、标准数据输入法等。通常由于图纸变形等因素,使输入后的图形与实际图形在位置上出现偏差,个别图元经编辑、修改后可满足精度要求,但有些图元由于发生偏移,经编辑很难达到实际要求的精度,说明图形经扫描输入或数字化输入后,存在着变形或畸变。出现变形的图形,必须经过数据校正,消除输入图形的变形,才能使之满足实际要求,该系统就是为这一目的服务的。通过该系统即可实现图形的校正,达到实际需求。

9.1.2.4　镶嵌配准

图像镶嵌配准系统是一个 32 位专业图像处理软件,本系统以 MSI 图像为处理对象。本系统提供了强大的控制点编辑环境,以完成 MSI 图像的几何控制点的编辑处理;当图像具有足够的控制点时,MSI 图像的显示引擎就能实时完成 MSI 图像的几何变换、重采样和灰度变换,从而实时完成图像之间的配准、图像与图形的配准、图像的镶嵌、图像几何校正、几何变换、灰度变换等功能。

9.1.2.5　符号库编辑

系统库编辑子系统是为图形编辑服务的。它将图形中的文字、图形符号、注记、填充花纹及各种线型等抽取出来,单独处理;经过编辑、修改;生成子图库、线型库、填充图案库和矢量字库,自动存放到系统数据库中,供用户编辑图形时使用。

应用而建立专用的系统库。如地质符号库、旅游图符号库等。

9.1.3　数据库管理

MAPGIS 数据库管理分为网络数据库管理、地图库管理、属性库管理和影像库管理四个子系统。

9.1.3.1　地图库管理

图形数据库管理子系统是地理信息系统的重要组成部分。在数据获取过程中,它用于存储和管理地图信息;在数据处理过程中,它既是资料的提供者,也可以是处理结果的归宿处;在检索和输出过程中,它是形成绘图文件或各类地理数据的数据源。图形数据库中的数据经拓扑处理,可形成拓扑数据库,用于各种空间分析。在图幅进库前建立拓扑结构,对输入的地图数据进行正确性检查,根据用户的要求及图幅的质量,实现图幅配准、图幅校正和图幅接边。

9.1.3.2　属性库管理

GIS 系统应用领域非常广，各领域的专业属性差异甚大，以至不能用一已知属性集描述概括所有的应用专业属性。因此建立动态属性库是非常必要的。动态就是根据用户的要求能随时扩充和精简属性库的字段（属性项），修改字段的名称及类型。具备动态库及动态检索的 GIS 软件，就可以利用同一软件管理不同的专业属性，也就可以生成不同应用领域的 GIS 软件。如管网系统，可定义成"自来水管网系统"、"通讯管网系统"、"煤气管网系统"等。

该系统能根据用户的需要，方便地建立一动态属性库，从而成为一个有力的数据库管理工具。

9.1.3.3　影像库管理

该系统支持海量影像数据库的管理、显示、浏览及打印；支持栅格数据与矢量数据的叠加显示；支持影像库的有损压缩和无损压缩。

9.1.4　空间分析

地理信息系统与机助制图的重要区别就是它具备对中间数据和非空间数据进行分析和查询的功能，它包括矢量空间分析、数字高程模型（DTM）、网络分析、图像分析、电子沙盘五个子系统。

9.1.4.1　矢量空间分析

空间分析系统是 MAPGIS 的一个十分重要的部分，它通过空间叠加分析方法、属性分析方法、数据查询检索来实现 GIS 对地理数据的分析和查询。

9.1.4.2　数字高程模型

该系统主要由离散数据网格化、数据插密、绘制等值线图、绘制彩色立体图、剖面分析、面积体积量算、专业分析等功能。

9.1.4.3　网络分析

MAPGIS 网络分析子系统提供方便地管理各类网络（如自来水管网、煤气管网、交通网、电讯网等）的手段，用户可以利用此系统迅速直观地构造整个网络，建立与网络元素相关的属性数据库，可以随时对网络元素及其属性进行编辑和更新；系统提供了丰富有力的网络查询检索及分析功能，用户可用鼠标指点查询，也可输入任意条件进行检索，还可以查看和输出横断面图、纵断面图和三维立体图；系统还提供网络应用中具有普遍意义的关键点搜索、最短路径、最佳路径，资源分配、最佳围堵方案等功能，从而可以有效支持紧急情况处理和辅助决策。

9.1.4.4　图像分析

多源图像处理分析系统是一个新一代的 32 位专业图像（栅格数据）处理分析软件。多源图像处理分析系统能处理栅格化的二维空间分布数据，包括各种遥感数据、航测数据、航空雷达数据、各种摄影的图像数据以及通过数据化和网格化的地质图、地形图、各种地球物理、地球化学数据和其他专业图像数据。

9.1.4.5　电子沙盘

电子沙盘系统是一个 32 位专业软件。本系统提供了强大的三维交互地形可视化环境，利用 DEM 数据与专业图像数据，可生成近实时的二维和三维透视景观，通过交互地调整飞行方向、观察方向、飞行观察位置、飞行高度等参数，就可生成近实时的飞行鸟瞰景观。系统提供了强大的交互工具，可实时调节各三维透视参数和三维飞行参数；此外，系统也允许预先精确地编辑飞行路径，然后沿飞行路径进行三维场景飞行浏览。

电子沙盘系统主要用途包括:地形踏勘、野外作业设计、野外作业彩排、环境监测、可视化环境评估、地质构造识别、工程设计、野外选址(电力线路设计及选址、公路铁路设计及选址)、DEM 数据质量评估等。

9.1.5 数据的输出

如何将 GIS 的各种成果变成产品供各种用途的需要,或与其他系统进行交换,是 GIS 中不可缺少的一部分。GIS 的输出产品是指经系统处理分析,可以直接提供给用户使用的各种地图、图表、图像、数据报表或文字报告。MAPGIS 的数据输出可通过输出子系统、电子表定义输出系统来实现文本、图形、图像、报表等的输出。

9.1.5.1 输出

MAPGIS 输出子系统可将编排好的图形显示到屏幕上或在指定的设备上输出。具有版面编排、矢量或栅格数据处理、不同设备的输出、光栅数据生成、光栅输出驱动、印前出版处理功能。

9.1.5.2 报表定义输出

电子表定义输出系统是一个强有力的多用途报表应用程序。应用该系统可以方便地构造各种类型的表格与报表,并在表格内随意地编排各种文字信息,并根据需要打印出来。它可以实现动态数据联结,接收由其他应用程序输出的属性数据,并将这些数据以规定的报表格式打印出来。

9.1.5.3 数据转换

数据文件交换子系统功能为 MAPGIS 系统与其他 CAD、CAM 软件系统间架设了一道桥梁,实现了不同系统间所用数据文件的交换,从而达到数据共享的目的。输入输出交换接口提供 AutoCAD 的 DXF 文件、ARC/INFO 文件的公开格式、标准格式、E00 格式、DLG 文件与本系统内部矢量文件结构相互转换的能力。

9.2 MAPGIS 的一些重要概念

栅格图:即扫描的图像,常需要使用 Photoshop 软件处理扫描的地质图件。

矢量图:即进行了数字化的图像,图中的每一个点都有相对的 X 和 Y 坐标。

图元:图面上表示空间信息特征的基本单位,分为点、线、区(弧段)等三种类型。

点元:点图元的简称,有时称点。指其位置只有一组 X 和 Y 坐标来控制。它包括字符串(注释、各种标注等)、子图(矿点符号、泉符号等专用符号)等。所有点保存在点文件(*.wt)中。

线图元(.wl):地图中线状物的总称。如划线、省界、国界、地质界线、断层、水系、公路等。所有线图元都保存在线文件(*.wl)中。

弧段:弧段是一系列有规则的、顺序的点的集合,用它们可以构成区域的轮廓线。它与曲线是两个不同的概念,前者属于面元,后者属于线元。

区图元(面图元)(.wp):由同一方向或首尾相连的弧段组成的封闭图形,可以以颜色和花纹图案填充。区是封闭的弧线组成的区域,因此区是基于封闭线生成的。如湖泊、地层、岩体分布区等。所有区图元都保存在区文件(*.wp)中。

工程(.mpj):对 MAPGIS 要素层的管理和描述的文件,它提供了对 GIS 基本类型文件和图像文件的有机结合的描述。它可由一个以上的点文件,线文件,区文件和图像文件(*.msi)组成。在工程管理中还提供了对工程所使用的不同的线型、符号等图例以及图例参数、符号的管理和描述。

图层:可以把图层理解为一张透明薄膜,每一层的图元在同一薄膜上,如钻孔图层、水系图层、铁路图层、地质界限图层、断层图层等。图形分层有利于地图图元管理,提高成图速度。

结点:指某弧段的端点或数条弧段的交点。

结点平差:使几条弧段成为共用一个结点的过程。

属性:就是一个实体的特征,属性数据是描述真实实体特征的数据集。显示地物属性的表通常称为属性表,属性表常用来组织属性数据。

TIN:是由一组不规则的具有 X、Y 坐标和 Z 值的空间点建立起来的不相交的相邻三角形,包括节点、线和三角形面,用来描述表面的小面区。TIN 的数据结构包括了点和它们最相邻点的拓扑关系,所以 TIN 不仅能高效率地产生各种各样的表面模型,而且也是十分有效的地形表示方法。TIN 的模型化能力包括计算坡度、坡向、体积、表面长,决定河网和山脊线,生成泰森多边形等。

拓扑:拓扑即位相关系,是指将点、线及区域等图元的空间关系加以结构化的一种数学方法。主要包括:区域的定义、区域的相邻性及弧段的接序性。区域是由构成其轮廓的弧段所组成,所有的弧段都加以编码,再将区域看作由弧段代码组成。区域的相邻性是区域与区域间是否相邻,可由它们是否具有共同的边界弧段决定。弧段的接序性是指对于具有方向性的弧段,可定义它们的起始结点和终止结点,便于在网络图层中查询路径或回路。拓扑性质是变形后保持不变的属性。

透明输出:与透明输出相对的为覆盖输出。如果区与区、线与区或点图元与区等叠加,用透明输出时,最上面的图元颜色发生了改变,在最终的输出时最上面图元颜色为它们的混合色。最终的输出如印刷品等。

数字高程模型(DEM):即 DigitalElevation Model,是数字形式的地形定量模型。

数字地形模型(DTM):即 Digital Terrain Model,是数字形式表示的地表面,即区域地形的数字表示,它是由一系列地面点的 X、Y 位置及与其相联系的高程 Z 所组成。这种数字形式的地形模型是为适应计算机处理而产生的,又为各种地形特征及专题属性的定量分析和不同类型专题图的自动绘制提供了基本数据。在专题地图上,第三维 Z 不一定代表高程,而可代表专题地图的量测值,如重力值、Au 含量等。

9.3 MAPGIS 几种主要文件类型及后缀

MAPGIS 几种文件类型及后缀见表 9-1。

表 9-1 MAPGIS 文件类型及后缀

MPJ:工程文件	CLN:工程图例文件
WP:区(面)文件	PNT:控制点文件
WL:线文件	MSI:影像文件
WT:点文件	DXF:AutoCAD 交换文件
CLP:裁剪工程文件	DET:高程数据明码文件(ASCII 码)
TIN:三角剖分文件(二进制)	GRD:规则网数据文件(二进制)

10　图形数据输入编辑及矢量化

10.1　整体思路及制图目标

10.1.1　掌握图形数据输入前的准备工作

（1）MAPGIS 图形输入的基本设置；

（2）工程文件操作步骤；

（3）工程图例的创建。

10.1.2　掌握交互式矢量化输入的主要流程

（1）交互式矢量化的基本步骤；

（2）地形等高线的高程矢量化；

（3）矢量化过程中的快捷键。

10.2　数据准备与制图步骤

10.2.1　图形数据输入的准备工作

（1）启动 MAPGIS。单击“开始→程序（P）→MAPGIS6.7”，弹出系统主界面（见图 10－1）。

图 10－1　MAPGIS 系统主界面

（2）单击左下角“设置”按钮，打开 MAPGIS 环境设置对话框，分别设置工作目录、矢量字库目录、系统库目录、系统临时目录，具体设置如图 10－2 所示。

1）单击“工作目录：”，将新建的工作文件夹设为工作目录。

2）单击“系统库目录：”，将程序文件夹中的 slib 目录设为系统库目录。

3）将“使用TrueType字库?”前的复选框打勾（单击），弹出“配置字体的”对话框（见图 10－3）。

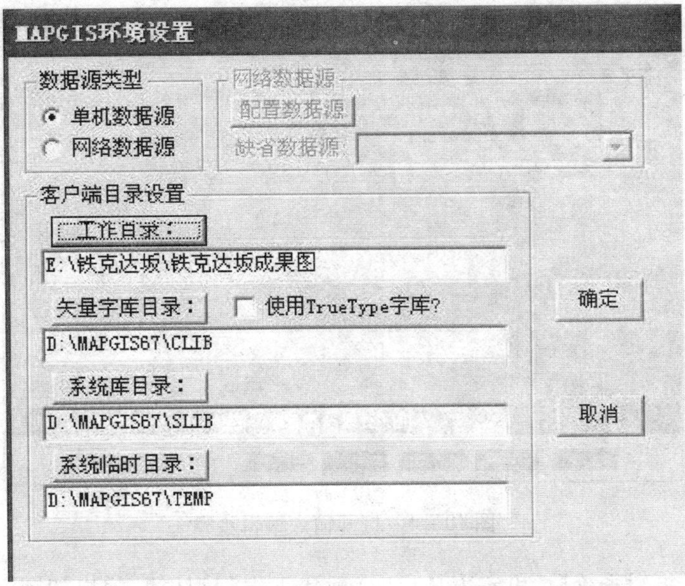

图 10 - 2　MAPGIS 系统设置界面

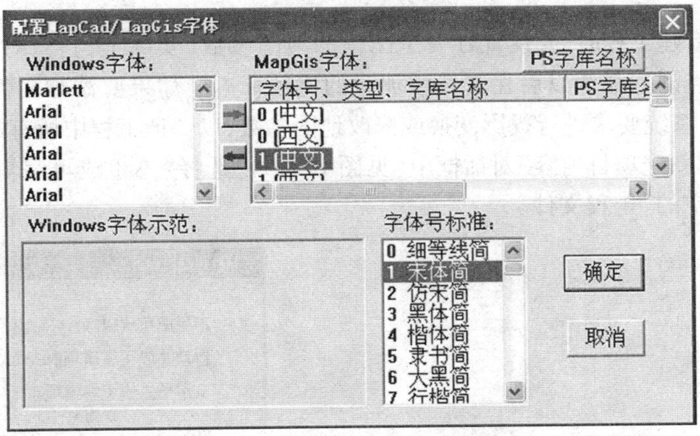

图 10 - 3　MAPGIS 配置字体对话框

先选中右上角的“1[中文]”,此时右下角“字体号标准”会自动将“1 宋体简”变蓝,提示我们中文 1 号字体应为简体宋体,在左上角的“Windows 字体”中选中“宋体”,单击中间的 ,此时,右上角的“1[中文]”会有宋体出现,这样就配好了 1 号中文字体。

重复上述步骤,将仿宋简、黑体简和楷体简也进行配置。如果出现配错,想纠正的话,选在右上角的框中选中配错的字体,单击 ,配错的字体就去掉了。

这样,我们完成了字体设定设置,按“确定”退出字体设定。

4) 按 确定 ,退出环境设置。这样就完成了系统的环境设置。

10. 2. 2　工程文件操作步骤

10. 2. 2. 1　新建工程文件

(1) 进入 MAPGIS 主界面→“图形处理”→“输入编辑”,打开输入编辑子系统,见图 10 - 4。

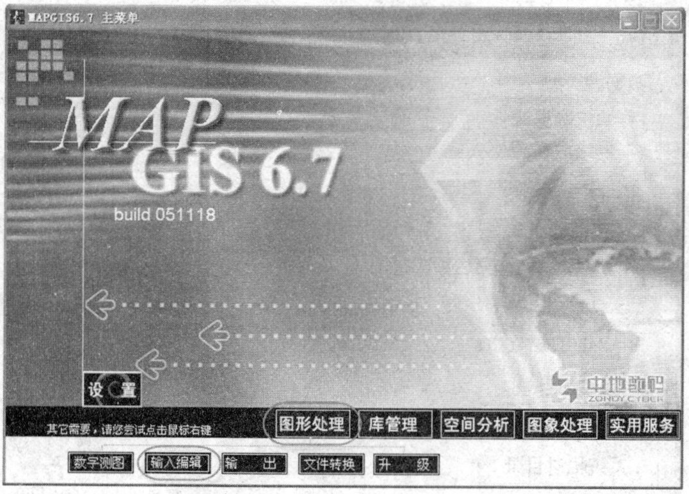

图 10－4　打开输入编辑步骤

（2）进入输入编辑系统后，单击工具栏的“新建工程”按钮，弹出如图 10－5 所示的对话框，选择“从文件导入”或“编辑工程中的地图参数”以获取所建工程的地图参数，或者直接单击“确定”按钮。

系统要求在新建工程时，先设置好一个图幅的地图参数（实际上，它只对地图进行描述，并没有对图形进行控制），作为以后在文件添加时的比较标准。如果要添加文件的地图参数与先设置好的不一样，系统要求进行投影变换或修改地图参数，以保证工程中所有的地图参数一致。

（3）在“定制新建项目内容”对话框中（见图 10－6），选择“不生成可编辑项”，单击“确定”按钮，生成一个“空的”工程文件。

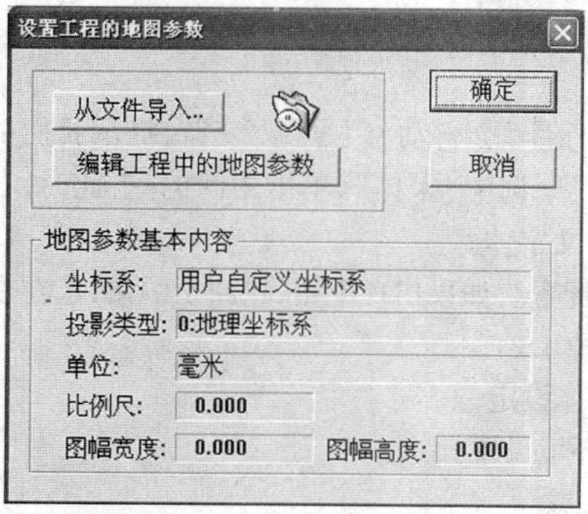

图 10－5　新建工程对话框

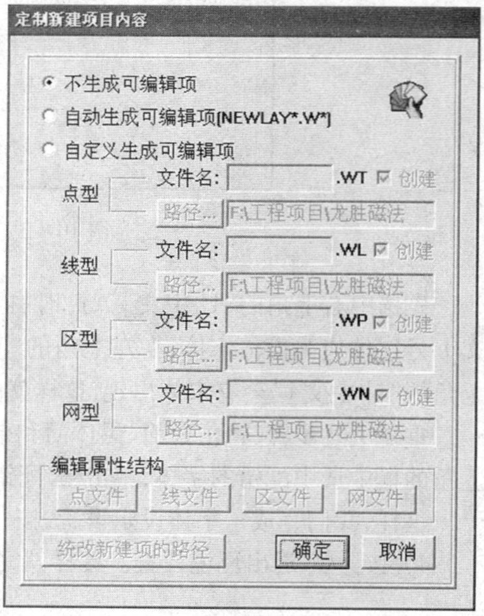

图 10－6　“定制新建项目内容”对话框

（4）在“工程编辑平台”（左窗口）中，单击右键，在弹出的菜单中（见图 10－7），选择“新建点/线/面”（以建立线文件为例），弹出“输入新建项目文件名”对话框（见图 10－8）。

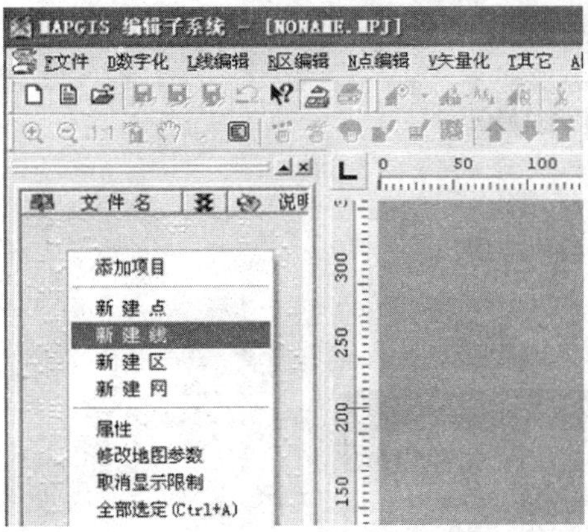

图 10－7　选择新建线

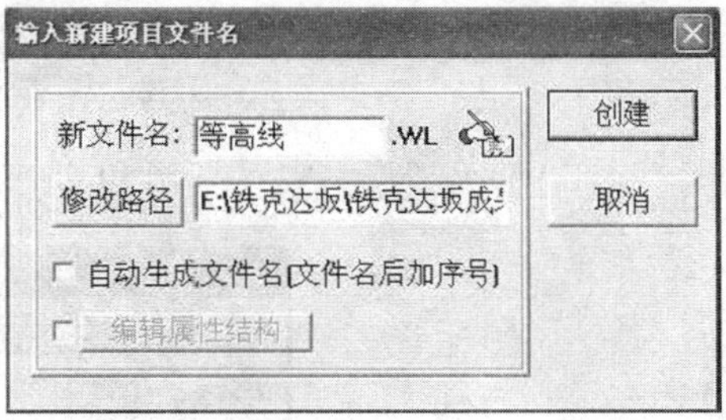

图 10－8　“输入新建项目文件名”对话框

(5) 在上图中,在新文件名编辑框中,输入“等高线”,单击“创建”按钮,系统在左窗口将添加等高线文件(见图 10－9)。

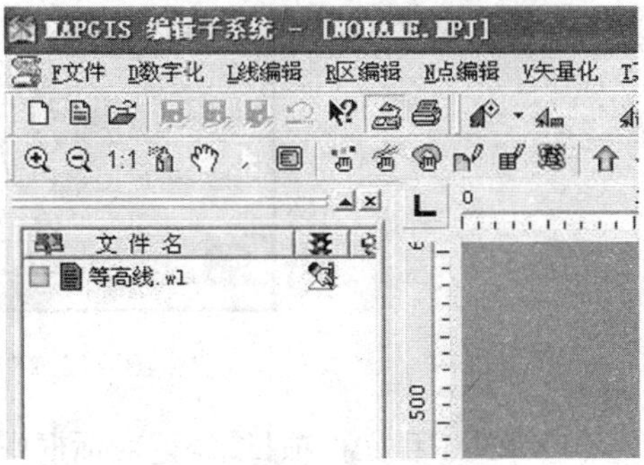

图 10－9　添加了等高线文件的情况

10.2.2.2　打开已有的工程文件

(1) 进入 MAPGIS 主界面→“图形处理”→“输入编辑”,在弹出的“MAPGIS 编辑器”中选择“打开已有工程文件”→更多的文件(见图 10－10)。

注意:工程文件本身记录着文件的绝对路径,也就是说不管 *.mpj 存放或移动到何处,对打开工程没有影响。但是,当工程中的文件被移动到另一个目录中后,再打开工程就有所变化,此时系统会弹出图 10－11 所示对话框。

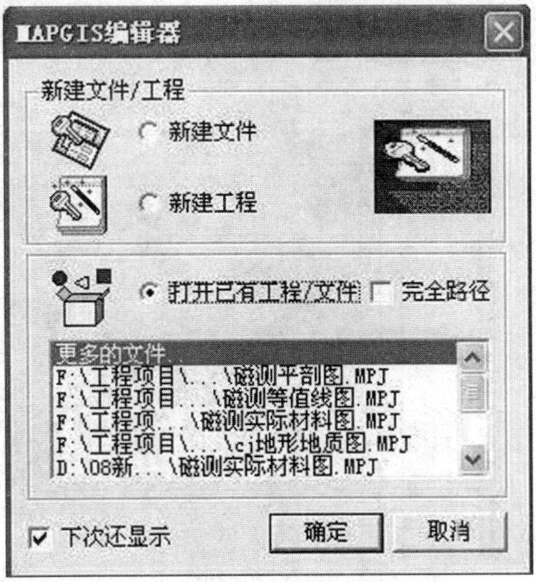

图 10－10　MAPGIS 编辑器

(2) 选择“是”按钮,系统弹出图 10－12 所示对话框。

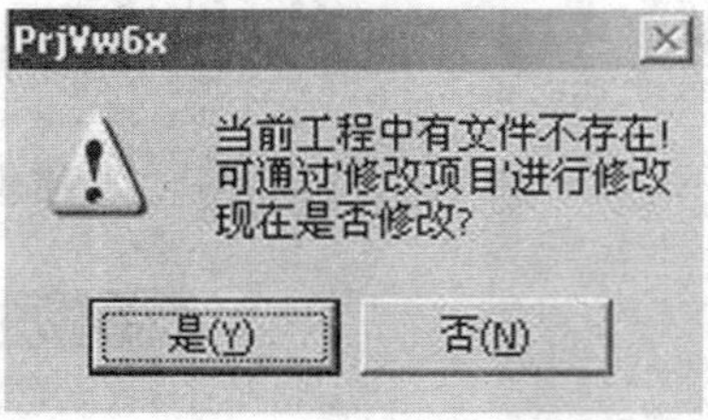

图 10 - 11　提示文件路径变化对话框

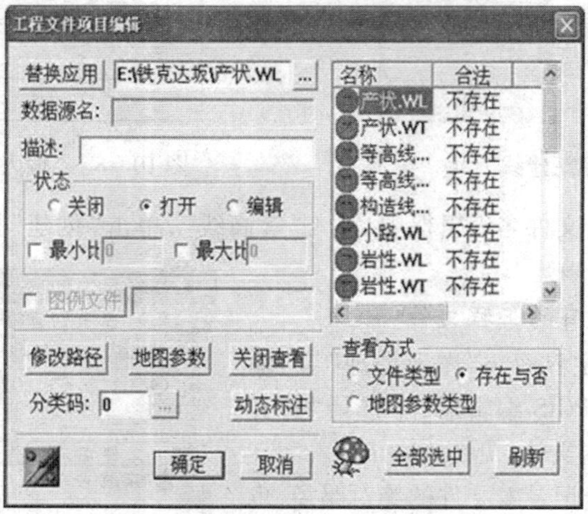

图 10 - 12　“工程文件项目编辑”对话框

（3）在“工程文件项目编辑”对话框中，选择“全部选中”按钮→“修改路径”按钮。在弹出的对话框中，把路径修改到文件所在的目录，确定即可打开已有的工程文件（见图 10 - 13）。

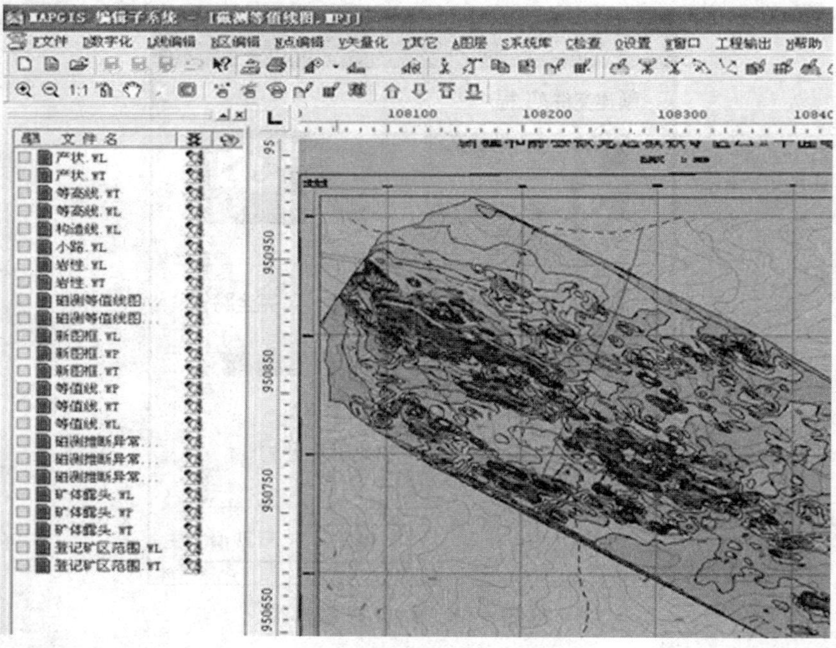

图 10 - 13　打开的工程文件

10.2.3 工程图例的创建

图例的主要作用在于方便地提供拾取固定参数,避免输入不同图元时频繁修改图元的默认参数,从而提高工作效率。

10.2.3.1 新建图例

(1) 在工程视图中单击右键,在弹出的菜单中选择"新建工程图例",系统弹出"工程图例编辑器"对话框(见图10-14)。

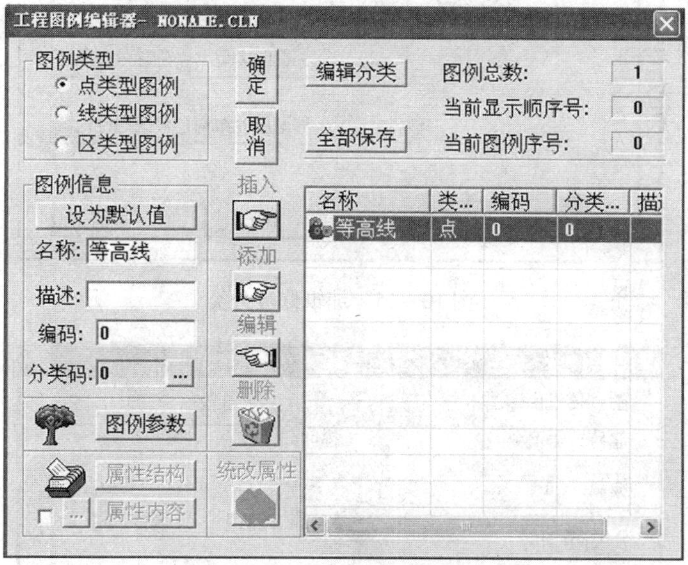

图10-14 "工程图例编辑器"对话框

(2) 选择图例类型,不同类型的图元对应不同类型的图例。

(3) 输入图例的名称和描述。

(4) 设置图例参数:您首先在此对话框中选择图元类型,然后输入图元的各种参数。

(5) 属性结构和属性内容:在这里的属性结构和属性内容与点、线、区菜单下的有所不同,当您对图例的属性结构和属性内容进行修改时,并不影响在文件中的属性结构及属性内容。

(6) 按"添加"按钮,将图例添加到右边的列表框中。

10.2.3.2 编辑分类

单击图10-14的"编辑分类"按钮,弹出图10-15,可建立分类类型,并给不同类型的图例设置不同的分类码。通过设置分类码,可以将图例与文件建立起对应关系。在图例文件设置好后,还要对工程中的文件设置分类码,这样分类码相同的文件就可以和图例建立对应关系了。

对于建立好分类码对应的文件,在进行文件编辑时,只要选择相应的图例,就会自动跳转到拥有该分类码的文件上去,使文件状态发生变化(原来为关闭或打开状态的文件自动跳转为编辑状态)。

10.2.3.3 编辑图例

用鼠标选中需修改的图例,单击"编辑"按钮,或用鼠标双击列表框中的图例,弹出"修改图例参数"对话框(见图10-16)。在该对话框中可以对图例信息进行修改,包括名称、编号、分类码、图形参数、属性结构等,修改完后,单击"确定"按钮,系统提示保存图例文件,可以对图例文件进行保存。

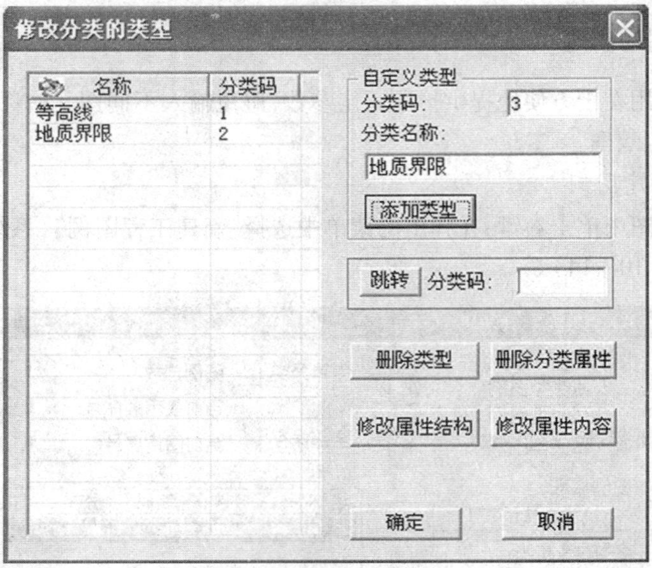

图 10－15 编辑修改分类

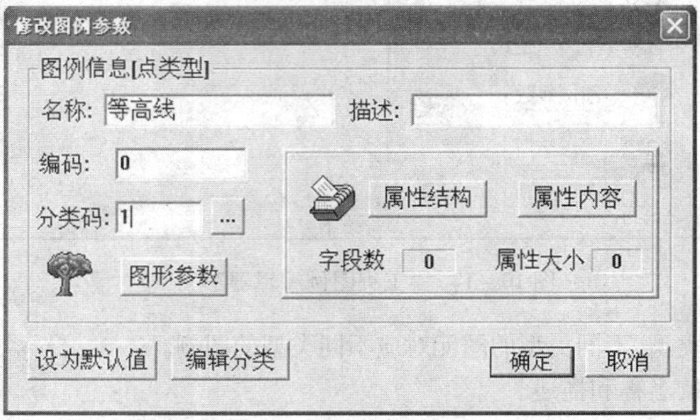

图 10－16 “修改图例参数”对话框

10.2.3.4 关联工程图例

只有将工程文件与图例文件进行关联，才能在编辑中运用图例板中的内容，一个工程文件只能有一个工程图例文件，关联工程图例可以使当前工程与制定的工程图例文件相匹配。

在工程视图中单击右键，在弹出的菜单中选择“关联图例文件”，系统弹出“工程图例文件修改”对话框（见图 10－17），选择与工程文件相匹配的图例文件。

图 10－17 “工程图例文件修改”对话框

10.2.3.5 打开图例板

在工程视图中单击右键,在弹出的菜单中选择“打开图例板”,系统弹出“图例板”对话框(见图 10-18)。

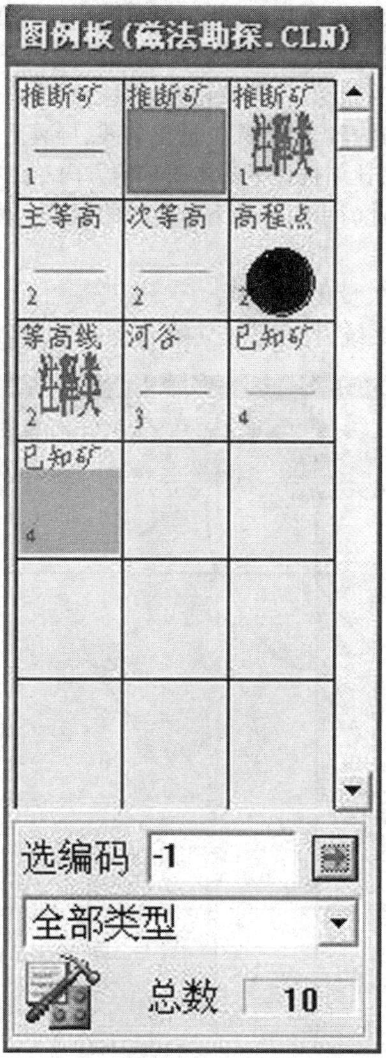

图 10-18 “图例板”对话框

10.2.4 矢量化过程中的快捷键

自动封闭线:在输入封闭线时,在快封闭时按下 Ctrl + 鼠标右键。

F5:放大屏幕;

F6:以鼠标所在位置为中心移动屏幕;

F7:缩小屏幕;

F8:线矢量化时加点(在鼠标所在位置加点);

F9:线矢量化时退点(一次退一个点);

F11:改变线方向(即在数字化时,从线的一头转向另一头);

F12:抓线头,靠近线等操作。在矢量化一条线开始或结束时,可用 F12 功能键来捕捉需相连接的线头(MAPGIS 特有,十分有用)。

10.2.5　交互式矢量化

对于干扰因素比较大,需要人工干预的图,要想追踪出比较理想的图,无条件全自动矢量化就显得力不从心了,此时人工导向自动识别跟踪矢量化正好解决这个问题。矢量化追踪的基本思想就是沿着栅格数据线的中央跟踪,将其转化为矢量数据线。当进入到矢量化追踪状态后,即可以开始矢量跟踪,移动光标,选择需要追踪矢量化的线,屏幕上即显示出追踪的踪迹。每跟踪一段遇到交叉地方就会停下来,让你选择下一步跟踪的方向和路径。当一条线跟踪完毕后,按鼠标的右键,即可以终止一条线,此时可以开始下一条线的跟踪。按 Ctrl + 右键可以自动的封闭选定的一条线。

下面详细介绍一下交互式矢量化的步骤。

(1) 执行 MAPGIS 编辑子系统,打开已建立的工程文件→打开图例板文件(见图 10－19)。

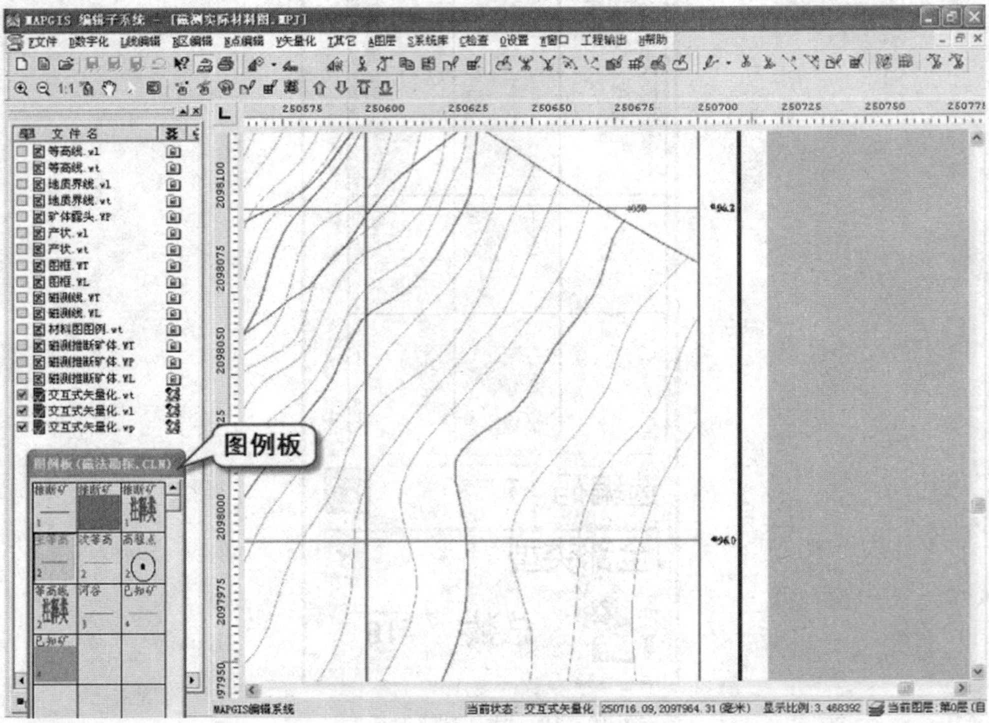

图 10－19　打开图例板文件

(2) 在菜单栏选择"矢量化→装入光栅文件"(见图 10－20)。本系统可以直接处理 TIFF(非压缩)格式的图像文件,也可接受经过 MAPGIS 图像处理系统处理得到的内部格式(RBM)文件及配准后的影像文件(MSI 文件)。

注:练习时可以先选用配准好的影像文件(＊.msi),这样可以和已经矢量化好的图件进行对比。

(3) 设置矢量化参数。MAPGIS 编辑子系统→矢量化→设置矢量化参数,见图 10－21。

注:1) 抽稀因子:是经验值。为了减少数据冗余,在矢量化的过程中,系统在不影响数据精度的条件下自动进行抽稀。改抽稀因子就是控制线在抽稀后与原光栅中心线之间的最大偏差,实际上就是控制数据精度要求,默认情况下为一个像素(若扫描分辨率为 300 dpi,则一光栅点大约为 0.08 mm)。

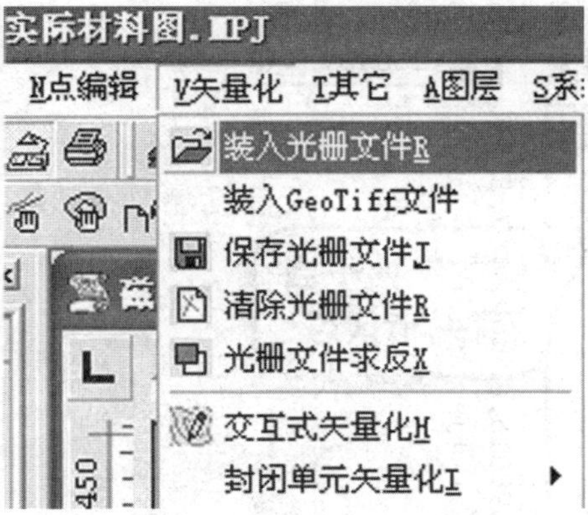

图 10－20　“装入光栅文件”对话框

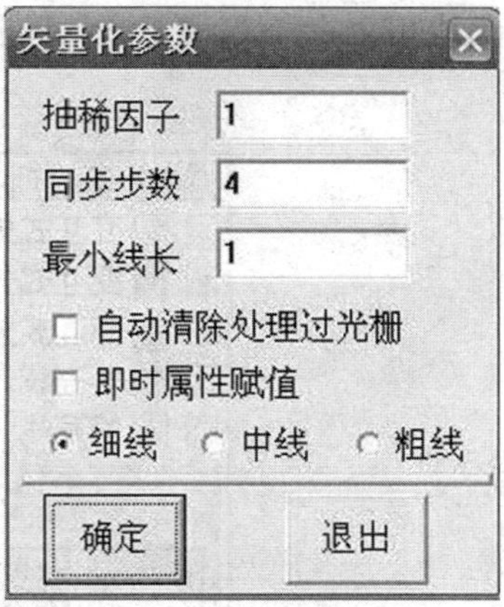

图 10－21　“矢量化参数”对话框

2）同步步数：在矢量化过程中，搜索光栅线的中心点时，允许向前搜索的最大像素个数。若在给定的允许范围内，搜索不到中心线，则系统自动结束当前线的跟踪。

3）最小线长：自动矢量化时，小于最小线长的线将被舍去。

4）细线：对于 1～3 个像素点宽的线，采用细线操作，只对灰度和彩色图像有效。中线：对于 3～5 个像素点宽的线，采用中线操作，只对灰度和彩色图像有效。粗线：对于 5 个像素点以上宽度的线，宜采用粗线操作，只对灰度和彩色图像有效。

（4）设置矢量化范围。MAPGIS 编辑子系统→矢量化→设置矢量化范围，见图 10－22。

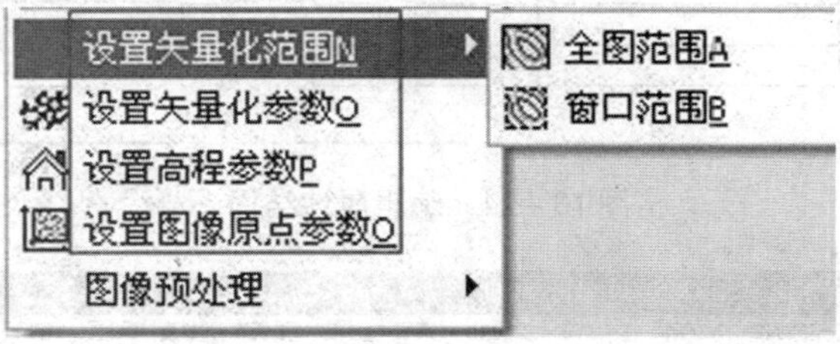

图 10－22　设置矢量化范围

注：1）全图范围：是对整个光栅文件进行矢量化；

2）窗口范围：是对鼠标框选的范围进行自动追踪矢量化，其他区域的范围不进行自动追踪。

（5）修改工程文件中的文件状态。在工程编辑平台（左窗口）中，右键弹出菜单中选“编辑”，此时文件处于编辑状态，可以进行修改，如删除、移动、添加等，但在添加新图元时，应标明那个文件处于当前编辑状态，此时文件状态图标为（见图 10－23）。

（6）选择图例板中的图例，拾取图元参数。输入某类图元（如点、线、面）时，应先选择输入图标，切到输入状态。然后，在图板中选择图例，实际上是拾取控制点的参数过程。

（7）在工具栏选择“线输入工具”，然后在图例板拾取线图元参数，单击菜单矢量化→交互矢量化，然后在图中进行交互式矢量化，就可以完成线图元的输入。

（8）点图元的矢量化同线图元类似，只要选择合适的子图或注释即可。

（9）高程自动赋值如下：

1）在进行等高线矢量化时，首先得在“线编辑”菜单下利用“编辑属性结构”功能建立高程字段（见图 10－24），并要求高程字段类型为浮点型。

2）然后单击菜单“矢量化→高程自动赋值”。用鼠标在需要自动赋值的等高线上拉出一条与等高线相交的直线，并点击鼠标左键确定，见图 10－25。

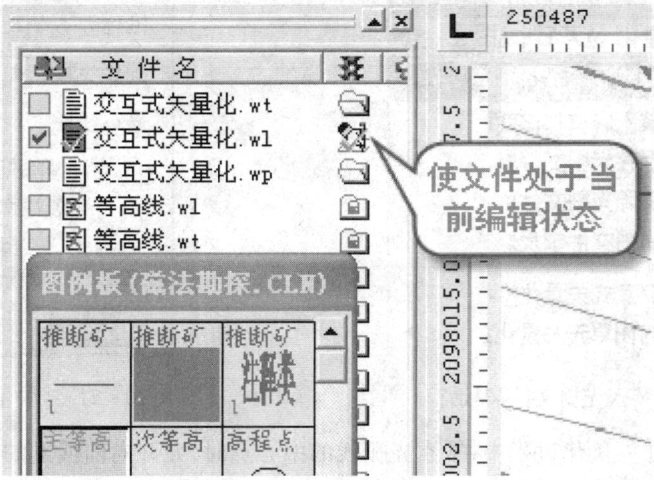

图 10－23　修改文件状态

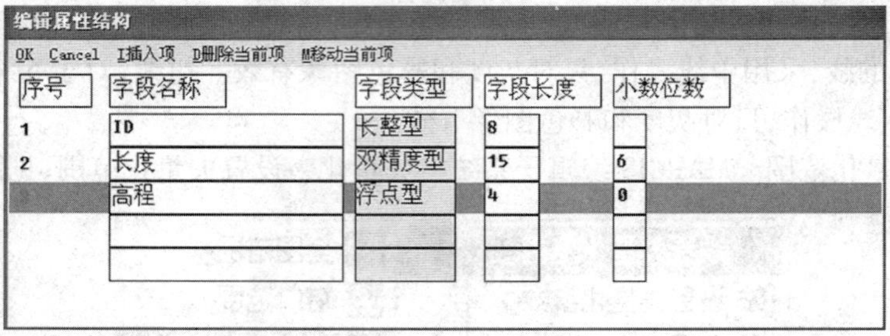

图 10－24　编辑属性结构

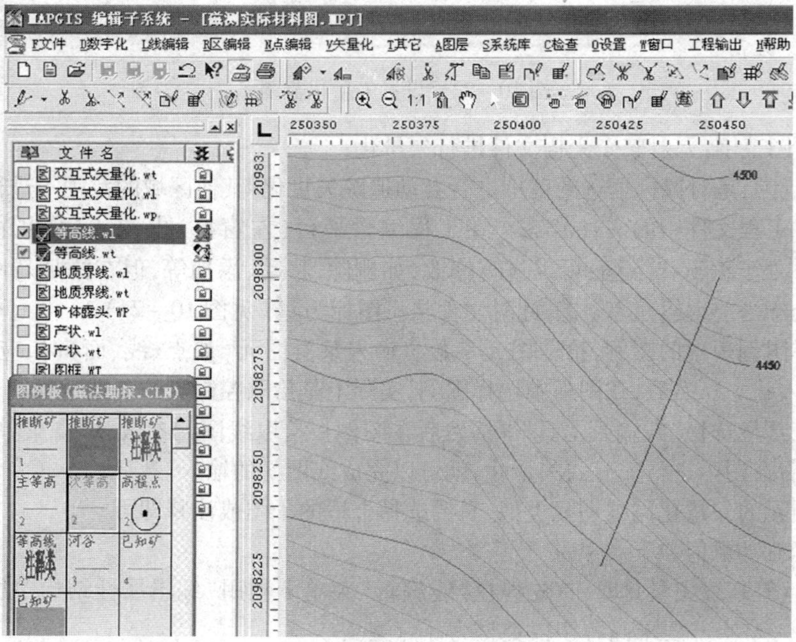

图 10－25　高程自动赋值

3）然后会弹出高程增量输入窗口，见图 10－26，进行高程参数的设置。

当前高程：当前矢量化线的高程值，每矢量化一条线自动赋予当前高程。

高程增量：高程递增量。矢量化过程中，以当前高程为基础，下一条等高线的高程增加量。

高程域名：存储高程值的属性域名，可选择属性库中任意一个浮点型域来存储高程值。在矢量化高程线时，最好先在“线编辑”菜单下利用“编辑线属性结构”功能建立高程字段，这样才可以在这里指定高程域名，其中线缺省属性字段不允许赋高程值。

注意：需要系统自动给每一条线赋高程值时，必需事先设置好线的属性结构，使它包含有“高程”的属性域（浮点型）。否则系统不能给等高线赋值。

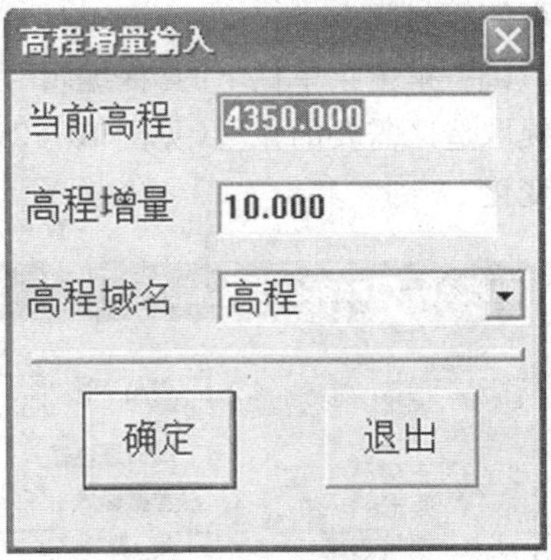

图 10－26　高程增量输入

4）设置好矢量化高程参数后，单击确定，即可给选定的等高线自动赋予高程参数。此时，赋予了高程的等高线的颜色会发生变化（见图 10－27）。

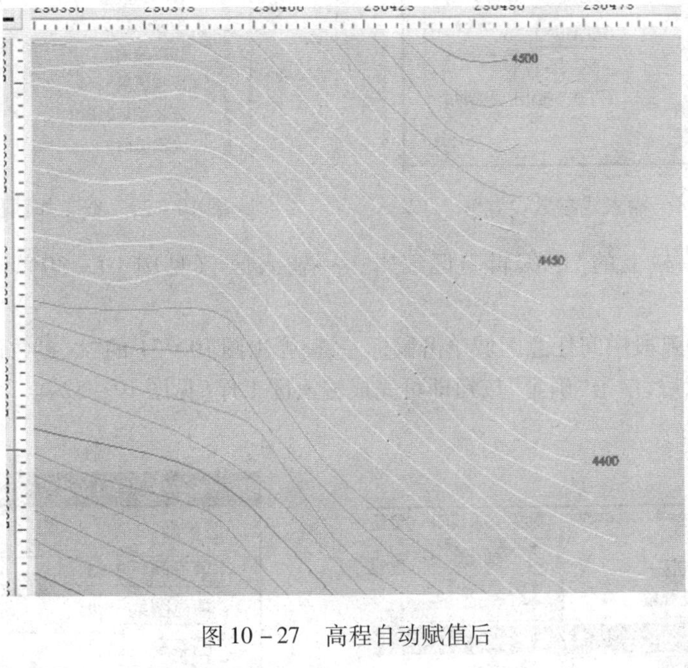

图 10－27　高程自动赋值后

5）重复上述步骤，可给其他的等高线赋予高程。

10.2.6　输入区

输入区，也就是普染色，它有两种方式：一种是用光标选择成区，称之为“手工方式”；另一种是通过“拓扑处理”自动生成区，称之为“自动化方式”。

10.2.6.1　手工方式

（1）首先使需要造区的线文件和区文件处于编辑状态；

（2）输入线文件：单击“线编辑→输入线→输入线”。弹出图 10－28 所示对话框，按图设置好输入参数，单击“确定”输入线。

这里要求输入的必须是封闭的线,使线封闭的方法是:在输入结束前使用“Ctrl + 鼠标右键”即可使线封闭。

(3) 单击菜单栏上的“区编辑”→线工作区提弧,见图 10 – 29。在刚才输入的封闭线的基础上提取造区需要的弧段(见图 10 – 29 右侧输入的封闭区域),单击封闭线提弧段后,线颜色会发生变化。

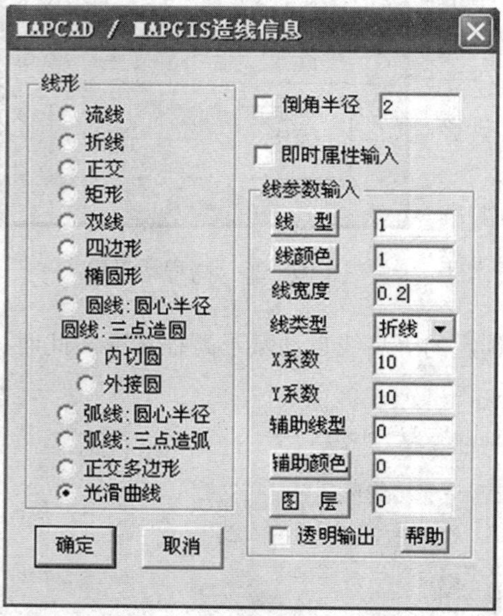

图 10 – 28　输入线参数设置

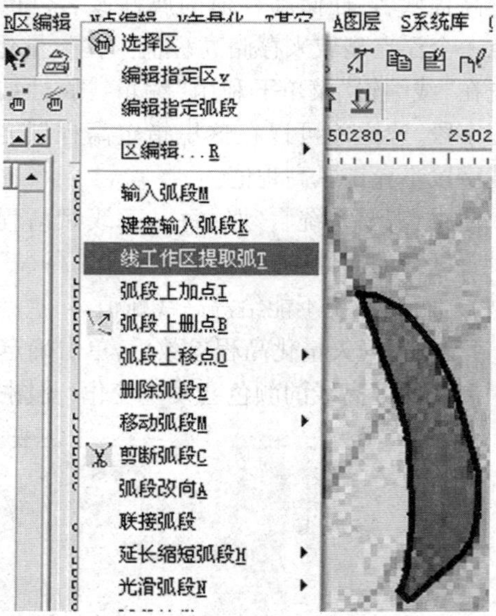

图 10 – 29　线工作区提弧操作

(4) 单击菜单栏上的“区编辑→区编辑…→输入区”(见图 10 – 30),或单击输入区工具。

(5) 在提取的弧段中间任意区域单击鼠标左键,弹出图 10 – 31 的“区参数设置”对话框。设置好输入区参数以后,单击“确定”按钮即可完成输入区工作(见图 10 – 32)。

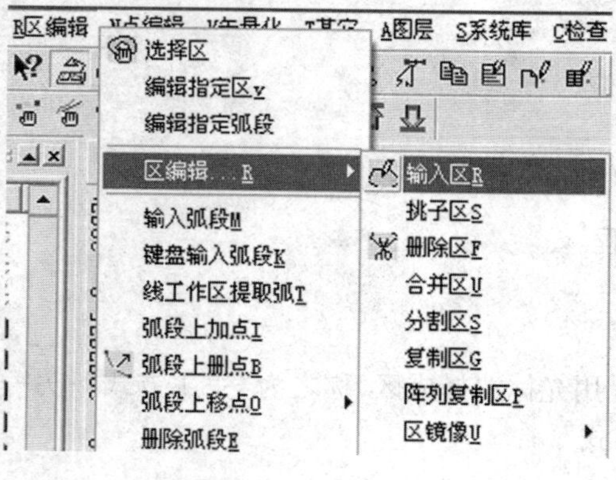

图 10 – 30　输入区操作

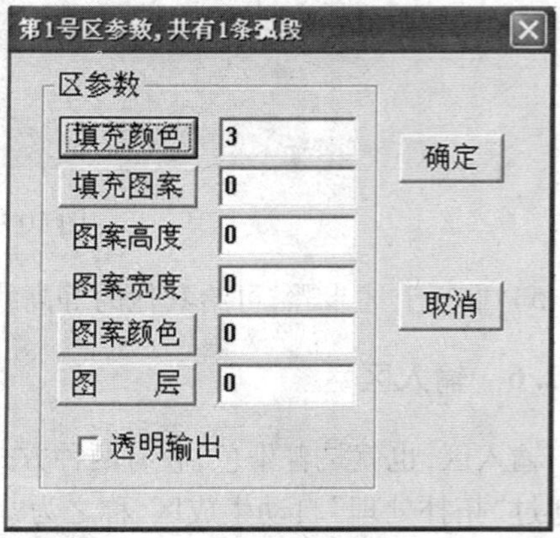

图 10 – 31　“区参数设置”对话框

10.2.6.2　自动化方式——拓扑处理

拓扑处理的核心是建立拓扑关系,拓扑关系的建立是以弧段为基础的。弧段(ARC)是由一

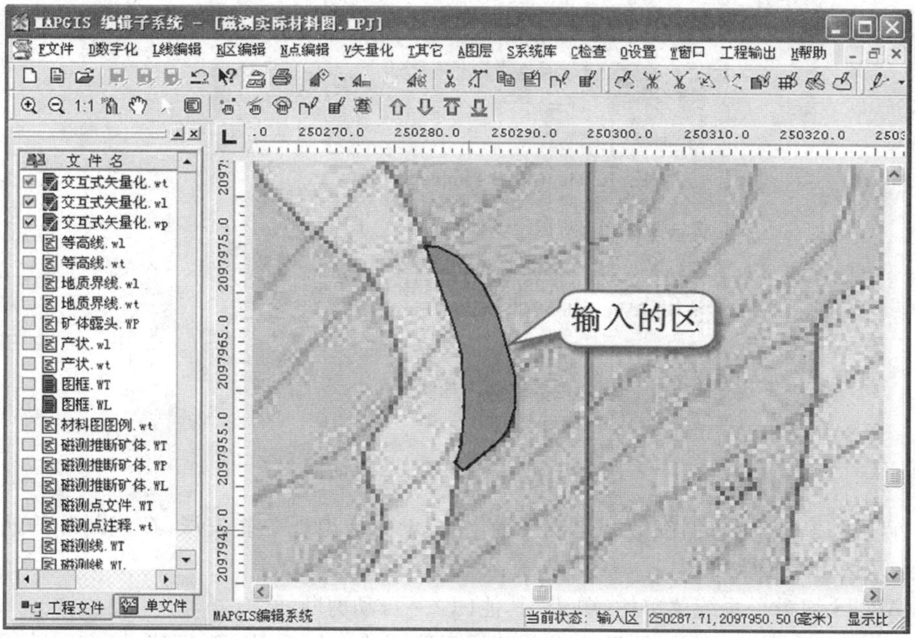

图 10－32　输入完成的区

系列坐标点组成，是构成多变形（区域）边界的数据体，对每个区而言，弧段是有向的。结点（NODE）是弧段的端点，或是数条弧段的端点。在拓扑处理中，一旦建立了结点，数据文件便有了结点信息，拓扑关系的形成依赖于结点信息。

拓扑处理的流程如下：

（1）数据准备。将原始数据中那些与拓扑无关的线（如航线、铁路等）放到其他层，而将有关的线放到一层中，并将该层保存为一新文件，以便进行拓扑处理。

1）选择需要建立拓扑关系的数据图层（其他图层最好关闭）（见图 10－33）。

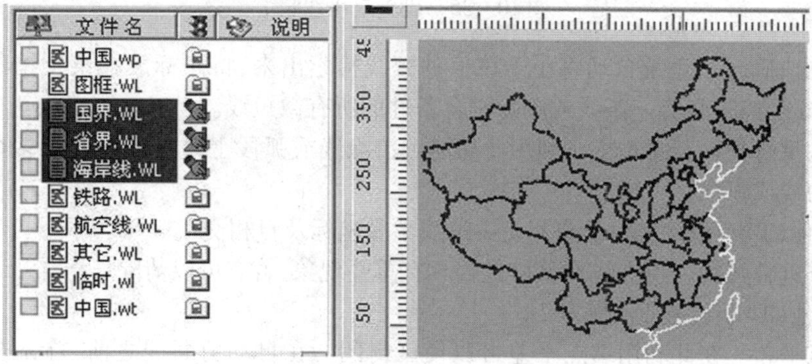

图 10－33　选择要建立拓扑关系的图层

2）单击右键，在弹出的菜单中选择“合并所选项”，系统弹出“合并文件”对话框（见图 10－34），在对话框中选择一个文件作为合并后文件的属性结构，在选择“自动把合并后的文件添加到工程”中复选框，输入合并后的文件名及保存路径。

3）单击“合并”按钮，系统自动合并所选文件，并弹出“合并成功”信息对话框，自动添加合并后文件到编辑系统的左窗口，关闭窗口中所有其他文件，选择合并后的文件，并设置为当前编辑状态。

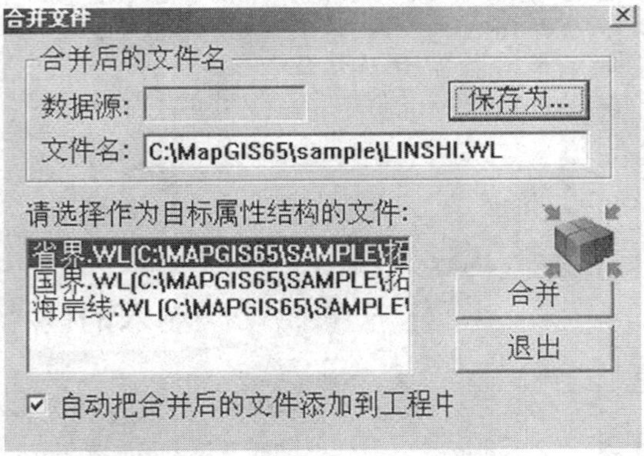

图 10－34　“合并文件”对话框

(2) 自动剪断线。目的:在数字化或矢量化时,难免会出现一些失误,在该断开的地方没有断开,这给造区带来很大障碍。

在 MAPGIS 编辑子系统菜单栏,单击“其他(T)→自动剪断线”。

(3) 清除微短弧线。目的:清除自动剪断线后得到的一些无用的微短线,还有在数据输入时不经意生成的无用的微短线,这些无用短线头会影响拓扑处理和空间分析。

单击“其他(T)→清除微短弧线→清除微短线”,系统弹出“设置最小线长”对话框(见图 10－35),根据要求设置最小线长。

图 10－35　设置最小线长

然后,单击“确定”,系统自动将小于该值的短线检索出来,将光标放在某个错误类型上,单击右键弹出修改方法,删除一条线或删除符合条件的所有微短线。

(4) 清除重叠坐标及自相交。利用此功能可清除线或弧段上重叠在一起的多余坐标点,并剪断自相交的线或弧段。

单击“其他(T)→清除坐标及自相交→清线重叠坐标及自相交”。

(5) 检查重叠弧线。检查线或弧段是否具有重叠现象,若有可以清除。

单击“其他(T)→检查重叠弧段”。

(6) 结点平差。在此利用结点平差可以使区封闭。在自动剪断线之前,首先选择“设置系统参数”选项单,在弹出的对话框中修改搜索半径(单击“设置→设置系统参数→设置结点搜索半径”)。

注意:自动结点平差时应正确设置“结点搜索半径”。半径过大,会使相邻结点撮合一起造成乱线的现象。反之,半径过小,起不到结点平差作用。

单击“其他(T)→自动结点平差→自动线结点平差”。

(7) 线拓扑错误检查。拓扑错误检查是拓扑处理的关键步骤,只有数据规范,没有错误后,才能建立正确的拓扑关系。利用此功能可以很方便地找到错误,并指出错误类型及出错位置。

查错可以检查重叠坐标、悬挂弧段、弧段相交、重叠弧段、结点不封闭等严重影响拓扑关系建立的错误。

单击“其他(T)→拓扑错误查错→线拓扑错误检查”，系统弹出“拓扑错误信息表”(见图10－36)，根据错误类型采取相应的修改方法。

在修改错误时，不必关闭错误显示窗口，即可进行相应的操作。

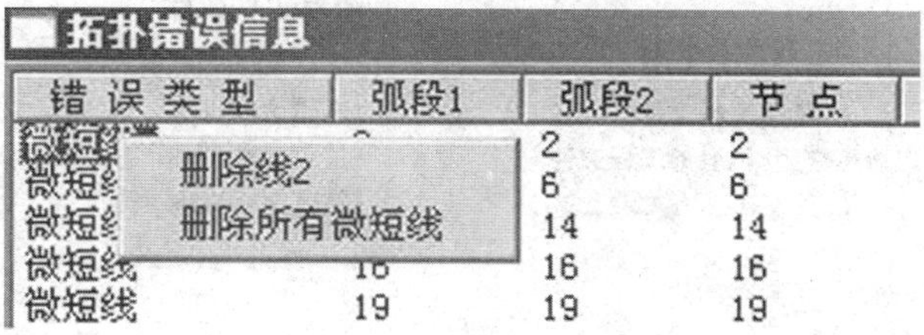

图10－36　拓扑错误信息处理

1）重叠坐标：若出现重叠坐标现象，执行“清除弧段重叠坐标”或“清除所有弧段重叠坐标”操作即可。

2）悬挂弧段：若该弧段较长，并且是多余的，用“删除弧段或删除所有弧段”功能将该弧段删除。若较短，也可以执行“弧段移动点”操作移动伸出去的点。若该弧段是有用的弧段，则执行“弧段结点平差”操作。

3）弧段相交：弧段相交，则不能正确建立结点，出现这种现象.若是两条弧段相交，只要剪断弧线即可。若是弧段自相交，则需执行“剪断自相交弧段”或“剪断所有自相交弧段”操作。

4）重叠弧段：按鼠标右键，执行“清除重叠弧段”或“清除所有重叠弧段”操作。

5）结点不封闭：利用“结点平差”或“弧段移点”操作使其封闭。

(8) 线转弧段。单击“其他(T)→线转弧段→存弧段文件”。

将工作区中的线段转换成弧段，并存入文件中，这个文件只有弧段而没有区。在拓扑处理过程中，需要这样的文件。在工程中，利用添加项目把这个区文件加到工程中，并且使它处于当前编辑状态。

选择添加的弧段文件，设置为当前编辑状态，单击菜单“设置→参数设置”，在选择菜单下，选“弧段可见”选项(或在有窗口中，单击右键，在弹出的菜单中选“显示弧段”，见图10－37)。

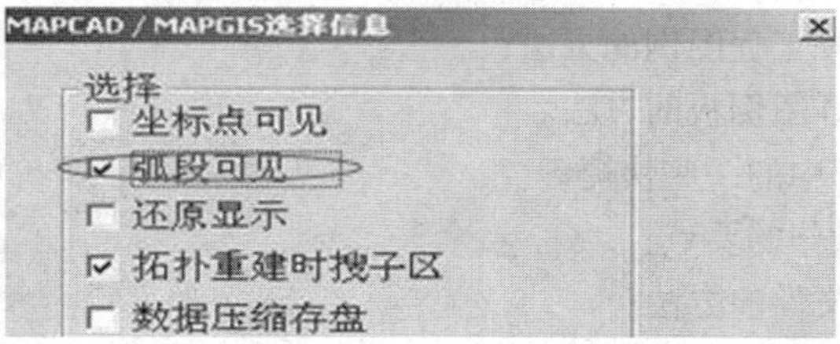

图10－37　“弧段可见”操作

(9) 拓扑重建。单击“其他(T)→拓扑重建”。

系统自动建立结点和弧段间的拓扑关系，以及弧段所构成的区域之间的拓扑关系，同时给每个区域赋予属性，并自动为区域填色。拓扑关系建立好后，可以修改区域参数及属性，若发现数据有问题，利用相应的编辑功能，重新修改数据后，再重建拓扑，原来的参数及属性不变。

10.3 流程分析与要点总结

10.3.1 图形数据输入及矢量化的流程分析

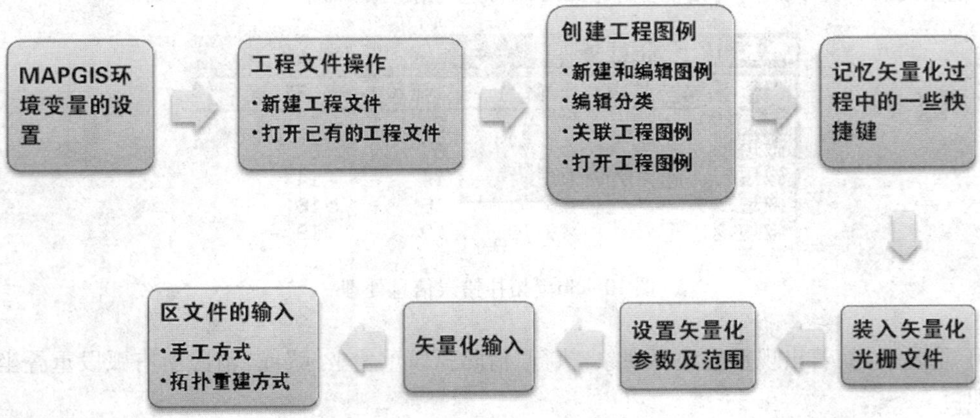

10.3.2 要点总结

(1) MAPGIS 环境变量的设置方法,重点是工作目录和系统库目录的设置。

(2) 工程文件操作的要点:

1) 新建工程文件的时候,一般都选择默认的选项,先不对其进行修改;

2) 工程文件地图参数的设置,一般从有投影信息的文件导入,这样比较快捷;

3) 创建点、线、面文件的方法;

4) 打开已有的工程文件的方法;

5) 修改工程文件项目路径的方法。

(3) 创建工程图例的要点:

1) 新建工程图例的参数设置步骤;

2) 编辑分类的方法和编辑分类的意义;

3) 编辑工程图例的方法;

4) 在工程文件中关联工程图例的方法;

5) 在工程文件中打开图例板的方法。

(4) 牢记矢量化过程中的一些快捷键。

(5) 交互式矢量化操作的要点:

1) 装入矢量化光栅文件的方法;

2) 设置矢量化参数设置的方法及意义;

3) 设置矢量化范围时,一般选择全图范围;

4) 修改工程中的文件状态才能对文件进行编辑或限制编辑;

5) 掌握利用图例板图例进行点、线、区文件的输入,只有有效利用图例板来进行输入,才能很好地提高作图效率和图件质量;

6) 高程自动赋值时,线文件一定要建立高程字段,字段类型为浮点型。

(6) 手工方式输入区图元的要点:

1）首先使需要造区的线文件和区文件处于编辑状态；

2）输入封闭线的方法和线参数设置；

3）线工作区提取弧段的方法；

4）输入区图元的方法及区图元参数设置。

（7）拓扑重建方式输入区图元和区文件的要点：

1）拓扑处理的数据准备时，将原始数据中那些与拓扑无关的线（如航线、铁路等）放到其他层，而将有关的线放到一层中，并将该层保存为一新文件，以便进行拓扑处理；

2）拓扑重建前线文件一般要进行自动剪断线和清除微短线操作，并清除重叠坐标及自相交；

3）拓扑重建前弧段操作与线类似；

4）拓扑错误检查与处理的方法；

5）拓扑重建后，可以对建立的区文件进行简单的修改。

10.4 作业习题与问题思考

10.4.1 作业习题

（1）选择一个包含地形等高线，地质界限的光栅图像，对其进行矢量化的处理。要求建立图例文件，对等高线进行自动赋值。

提示：初学者选择的光栅图像最好线条比较清晰、简单，这样矢量化各个步骤都可以顺利的执行，并能观察到较好的效果；建议选择 mapgis 程序目录中 sample 文件夹中的 G1. tif 光栅图进行练习。

（2）选择地质界线或其他合适的线文件进行“拓扑重建”的方式造区。

提示：进行拓扑重建练习时，建议选择本书提供的“拓扑演示数据（中国地图）”进行拓扑重建；可以选择国界、省界和海岸线三个线文件合并成中国区划图文件，然后按步骤进行拓扑重建。

10.4.2 问题思考

（1）对图例文件进行“编辑分类”的意义？

（2）使用“图例板”中图例进行图元输入的优点？

（3）交互式矢量化的步骤？

（4）“拓扑重建”造区的优缺点？

11　图框的生成

11.1　整体思路与制图目标

按地质工作范围或绘图内容需要生成一个图框范围是地质制图中的一个必要步骤，所以本章将介绍在地质制图中常用的三种图框的生成方法：

(1) 标准图框的生成方法；

(2) 利用经纬度值生成图框的方法；

(3) 利用公里网值生成图框的方法。

11.2　数据准备与制图步骤

11.2.1　标准图框的生成

下面我们主要以 1∶50000 的图框为例进行标准图框生成的讲解。主要讲解生成标准图框的两种方法。

方法一：

(1) 对于要生成标准图框的地图，首先是寻找并记下该图的起始经、纬度。见图 11－1，左下角点的经纬度值即为该图的起始经、纬度值(经度为 250000，经度为 1104500)。

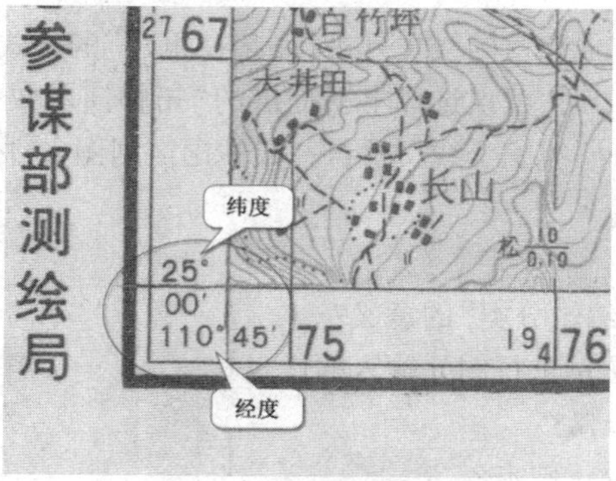

图 11－1　读取左下角点的经纬度值

(2) 进入 MAPGIS 主界面→“实用服务”→“投影变换”。见图 11－2。

(3) 进入投影变换系统→“系列标准图框”→“生成 1∶5 万图框”。见图 11－3。

(4) 在弹出的对话框(见图 11－4)中设置图框参数。

选择图框模式：在此我们选择系统默认的高斯坐标实线公里网。

参数输入(DMS)：在此我们输入图框左下角经纬度和网间间距。(一般情况下，网间间距不需修改，使用默认参数即可。只需输入图框左下角的经纬度。在此，输入左下角的经度为 250000，经度为 1104500。)

输入图框文件名：图框文件名可通过点击“图框文件名”按钮输入，也可直接在其后的空白框内输入。

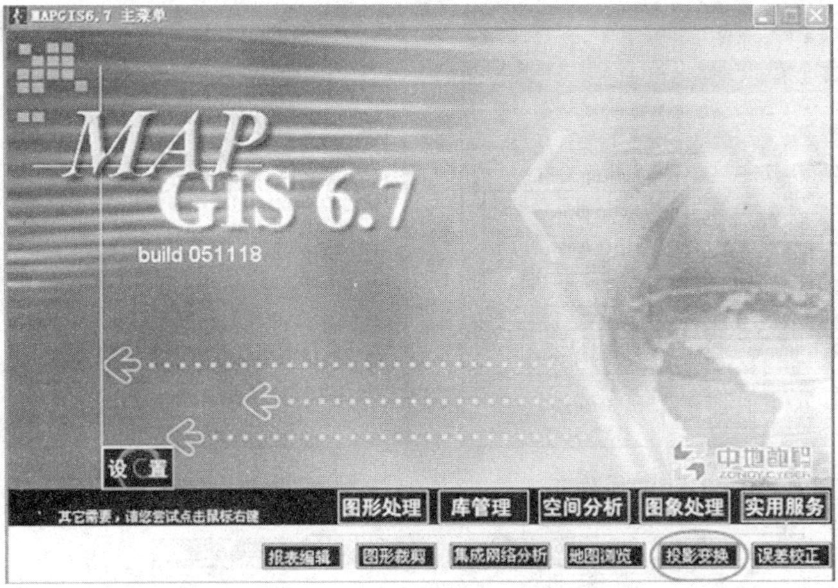

图 11－2　运行投影变换方法

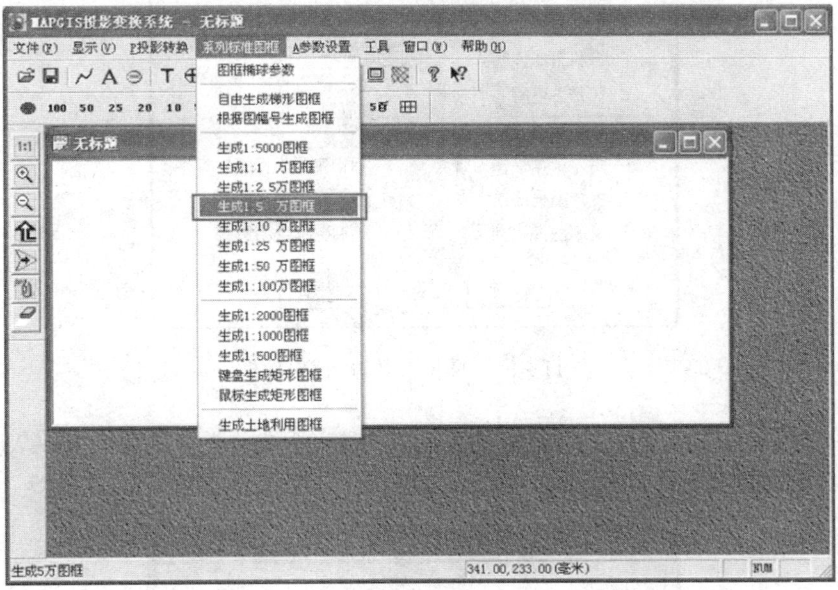

图 11－3　选择生成 1∶5 万图框

选择椭球参数：点击“椭球参数”按钮，系统弹出对话框（见图 11－5），选择椭球参数。此例中选择“北京 54”的椭球体。

（5）主要参数都输入完毕以后，单击“确定”按钮，系统会弹出如下对话框（见图 11－6）。

“图框内容”可根据需要进行选择和输入。而在“图框参数选择”的 6 个选项中，若所绘图框仅仅是为了出图，则根据实际情况选取有关选项。若所绘的图框是为了建立图库，完成多幅图的拼接，则 6 个选项都不需要选择。

需要选择时在选项前面打“√”，若不需要选择则去掉选项前面的“√”。

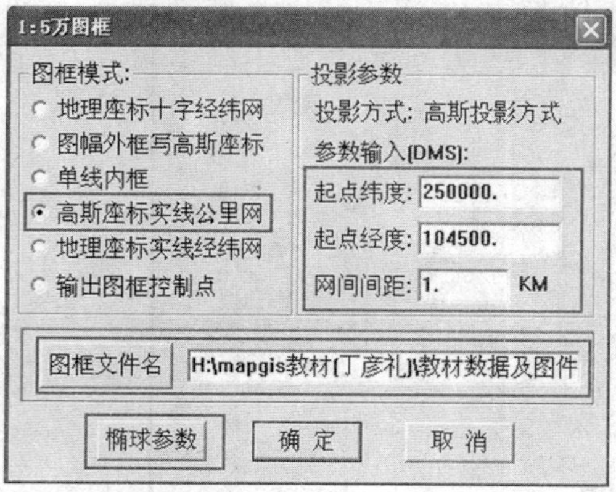

图 11－4　设置图框参数

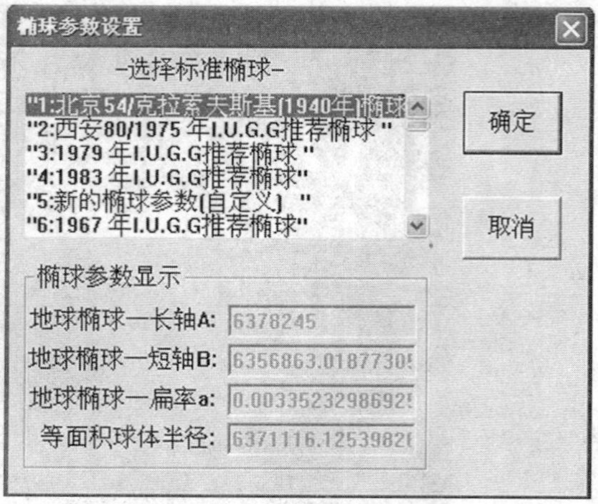

图 11－5　“设置椭球参数”对话框

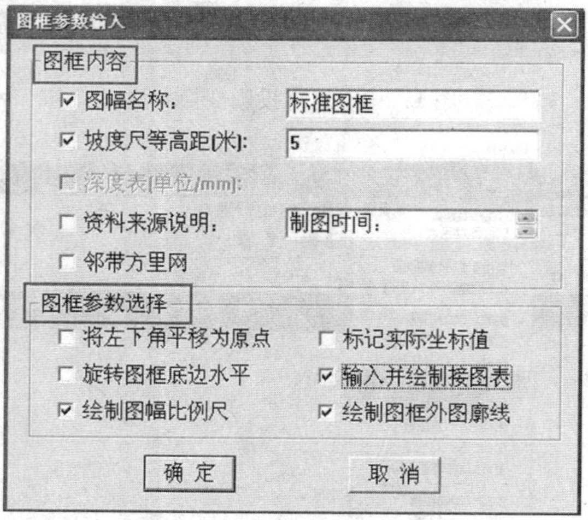

图 11－6　“图框参数输入”对话框

（6）图框的辅助选项输入完毕后，点击“确定”按钮，系统首先弹出如图 11－7 所示的对话框，然后即自动绘制出所要求的标准图框（见图 11－8）。

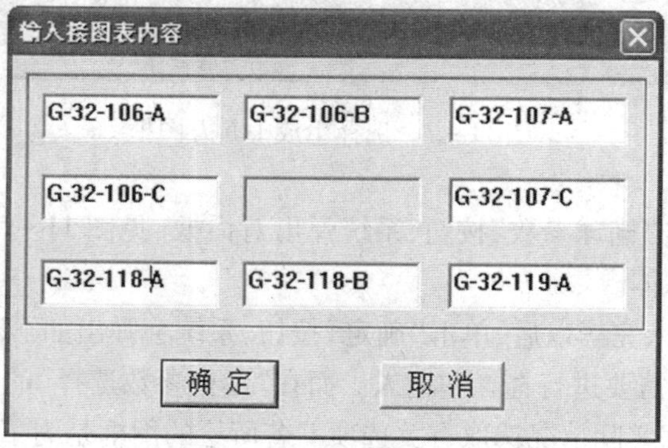

图 11－7　输入拼接表内容

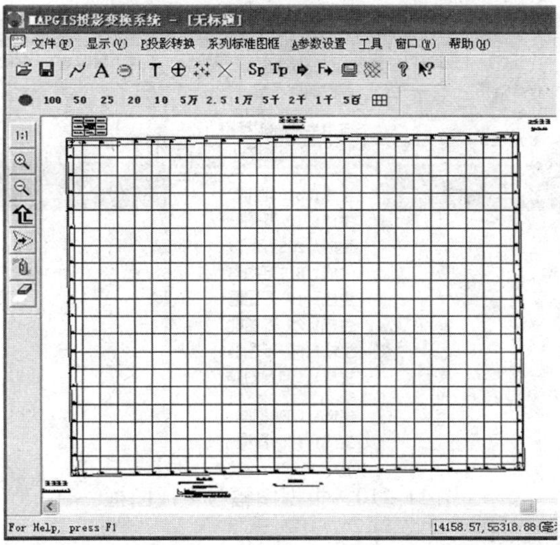

图 11－8 标准图框

方法二：

（1）在需要绘制标准图框的原始图上查找到图幅编号(7-49-102-丁)，如图 11－9 所示。

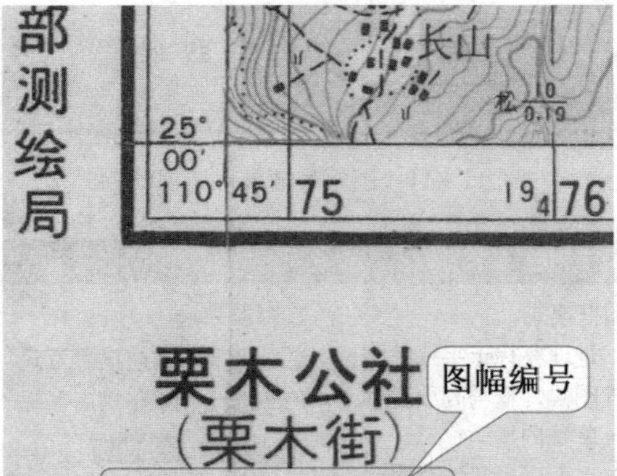

图 11－9 查看地图的图幅编号

（2）进入 MAPGIS 主界面→“实用服务”→“投影变换”。

（3）进入投影变换系统→“系列标准图框”→“根据图幅号生成图框”，见图 11－10。

（4）在系统弹出的如下对话框中(见图 11－11)输入“图幅号”，然后单击“确定”。

（5）在下列对话框中(见图 11－12)只需输入“图框文件名”，其他参数均已根据所输入的“图幅号”自动生成。

（6）主要参数都输入完毕以后，单击“确定”按钮。后面需要设置的内容与方法一中的相同，这里不再赘述。

注意：有些比较老的地图的编号和现在新的地图分幅编号方法有些不同，所以绘出的图框可能有些变化，对此，我们可以选择利用经纬度生成图框。

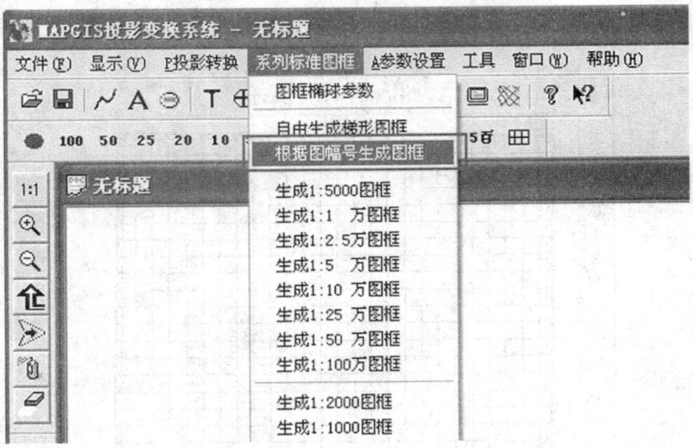

图 11 – 10　根据图幅号生成图框

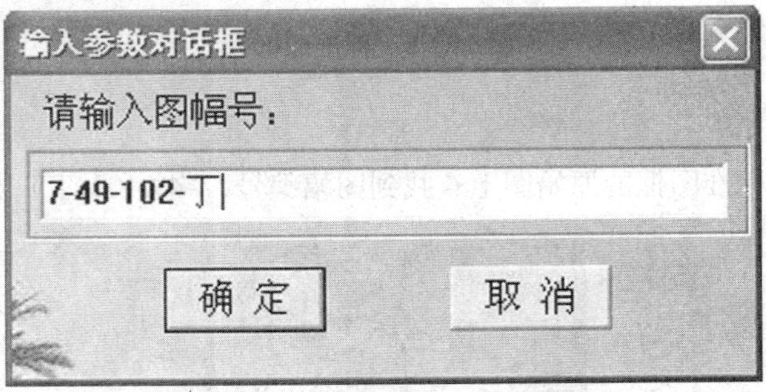

图 11 – 11　图幅号输入对话框(一)

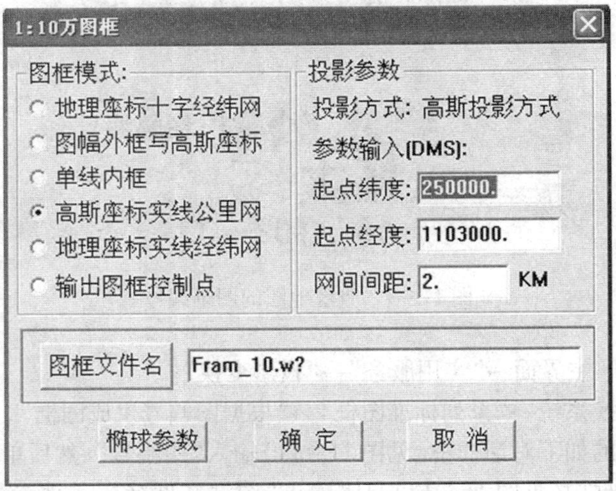

图 11 – 12　图幅号输入对话框(二)

11.2.2　利用经纬度生成图框

(1) 查找并记下图框左下角、右上角的经纬度值(即最小、最大经纬度值)，见图 11 – 13。

(2) 打开“MAPGIS 主界面”→“实用服务”→“投影变换”，然后在“投影转换”的下拉菜单中选择“绘制投影经纬网”(见图 11－14)。

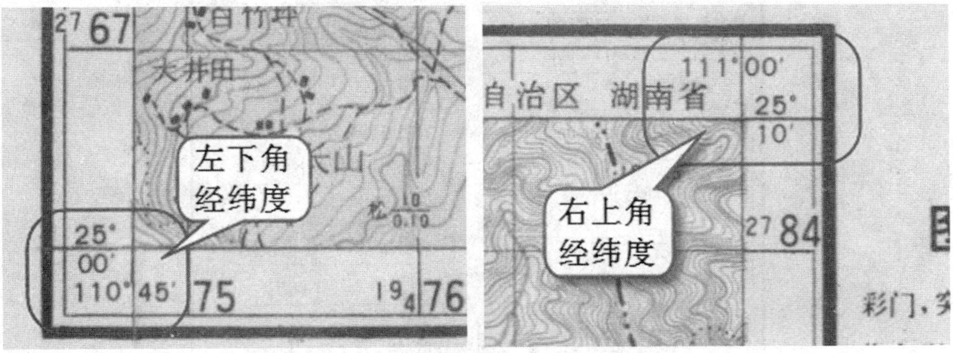

图 11－13 图框的左下角和右上角点

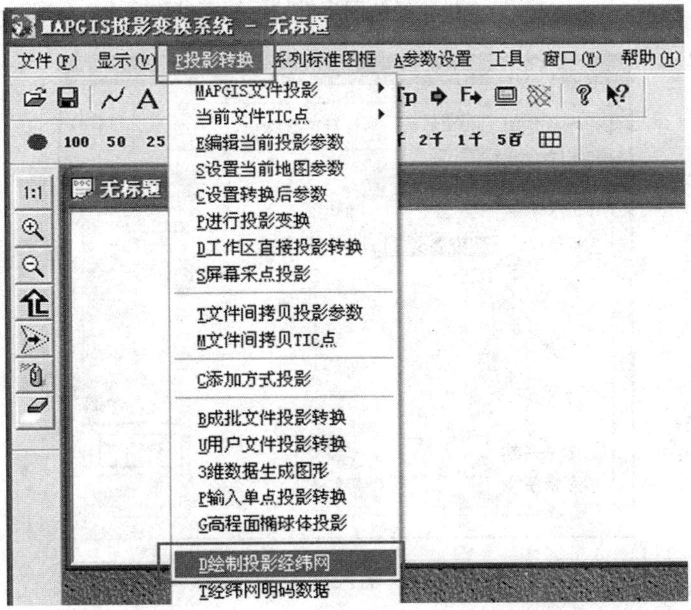

图 11－14 绘制投影经纬网对话框

(3) 在弹出的对话框中(见图 11－15)对应输入“最小起始经、纬度,最大结束经、纬度”。“经纬度间隔”:这里输入的值,根据图纸的比例尺来确定,若图纸的比例尺为 1∶50000,则在此输入“5”;若图纸的比例尺为 1∶5000,则在此输入“0.5”。

(4) 单击图 11－15 中的“角度单位”在弹出对话框(见图 11－16),按照图中的设置即可。

(5) 单击图 11－15 中的“投影参数”,按照图 11－17 中的参数设置即可。

线参数和点参数按同样的方法也可以进行设置,这里不再赘述,用户可以根据自己的需要进行点、线参数的设置。

(6) 上述参数设置好后,单击“确定”进入图 11－18 对话框。设置“比例尺样式”及“图名”,然后“确定”。

(7) 在弹出的对话框(见图 11－19)中的任意位置,单击右键。在下拉菜单中选择“复位窗口”。

(8) 将要显示的文件选为“蓝色”,然后“确定”(见图 11－20)。

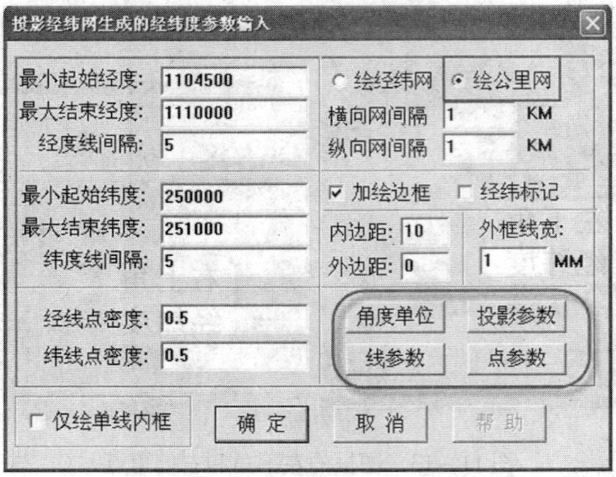

图 11－15　投影经纬网生成的经纬度参数输入

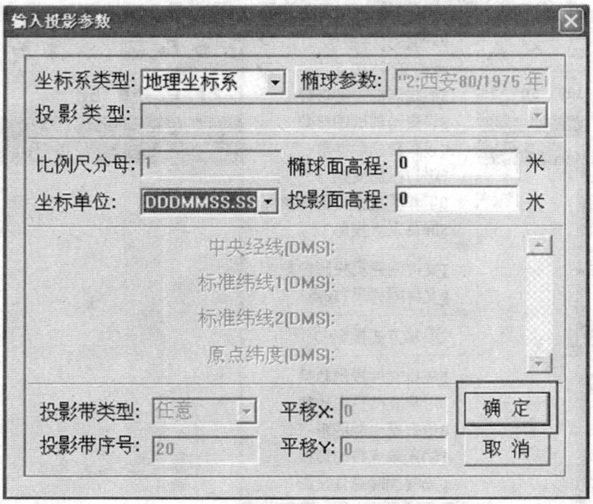

图 11－16　输入投影角度参数

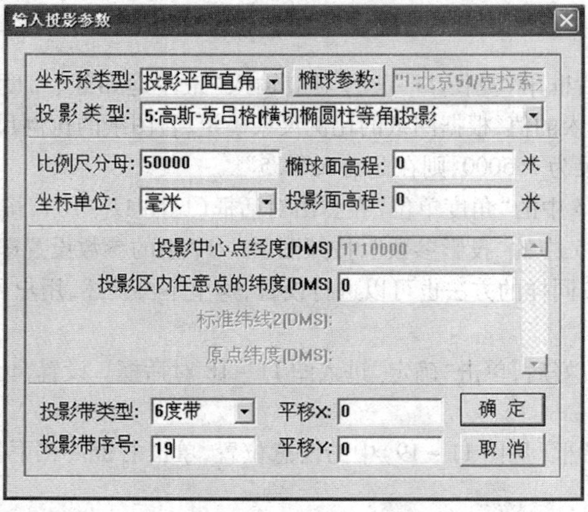

图 11－17　“输入投影参数”对话框

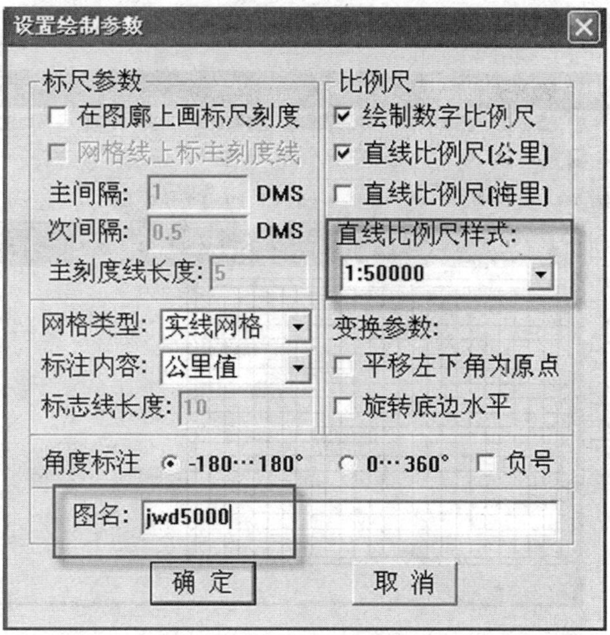

图 11－18 设置绘图参数

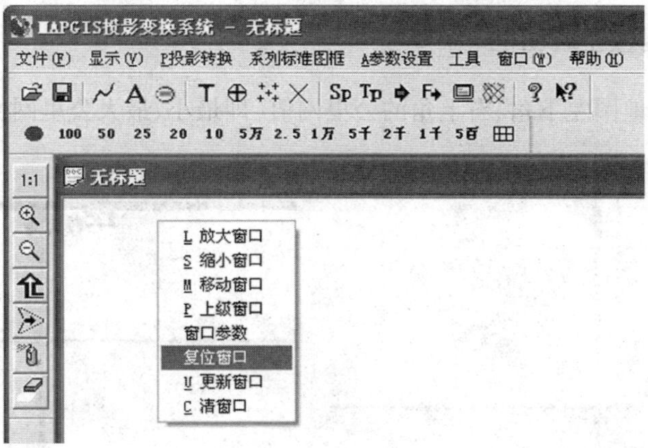

图 11－19 复位窗口对话框

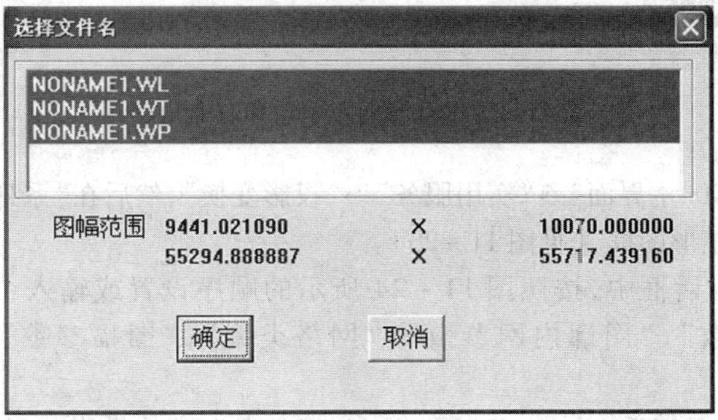

图 11－20 选择要显示的文件

（9）图 11－21 即为所生成的图框文件，将其保存即可。

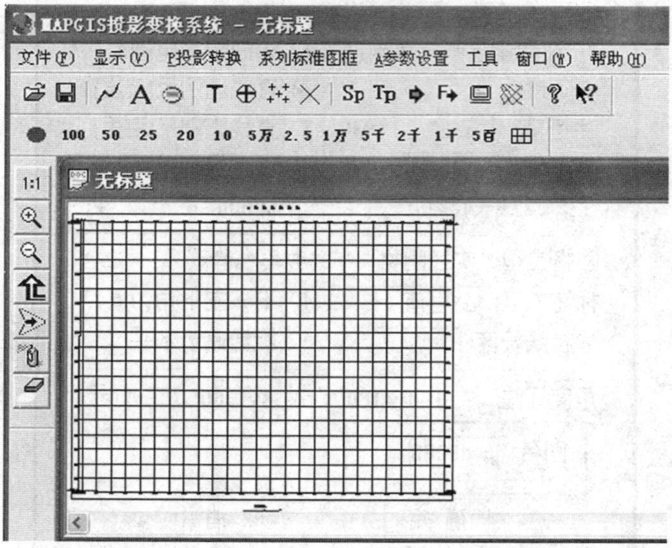

图 11－21　生成的图框文件

11.2.3　利用公里网值生成图框

（1）查找并记下地图左下角、右上角的公里网值（即最小、最大公里网值），见图 11－22。

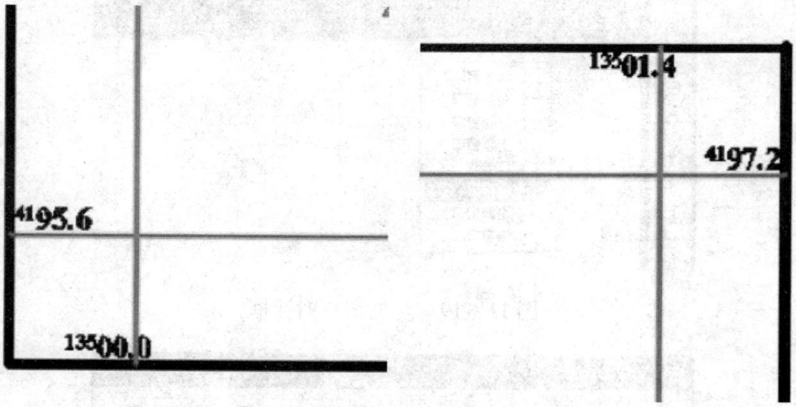

图 11－22　地图的左下角和右上角点

（2）打开"MAPGIS 主界面"→"实用服务"→"投影变换"，然后在"系列标准图框"的下拉菜单中选择"键盘生成矩形图框"（见图 11－23）。

（3）在弹出的对话框中，按照图 11－24 所示的顺序设置或输入："坐标系"，"矩形分幅方法"，"图廓参数"，"图廓内网参数"，"网络类型"，"图幅参数"，"线参数"，"点参数"。

（4）上述参数设置好后，单击"确定"，图 11－25 为生成的投影公里网图框文件，将其保存即可。

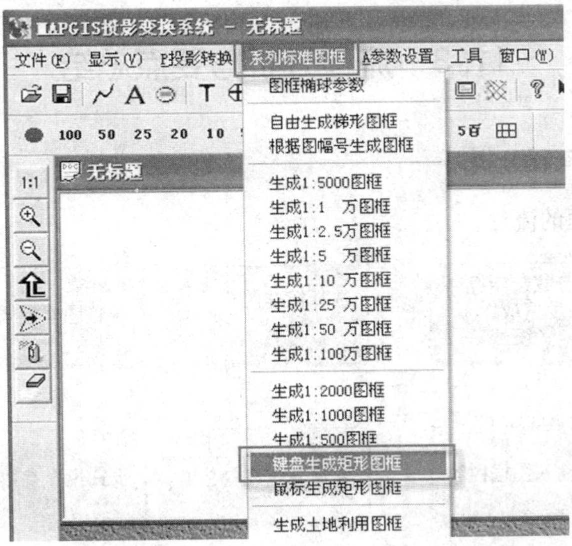

图 11－23　选择“键盘生成矩形图框”方法

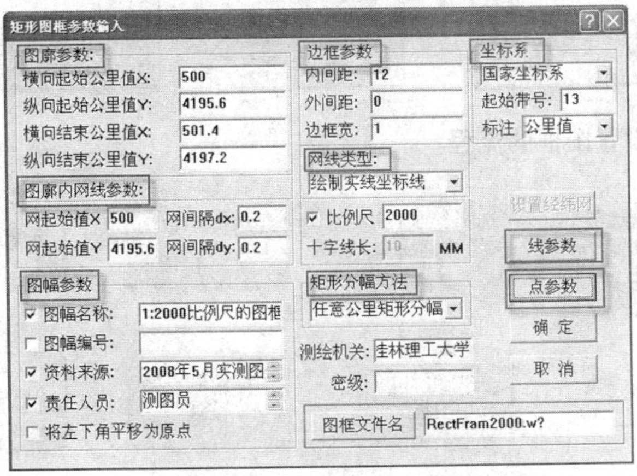

图 11－24　绘制矩形图框参数设置

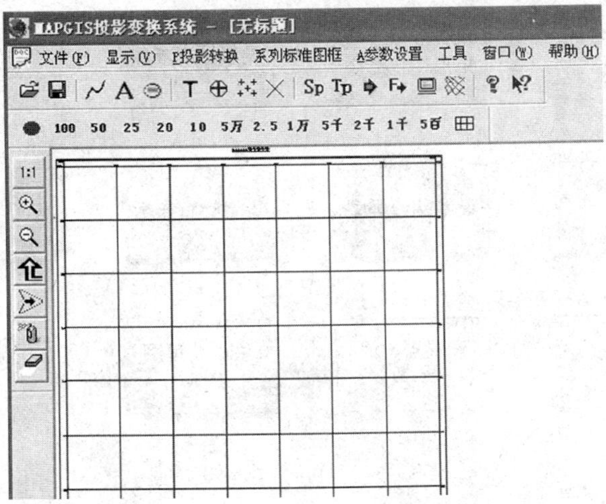

图 11－25　生成的投影公里网图框文件

11.3　流程分析与要点总结

11.3.1　生成图框的流程分析

（1）生成标准图框的流程。

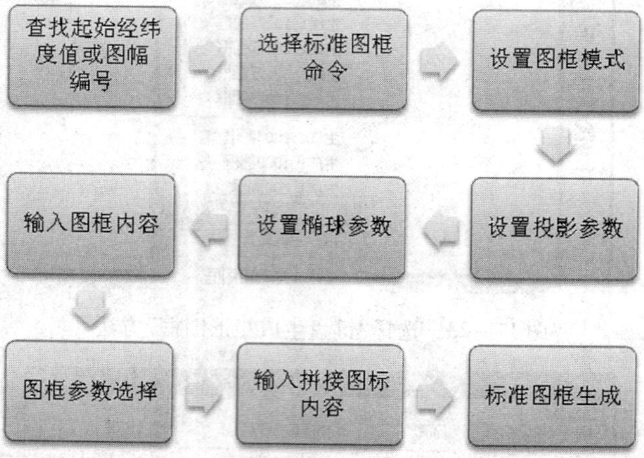

（2）利用经纬度设置图框的流程。

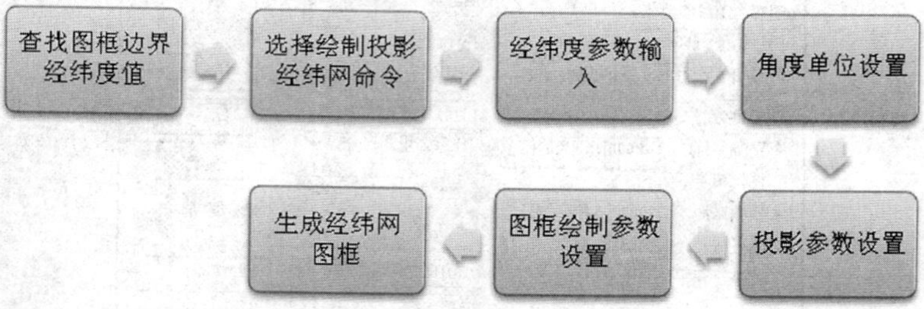

（3）利用公里网生成图框。

11.3.2　要点总结

（1）生成标准图框的要点：

1）查找地图的起始经纬度或地图编号的方法；
2）图框参数和投影参数的设置；
3）了解椭球参数的意义,选择正确的椭球参数。
（2）利用经纬度生成图框的要点：
1）查找图框左下角和右上角经纬度值的方法；
2）生成投影经纬网的经纬度参数的设置；
3）角度单位和投影参数的选择和输入；
4）设置绘制参数的方法和各参数的意义。
（3）利用公里网值生成图框的要点：
1）查找地图左下角、右上角公里值的方法；
2）选择键盘生成矩形图框的方法；
3）矩形图框各种参数的输入及意义。

11.4　作业习题与问题思考

11.4.1　作业习题

（1）以一幅标准地形地质图为参照,练习绘制标准图框的方法。

（2）以一幅有经纬度控制边界的地图为参照,练习利用经纬度生成图框的方法。

提示:建议找一幅有图幅编号和起始经纬度值的地形地质图,首先读出图幅编号和经纬度值,然后按照提示步骤依次编辑输入各参数即可。

（3）以一幅有公里网值控制边界的地图(一般为大比例尺的地图)为参照,练习利用公里网值生成图框的方法。

（4）练习利用一组经纬度值或公里网值绘制不同比例尺的图框。

提示:首先确定好所做图框的左下角和右上角公里网值,然后选择键盘生成标准图框,顺序输入图框参数即可;在输入图框参数的时候,注意坐标系和比例尺的输入,通过改变比例尺即可完成不同比例尺图框的生成。

11.4.2　问题思考

（1）利用经纬网值和公里网值绘制的图框有什么不同?

（2）投影参数设置中,坐标系类型和投影类型的种类和意义?

（3）三度带和六度带的分带方法,他们在绘制图框时有什么意义?

12　影像文件的校正

12.1　整体思路及制图目标

在交互式矢量化的过程中，经常需要影像文件(由 TIF 或 JPG 文件转化得到的 MSI 文件)作为矢量化的底图；在误差校正中，也需要经过校正的影像文件作为采集理论值的参照文件。影像文件在 MAPGIS 制图中作用很大，因此本章将讨论 TIF 图像文件转换 MSI 影像文件操作流程、MSI 影像文件的校正方法等。通过本章的学习，完成和掌握以下两个方面的内容：

(1) 掌握 TIF 图像文件转换 MSI 影像文件操作流程。

(2) 掌握 MSI 影像文件的校正方法。

12.2　数据准备与制图步骤

12.2.1　TIF 图像文件转换 MSI 影像文件操作流程

(1) 打开 MAPGIS6.7→图像处理→图像分析，见图 12－1。

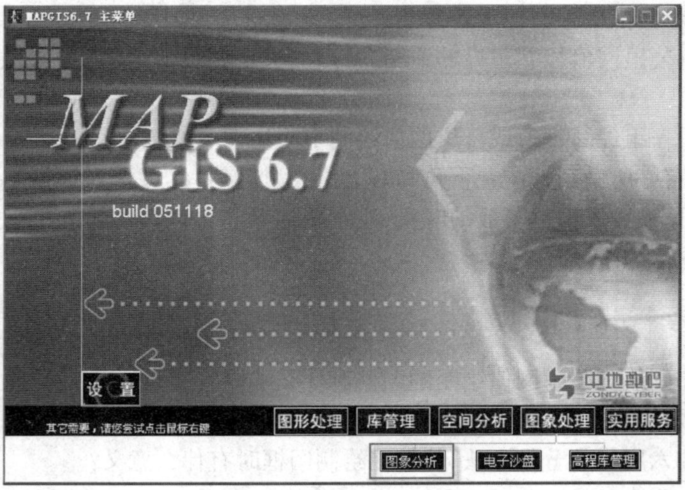

图 12－1　MAPGIS 主界面

(2) 在弹出的图像分析子系统中(见图 12－2)，单击 “文件”→“输入数据”。

(3) 在弹出的“数据转换”对话框中(见图 12－3)单击“转换数据类型”右边的下拉箭头，在出现的文件类型中选择“TIF 文件(＊.tif)”，最后点击“添加文件”按钮。

(4) 在出现的“打开”对话框中选择自己需要转换成 MSI 影像文件的文件。然后单击“打开”按钮，一个 TIF 文件就加入到“转换文件列表”中(见图 12－4)。

如果整个目录中的所有 TIF 文件都需要转换成 MSI 文件，可以选择“添加目录”按钮，在弹出的对话框中选择目录，然后单击“确定”按钮。

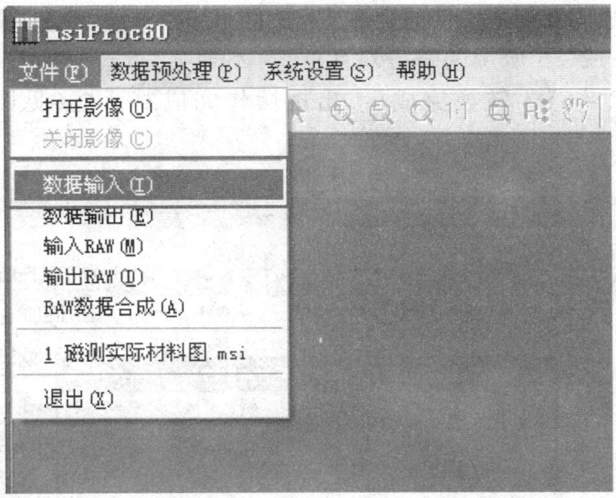

图 12－2　图像分析子系统

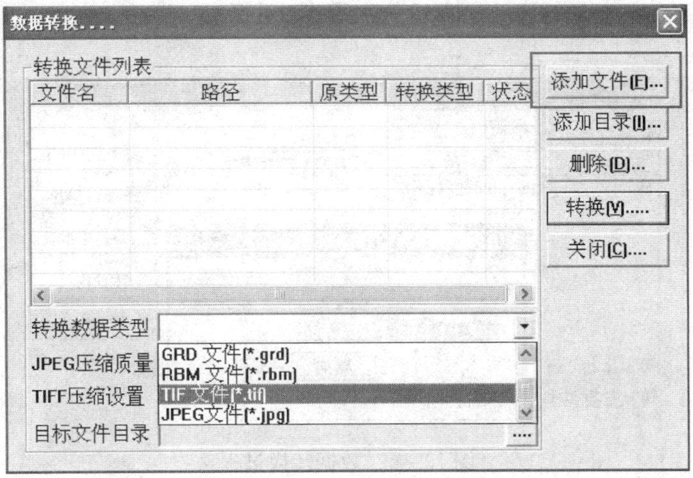

图 12－3　“数据转换”对话框

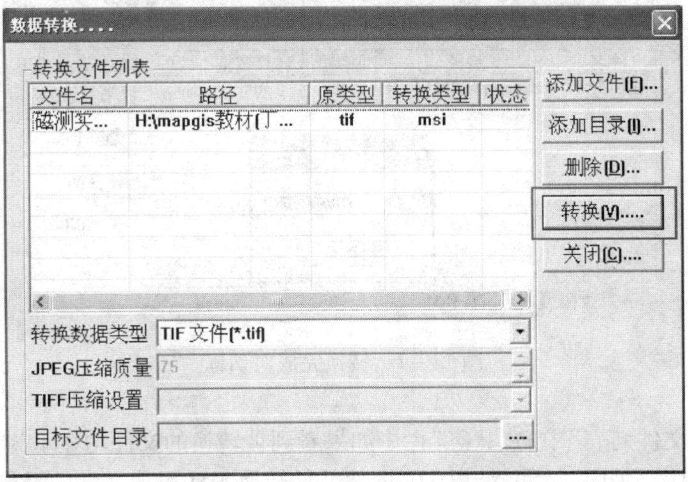

图 12－4　“转换文件列表”对话框

(5) 在需要转换成 MSI 影像文件的全部 TIF 文件添加完毕后,单击“转换”按钮。

(6) 如果出现图 12－5 所示的警告对话框,可不理会,点击“确定”即可,然后出现转换过程对话框(见图 12－6)。转换完成后,出现操作完成对话框(见图 12－7),点击确定即可。

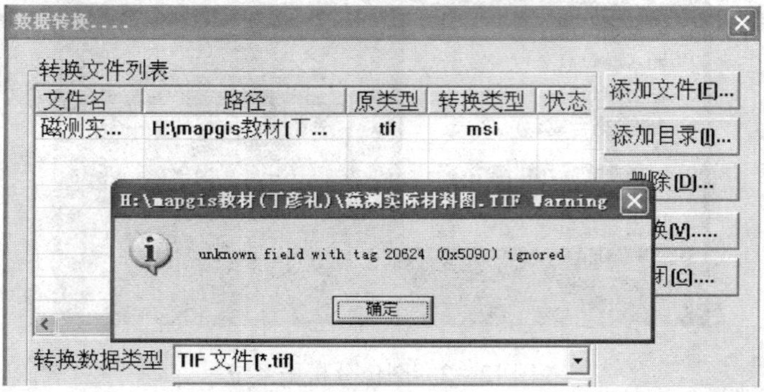

图 12－5　警告对话框

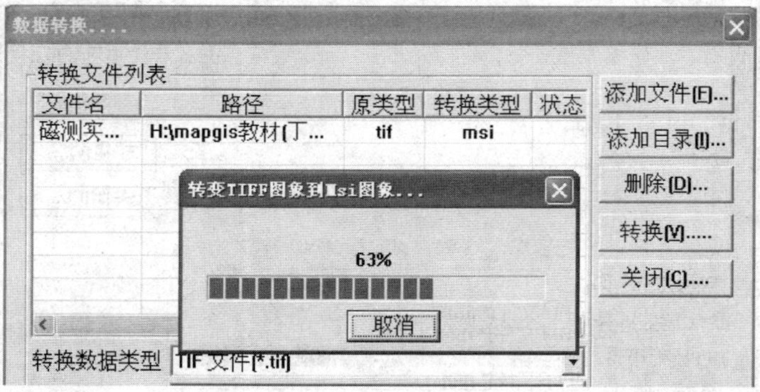

图 12－6　数据转换过程

图 12－7　转换完成对话框

(7) 在“转换文件列表”中的“状态”栏中如果看到被转换的文件均显示为“成功”,代表本次转换成功结束。单击“关闭”按钮,结束 TIF 图像文件转换 MSI 影像文件的操作。

12.2.2 MSI 影像文件的校正

（1）在图像分析子系统中（见图 12－8），单击“文件”→“打开影像”。装入 MSI 影像文件（见图 12－9）。

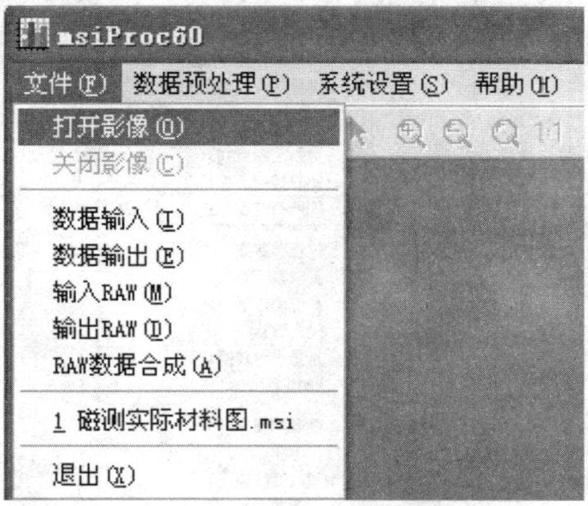

图 12－8 图像分析子系统

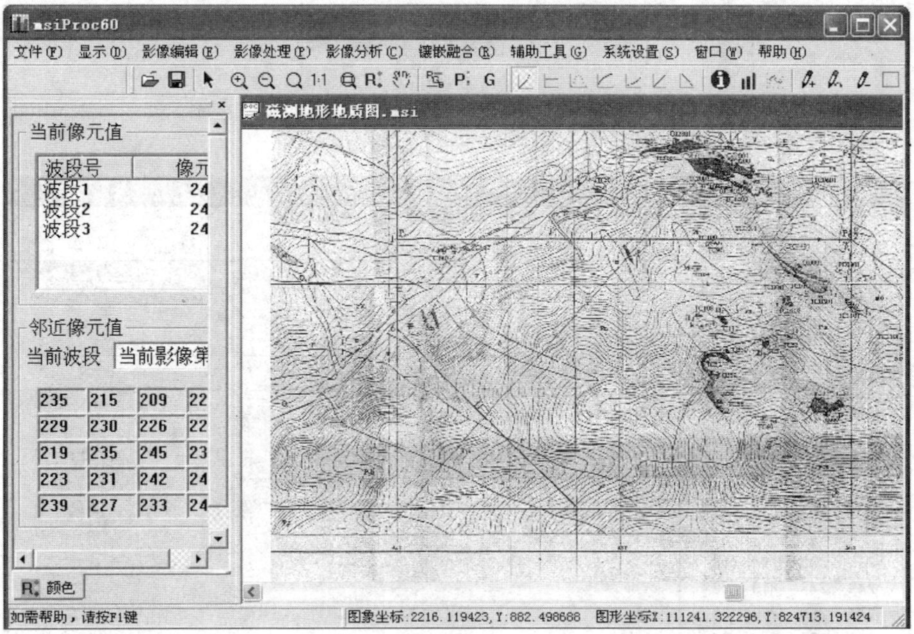

图 12－9 打开的影像文件

（2）单击“镶嵌融合”→控制点信息（见图 12－10）。

在影像下方，会出现影像文件的原始控制点信息（见图 12－11）。

（3）单击“镶嵌融合”→删除所有控制点（见图 12－10），系统会把影像文件原始的控制点信息全部删除。

（4）单击“镶嵌融合”→添加控制点或工具栏上的按钮（见图 12－10），重新添加新的控制点。这里新的控制点一般确定在影像文件的公里网纵横坐标的交叉点，这些交叉点可以准确地给定控制点信息。

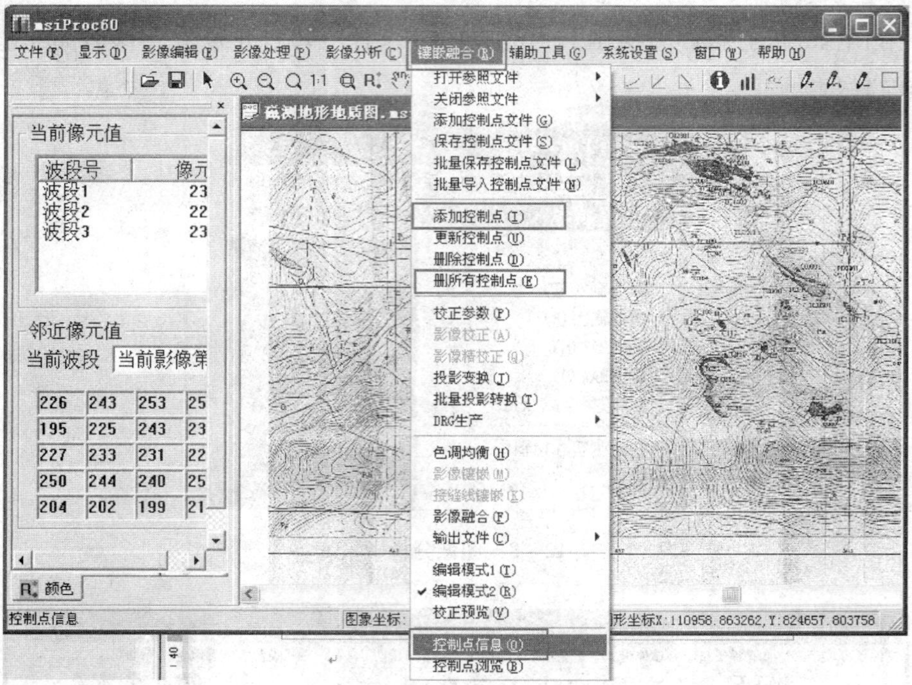

图 12－10　打开控制点信息

图 12－11　浏览控制点信息

另外，在添加控制点的过程中，可以用工具栏菜单上的“1:1 显示”、“放大”、“缩小”等工具（见图 12－12）把影像图放大到一个合适的尺寸，这样可以方便、快捷、准确地选取新的控制点。

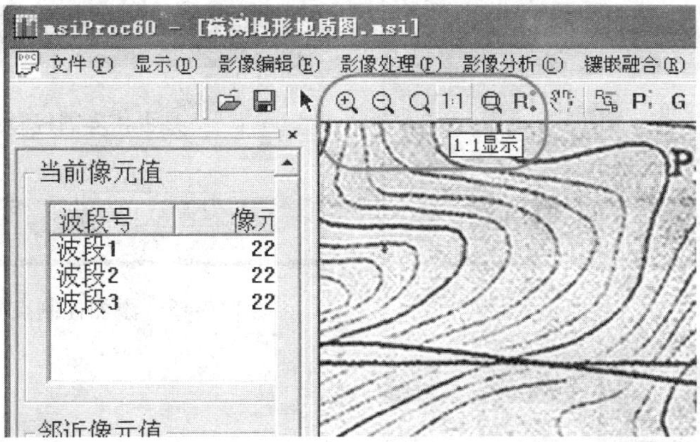

图 12 – 12　工具栏菜单

(5) 添加控制点的时候,直接用鼠标选取公里网的交叉点,然后系统会弹出一个局部放大窗口(见图 12 – 13),通过该放大窗口,精确地选定新的控制点。选定的控制点会以“红十字”线突出出来。

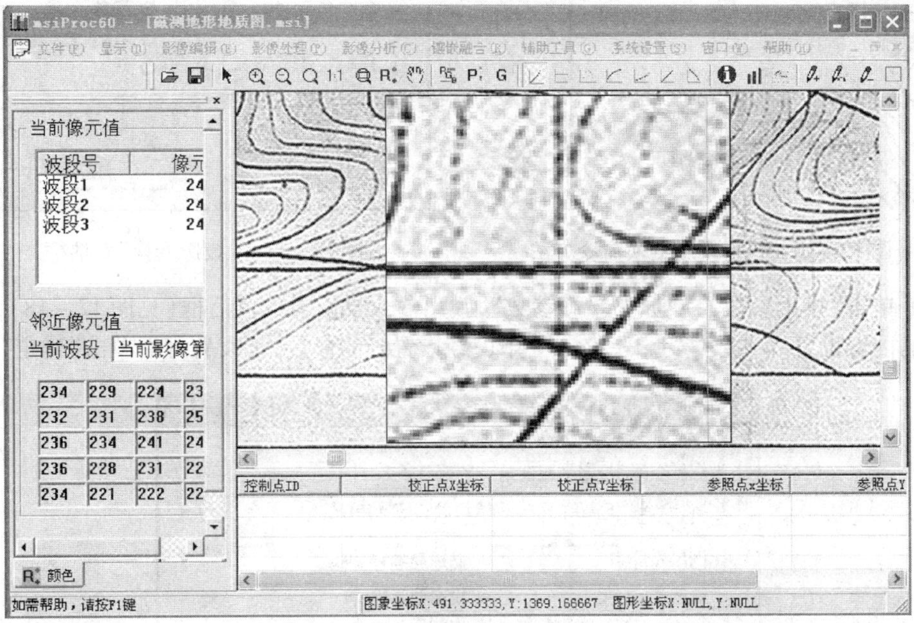

图 12 – 13　控制点选取窗口

(6) 选定好一个新的控制点后,单击键盘的“空格”健,系统会弹出一个“输入新的参照点坐标”对话框(见图 12 – 14),输入理论公里网坐标值,单击“确定”按钮,系统弹出“是否将当前控制点添加到文件”对话框(见图 12 – 15),单击“是”,即可完成一个控制点的输入。

(7) 按上面的方法添加其他的控制点。添加的控制点必须大于 3 个,理论上,控制点越多越好。

(8) 单击“镶嵌融合”→投影变换(见图 12 – 16),系统弹出“投影变换”对话框(见图 12 – 17)。

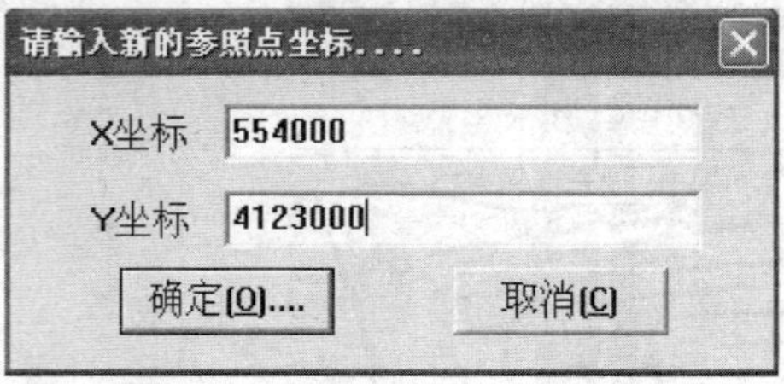

图 12－14　输入参照点对话框

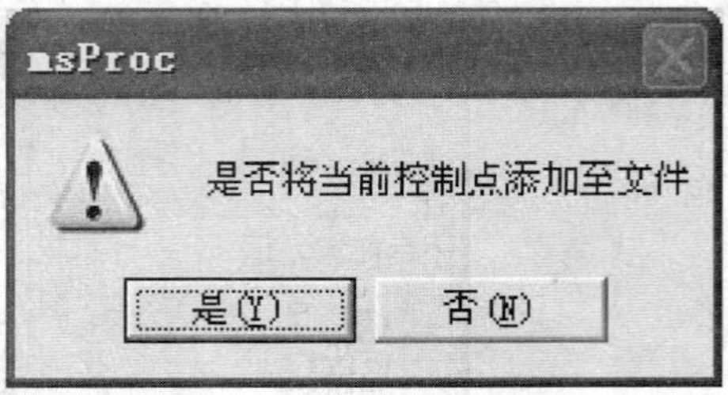

图 12－15　添加控制点确认对话框

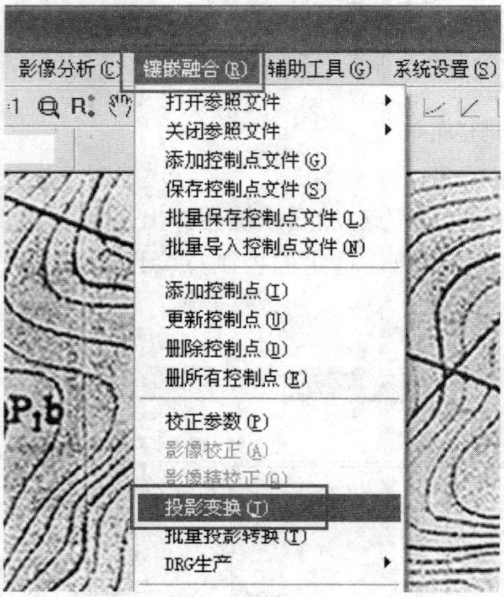

图 12－16　执行投影变换命令方法

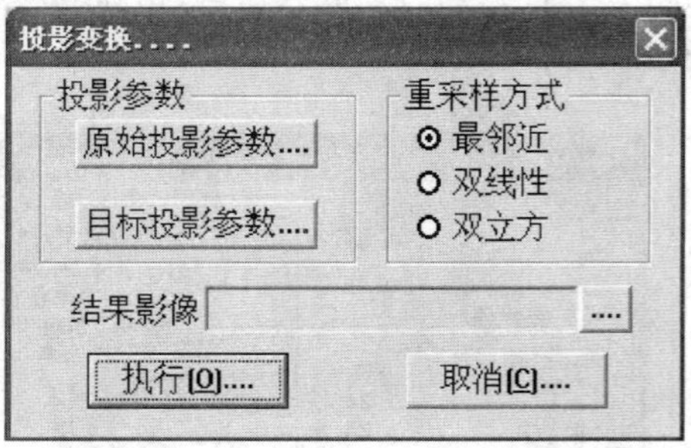

图 12－17　“投影变换”对话框

(9) 单击“投影参数”→“原始投影参数”，弹出输入投影参数对话框(见图 12－18)，按照对话框中的内容设置好参数(参照图 12－18 中已经设置好的参数)。设置好后单击“确定”按钮。

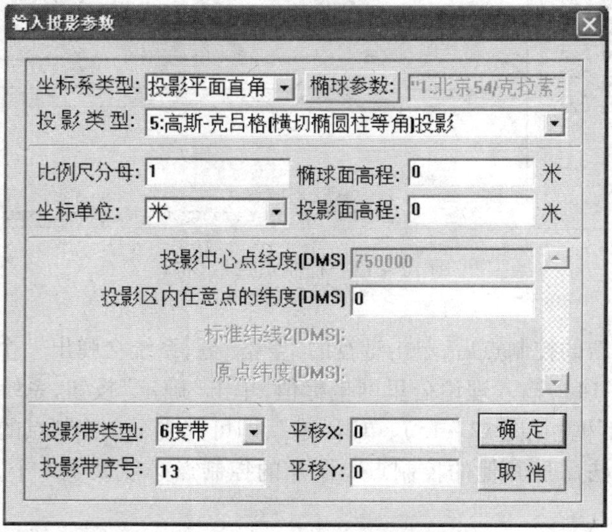

图 12－18　原始投影参数设置对话框

(10) 单击“投影参数”→“目标投影参数”，弹出输入投影参数对话框（见图 12 – 19），按照对话框中的内容设置好参数（参照图 12 – 19 中已经设置好的参数）。设置好后单击“确定”按钮。

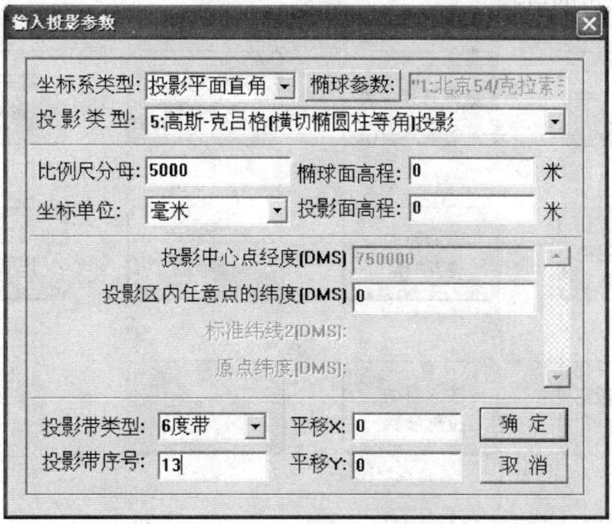

图 12 – 19　目标投影参数设置对话框

(11) 单击结果影像右方的 … 按钮，设置投影变化后文件存储路径及文件名，见图 12 – 20。

(12) 设置好以上参数后，单击图 12 – 20 的执行按钮，系统将会对影像文件重新进行采样，执行过程如图 12 – 21 所示。

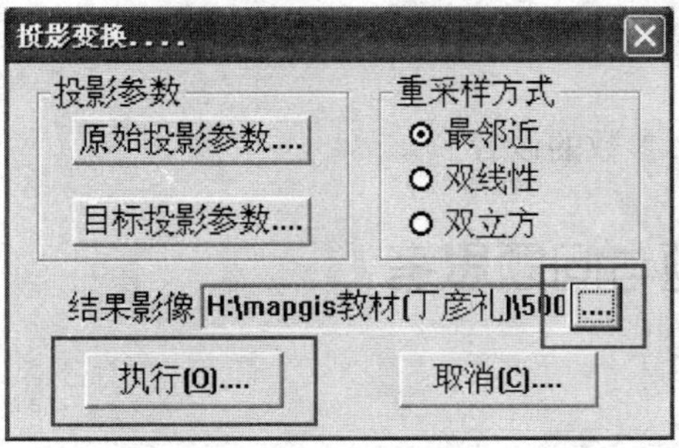

图 12 – 20　设置结果影像存储路径

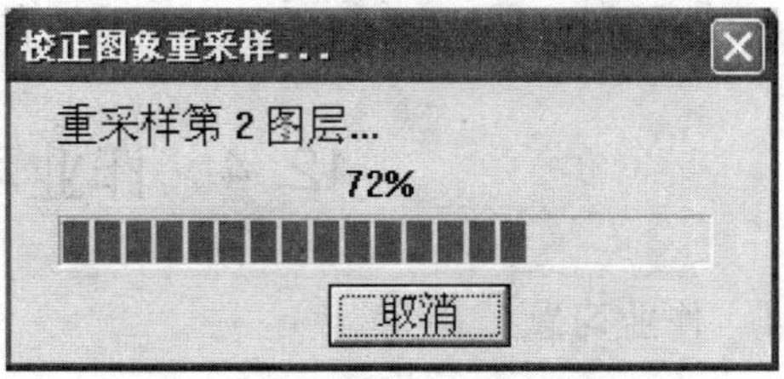

图 12 – 21　校正影像采样过程

(13) 把投影变换后的文件另存，即完成了影像文件的校正。

这里我们选择的是地图进行影像文件的校正演示，实际应用中，校正遥感影像图等更能显示其优势。

另外，利用校正好的影像文件可以进行矢量化，而且矢量化以后的文件包含了投影和公里网坐标信息，可以不需再进行投影变换；利用校正好的影像文件还可以与标准图框套合输出。

12.3 流程分析及要点总结

12.3.1 影像文件校正的流程

12.3.2 要点总结

(1) TIF 图像文件转化为 MSI 影像文件的要点:

1) 图像文件数据输入的方法;

2) 添加文件时,可以添加单个文件也可以添加整个目录里的文件;

3) 转换的执行及错误警告处理方法,一般不予理会。

(2) MSI 影像文件校正的要点:

1) 打开控制点信息是为了查看控制点的情况,了解控制点的信息,建议不要省略此步骤;

2) 删除原始控制点,是为了添加新的控制点,避免原始控制点的干扰;

3) 重点掌握添加新的控制点的方法;

4) 投影变换时,注意原始投影参数和目标投影参数的设置。

12.4 作业习题与问题思考

12.4.1 作业习题

(1) 以一幅能确定公里网坐标值的扫描图(TIF)为例,完成影像文件的转换和校正。

提示:首先在光栅文件上确定三个以上的控制点,并记录公里网值;然后按步骤把光栅文件转换为影像文件;最后在影像分析子系统中调入转换好的影像文件,删除原始控制点信息,添加进新的控制点信息后进行投影变换即可。

(2) 选择其他栅格格式(如 *.jpg, *.bmp 等)的地图为例,完成影像文件的转换。

12.4.2 问题思考

(1) 影像校正操作中,添加新的影像校正点前,为什么要删除原始的控制点信息。

(2) 投影变换时,原始投影信息与目的投影信息有什么不同。

13 误差校正和整图变换

13.1 整体思路及制图目标

一般情况下,数据编辑处理只能消除或减少在数字化过程中因操作产生的局部误差或明显误差,但因图纸变形和数字化过程的随机误差所产生的影响,必须经过误差校正,才能消除。对于那些由于人工误差、图纸变形等造成的整幅图形发生位置偏差,与实际精度不相符的图形,可以通过整图变换(像整图平移、旋变、缩放等)来进行校正。

所以本章将主要讨论误差校正和整图变换的方法,通过讨论,使大家掌握以下几个方面的内容:

(1) 理解误差校正的基本概念。

(2) 掌握误差校正的方法。

(3) 通过误差校正,减少输入图形的变形,提高图形的制作精度。

(4) 掌握整图变换的方法。

(5) 通过整图变换,实现不同比例尺图形之间的快速转换和图元文件 X、Y 坐标的快速变换。

13.2 操 作 步 骤

13.2.1 建立误差校正的控制点采集文件

在"输入编辑"中打开矢量化时用到的影像文件,建立一个线文件(校正 . wl)作为误差校正的控制点采集文件(见图 13 - 1)。

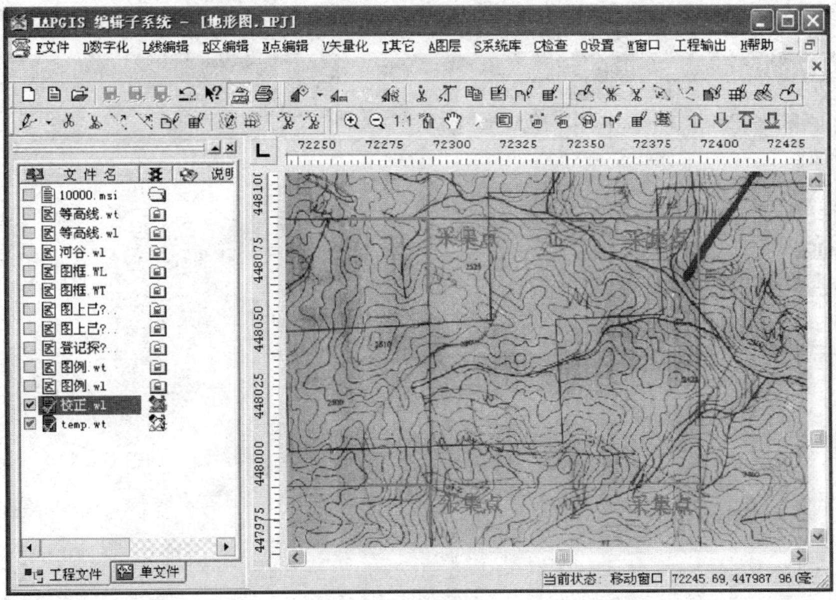

图 13 - 1 建立误差校正的控制点采集文件

这里校正点采集文件的采集点一般选择坐标网格文件的交叉点，这样才可以读出精准的理论值。

另外，建立采集控制点的过程中，要读出并记下理论值坐标 X 和 Y 的值。

13.2.2　建立校正控制点文件

（1）在 MAPGIS 主菜单中单击实用服务→误差纠正，进入“误差纠正”系统（见图 13－2）。

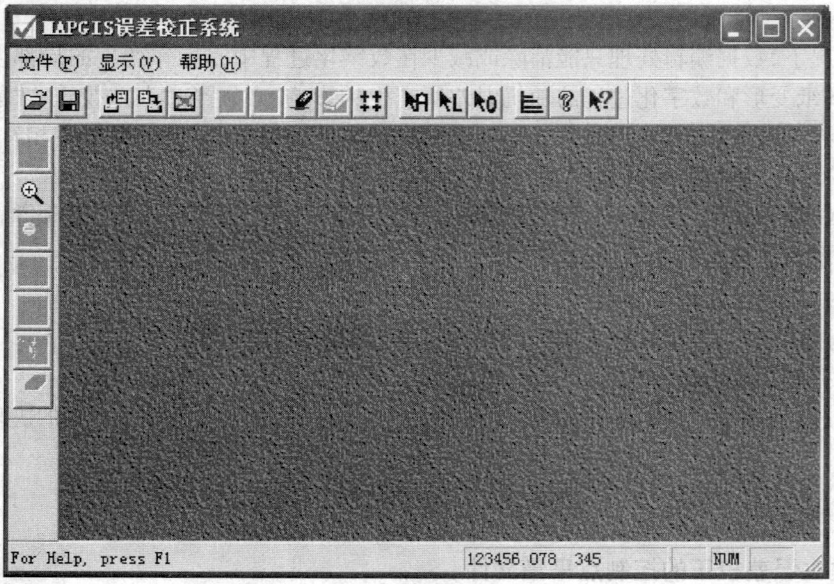

图 13－2　误差校正子系统

（2）单击“文件”→“打开文件”，打开建立的误差校正的控制点采集文件“校正.wl”（见图 13－3）。

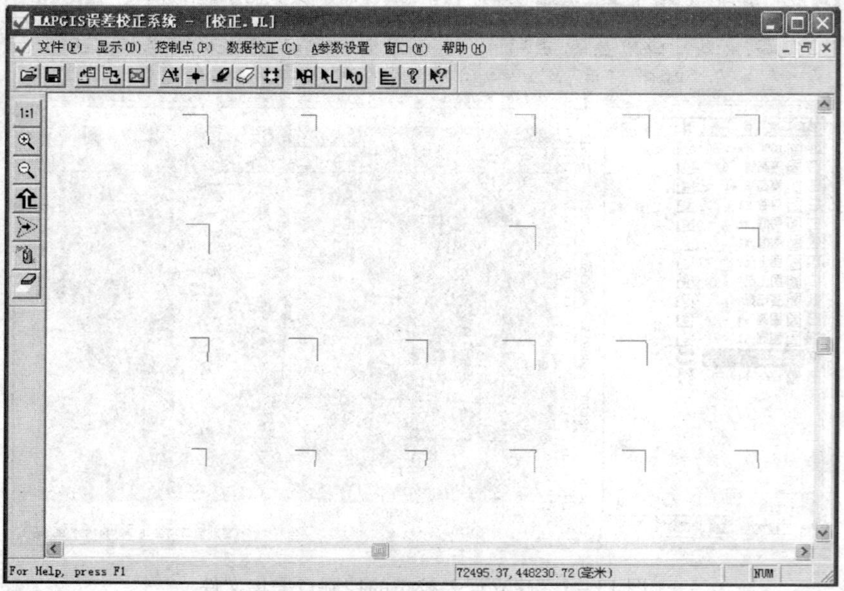

图 13－3　打开控制点采集文件

（3）单击菜单“控制点”→“设置控制点参数”，弹出“控制点参数设置”对话框（见图 13－4）。

采集数据值类型：选择从当前文件中所采集的控制点是实际控制点，还是理论控制点。在交互式校正中，都是“实际值”。

采集搜索范围：主要用于判断采集控制点是否落在以当前鼠标位置为中心，采集搜索范围为半径的圆域内。

（4）单击菜单“控制点”→“选择采集文件”，弹出“选择要采集控制点的文件名”对话框（见图 13－5），单击“确定”按钮。

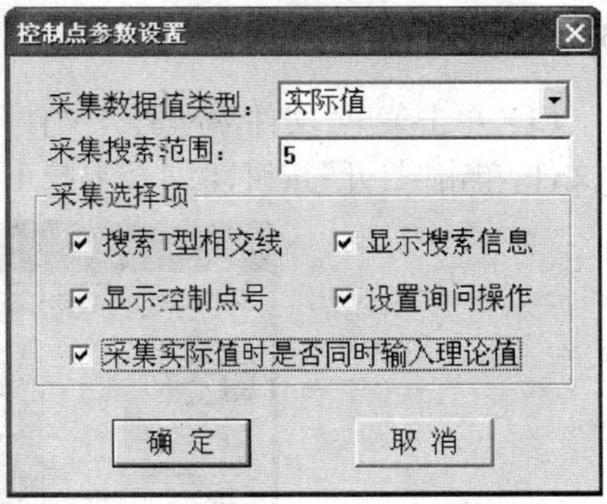

图 13－4　控制点参数设置

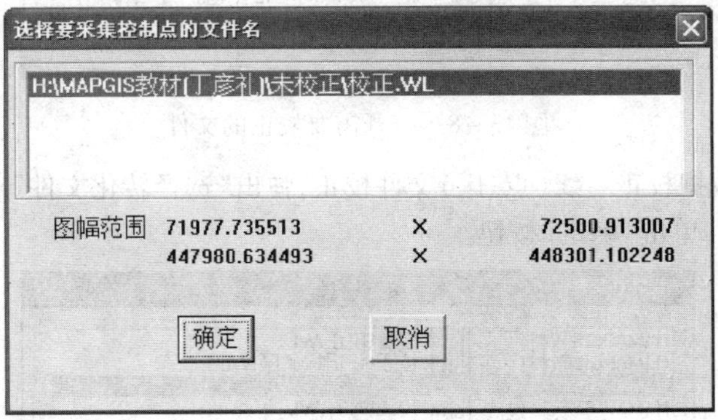

图 13－5　“选择要采集控制点的文件名”对话框

（5）单击菜单“控制点”→“添加校正控制点”，这时系统会弹出一个“错误信息”对话框（见图 13－6），提示“是否新建控制点文件”，此时单击“是”即可。

（6）鼠标单击到要添加控制点的位置，弹出“编辑控制点”对话框（见图 13－7），输入控制点的理论值，单击“确定”按钮。

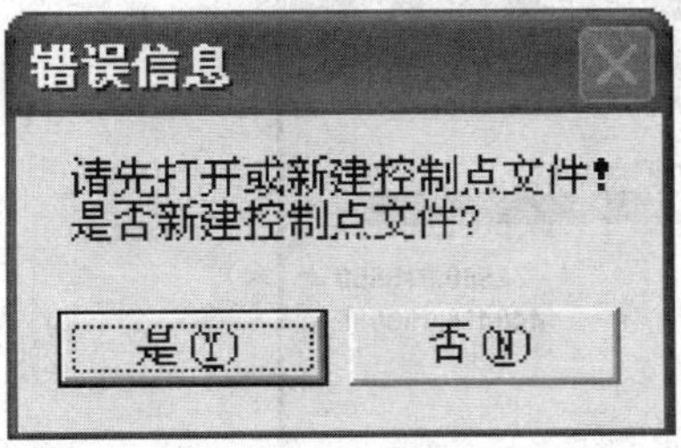

图 13－6　“错误信息”对话框

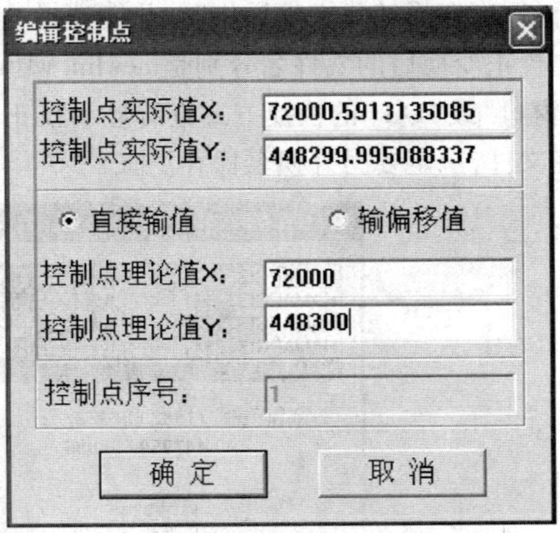

图 13－7　“编辑控制点”对话框

重复第 6 步，添加完所有的控制点。

13.2.3　进行文件的误差校正

（1）单击菜单“文件”→“打开文件”，弹出“打开”文件对话框（见图 13－8），选择需要校正的文件，单击“打开”按钮，调入需要校正的文件到工作区。

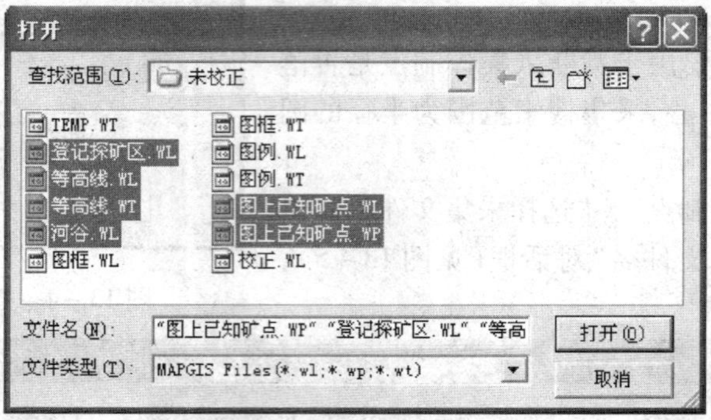

图 13－8　打开需要校正的文件

（2）单击菜单 数据校正→线（点、区）文件校正，弹出“选择转化文件”对话框（见图 13－9），选择需要转化的文件，单击“确定”按钮。

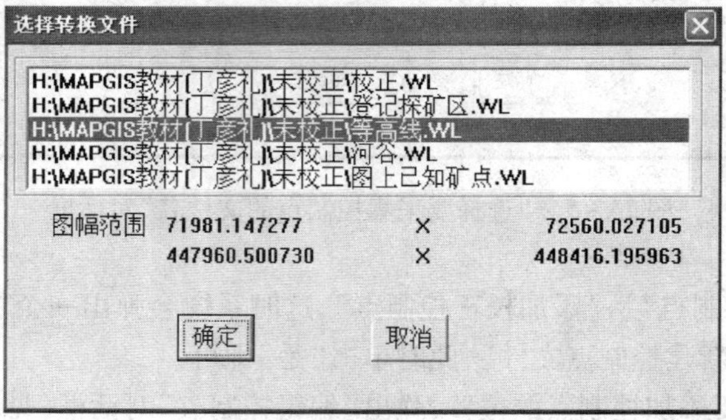

图 13－9　“选择转换文件”对话框

注意：每次选择转化文件操作时，只能选择一个文件进行校正。

（3）校正变换后的文件名分别是 newlin. wl（newpnt. wt 或 newreg. wp），可通过“显示”选单下的“复位窗口”或“1∶1”的快捷方式查看显示校正后的文件（见图 13－10）。这些文件都是一些临时存在文件，一定要另外换名保存。

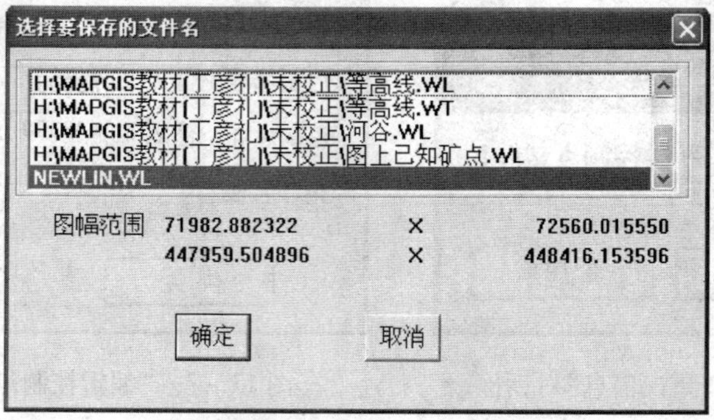

图 13－10　换名另存校正后的文件

重复第(2)、(3)步,即可完成所有文件的校正。

13.2.4　整图变换

整图变换包括整幅图形的平移、比例和旋转三种变换,可以对线文件、点文件和区文件进行变换。下面简单的介绍一下整图变化的步骤。

(1) 整图变换前,必须使打开的工程文件里所有的文件都处于编辑状态(见图 13－11)。

(2) 单击“MAPGIS 编辑子系统”→“其他”→“整图变换”→“键盘输入参数/鼠标定义参数”(见图 13－12)。

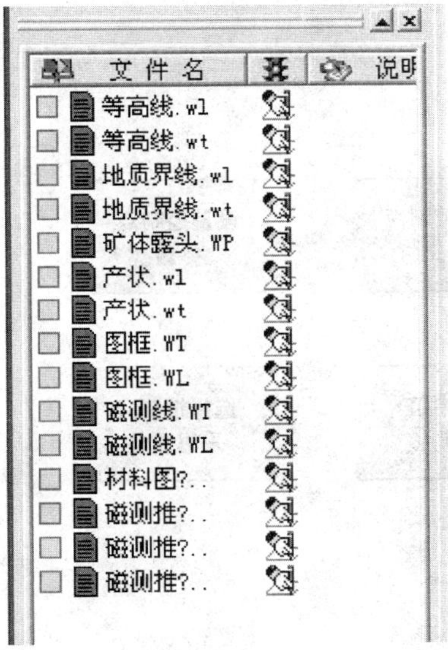

图 13－11　设置文件状态

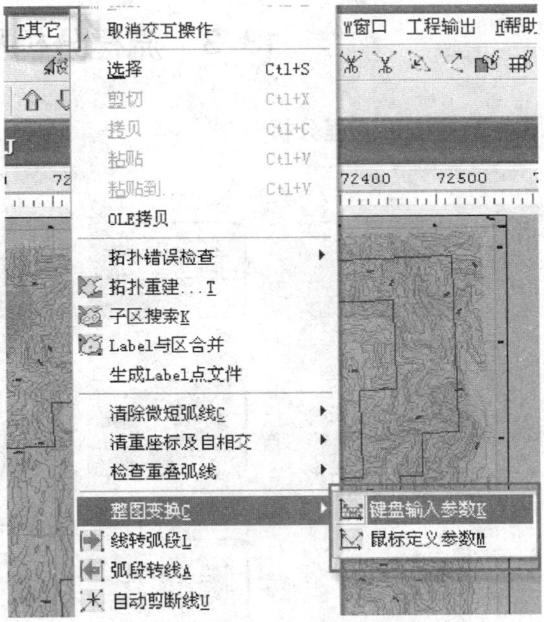

图 13－12　整图变化菜单

1) 键盘输入参数:选择键盘输入参数,编辑器弹出变换输入板,见图 13－13,用户可选择变换文件类型。用户根据需要输入相应的平移、比例、旋转参数。

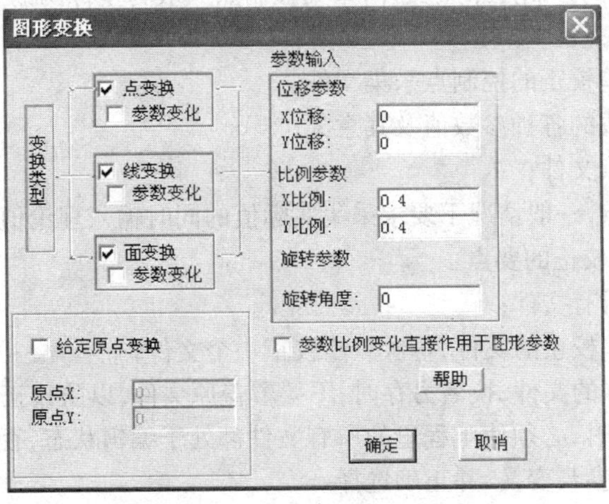

图 13－13　图形变换参数输入板

2）光标定义参数：选择光标定义参数，系统需要用户用光标先定义平移原点、旋转角度后弹出变换输入板（见图 13－13），并将这些参数放入对话框中，用户可进行修改。

（3）给定图形变换参数，一般依次设置变换类型、位移参数、比例参数和旋转参数。在此要注意参数变化选项，假如勾选了参数变化，那么在图形变换的过程中，将使图元的参数参与变换。

另外，若对“参数比例变化直接作用于图形参数”打勾，那么，“比例参数”会对点、线、面图元实体的图形参数起作用；“旋转角度”会对点图元实体的图形参数起作用。

（4）设置好图形变换参数后，单击“确定”即可。

13.3　流程分析及要点总结

13.3.1　误差校正流程分析

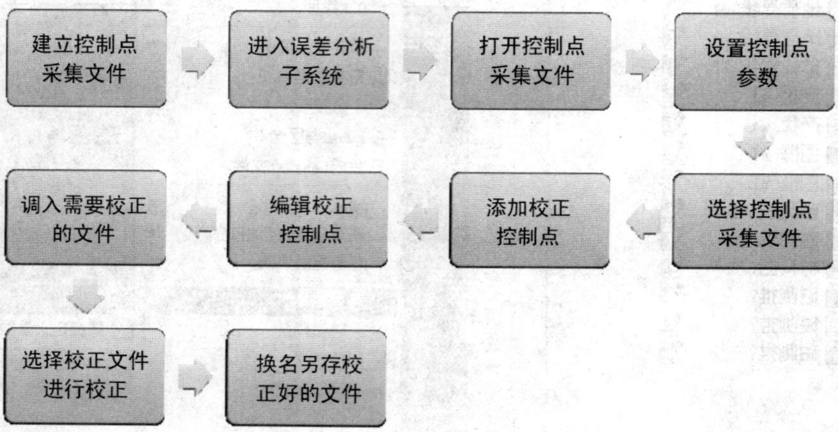

13.3.2　要点总结

（1）建立误差校正的控制点采集文件，采集控制点一般为坐标网的交叉点。

（2）建立校正控制点的要点：

1）打开建立的误差校正的控制点采集文件；

2）设置控制点参数的各种参数值及其意义；

3）选择采集控制点文件；

4）添加校正控制点，一般情况下要求采集实际值的同时输入理论值。

（3）进行文件误差校正的要点：

1）调入要校正的所有文件；

2）选择要进行误差校正的文件，每次只能校正一个文件；

3）换名保存校正好的文件，换名另存时，不要覆盖原文件，以防校正错误后无法恢复。

（4）进行整图变换时，必须使工程里的所有文件都处于编辑状态，否则会出错；另外，要注意点、线、面图元参数是否参与变换，并正确选择。

13.4 作业习题与问题思考

13.4.1 作业习题

(1) 选择已经交互式矢量化完成的文件进行误差校正。要求严格按照操作步骤一步一步地认真完成。并且在校正完成后，把校正好的文件与交互式矢量化的文件进行对比，观察校正的效果。

提示：首先确定图形的控制点（选择公里网的网格交点），并根据确定的控制点建立控制点采集文件；然后添加校正控制点，同时输入校正控制点的理论值；进行误差校正时，一次只能选择一个文件进行校正。

(2) 选择一个工程文件进行整图变换的练习。要求线图元参数参与变换，点图元参数不参与变换。

提示：首先设置工程里的所有文件为编辑状态，然后再进行整图变换。

13.4.2 问题思考

(1) 校正点采集文件的采集点为什么要选择在坐标网格文件的交叉点？

(2) 添加校正控制点时，选择“采集实际值时同时输入理论值”有什么优点？

(3) 误差好的文件，为什么一定要换名另存？

14　具有坐标的数据文件投影转换成 MAPGIS 点文件

14.1　整体思路及制图目标

在地质工作中经常涉及到具有坐标的数据文件的编辑和成图,其中把观测点的位置和属性投影成 MAPGIS 点文件是一个常规的工作。对此,我们一般要求掌握两个方面的内容:

(1) 掌握利用具有坐标的数据文件投影转换成 MAPGIS 点文件的过程。

(2) 掌握对投影变换后点文件的一些编辑方法。

14.2　数据准备与制图步骤

14.2.1　生成符合 MAPGIS 应用格式的数据文件(制表符分隔)

(1) 用 Excel 编辑形成具有坐标的数据文件,注意 X 坐标不能有带号。标题行(第一行)、点(线)号以及 X、Y 坐标,其单元格格式为常规型;数据区,其单元格格式为数值型。

另外,一般要求第一、第二列为 X、Y 坐标(见图 14-1)。

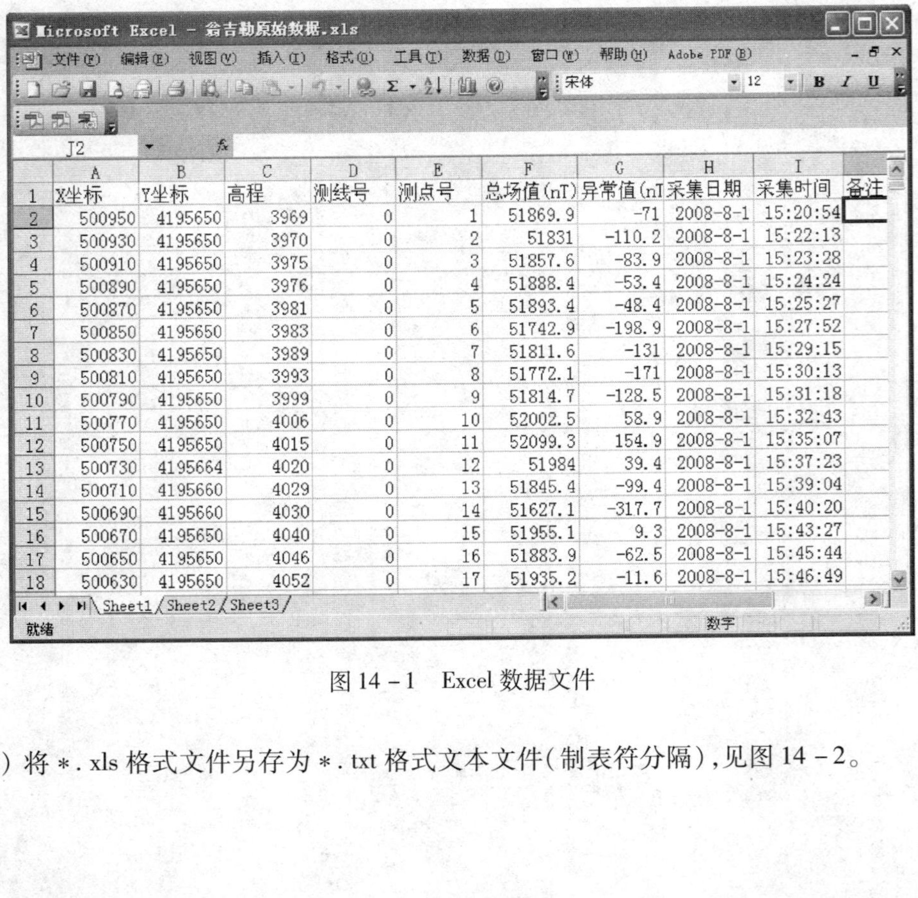

	A	B	C	D	E	F	G	H	I	J
1	X坐标	Y坐标	高程	测线号	测点号	总场值(nT)	异常值(nT	采集日期	采集时间	备注
2	500950	4195650	3969	0	1	51869.9	-71	2008-8-1	15:20:54	
3	500930	4195650	3970	0	2	51831	-110.2	2008-8-1	15:22:13	
4	500910	4195650	3975	0	3	51857.6	-83.9	2008-8-1	15:23:28	
5	500890	4195650	3976	0	4	51888.4	-53.4	2008-8-1	15:24:24	
6	500870	4195650	3981	0	5	51893.4	-48.4	2008-8-1	15:25:27	
7	500850	4195650	3983	0	6	51742.9	-198.9	2008-8-1	15:27:52	
8	500830	4195650	3989	0	7	51811.6	-131	2008-8-1	15:29:15	
9	500810	4195650	3993	0	8	51772.1	-171	2008-8-1	15:30:13	
10	500790	4195650	3999	0	9	51814.7	-128.5	2008-8-1	15:31:18	
11	500770	4195650	4006	0	10	52002.5	58.9	2008-8-1	15:32:43	
12	500750	4195650	4015	0	11	52099.3	154.9	2008-8-1	15:35:07	
13	500730	4195664	4020	0	12	51984	39.4	2008-8-1	15:37:23	
14	500710	4195660	4029	0	13	51845.4	-99.4	2008-8-1	15:39:04	
15	500690	4195660	4030	0	14	51627.1	-317.7	2008-8-1	15:40:20	
16	500670	4195650	4040	0	15	51955.1	9.3	2008-8-1	15:43:27	
17	500650	4195650	4046	0	16	51883.9	-62.5	2008-8-1	15:45:44	
18	500630	4195650	4052	0	17	51935.2	-11.6	2008-8-1	15:46:49	

图 14-1　Excel 数据文件

(2) 将 *.xls 格式文件另存为 *.txt 格式文本文件(制表符分隔),见图 14-2。

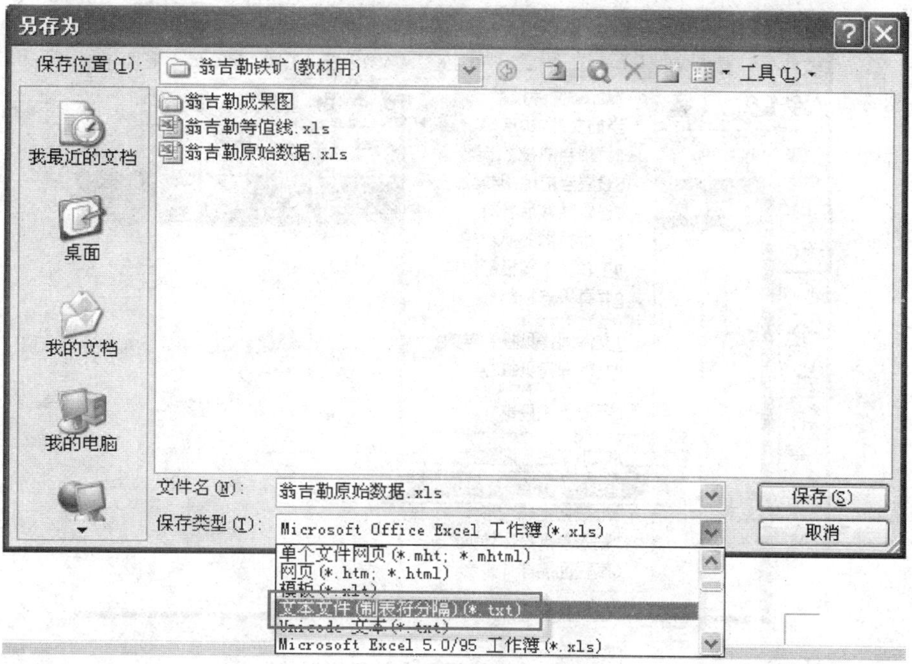

图 14－2 另存为制表符分隔的文本文件

(3) 最终形成的以制表符分隔的 ＊. txt 格式文本文件,见图 14－3。

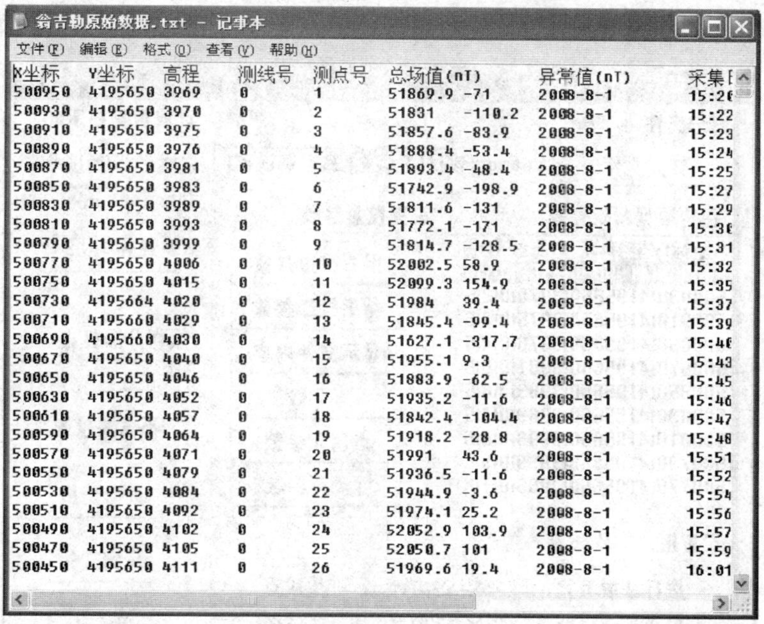
翁吉勒原始数据.txt - 记事本

文件(F) 编辑(E) 格式(O) 查看(V) 帮助(H)

X坐标	Y坐标	高程	测线号	测点号	总场值(nT)	异常值(nT)		采集
500950	4195650	3969	0	1	51869.9	-71	2008-8-1	15:2
500930	4195650	3970	0	2	51831	-110.2	2008-8-1	15:22
500910	4195650	3975	0	3	51857.6	-83.9	2008-8-1	15:23
500890	4195650	3976	0	4	51888.4	-53.4	2008-8-1	15:24
500870	4195650	3981	0	5	51893.4	-48.4	2008-8-1	15:25
500850	4195650	3983	0	6	51742.9	-198.9	2008-8-1	15:27
500830	4195650	3989	0	7	51811.6	-131	2008-8-1	15:29
500810	4195650	3993	0	8	51772.1	-171	2008-8-1	15:3
500790	4195650	3999	0	9	51814.7	-128.5	2008-8-1	15:31
500770	4195650	4006	0	10	52002.5	58.9	2008-8-1	15:32
500750	4195650	4015	0	11	52099.3	154.9	2008-8-1	15:35
500730	4195664	4020	0	12	51984	39.4	2008-8-1	15:37
500710	4195660	4029	0	13	51845.4	-99.4	2008-8-1	15:39
500690	4195660	4030	0	14	51627.1	-317.7	2008-8-1	15:4
500670	4195650	4040	0	15	51955.1	9.3	2008-8-1	15:43
500650	4195650	4046	0	16	51883.9	-62.5	2008-8-1	15:45
500630	4195650	4052	0	17	51935.2	-11.6	2008-8-1	15:46
500610	4195650	4057	0	18	51842.4	-104.4	2008-8-1	15:47
500590	4195650	4064	0	19	51918.2	-28.8	2008-8-1	15:48
500570	4195650	4071	0	20	51991	43.6	2008-8-1	15:51
500550	4195650	4079	0	21	51936.5	-11.6	2008-8-1	15:52
500530	4195650	4084	0	22	51944.9	-3.6	2008-8-1	15:54
500510	4195650	4092	0	23	51974.1	25.2	2008-8-1	15:56
500490	4195650	4102	0	24	52052.9	103.9	2008-8-1	15:57
500470	4195650	4105	0	25	52050.7	101	2008-8-1	15:59
500450	4195650	4111	0	26	51969.6	19.4	2008-8-1	16:01

图 14－3 制表符分隔的文本文档

14.2.2 数据文件的投影变换

(1) 打开 MAPGIS 主菜单→“投影变化”→“用户文件投影变换”(见图 14－4)。

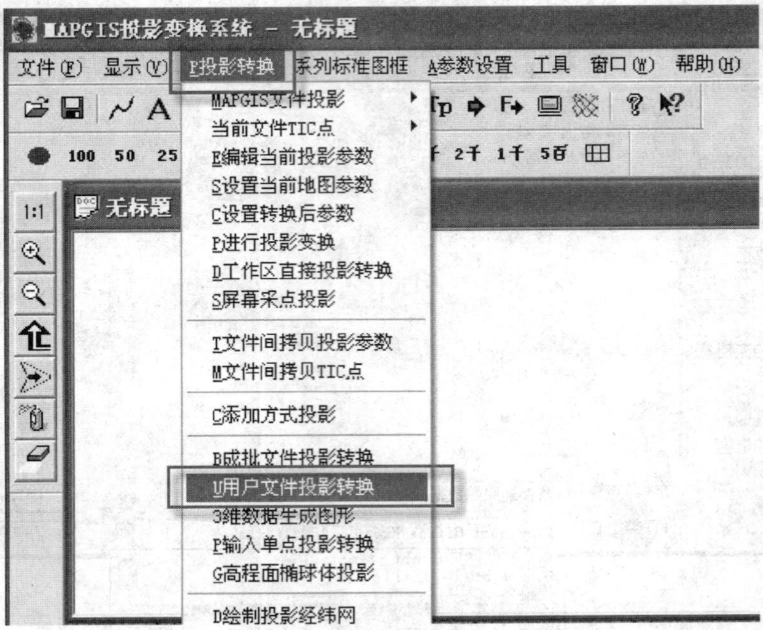

图 14－4　打开“用户文件投影转换”

（2）弹出“用户数据点文件投影变换”对话框（见图 14－5）。打开文本文档，指定数据起始位置。

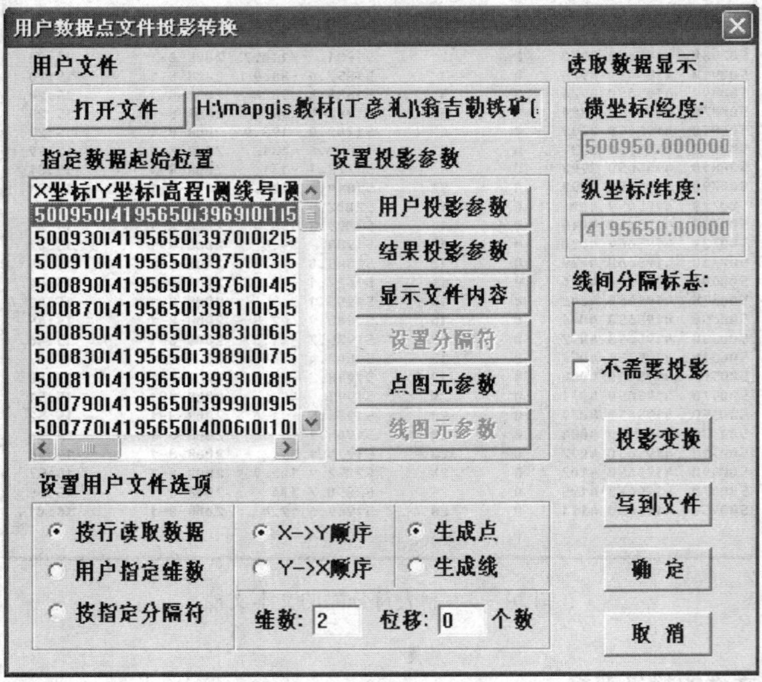

图 14－5　“用户数据点文件投影转换”对话框

(3) 点击图 14－5 中“设置投影参数”→“设置用户投影参数”(见图 14－6)。

注意:GPS 数据单位为米,比例 1:1。

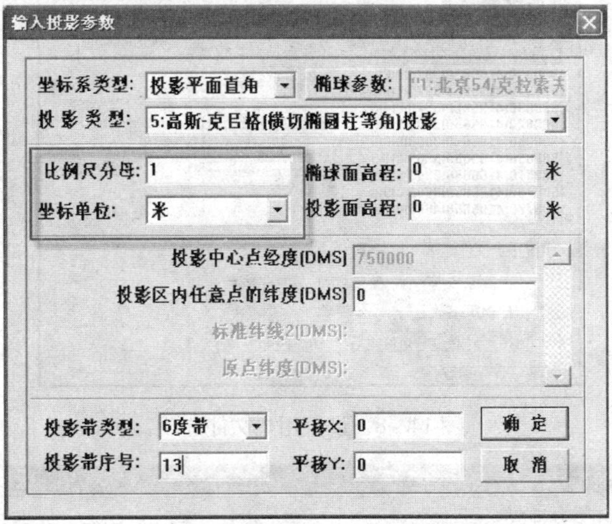

图 14－6 设置用户投影参数

(4) 点击图 14－5 中“设置投影参数”→“设置结果投影参数”(见图 14－7)。

注意:必须设置投影地理底图的投影参数,要注意到比例尺及带号参数不能错。

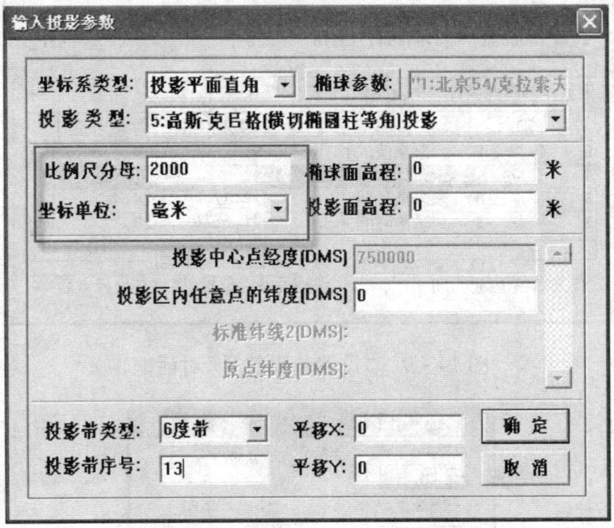

图 14－7 设置结果投影参数

(5) 在“设置用户文件选项”栏里选择“按指定分隔符”,然后在“设置投影参数”栏里单击“设置分隔符”(见图 14－8)。

(6) 在弹出的“设置分隔符号”对话框中,分隔符号选择“Tab 键”选框;“属性名称所在行”选择文本文档的第一行,并对各个属性的数据类型进行选择(见图 14－9)。

(7) 单击图 14－8 中“设置投影参数”→“点图元参数”,弹出图 14－10 中的“修改缺省点参数”对话框,参照设置点参数。

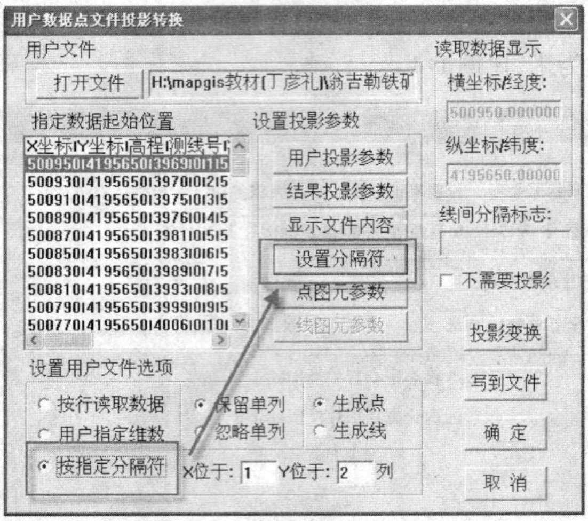

图 14－8　设置用户文件选项

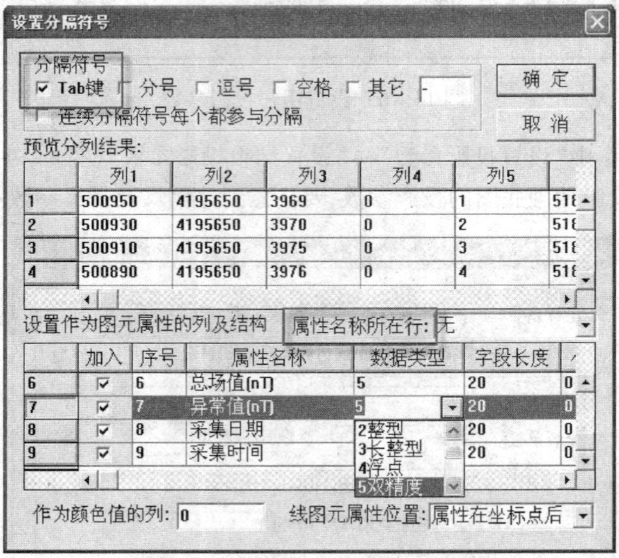

图 14－9　“设置分隔符号”对话框

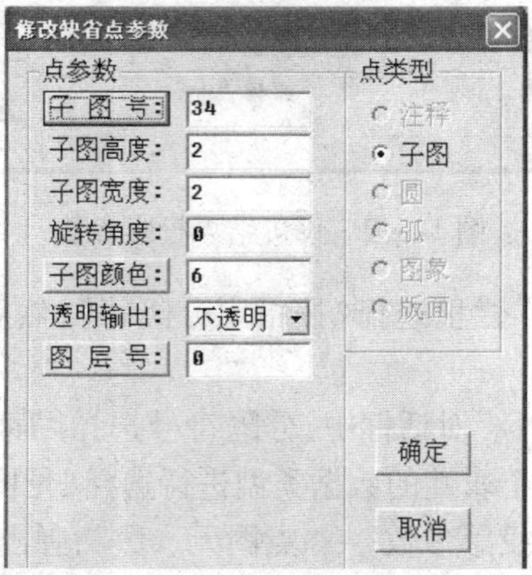

图 14－10　“修改缺省点参数”对话框

(8) 单击"投影变换",完成投影转换工作。然后单击"确定"即可(见图 14－11)。

(9) 换名保存文件。

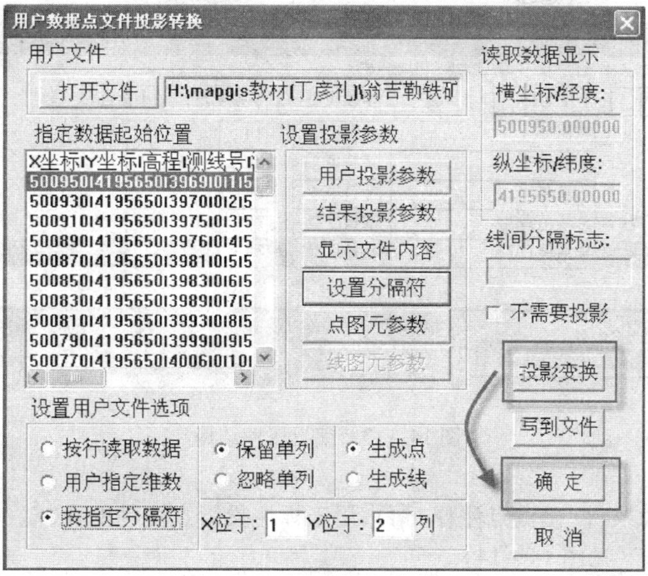

图 14－11　进行投影变换

14.2.3　点文件的后期编辑

(1) 打开已经进行过误差校正并拷贝了图框投影参数的地理底图(地形地质图)。然后"添加项目",将前面生成的点文件添加进来与底图进行套合(见图 14－12)。

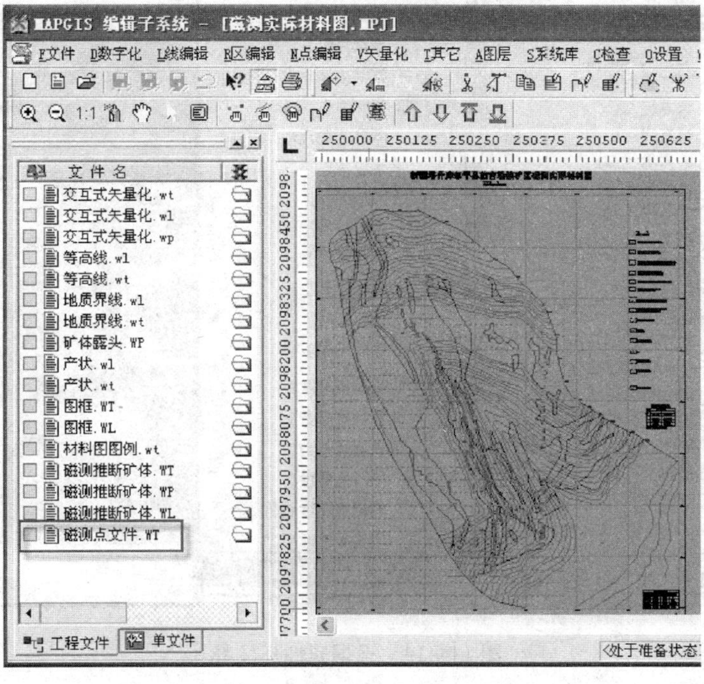

图 14－12　投影点文件与底图套合

(2) 将该点文件打开为可编辑状态,选择"点编辑"→"编辑属性结构",分别修改每一字段的小数位数(见图 14－13)。

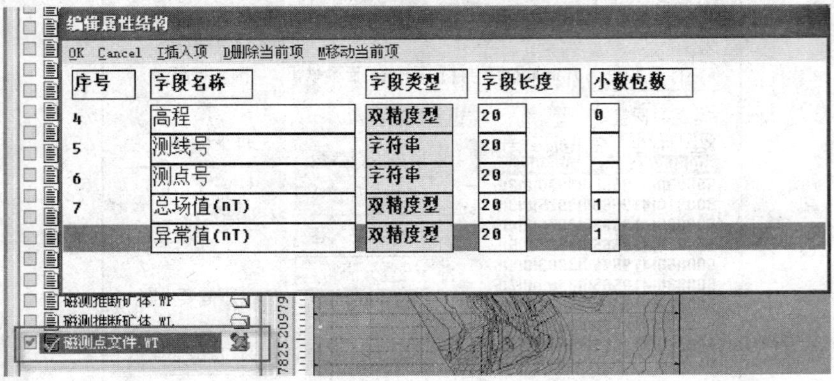

图 14－13　编辑属性结构

(3) 新建一个点文件(磁测点注释.wt),用于标注投影点文件的注释。然后选择"点编辑"→"根据属性标注释"(见图 14－14)。

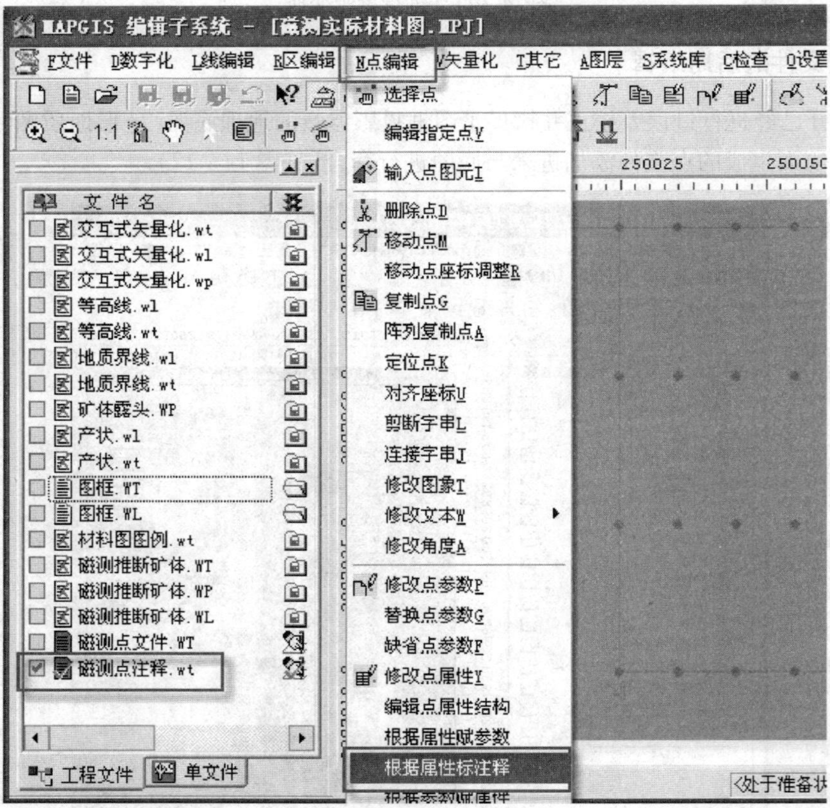

图 14－14　根据属性标注释

(4) 在弹出的"标注属性选择"对话框中(见图 14－15)进行参数选择:"标注域名"选

相应字段名，“小数点位数”选 0 ~ 2，“添加到文件”选“磁测点注释 . wt”点文件，按“确定”。

(5) 在弹出的对话框中(见图 14 - 16)编辑点(注释)参数：“注释高度”、“注释宽度”、“汉字字体”、“注释颜色”等，按“确定”。

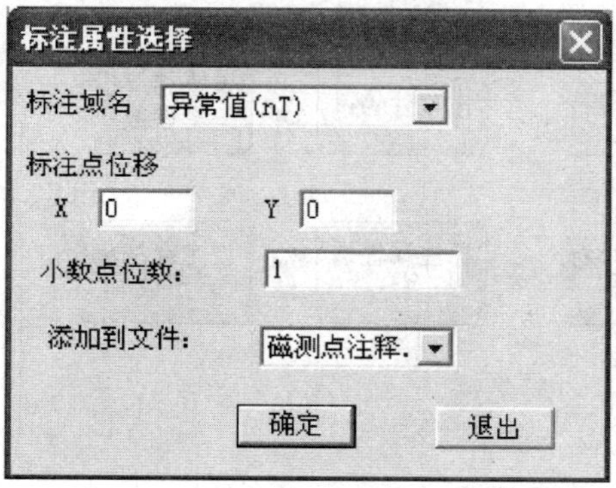

图 14 - 15 “标注属性选择”对话框

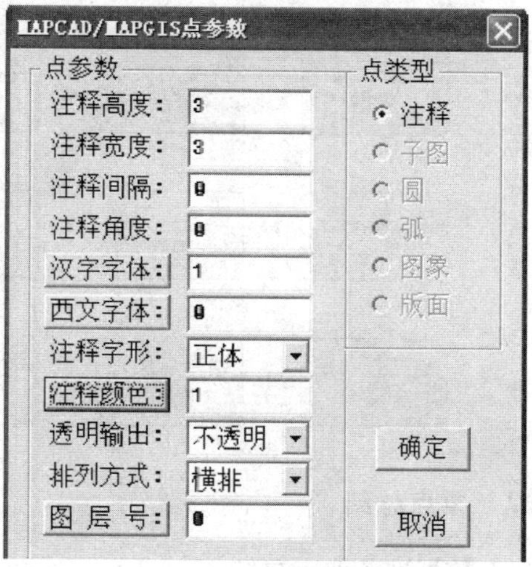

图 14 - 16 编辑点属性参数对话框

(6) 在绘图窗口中单击右键，然后选择“更新窗口”，即可查看完成的点文件注释标注(见图 14 - 17)。

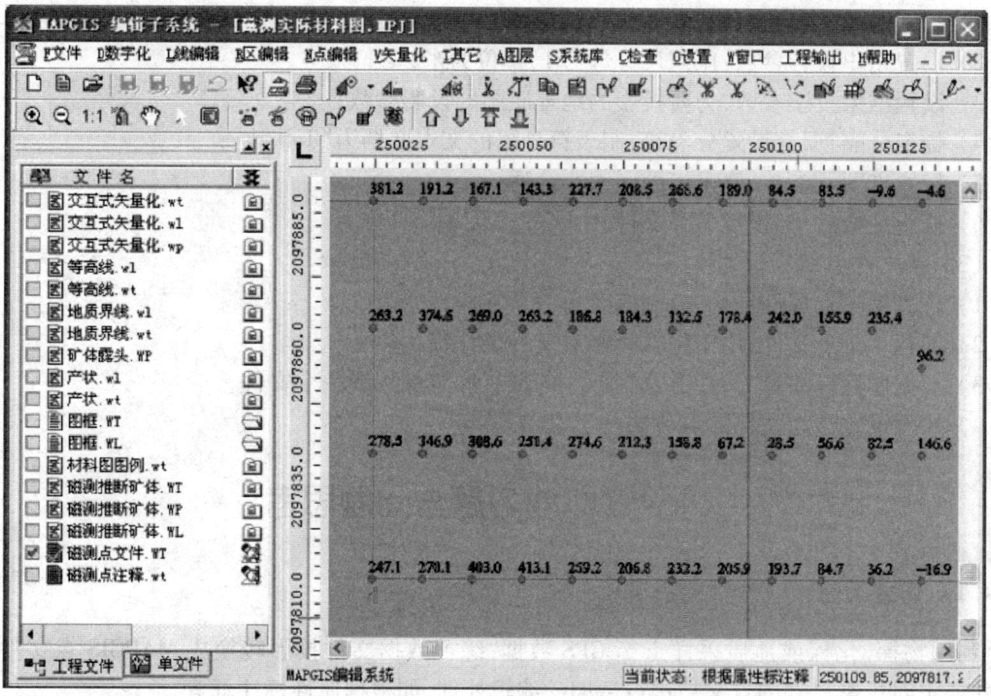

图 14 - 17 完成的点文件的注释标注

14.3 流程分析与要点总结

14.3.1 具有坐标的数据文件投影转换成 MAPGIS 点文件的流程分析

14.3.2 要点总结

（1）数据准备要点总结：

1）首先必须对具有坐标的数据文件进行编辑，X 坐标不能有带号，而且一般要求第一、第二列为 X、Y 坐标；

2）必须把 *.xls 格式文件另存为制表符分隔的文本文件。

（2）数据文件投影变换的要点：

1）打开需要投影转换的文本文档，指定数据的起始位置，一般为第二行；

2）设置用户投影参数：比例尺分母为 1，单位为米；

3）设置结果投影参数，为要投影的地理底图的投影参数；

4）指定分隔符，并设置分隔符，制表符分隔的文本文档为“Tab 键”；

5）设置点图元参数，要求点图元大小合适；

6）投影变换后，记得换名存文件。

（3）点文件后期编辑的要点：

1）首先编辑点属性结构，分别修改每一个字段；

2）新建一个点文件，用于标注投影点文件的注释；

3）根据属性标注释时，注意选择标注的域名和添加到哪一个文件；

4）注意设置标注注释的点参数。

14.4 作业习题与问题思考

14.4.1 作业习题

利用物探、化探或地质采样点等 GPS 数据，练习数据文件投影转换成 MAPGIS 点文件的方法，并要求对投影得到的点文件进行后期的编辑处理，如根据属性标注释等。

提示：首先对数据文件进行编辑，要求数据文件的第一、第二列为 X、Y 坐标，第三列之后为属性值，并另存为制表符分隔的文本文档；然后根据地图参数信息进行投影变换；最后新建一个点文件,用于标注投影点文件的注释。

14.4.2 问题思考

（1）MAPGIS 投影的数据有什么要求？并尝试 MAPGIS 认同的其他的数据格式。

（2）用户投影参数设置中,比例尺分母处理书中讲到的设为 1 之外,是不是可以设成其他的比例,如何设置?

（3）点文件的后期处理除了讲到的根据属性标注释外,还能做些什么?

15　MAPGIS 绘制等值线

15.1　整体思路及制图目标

物化探图件中,等值线图是物化探工作中必须的作图解释环节,是对地质现象分析解译的一个很重要的方法。这里我们介绍和要求掌握两种用 MAPGIS 绘制等值线图的方法:

（1）掌握利用网格化剖分(GRID 模型)绘制等值线图的方法;

（2）掌握利用三角剖分(TIN 模型)绘制等值线图的方法。

15.2　数据准备与制图步骤

15.2.1　网格化剖分(GRD 模型)

（1）数据准备:生成"制表符分隔的文本文档"或"逗号分隔的文本文档"(见图 15 – 1)。

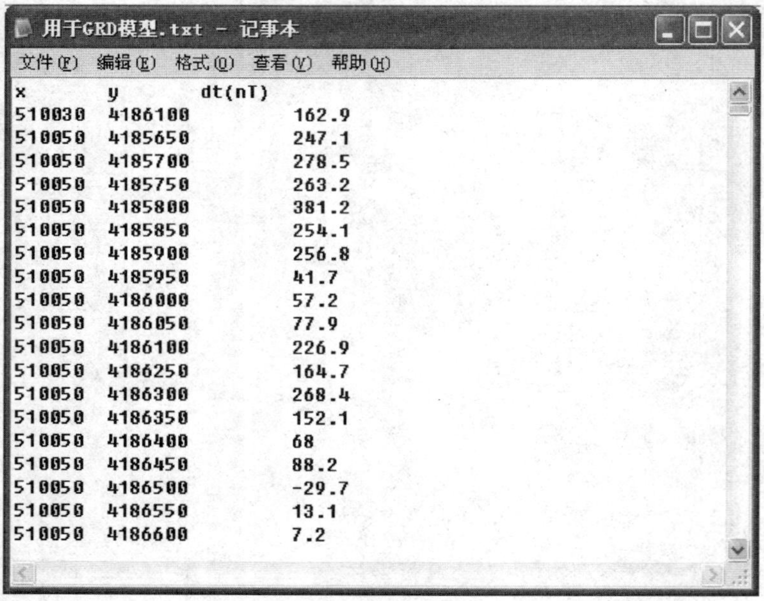

x	y	dt(nT)
510030	4186100	162.9
510050	4185650	247.1
510050	4185700	278.5
510050	4185750	263.2
510050	4185800	381.2
510050	4185850	254.1
510050	4185900	256.8
510050	4185950	41.7
510050	4186000	57.2
510050	4186050	77.9
510050	4186100	226.9
510050	4186250	164.7
510050	4186300	268.4
510050	4186350	152.1
510050	4186400	68
510050	4186450	88.2
510050	4186500	-29.7
510050	4186550	13.1
510050	4186600	7.2

图 15 – 1　制表符分隔的文本文档

（2）打开 MAPGIS→空间分析→DTM 分析,选择"GRD 模型"→"离散数据网格化…"(见图 15 – 2),然后选择要进行网格化的文件打开。

（3）在弹出的"离散数据网格化"对话框中(见图 15 – 3),按下列顺序设置各项:

1）设置数据列:按数据情况设置坐标 X、Y 及物性值 Z 所在的列。

2）网格参数设置:这里只要设置合适的网格间距就可以了。

3）网格化方法设置:一般情况下,物探、化探的数据网格化方法都选择 Kring 泛克里格法网

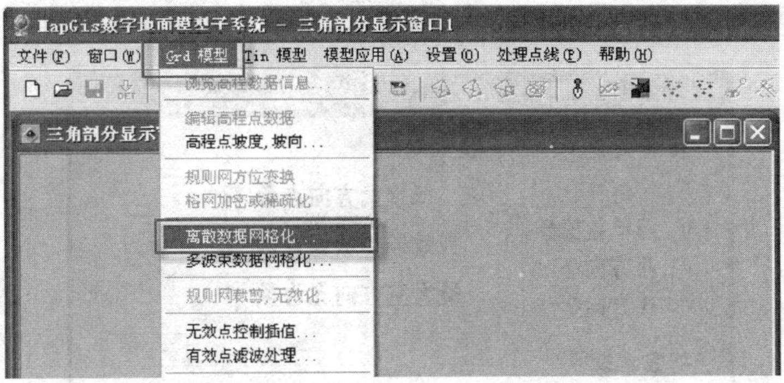

图 15－2　打开离散数据网格化步骤

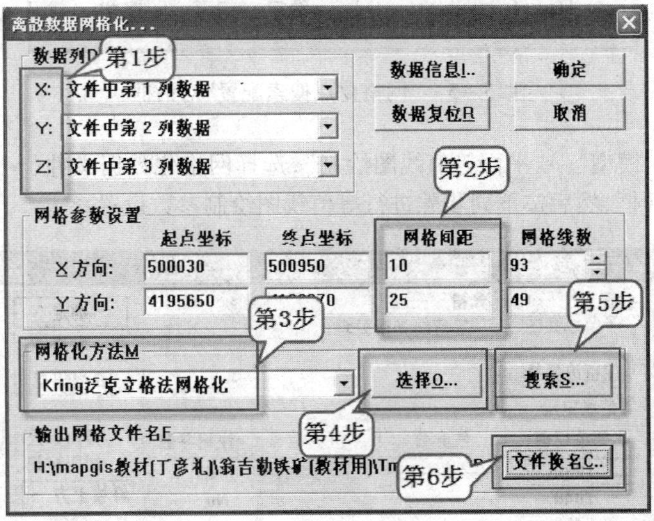

图 15－3　“离散数据网格化参数设置”对话框

格化。单击“选择”按钮，弹出“克里格网格化配置”对话框（见图 15－4），可以对网格化进行一些配置（对配置内容不是很熟悉的情况下，建议选择默认的值即可）；单击“搜索”按钮，弹出“网格化点搜索配置对话框”（见图 15－5），可以对网格化的搜索类型、规则等进行配置。

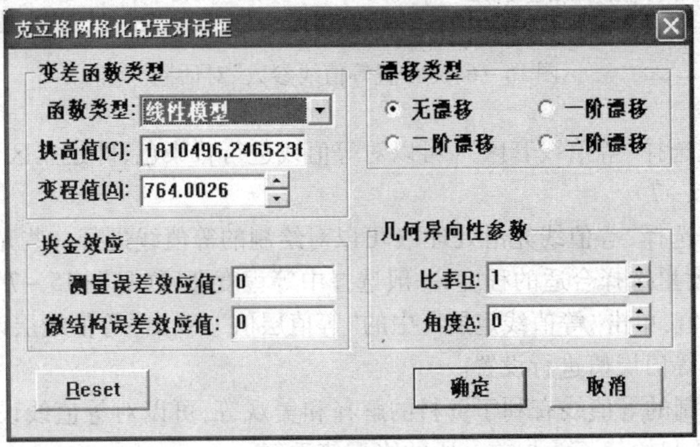

图 15－4　“克里格网格化配置”对话框

4）设置输出网格文件名及存储路径。设置好以上信息后，单击“确定”即可。

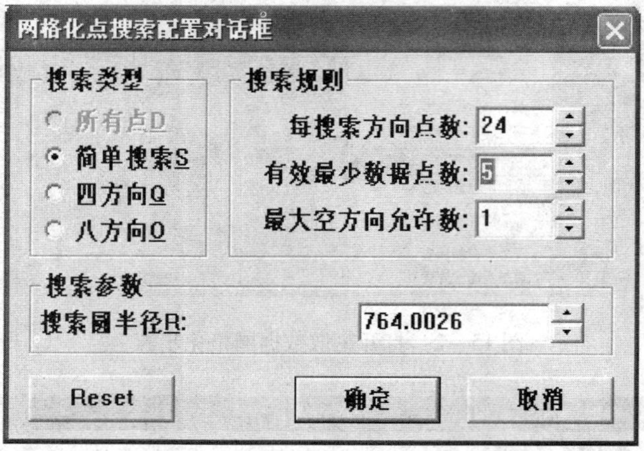

图 15－5 “网格化点搜索配置”对话框

（4）选择“GRD 模型”→“平面等值线图绘制”，选择网格化数据文件（＊.grd）打开后，弹出图 15－6 所示的对话框，然后按下列步骤进行等值线图绘制参数设置。

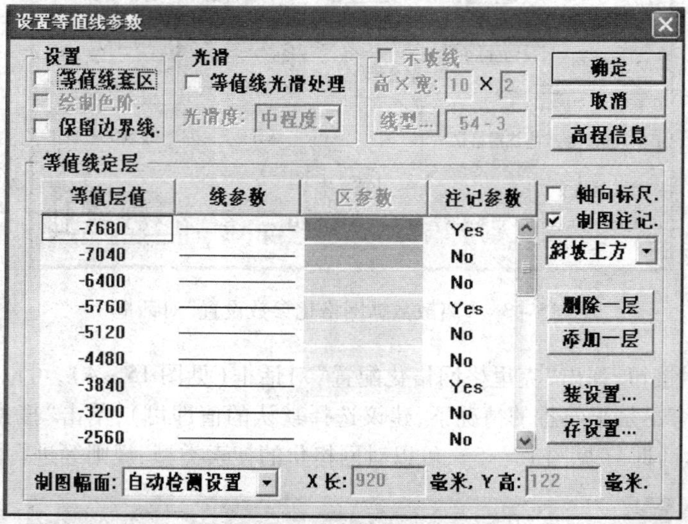

图 15－6 “设置等值线参数”对话框

1）“设置”栏里选择“等值线套区”（可以对等值线进行普染色，即建立区文件）、绘制色阶和保留边界线（见图 15－7）。

2）“光滑”栏里选择“等值线光滑处理”（可以对绘制的等值线进行一些光滑处理，使线条更流畅），然后在光滑度里选择合适的程度，一般选择中等程度即可（见图 15－7）。

3）设置等值层值：单击“等值线定层” 中的“等值层值”，弹出“等值线层设定”对话框（见图 15－8），可以在此对等值层值进行设置。

注意：为了使绘制的等值线有利于资料的解释和美观等，可以对等值线设定不同的分段；分段等值线的后一段的起始值不能与前一段的终止值重复。

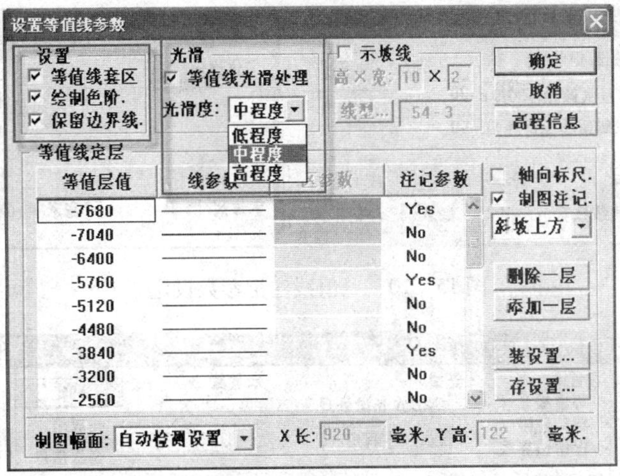

图 15－7 设置等值线套区及光滑度

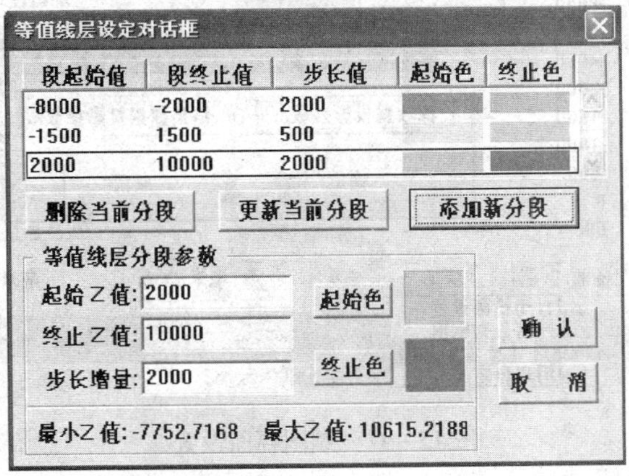

图 15－8 “等值线层设定”对话框

4）设置“线参数”:单击“等值线定层”中的“线参数”,弹出“设置等值线缺省参数”对话框(见图 15－9),可以在此对等值线的线参数进行设置。

5）设置“注记参数”:单击“等值线定层”中的“注记参数”,弹出“等值线注记参数设定”对话框(见图 15－10),可以在此对等值线注记参数进行设置。

另外,要注意对“注记格式”和“注记字体”进行设置。

6）设置“制图幅面”:对于 GPS 采集的公里网数据,一般选择“数据投影变换”进行幅面设置。单击“数据投影变换”后,弹出“投影变换参数设置…”对话框(见图 15－11),可以分两步进行设置:

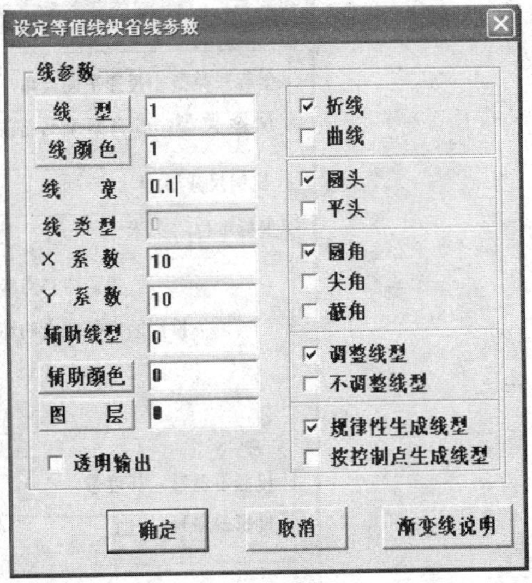

图 15－9 设定等值线缺省线参数

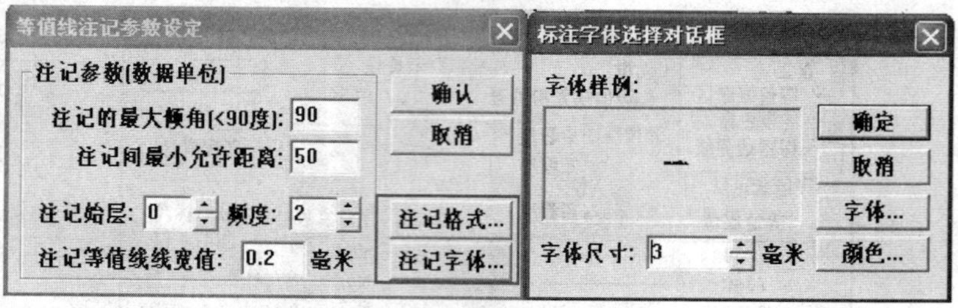

图 15－10　等值线注记参数设定

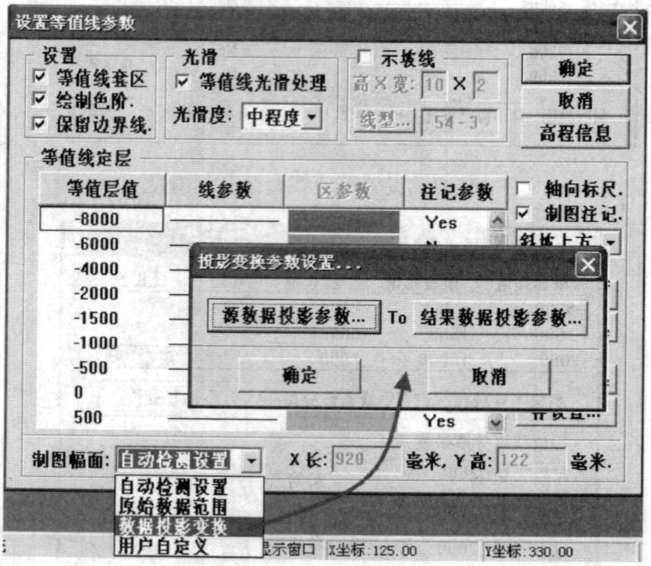

图 15－11　制图幅面设置

第一步，设置“源数据投影参数…”（见图 15－12）。

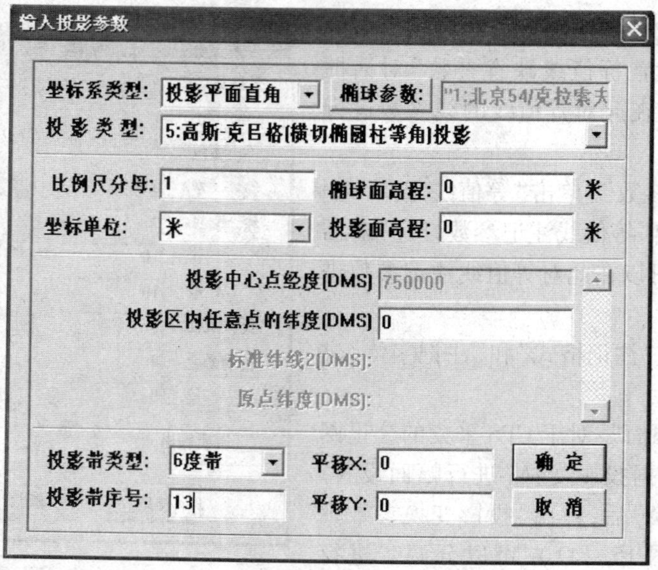

图 15－12　源数据投影参数设置

注意：GPS 数据单位为米，比例 1∶1；

第二步，设置“结果数据投影参数…”（见图 15－13），为要投影的地理底图的投影参数。

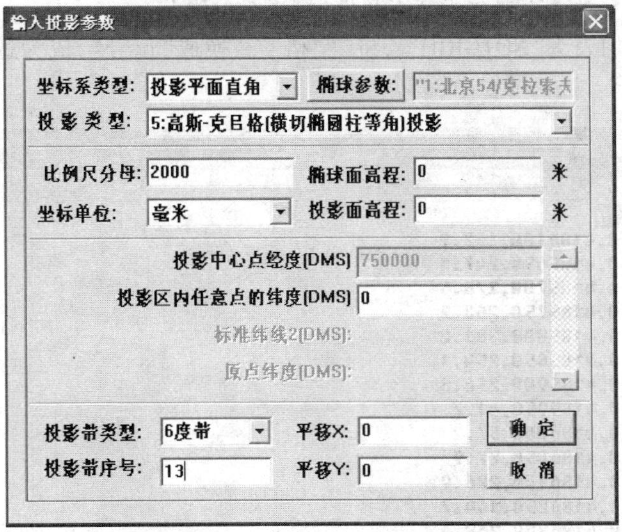

图 15－13 结果数据投影参数设置

7）各参数设置好后，按“确定”，系统自动生成等值线图。在确认无误后，将其点、线、区数据文件分别另名保存下来（见图 15－14）。

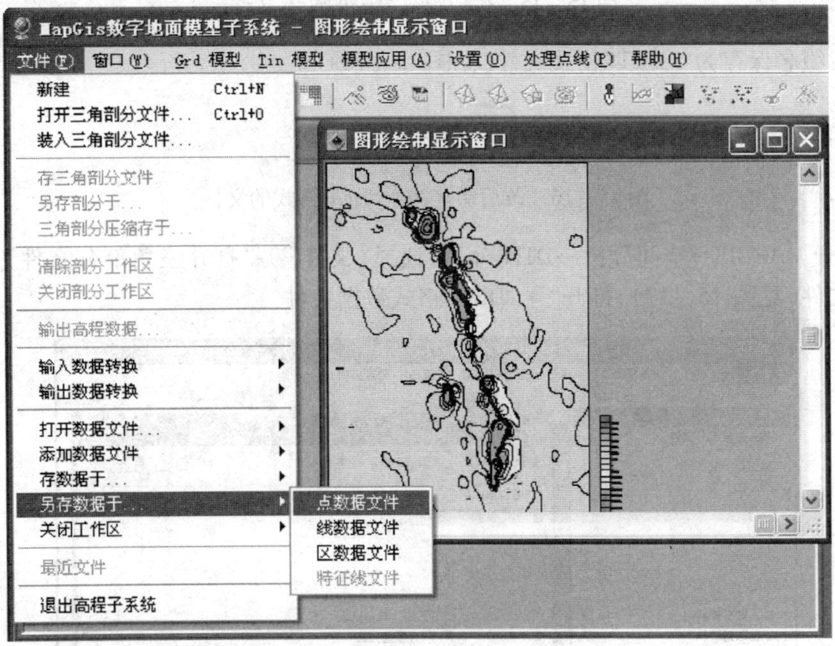

图 15－14 另存生成的点、线、区数据文件

15.2.2 三角剖分（TIN 模型）

（1）数据准备，主要分三步执行：

1）检查 Excel 数据，要求数据不能有 X、Y 坐标值同时重复的点；而且不允许某一数值有空格，否则用逗号替换空格后将会使数据混乱。

2）把 Excel 文件(.XLS)，另存为文本文件(制表符分隔)；

3）去掉属性行，加表头"NOTGRID"，将"空格"替换成"逗号"，成为逗号分隔的文本文件(见图 15－15)；

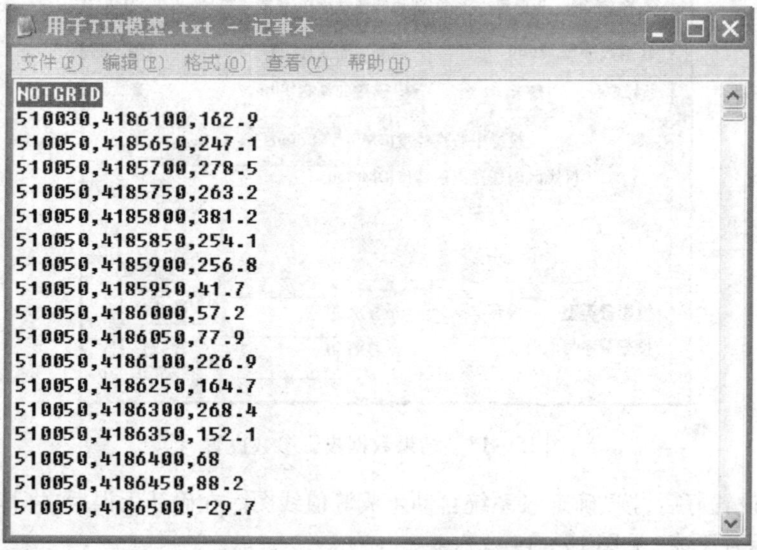

图 15－15　生成逗号分隔的文本文件

4）改后缀名保存为".DET"格式文件(见图 15－16)。

图 15－16　改后缀名为 *.DET 格式的文件

(2) 打开 MAPGIS→空间分析→DTM 分析，选择"文件"→"打开三角剖分文件"，然后选择"*.DET"文件(见图 15－17)，打开"*.DET"格式数据文件。

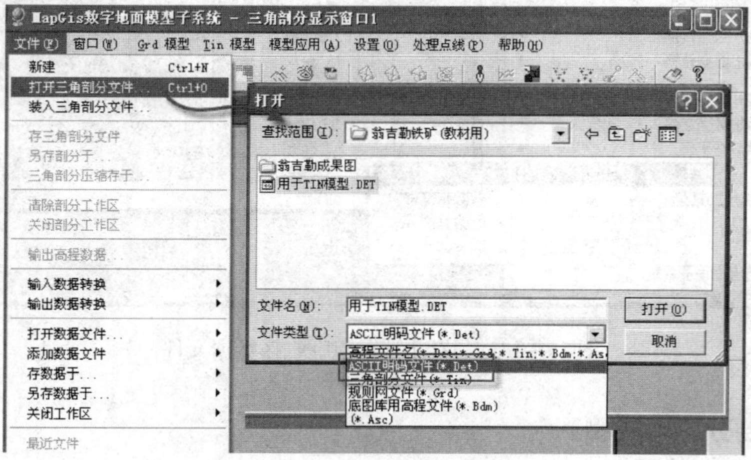

图 15－17　打开三角剖分文件

(3) 选择“Tin 模型”→“快速生成三角剖分网”(见图 15－18)。

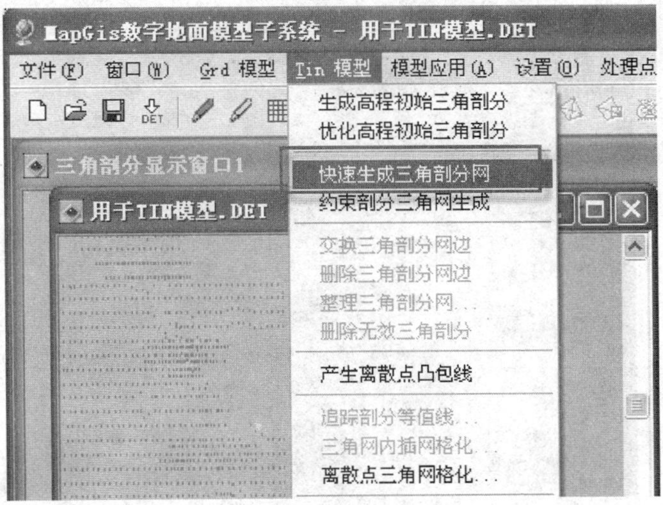

图 15－18 快速生成三角剖分网

(4) 选择“Tin 模型”→“整理三角剖分网…”(见图 15－19),设置相关参数(见图 15－20)。

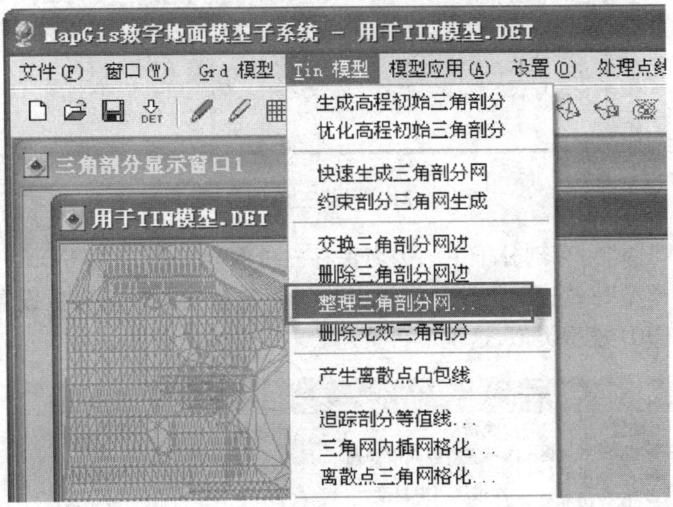

图 15－19 整理三角剖分网

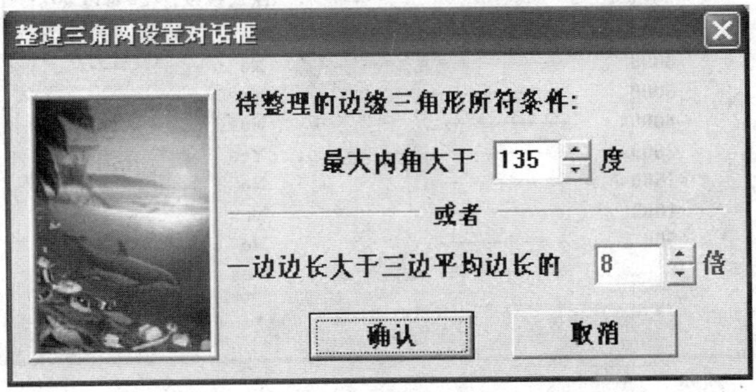

图 15－20 “整理三角网设置”对话框

（5）选择“Tin 模型”→“删除三角剖分网边”，把一些没有数据的空白区域产生的网边删除掉，最终得到三角剖分网见图 15－21。

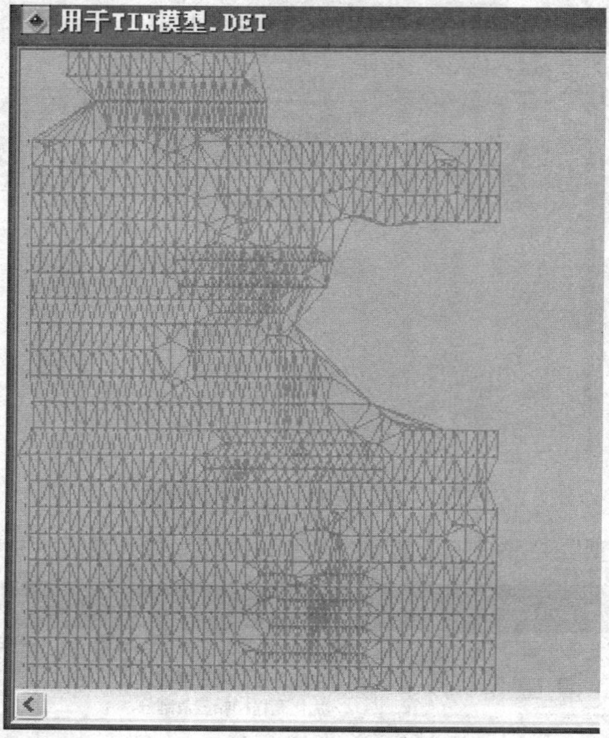

图 15－21　最终三角剖分网

（6）选择“文件”→“另存剖分于…”，另名保存三角剖分文件（＊.TIN）。

（7）选择“Tin 模型”→“追踪剖分等值线…”，进行等值线图绘制参数设置（见图 15－22）。这里的参数设置与 GRD 模型类似，这里不再赘述。

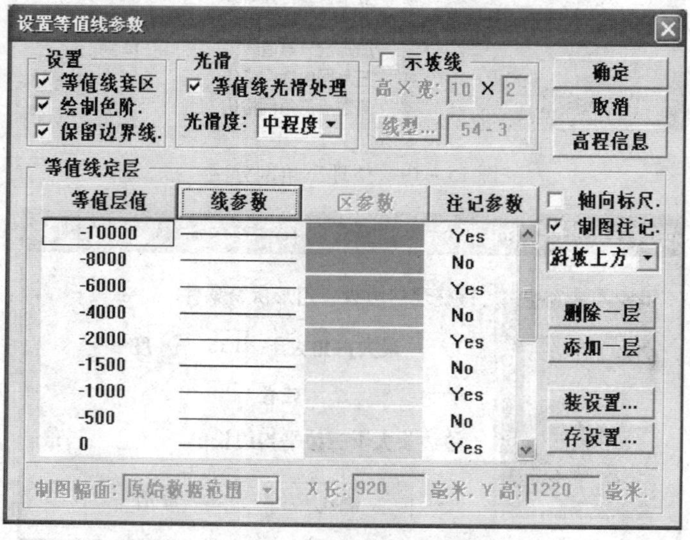

图 15－22　“设置等值线参数”对话框

（8）参数设置好后，按“确定”，系统自动生成等值线（见图 15－23）。

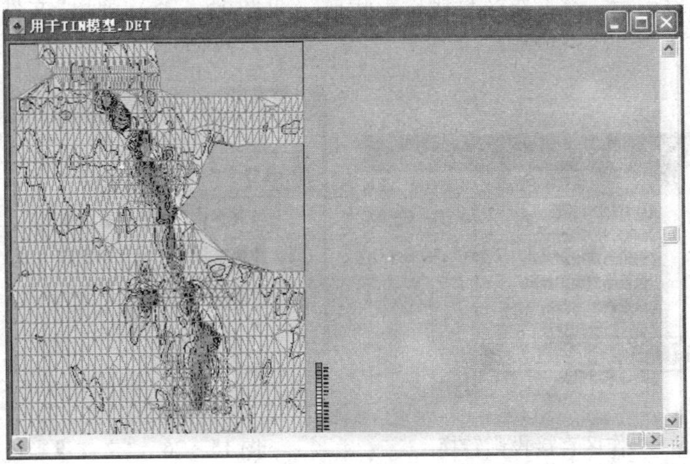

图 15－23　系统自动生成等值线

（9）选择“文件”→“清除剖分工作区”，将图区中的三角剖分网清除；最后，选择“文件”→“存数据于…”→“点、线、区数据文件”，将生成的等值线（点、线、区文件）另名保存（见图 15－24）。

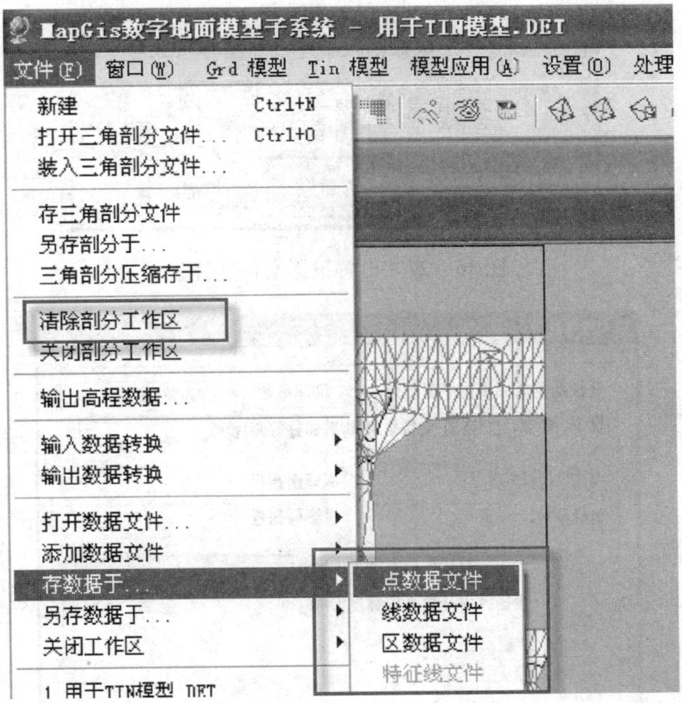

图 15－24　清除剖分工作区和存文件操作

（10）投影变换：运用 TIN 法绘制的等值线图，其地图参数为米，要想和其他的地图套合使用，必须进行投影变换。

1）打开 MAPGIS→实用服务→投影变换，选择“文件”→“打开文件”，选择刚生成的三个等值线文件(TIN 等值线 . wt,TIN 等值线 . wl,TIN 等值线 . wp)。

2）选择“投影转换”→“工作区直接投影转换”(见图 15－25),弹出“文件投影转换”对话框(见图 15－26)。

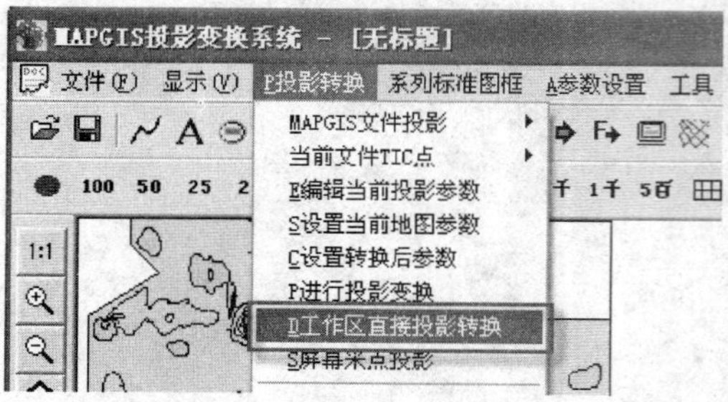

图 15－25　工作区直接投影转换

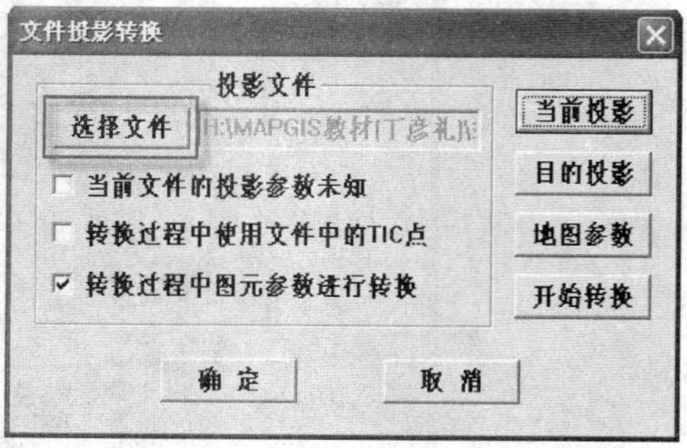

图 15－26　“文件投影转换”对话框

3）点击“选择文件”,在弹出的打开文件对话框中,把刚生成的三个等值线文件(TIN 等值线 . wt,TIN 等值线 . wl,TIN 等值线 . wp)全部选中装入。

4）点击“当前投影”按钮,弹出选择框(见图 15－27),选择“否”,即“将所选工作区设置为同一套参数”。在弹出的“输入投影参数”对话框中(见图 15－28),设置当前(等值线)文件的投影参数。

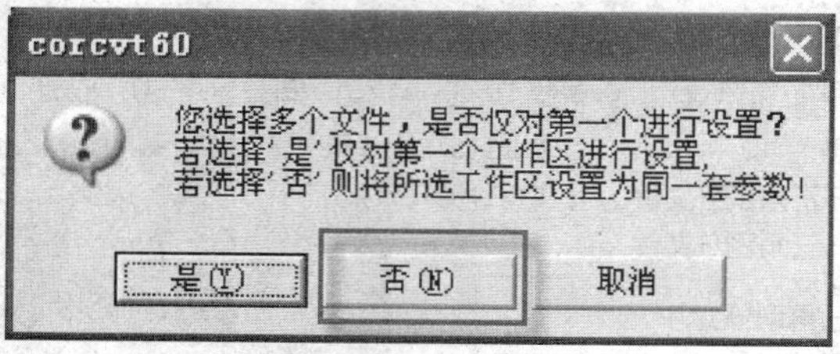

图 15－27　设置投影文件选择项

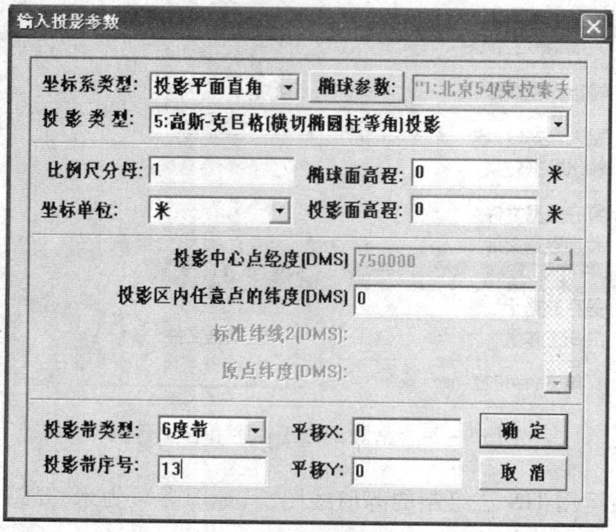

图 15－28　“输入投影参数”对话框

5）点击“目的投影”，在弹出的对话框中，设置文件的目的投影参数（见图 15－29）。

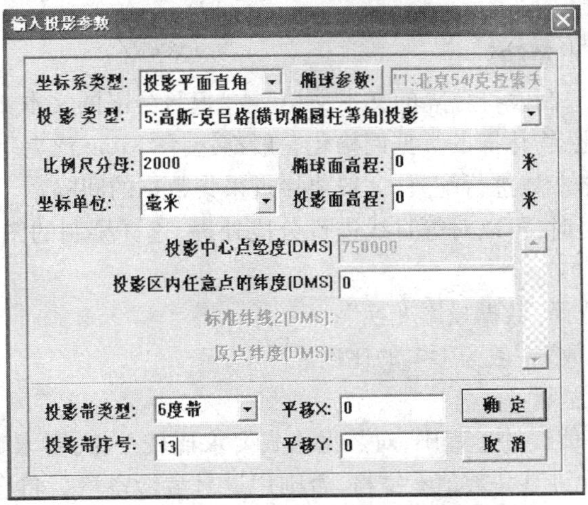

图 15－29 “设置投影参数”对话框

6）设置好以上参数后，单击“投影转换”，然后单击“确定”按钮，即可完成投影转换。为了防止转换过程中出错，要求把投影转换后的文件另名存储。

15.3 流程分析与要点总结

15.3.1 流程分析

（1）网格化剖分流程分析。

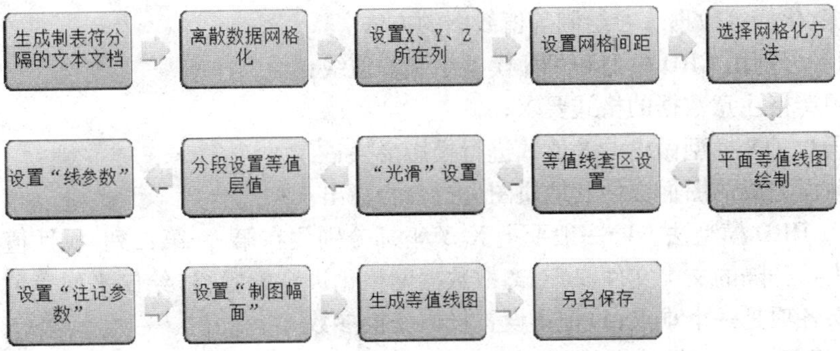

（2）三角剖分流程分析。

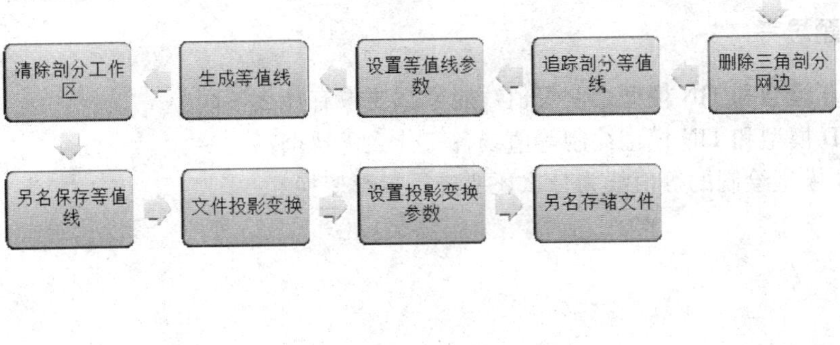

15.3.2 要点总结

（1）网格化剖分要点总结。

1）数据准备：生成“制表符分隔的文本文档”或“逗号分隔的文本文档”；

2）离散数据网格化，物化探的数据网格化一般都选择“Kring 泛克里格法网格化”；

3）要适当地对网格参数进行配置，一般要接近采集数据的间隔；

4）绘制等值线图层时，可以对等直线进行分段处理，这样绘制的图件会更有利于突出等值线异常；

5）制图幅面一般选择“数据投影变换”；

6）“源数据投影参数”一般为 1:1 的比例。

（2）三角剖分要点总结。

1）TIN 模型绘制等值线的过程中，对数据格式要求比较严格：要求数据不能有 X、Y 坐标值同时重复的点；而且不允许某一数值有空格，否则用逗号替换空格后将会使数据混乱；要求必须是有表头、逗号分隔的文本文件，并且要求另存为 ASCII 明码文件（ *. DET）格式。

2）掌握快速生成三角剖分文件以及整理三角剖分文件的方法。

3）利用三角剖分方式生成的等值线图的单位为米，比例尺为 1:1；所以，必须对生成的等值线进行投影变换才能和其他文件套合使用。

4）投影变换时，可以选择工作区直接投影变换，这样速度较快捷。

15.4 作业习题与问题思考

15.4.1 作业习题

利用物探、化探等数据练习绘制等值线图的方法。

要求：（1）分别用 GRD 模型和 TIN 模型绘制等值线；

（2）必须严格注意数据的格式要求；

（3）必须对 TIN 模型做出的等值线进行投影变换；

（4）和前面完成的图框文件及地质图进行套合输出。

提示：（1）GRD 模型法。1）一般要把 X、Y 坐标分别放在第一、第二列，属性值放在第三列，并另存为制表符分隔的文本文件；2）对离散数据网格化进行配置；3）绘制平面等值线图，这里设定等值线定层各项是一个难点；4）记得设置投影变换参数。

（2）TIN 模型。1）数据编辑：数据为 X、Y 和属性值三列，坐标不能重复，不能有空数据行；2）要另存为制表符分隔的文本文档并且用“，”（逗号）替换空格，然后另存为“ *. DET 文件”；3）快速生成三角剖分网和整理三角剖分网；4）追踪剖分等值线；5）因为生成的文件没有地图坐标信息，且比例尺为 1:1，所以要进行投影变换。

15.4.2 问题思考

（1）GRD 模型和 TIN 模型绘制等值线对数据要求有什么不同？

（2）GRD 模型和 TIN 模型绘制等值线各有什么优缺点？

（3）TIN 模型绘制的等值线为什么还要进行投影变换？

16 裁剪图形

16.1 整体思路与制图目标

在制图过程中，当只需要某局部区域或者需要不规则图形区域时（如不规则的探矿权区域等），就要对图形进行裁剪。因此，本章讨论和掌握两种裁剪方法：

（1）掌握工程裁剪的方法；

（2）掌握利用“图形裁剪”子系统裁剪图形的方法。

16.2 数据准备与制图步骤

16.2.1 工程裁剪

（1）首先，在裁剪之前，需新建一个空白文件夹，用来存放所有裁剪后的新文件（见图16－1）。

图16－1 新建存放裁剪文件的文件夹

（2）进入MAPGIS主界面→“图形处理”→“输入编辑”，在“输入编辑”中打开所要裁剪的工程文件（见图16－2）。

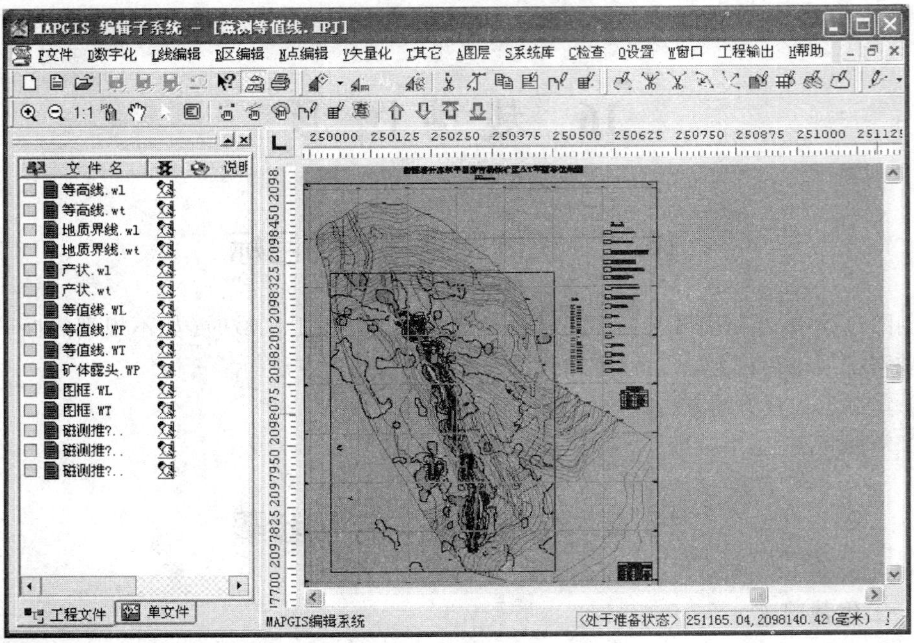

图 16－2　打开需要裁剪的工程文件

(3) 在工程文件左侧窗口空白处右键单击，在弹出的菜单中选择“新建区”，在弹出的对话框中，选择区文件所在路径并起名（见图 16－3）。

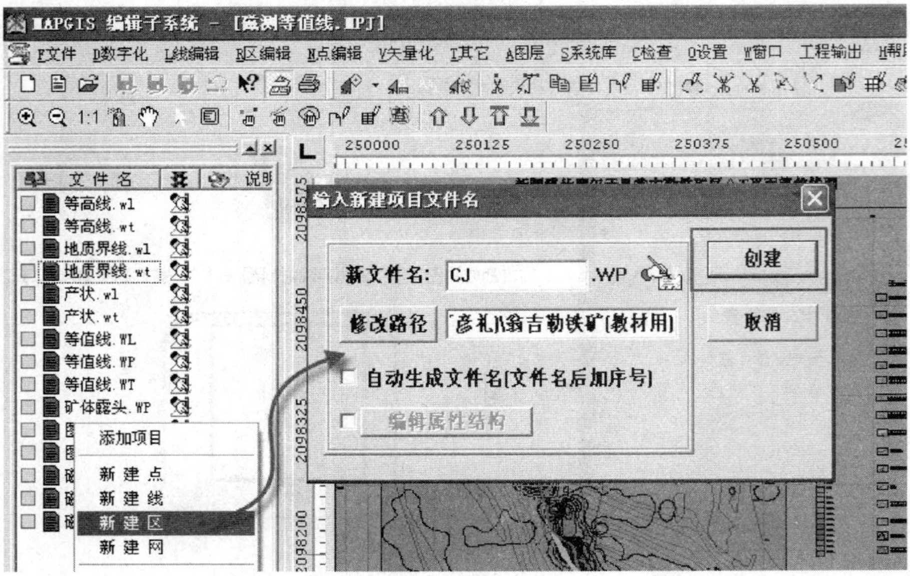

图 16－3　新建裁剪区文件

(4) 使“新建区文件”处于编辑状态并输入区，此时的区文件便为裁剪范围（见图 16－4）。

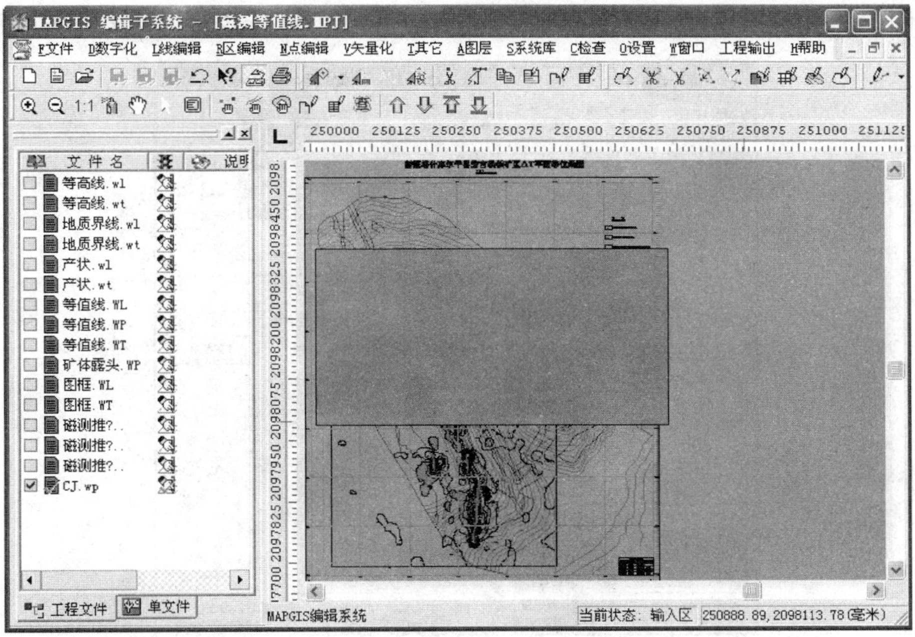

图 16－4　输入裁剪区文件

(5) 保存该区文件,并将该区文件从工程中删除。

(6) 单击菜单栏中的“其他”→“工程裁剪”,系统弹出(见图 16－5)对话框。在此对话框中选择我们新建好的空白文件夹。

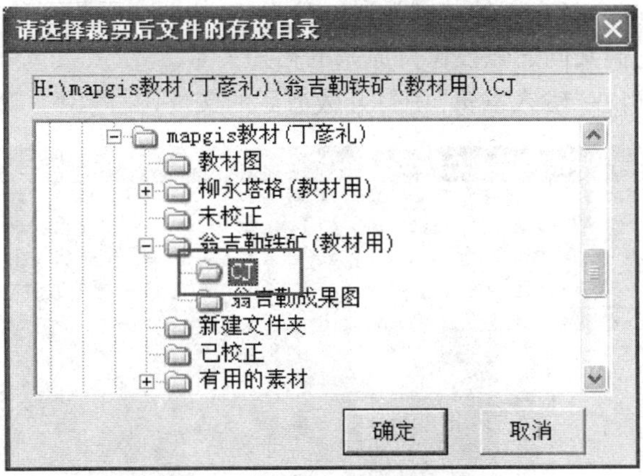

图 16－5　选择裁剪后文件的存放目录

(7) 选择要裁剪的文件(见图 16－6),有两种情况:

1) 如果(左面窗口中)所有的文件都需要进行裁剪时,我们直接点击“添加全部”即可。

2) 如果(左面窗口中)只有一部分文件需裁剪时,我们要将所需裁剪的文件全部选中(即将其选为蓝色),然后点击“添加”即可。

添加好文件以后,单击“选择全部”→设置“参数”(参数的设置参照图 16－6)→单击“参数应用”(此时左下角的窗口中会显示出我们将要进行裁剪的图形文件)→单击“装入裁剪框”(即我们在“输入编辑”中新建好的区文件)→单击“开始裁剪”→在右下角窗口中的任意位置单击右键,在弹出的下拉菜单中选择“复位窗口”。这时裁剪后新的图形文件就显示在此窗口中→退出。

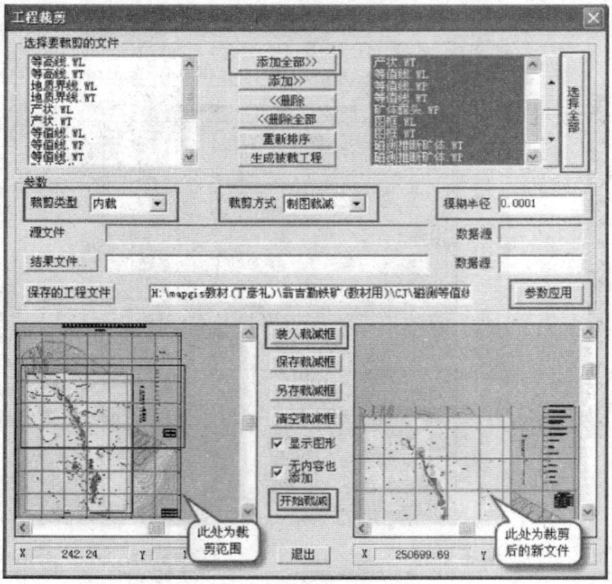

图 16－6　“工程裁剪”对话框

裁剪类型:内裁指结果文件的全部内容在裁剪框内部,外裁指结果文件的全部内容在裁剪框外部。

裁剪方式:制图裁剪和拓扑裁剪的主要区别体现在对区文件的裁剪。使用制图裁剪方式裁剪两个相邻的区时,系统会将它们的共同弧段一分为二,使两个区相互独立,拓扑关系发生变化;而拓扑裁剪的方式将它们共同的弧段保持原来的拓扑关系。

(8) 最后,我们可以在“输入编辑”中打开裁剪后的文件(见图 16－7)。

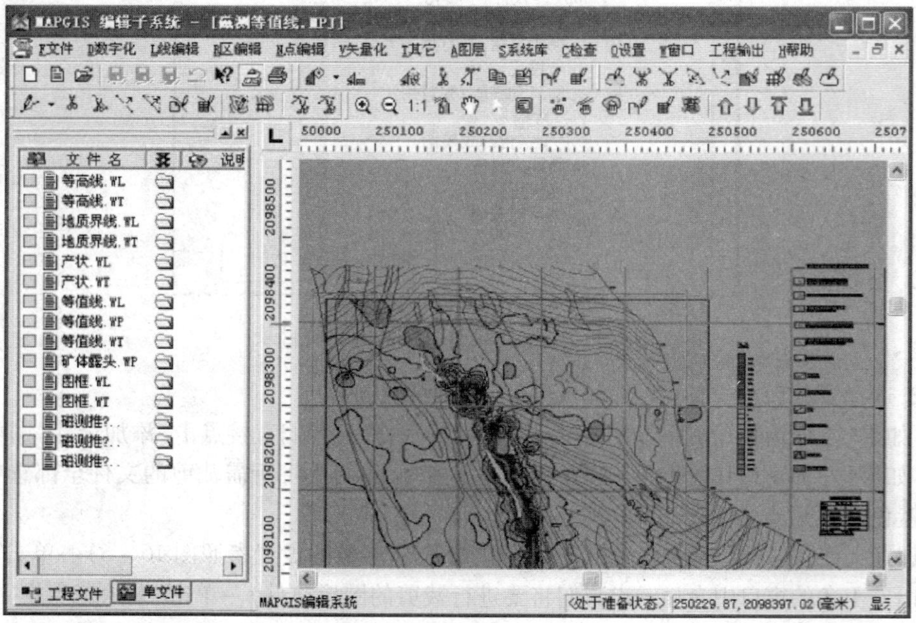

图 16－7　裁剪后的文件

16.2.2 图形裁剪

图形裁剪有两种方法，下面分别叙述。

第一种方法：

(1) 在“输入编辑”新建一个线文件，并在此线文件里预先画好线(可以是不规则的，但一定要封闭)，作为裁剪框(见图16-8)，然后把此裁剪框单独保存文件。

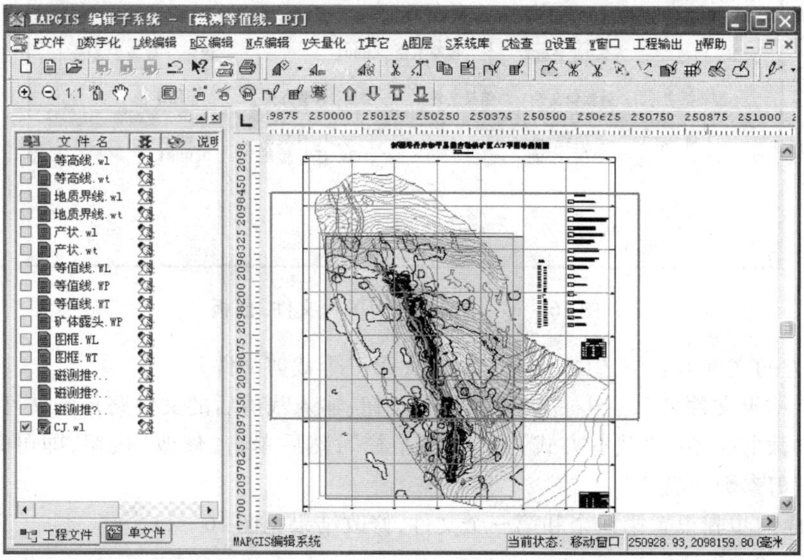

图16-8 新建裁剪框线文件

(2) 打开MAPGIS→实用工具→“图形裁剪”，在“图形裁剪子系统”中，选择“文件”→“装入点文件(线文件/区文件)”，把需要裁剪的文件装入图形裁剪子系统(见图16-9)。

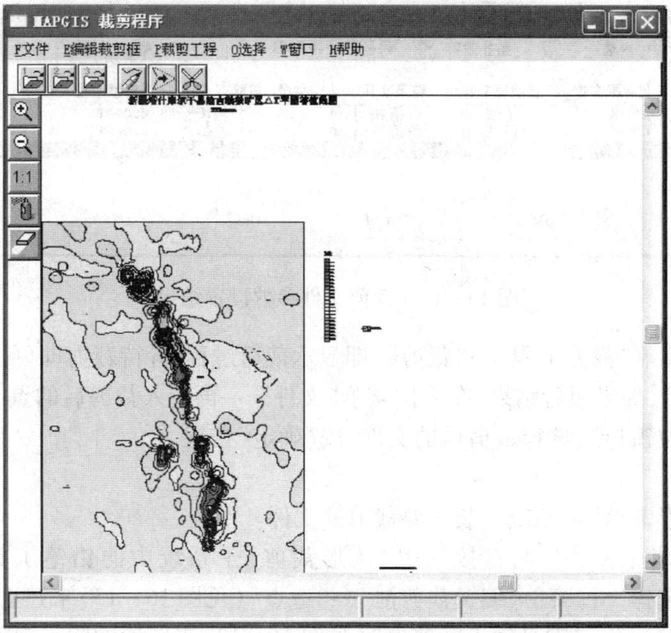

图16-9 装入需要裁剪的点、线、区文件

(3) 选择下拉菜单“编辑裁剪框”→“装入裁剪框”，把上面建立的裁剪框文件(CJ. wl)装入。

(4) 选择下拉菜单“裁剪工程”→“新建”，弹出一个“编辑裁剪工程文件”面板(见图 16-10)，按下面顺序进行编辑：

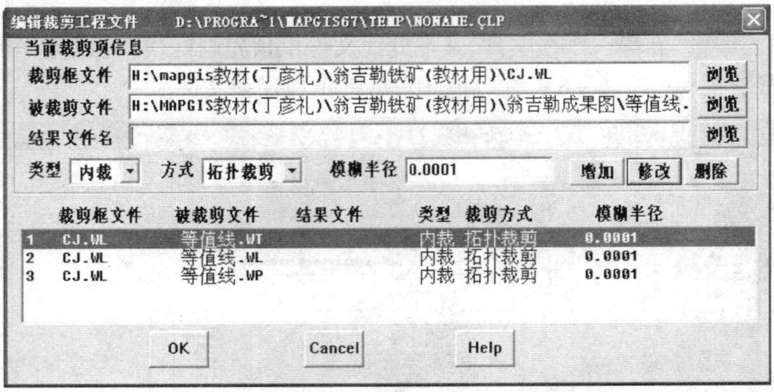

图 16-10　“编辑裁剪工程文件”面板

1) 在下方的文件列表中选中“等值线 . wt”(第一个裁剪文件)。

2) 修改“结果文件名”，点击右侧的“浏览”按钮，输入裁剪后的文件路径和文件名。

3) 设置“裁剪类型”、“裁剪方式”和“模糊半径”，然后单击“修改”按钮，即可完成“等值线 . wt”文件的裁剪参数设置。

4) 按上面的步骤设置第二个和第三个文件，修改结果见图 16-11。

设置完后，单击“OK”。

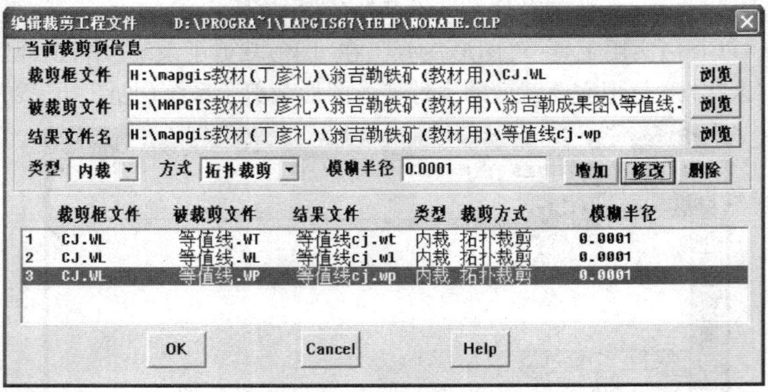

图 16-11　裁剪文件参数设置结果

5) 选择下拉菜单“裁剪工程”→“裁剪”，即显示裁剪过程，等待裁剪即可。

6) 裁剪完毕后，如果想看结果，在下拉菜单“文件” →再装入裁剪后的点、线、区文件。单击鼠标右键弹出“复位窗口”，选择裁剪后的文件，按“确定”按钮。

第二种方法：

(1) 打开“图形裁剪”子系统→装入要裁剪的文件。

(2) 建立裁剪框：这里我们直接利用“图形裁剪”子系统中的铅笔工具输入裁剪框(见图 16-12)；或者选择下拉菜单“编辑裁剪框”→“造点”(见图 16-13)来建立裁剪框；或者选择下拉菜单“编辑裁剪框”→“键盘输入裁剪框”(见图 16-13)来精确的输入裁剪框。

其他步骤与第一种方法的第(4)步开始一样。

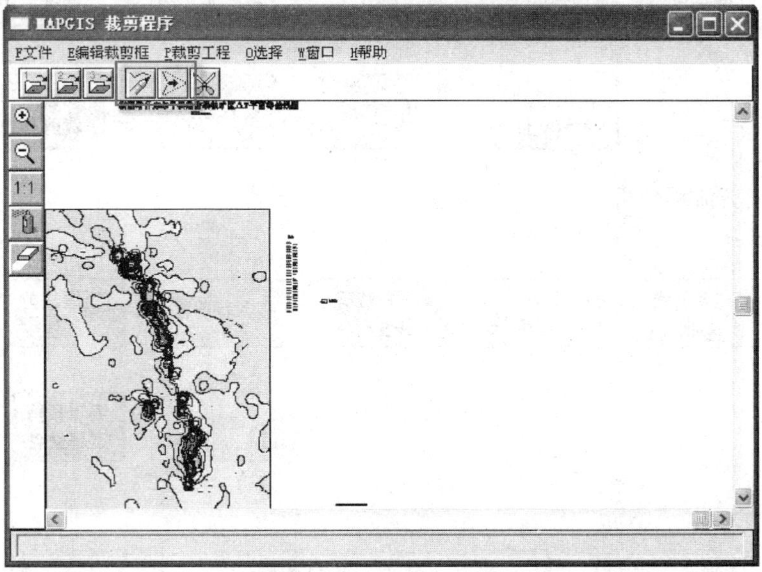

图 16－12　工具栏上的铅笔工具

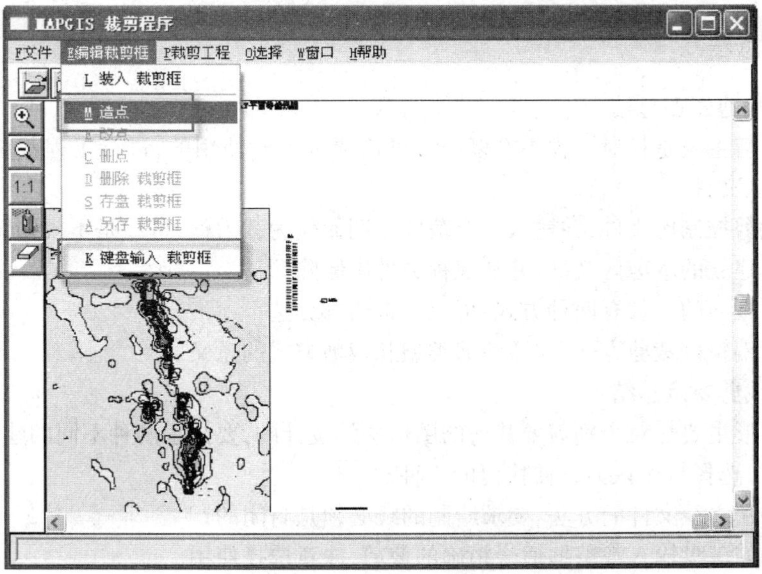

图 16－13　造点和键盘输入裁剪框的方法

16.3　流程分析与要点总结

16.3.1　流程分析

（1）工程裁剪流程分析。

(2) 图形裁剪流程分析。

第一种方式:

第二种方式:

16.3.2　要点总结

(1) 工程裁剪要点总结:

1) 工程裁剪主要是针对工程中有多个文件需要裁剪时使用的,进行工程裁剪时,建立的裁剪文件一定是区文件;

2) 建立裁剪控制区文件,并输入一个裁剪区图元作为裁剪框,可以是不规则图形;

3) 保存好建立的裁剪区文件,并从工程文件中删除;

4) 选择要裁剪的文件有两种方式:可以全选或部分选;

5) 按步骤编辑好裁剪方式,注意裁剪类型和裁剪方式的意义。

(2) 图形裁剪要点总结:

1) 裁剪图形主要是对个别需要裁剪的图形文件设计的,要注意两种不同的建立裁剪框的方式,具体应用时,选择自己认为方便快捷的一种。

2) 第一种建立线文件的方法,要求绘制的线必须是封闭的;

3) 第二种的键盘输入裁剪框适合精确的裁剪,注意选择使用。

16.4　作业习题与问题思考

16.4.1　作业习题

利用前面已经建立的工程文件,分别练习工程裁剪和图形裁剪。

要求图形裁剪练习裁剪第 15 章绘制的等值线,可以根据"TIN 模型"方式绘制的等值线的边界来确定裁剪框的边界,然后对"GRD 模型"方式绘制的等值线进行裁剪。

提示:(1)工程裁剪建立的裁剪框为区文件;(2)图形裁剪建立的裁剪框为线文件。这两点一定要注意区分。

16.4.2 问题思考

（1）工程裁剪与图形裁剪有什么不同,它们各自的优势是什么?

（2）裁剪类型和裁剪方式有哪些？它们有什么作用?

17　AutoCAD 数据转换为 MAPGIS 数据

17.1　整体思路与制图目标

掌握把 AutoCAD 文件转换为 MAPGIS 文件的方法,需要注意的是格式转换过程中所涉及的线型及颜色对应,当然也可以使用地质制图 CAD 中的明码转换方法实现 CAD 与 MAPGIS 之间的无缝链接。

17.2　数据准备与制图步骤

在将 AutoCAD 数据转入 MAPGIS 时,经常会遇到两边的线型库、颜色库的编码不一致,而且在 AutoCAD 中有些图元是以块的形式组成,这样就造成“张冠李戴”,有时两边无法对应。另外,在转换时还经常需要将 AutoCAD 的某层转为 MAPGIS 的对应层。因此,系统提供了一套对照表文件接口:符号对照表“arc—map. pnt”;线型对照表“arc—map. lin”;颜色对照表“cad—map. clr”;层对照表“cad—map. tab”。

用户编辑生成这些表文件,并将其放在系统库存目录下,系统成批或单个文件转换时都会按这个表文件的对应情况自动转换。

具体的转换步骤如下:

(1) 首先编辑 AutoCAD 文件:对 AutoCAD 数据的几点注意:1)多线段中有弧(arc),需要做爆破处理;2)最好不要有样条曲线;3)形(shape)转不过来;4)AutoCAD 的注释坐标点在注释中央,MAPGIS 的注释坐标点在坐下角,转换后会有位置移动,需注意。

另外,建议对 AutoCAD 文件进行较好的分层管理,这样转换成 MAPGIS 文件的过程后,就可以进行较好的管理和编辑。如图 17－1 的物探磁法测量剖面的分层,可以把磁测剖面分成两层:

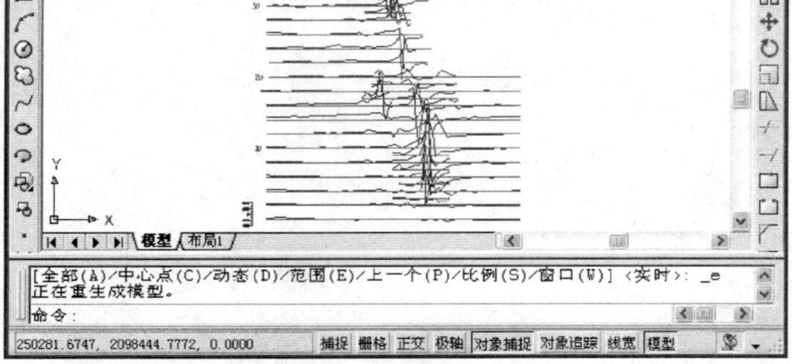

图 17－1　物探磁测剖面图

测线层和磁测剖面曲线层，这样转化和后期的编辑都比较方便。

（2）选择 AutoCAD 的“文件”→“另存为…”，将 AutoCAD 的 dwg 格式，另存为 AutoCAD 的数据交换格式 DXF，最好选择 R12 版本（见图 17－2）；转换 DXF 文件时，不要对原图的块（符号）作爆破处理，并且注意到原图是否有样条曲线，如果有最好做爆破处理。

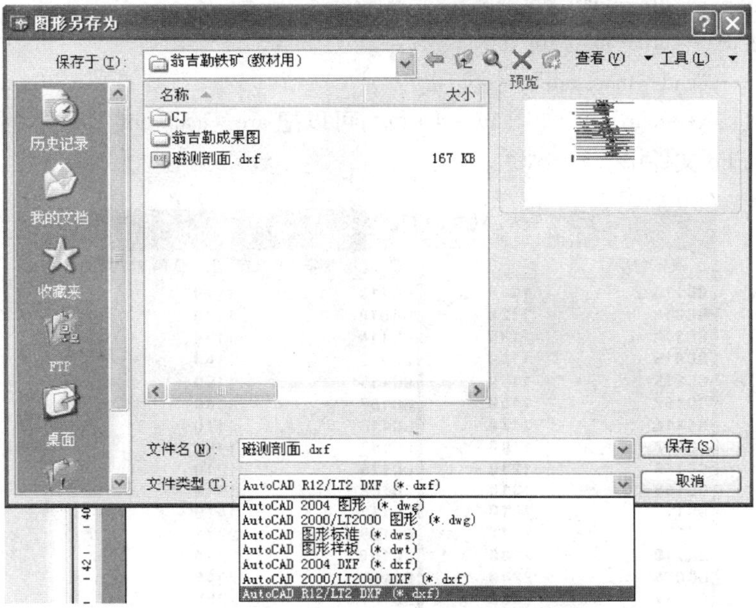

图 17－2　另存 AutoCAD 文件为 DXF 格式

（3）对系统库目录..\slib 下四个对照表文件进行编辑，可直接用 Windows 写字板或记事本方式打开，需要注意的是，对照表中 MAPGIS 编码是在“数字测图”系统中查到的，并且要区分对照表的大小写。下面列举如何对这四个对照表进行编辑。

系统库（slib）下提供了三个编辑好的 cass 对照关系文件（见图 17－3）：

图 17－3　slib 下的对照表文件及对照表 cass 文件

arc_map. pnt_cass——符号对照表

arc_map. lin_cass——线型对照表

cad_map. tab_cass——层对照表

对于 CASS 下做的数据可以直接把这三个文件下的内容拷贝到：

符号对照表——“arc—map. pnt”；

线型对照表——“arc—map. lin”；

层对照表——“cad—map. tab”；

符号对照表(are—map. pnt)如图 17－4 所示，可以把 are—map. pnt_cass 下的对照关系直接拷贝到 are—pnt. lin 文件中。

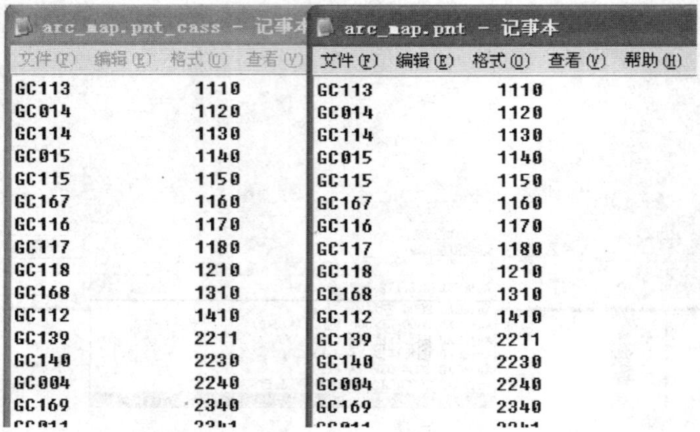

arc_map.pnt_cass - 记事本 | arc_map.pnt - 记事本

文件(F) 编辑(E) 格式(O) 查看(V) 帮助(H)

arc_map.pnt_cass		arc_map.pnt	
GC113	1110	GC113	1110
GC014	1120	GC014	1120
GC114	1130	GC114	1130
GC015	1140	GC015	1140
GC115	1150	GC115	1150
GC167	1160	GC167	1160
GC116	1170	GC116	1170
GC117	1180	GC117	1180
GC118	1210	GC118	1210
GC168	1310	GC168	1310
GC112	1410	GC112	1410
GC139	2211	GC139	2211
GC140	2230	GC140	2230
GC004	2240	GC004	2240
GC169	2340	GC169	2340

图 17－4　are—map. pnt_cass 和 are—map. pnt

符号对照表(are—map. lin)如图 17－5 所示，可以把 are—map. lin_cass 下的对照关系直接拷贝到 are—map. lin 文件中。

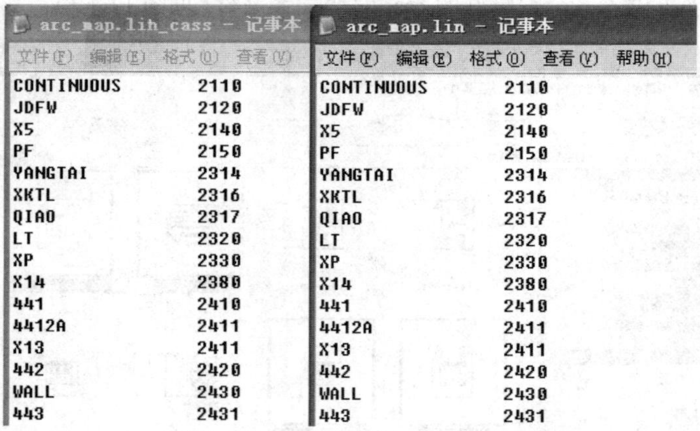

arc_map.lin_cass - 记事本 | arc_map.lin - 记事本

文件(F) 编辑(E) 格式(O) 查看(V) 帮助(H)

arc_map.lin_cass		arc_map.lin	
CONTINUOUS	2110	CONTINUOUS	2110
JDFW	2120	JDFW	2120
X5	2140	X5	2140
PF	2150	PF	2150
YANGTAI	2314	YANGTAI	2314
XKTL	2316	XKTL	2316
QIAO	2317	QIAO	2317
LT	2320	LT	2320
XP	2330	XP	2330
X14	2380	X14	2380
441	2410	441	2410
4412A	2411	4412A	2411
X13	2411	X13	2411
442	2420	442	2420
WALL	2430	WALL	2430
443	2431	443	2431

图 17－5　are—map. lin_cass 和 are—map. lin

层对照表(cad—map. tab)如图 17－6 所示，可以把 cad—map. tab_cass 下的对照关系直接拷贝到 cad—map. tab 文件中。

颜色对照表(cad—map. clr)如图 17－7 所示。

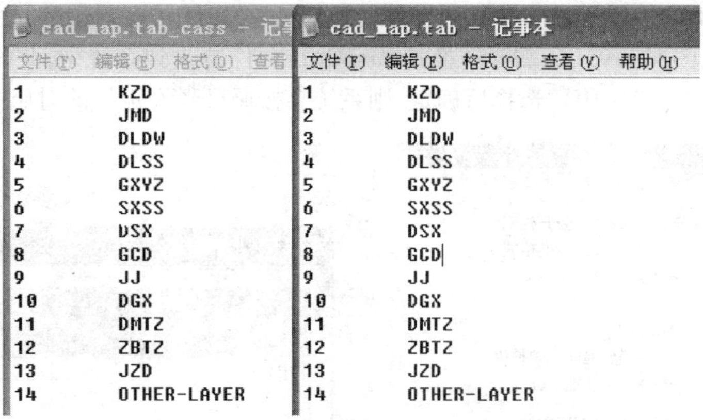

图 17－6　cad—map. tab_cass 和 cad—map. tab

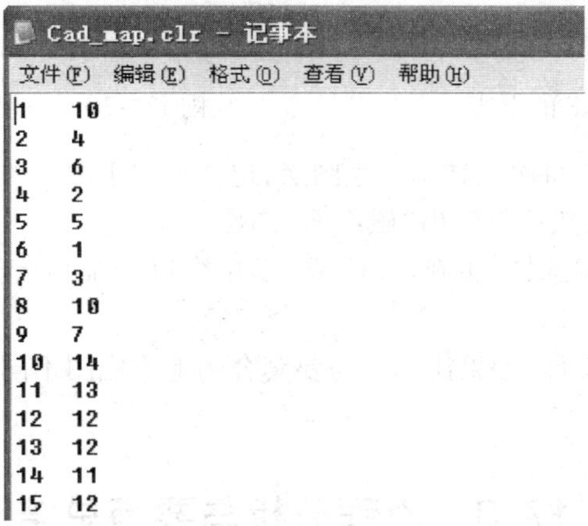

图 17－7　颜色对照表(cad—map. clr)

(4) 将系统库设置为.. \suvslib(见图 17－8),并将.. \silb 目录下的上述四个对照表文件拷贝至系统目录.. \suvslib 下。

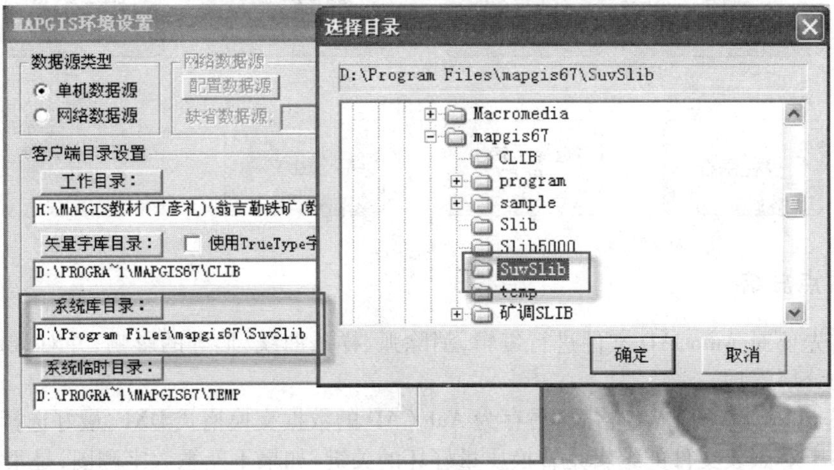

图 17－8　“设置系统库目录”对话框

（5）进入 MAPGIS→“图形处理”→“文件转换”。在“文件转换”模块，选择“输入”按钮，单击“装入 DXF”（见图 17－9），将需要转换的 AutoCAD 文件装入到系统中，此时，系统会提示“选择不转出的层”（见图 17－10），选择后确定，则系统会按照已经设定好的对照关系开始转换。

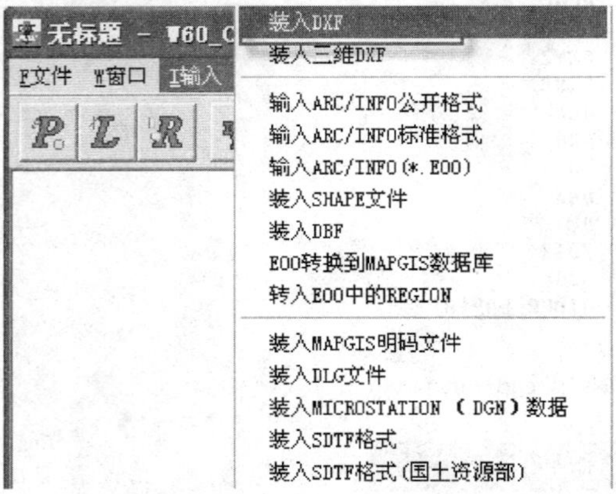

图 17－9　装入 DXF 的方法

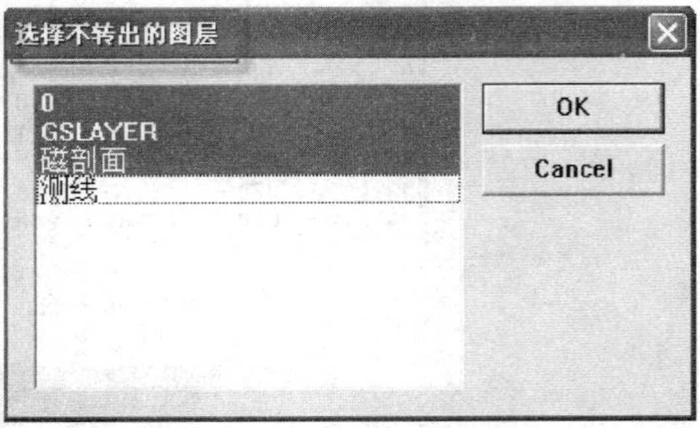

图 17－10　“选择不转出的图层”对话框

注意：一般情况下，我们每次只转出一个图层，这样有利于图形的编辑与管理。对于此文件，我们首先转出“测线”图层，然后再转出“磁剖面”图层。

（6）在窗口中单击右键选择“更新窗口”或“复位窗口”，显示转换后的结果文件图，别忘了对转换后的结果文件进行存档。

（7）对于转换过来的文件，如果比例尺与要套合的地质底图不同，只需要再进行投影变换就可以了。

17.3　流程分析与要点总结

17.3.1　流程分析

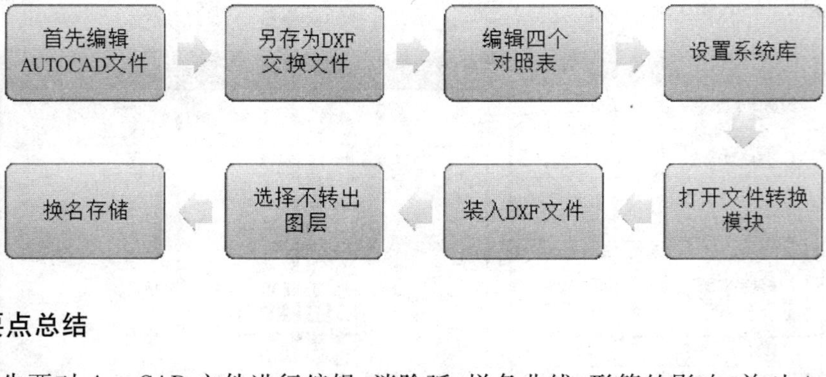

17.3.2　要点总结

（1）首先要对 AutoCAD 文件进行编辑，消除弧、样条曲线、形等的影响，并对 AutoCAD 文件进行较好的分层管理。

（2）将 AutoCAD 的 DWG 格式，另存为 AutoCAD 的数据交换格式 DXF，最好选择 R12 版本。

（3）四个对照表文件的编辑是转换质量好坏的关键，如果不熟悉数字测图，是很难编辑出好的对照表文件的。此时，我们可以选择两种方法解决：1）使用系统提供的 cass 文件，进行近似的转换；2）直接把四个对照表文件清空，也可以把文件转换过来，转换后再对 MAPGIS 文件进行编辑即可。

(4) 转换前要对系统库进行设置,将系统库设置为..\suvslib,并将..\silb 目录下的上述四个对照表文件拷贝至系统目录..\suvslib 下。

(5) 文件转换时,一般情况下,我们每次只转出一个图层,这样有利于图形的编辑与管理,并且每次转换时选择的是"不转出的图层",要转出的图层不选,切记。

17.4 作业习题与问题思考

17.4.1 作业习题

找一个用 AutoCAD 编辑的地质类的图件,练习转换成 MAPGIS 文件。要求完成一下内容:

(1) 对 AutoCAD 文件进行分类分层;

(2) 转换过程中,要求每次只能转换一个图层;

(3) 对转换后的文件进行投影变换。

提示:(1)首先对 AutoCAD 文件进行编辑和管理;(2)另存为 DXF 交换格式;(3)编辑对照表文件;(4)转换图层(注意每次最好只转换一个图层)。

17.4.2 问题思考

(1) 如果不熟悉数字测图,如何编辑四个转换对照表?

(2) 转换前要对 AutoCAD 文件做哪些处理?

18 工 程 输 出

18.1 整体思路与制图目标

工程输出是完成 MAPGIS 制图，提交工程报告的最后一步。这里要求掌握两种工程输出方法：

（1）掌握 Windows 打印输出的方法；

（2）掌握输出 GIF、TIFF 或 JEPG 图像的方法。

18.2 数据准备与制图步骤

18.2.1 Windows 输出

（1）打开一个工程文件，点击菜单栏右侧的“工程输出”按钮（见图 18－1）。

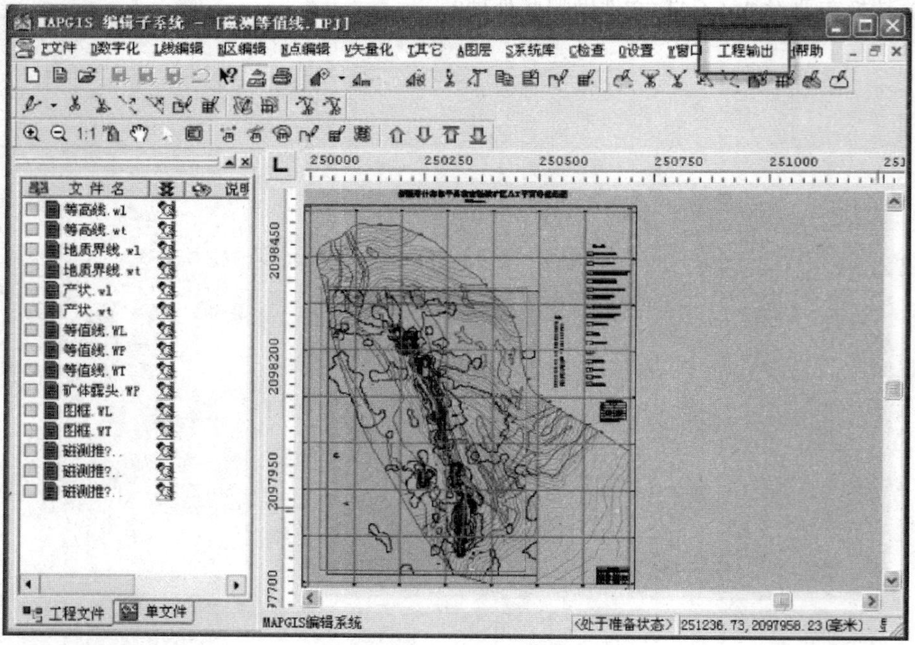

图 18－1 进入工程输出状态

（2）选择下拉菜单栏“文件”→“页面设置”，打开“工程输出编辑”面板。在版面定义里选择“系统自动检测幅面”（见图 18－2），系统会检测出一个与图像一样大小的宽度和高度。

注意：

1）MAPGIS 有个不足之处是当页面的大小和图像大小相等时，输出时图像的外图框打印不全，所以再把页面的宽和高分别调大 10 ~ 20 mm 左右，并在左侧的页面描述中适当调整图像的位置（见图 18 – 3）。

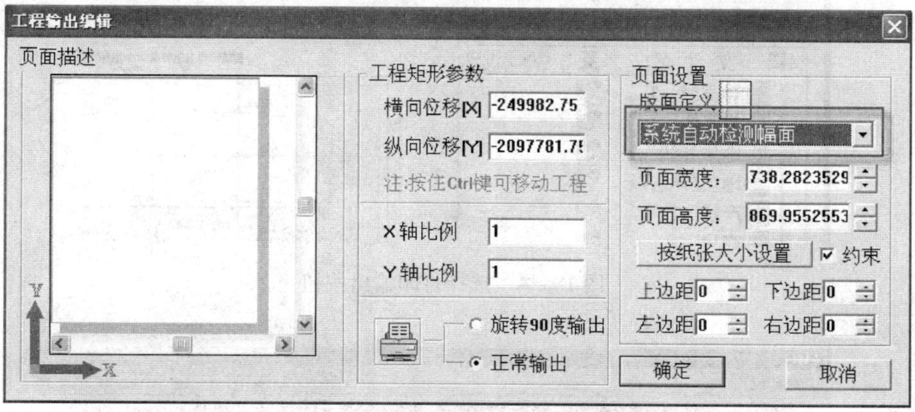

图 18 – 2 “工程输出编辑”对话框

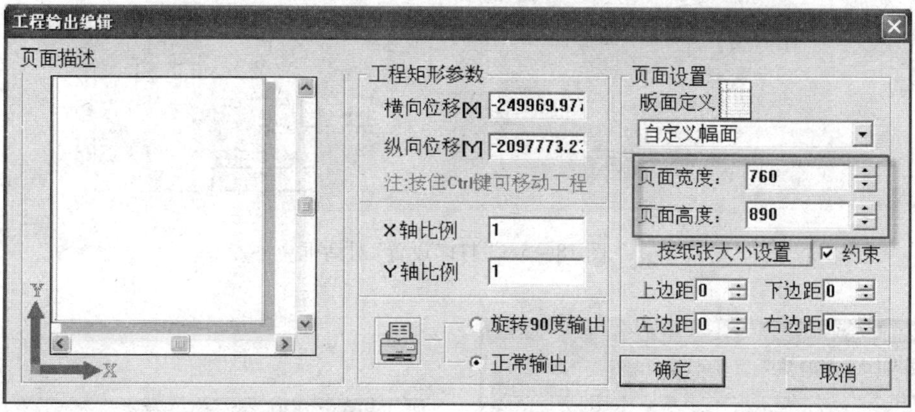

图 18 – 3 调整图像的位置

2）调整图像位置的方法：按住键盘 Ctrl + 鼠标左键，出现小手时，可以把图像移动到合适的位置。

3）其中页面描述的蓝色框代表图像，红色框代表页面。

（3）调整图像比例及旋转：X 轴比例和 Y 轴比例一般是 1∶1，如果想放大或缩小图像，那么可以相应的调整 X 和 Y 的参数；“旋转 90 度输出”是在正常输出图纸尺寸不合适时使用，一般情况下都使用“正常”输出。

（4）选择下拉菜单“Windows 输出”→“打印输出”（见图 18 – 4）。在弹出“打印”对话框（见图 18 – 5），首先选择打印机（这里使用的是 HP2000 的绘图仪），然后点击“属性”按钮制定纸张尺寸。

（5）在打印机属性设置对话框中（见图 18 – 6），点击“更多尺寸”按钮，弹出图 18 – 7 所示的对话框，制定页面尺寸。

注意：页边距一般我们会留出 20 mm，所以宽度和高度分别再加上 40 mm。

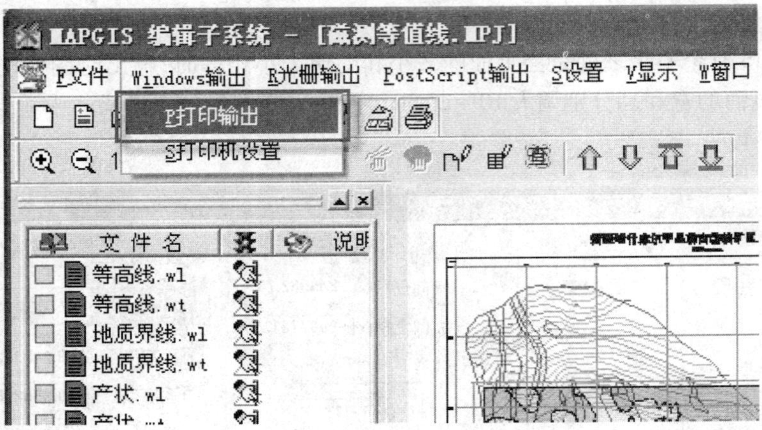

图 18－4　选择打印输出按钮

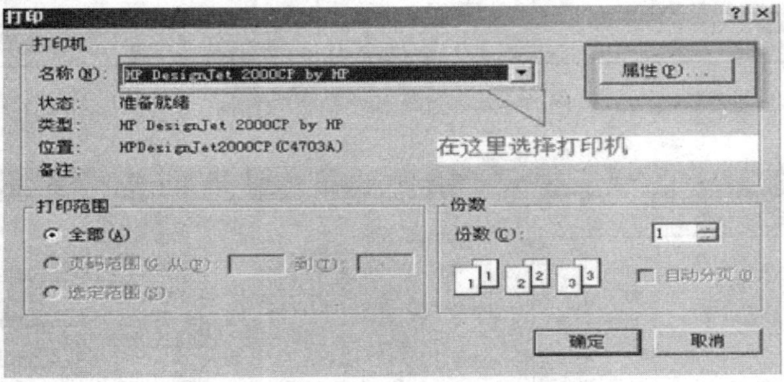

图 18－5　“打印设置”对话框

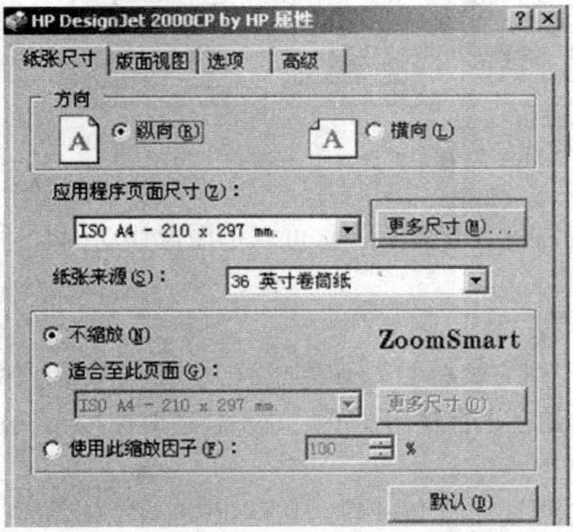

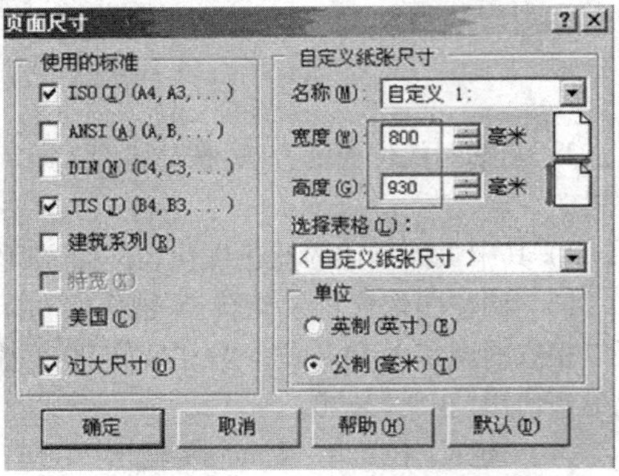

图 18－6　“打印机属性设置”对话框　　　　图 18－7　页面尺寸设置

（6）所有的设置好后，单击“确定”按钮，就会出现文件处理过程（见图 18－8），此时就可以等着出图看看效果了。

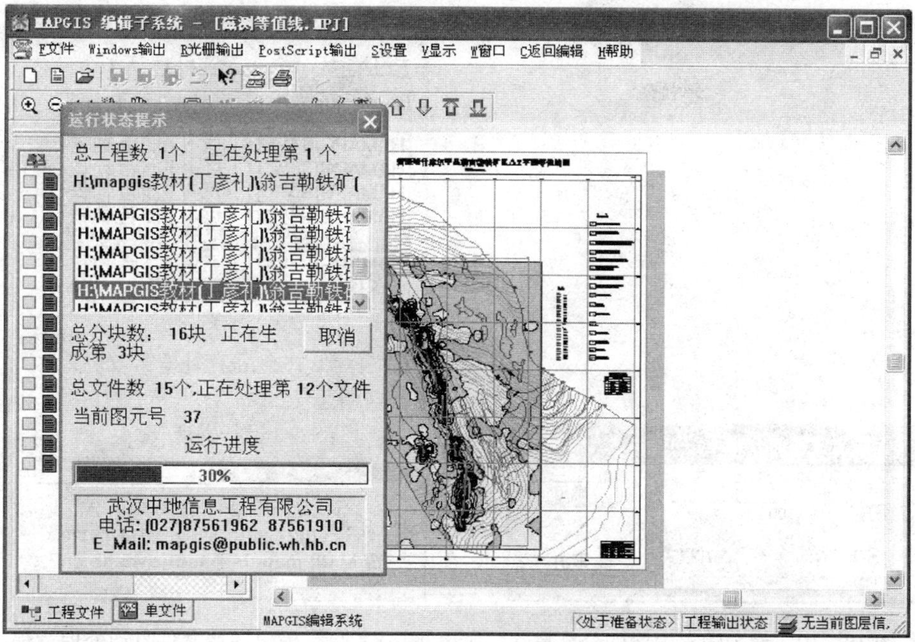

图 18－8　文件处理过程

18.2.2　图像输出

（1）图像输出设置文件页面与 Windows 输出一样,这里不再详述。

（2）页面设置好后,选择下拉菜单“光栅输出”→“生成 GIF(或 TIFF、JEPG)图像”(见图 18－9),在弹出的设置输出图像的分辨率对话框中(图 18－10)给定分辨率后,点击“OK”按钮,会弹出文件的自动处理过程(图 18－11),生成的图像文件会自动存储在工程文件所在的文件夹中。

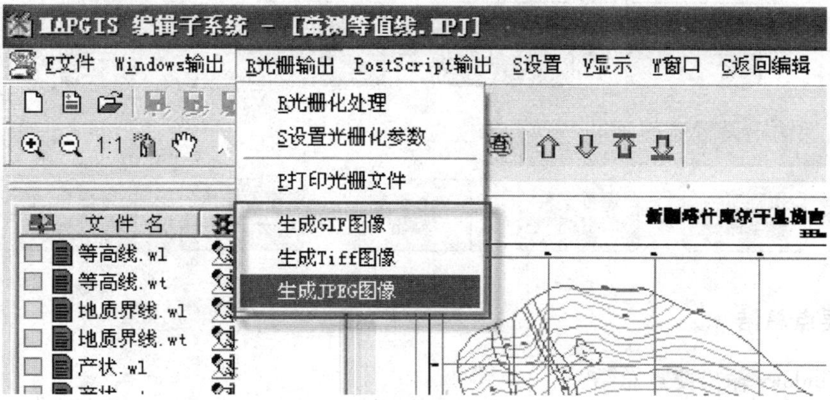

图 18－9　选择生成图像的方法

图 18 - 10　设置输出图像的分辨率

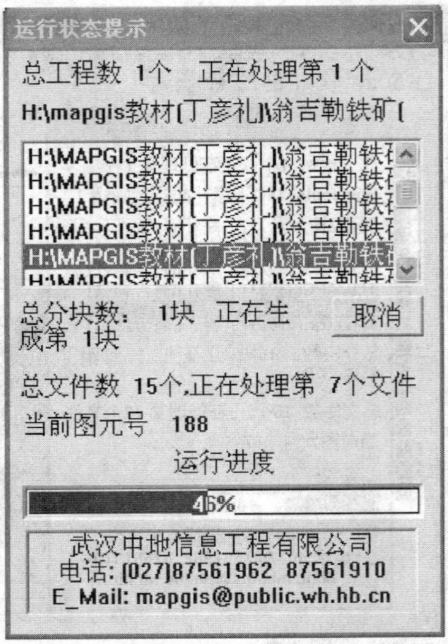

图 18 - 11　输出图像文件自动处理过程

18.3　流程分析与要点总结

18.3.1　流程分析

(1) Windows 输出流程分析。

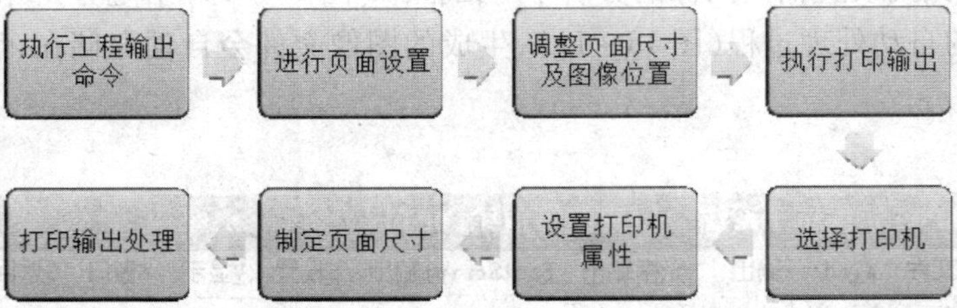

(2) 图像输出设置流程。

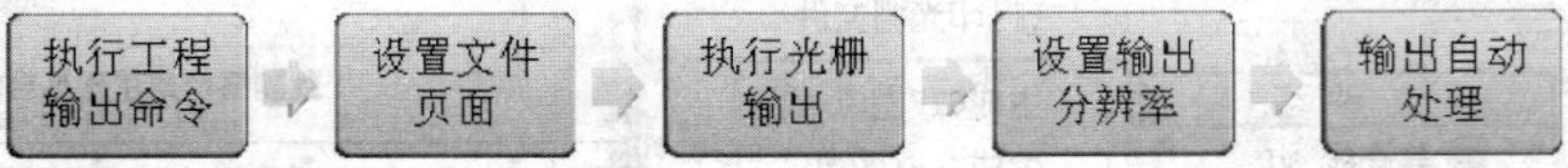

18.3.2　要点总结

(1) Windows 输出要点总结:

1) 进行页面设置时,首先在版面定义里选择"系统自动检测幅面",系统会检测出一个与图像一样大小的宽度和高度;

2) 然后再对页面高、宽和位置进行调整。设置打印图像的高度和宽度很重要,一般在系统自动检测得到的结果之上再加上 40 ~ 60 mm 的宽度作为边界,否则可能会出现打印不全的现象;

3）假如要想改变图像的比例及方向输出，则可以适当调整比例及旋转；

4）设置打印输出时，纸张尺寸一般选择自定义尺寸，防止浪费纸张；

（2）图像输出要点总结：

1）图像输出设置文件页面与 Windows 输出相同；

2）对于“光栅化处理”、“设置光栅化参数”一般不作要求，直接生成图像即可；

3）输出图像的分辨率可以根据需要设置，一般不易设置太大，否则图像尺寸就会很大，不易查看。

18.4 作业习题与问题思考

18.4.1 作业习题

对前面完成的工程文件进行工程输出编辑练习。

要求：

（1）使用 Windows 输出的方式打印输出一张 A4 纸张的图件（可以通过缩放 X、Y 比例的方式把工程文件调整到 A4 纸张尺寸）。

（2）编辑输出 X、Y 比例为 1 的 JEPG 格式的图像一张。

（3）编辑数尺 X、Y 比例为 0.5 的 TIFF 格式的图像一张。

18.4.2 问题思考

打印输出与光栅输出对页面设置有什么不同？

19　MAPGIS 在化探中的应用实例剖析

19.1　整体思路及制图目标

MAPGIS 在地质矿产的生产及科研部门均得到了广泛的应用，在地球化学勘探的数据处理及成图阶段的应用主要有地形地质图的清绘与编制，采样点位置图（或者钻孔剖面图）、样品数据图、地球化学等值线图、地球化学异常等值线图等图件的编制。

19.2　数据准备与制图步骤

本节主要以利用 MAPGIS6.7 软件辅助完成贺州市福安矿区北西测区 1/1 万地球化学测量工作来加以说明。

19.2.1　野外地质工作简介

贺州市福安矿区为一中型金银铅锌钨多金属矿区，综合研究表明，在该地区开展原生晕地球化学找矿工作的潜力极大。地球化学测量区南北长 2 km，东西宽 1 km，平面上为一矩形，面积约 2 km^2。剖面线为东西向，剖面间距约 100 m，采样点距 20 m，在野外利用手持式 GPS 仪定点，共采集原生晕地球化学样品 1020 件。

19.2.2　采样点位置图的编制

（1）利用 MapSource 软件将 GPS 中存的采样点位置数据下载下来，并且保存在 Excel 表格中，坐标系统统一采用北京 54 坐标系，方便和地质地形图的叠加匹配，格式如图 19 - 1 所示。

	A	B	C	D	E	F
1	点号	X	Y			
2	F1	37561367	2665539			
3	F2	37561318	2665702			
4	F3	37561350	2665716			
5	F4	37561371	2665849			
6	F5	37561350	2665967			
7	F6	37561382	2666019			
8	F7	37561657	2666353			
9	F8	37561276	2666668			
10	F9	37561421	2666619			
11	F10	37561403	2666835			
12	F11	37561602	2666179			
13	F12	37561635	2666360			
14	F13	37561532	2666496			

图 19 - 1　采样点位置数据

（2）将采样点位置数据（以下简称点位数据）另存为文本文件（后缀名为 . txt）（见图 19－2）。

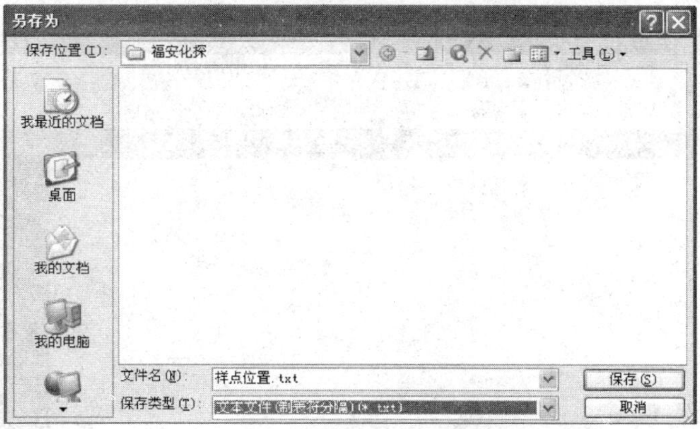

图 19－2　采样点位置另存为文本文件

（3）复制文本文件中的空格，然后在编辑选项下用英文状态下的逗号（,）全部替代，保存，退出。见图 19－3 和图 19－4。

样点位置.txt - 记事本

文件(F)　编辑(E)　格式(O)　查看(V)　帮助(H)

点号	X	Y
F1	37561367	2665539
F2	37561318	2665702
F3	37561350	2665716
F4	37561371	2665849
F5	37561350	2665967
F6	37561382	2666019
F7	37561657	2666353
F8	37561276	2666668
F9	37561421	2666619
F10	37561403	2666835
F11	37561602	2666179
F12	37561635	2666360
F13	37561532	2666496
F14	37561743	2665613
F15	37561776	2665895
F16	37561053	2666563
F17	37561022	2666566
F18	37561267	2666549
F19	37561383	2666554

Ln 2, Col 12

图 19－3　用逗号替代空格

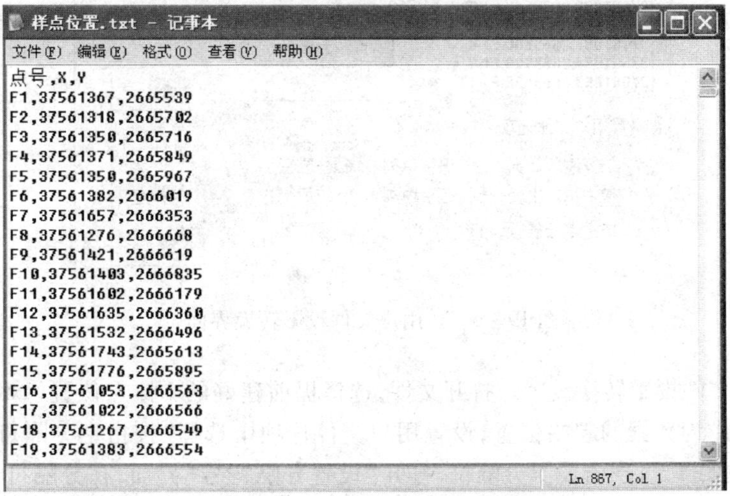
样点位置.txt - 记事本

文件(F)　编辑(E)　格式(O)　查看(V)　帮助(H)

```
点号,X,Y
F1,37561367,2665539
F2,37561318,2665702
F3,37561350,2665716
F4,37561371,2665849
F5,37561350,2665967
F6,37561382,2666019
F7,37561657,2666353
F8,37561276,2666668
F9,37561421,2666619
F10,37561403,2666835
F11,37561602,2666179
F12,37561635,2666360
F13,37561532,2666496
F14,37561743,2665613
F15,37561776,2665895
F16,37561053,2666563
F17,37561022,2666566
F18,37561267,2666549
F19,37561383,2666554
```

Ln 867, Col 1

图 19－4　用逗号替代后的点位数据

(4) 打开 MAPGIS6.7 软件实用服务中的投影变换菜单(见图 19－5)。

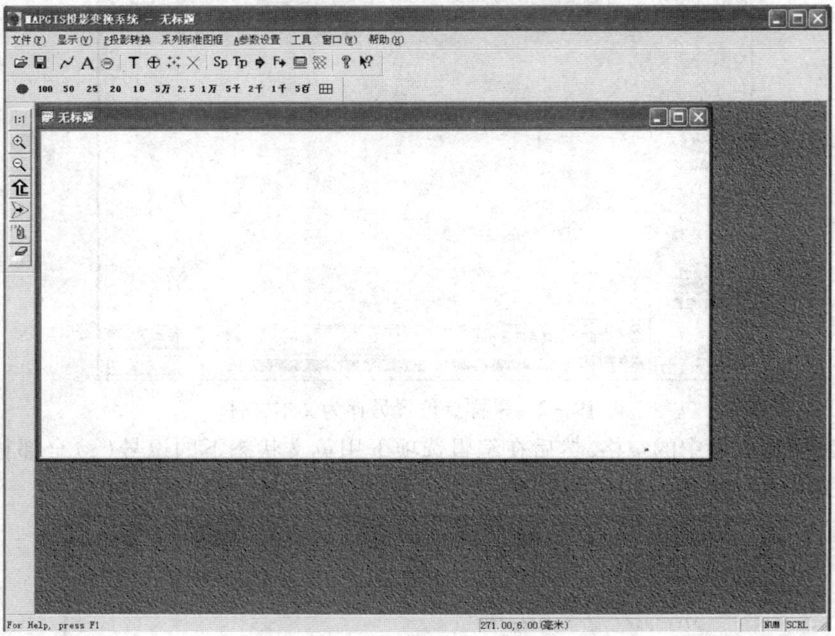

图 19－5　投影变换主界面

(5) 打开 P 投影变换下拉菜单中的 U 用户文件投影转换(见图 19－6)。

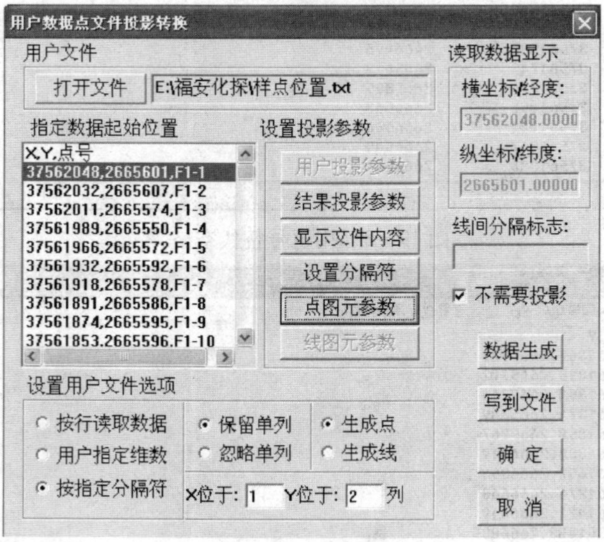

图 19－6　U 用户文件投影转换界面

(6) U 用户文件投影转换设置。打开文件,选择提前建好的“样点位置.txt”双击打开,指定数据的第二行作为数据的起始位置,设置用户文件选项中选择“按指定分隔符”,在不需要投影转换前的方框打“√”,点击设置分隔符,打开“设置分隔符号”界面,在分隔符号中选择逗号,在属性名称所在行中选择第二行(点号,X,Y),在数据类型中点号所在行选择 6 字符串,X 和 Y

所在行选择 5 双精度，确定，退出（见图 19－7）。

根据需要设置点图元参数（见图 19－8）。

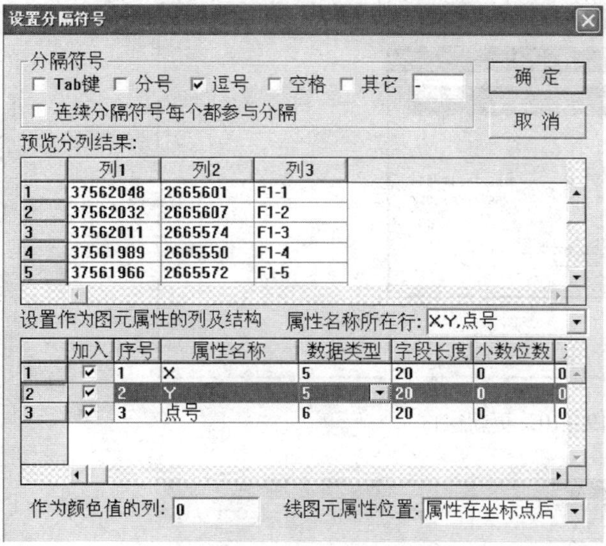

图 19－7　设置分隔符号界面

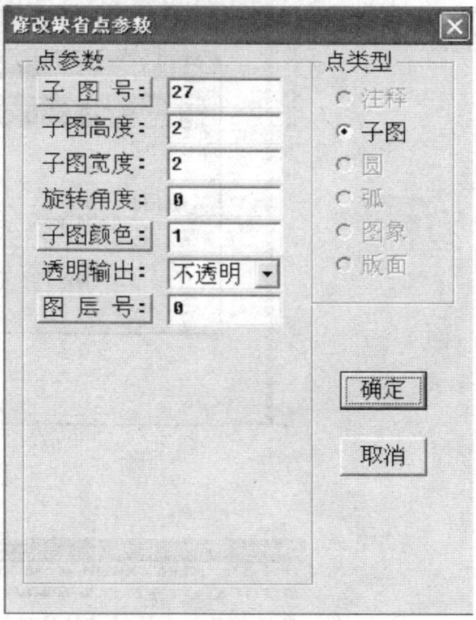

图 19－8　设置点图元参数

双击数据生成按钮，出现 MAPGIS 对话框，问是否保存点文件，点击是，将点文件重命名为“采样点位置”，保存在“福安化探”文件夹中，单击确定退出用户投影点数据转换文件夹（见图 19－9）。

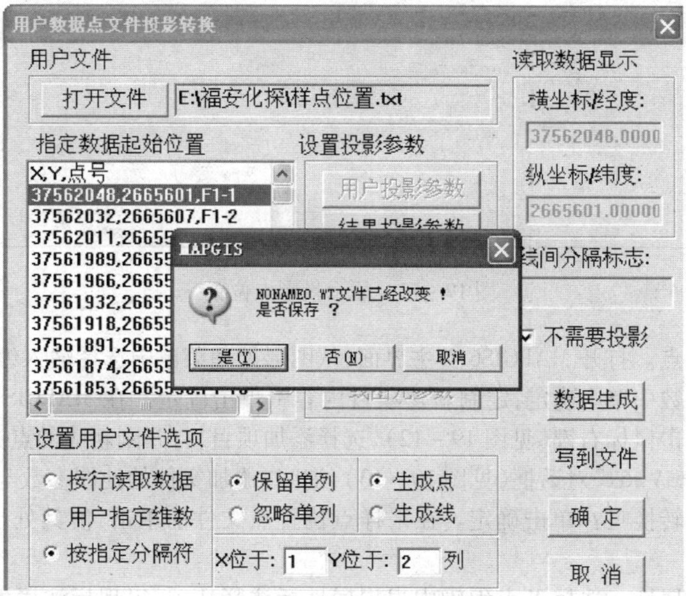

图 19－9　数据生成

（7）显示投影点。单击投影变换窗口中“1∶1”更新窗口，出现选择文件名对话框（见图 19－10），选择点文件和线文件，确定退出，查看投影结果（见图 19－11）。

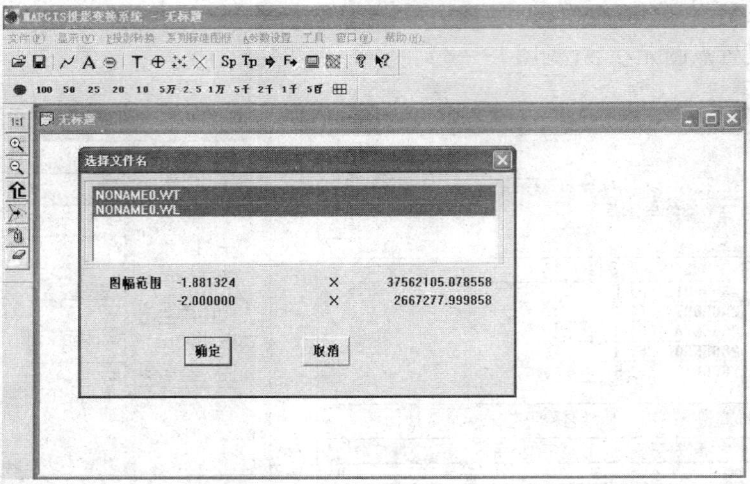

图 19 - 10　更新窗口

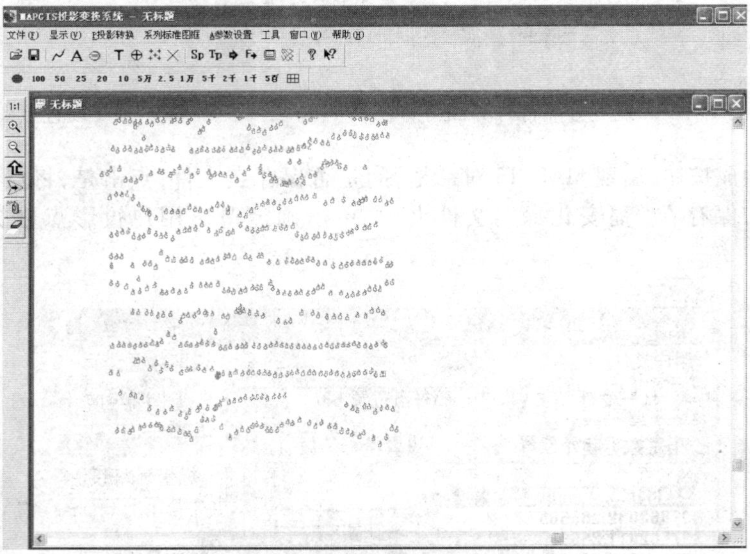

图 19 - 11　显示投影点位置

(8) 导入投影点。打开 MAPGIS6.7 主界面,从图形处理菜单中选择输入编辑,新建工程,在设置地图的工程参数中单击确定,定制新建项目内容中单击确定。在 MAPGIS 编辑子系统左边淡蓝色对话框中单击鼠标右键(见图 19 - 12),选择添加项目,打开刚新建的点文件"坐标点位置.WT"文件,出现"PrjVw6x"对话框(见图 19 - 13),询问"添加文件的地图参数与当前工程的地图参数不匹配! 进行转换吗?"单击确定。在采样点位置点文件前单击,使其处于编辑状态,界面如图 19 - 14 所示。

(9) 投影点附属性。选择 N 点编辑中根据属性标注释选项,出现标注属性选择对话框(见图 19 - 15),在标注域名中选择点号,单击确定。出现编辑点属性对话框(见图 19 - 16),可以对需要添加的坐标点点号编辑属性(字体、颜色、大小等)。单击确定后可以看到所有的坐标点都已经标注点号(见图 19 - 17)。

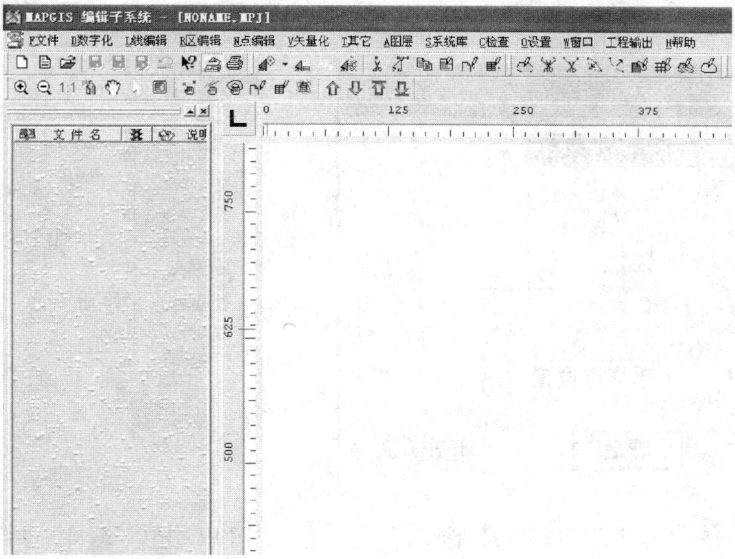

图 19 - 12　编辑子系统

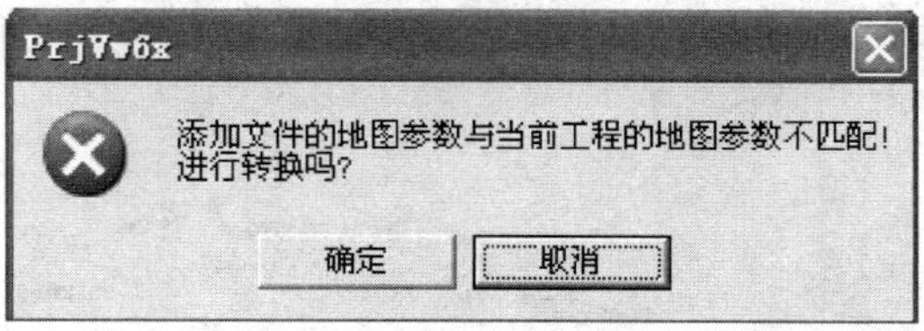

图 19 - 13　地图参数转换选项

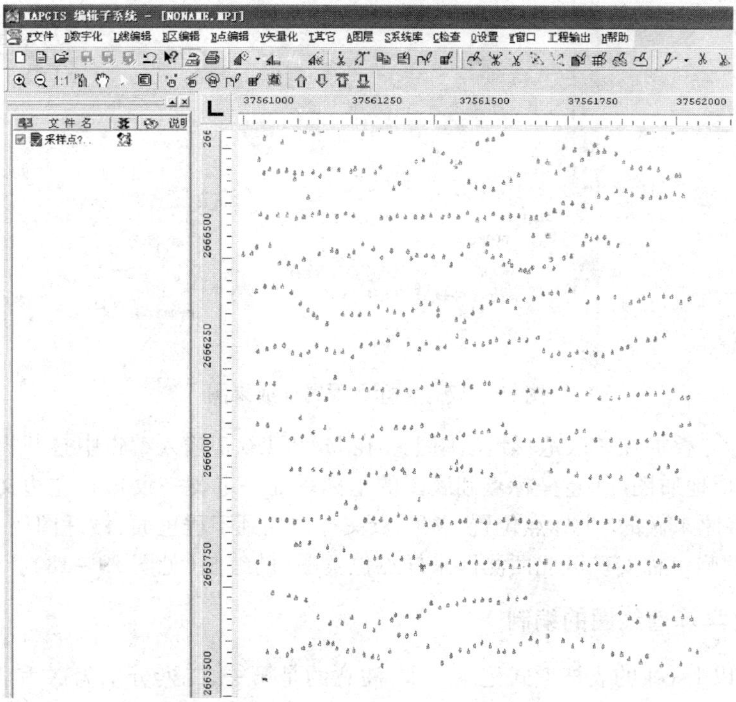

图 19 - 14　点文件编辑界面

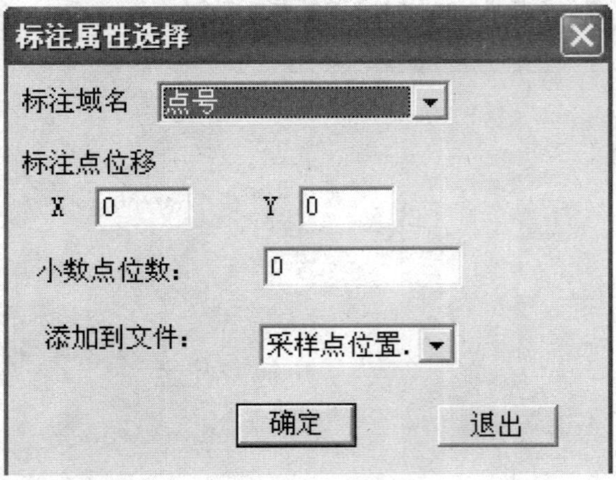

图 19 – 15 “标注属性选择”对话框

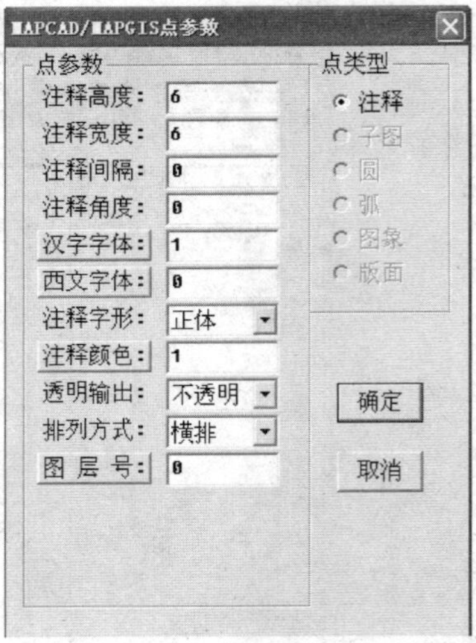

图 19 – 16 “编辑点参数”对话框

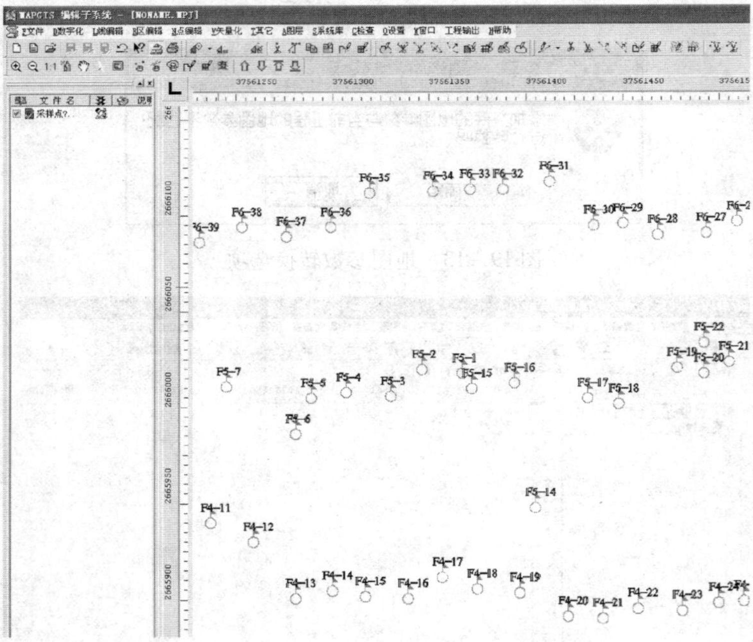

图 19 – 17 坐标点附属性成果图

（10）将坐标点叠加在矿区地形地质图上。在 MAPGIS6.7 输入编辑中打开提前做好的福安矿区北西测区地形地质图（注意坐标点和底图的坐标系统一定要一致），在左边文件名栏中点击右键添加项目，将原来做的“坐标点位置 . WT”点文件添加到工程里面，做好图例、图名和责任表等既可以完成“贺州市福安矿区北西测区采样点位置图”的编制（见图 19 – 18）。

19.2.3 地球化学等值线图的编制

将原始数据以 Excel 的表格形式记录下来，注意的是第一、二列分别为 X 和 Y 坐标，自第三列开始为各元素的含量数值，无数值的以 0 记录，不能空。以 Au 元素含量数据成等值线图为例，详细说明如下：

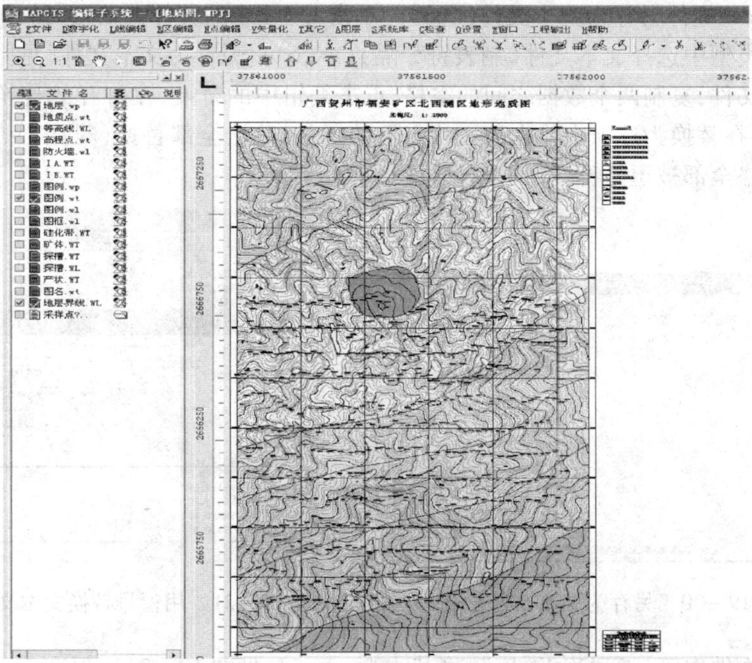

图 19－18 贺州市福安矿区北西测区采样点位置图

(1) 图 19－19 是一个 Excel 文件，只记录金元素含量数据值(PPb)，坐标系统采用北京 54 坐标系(图 19－19)，注意作图过程中坐标系统的一致性，方便图像的叠加与匹配。

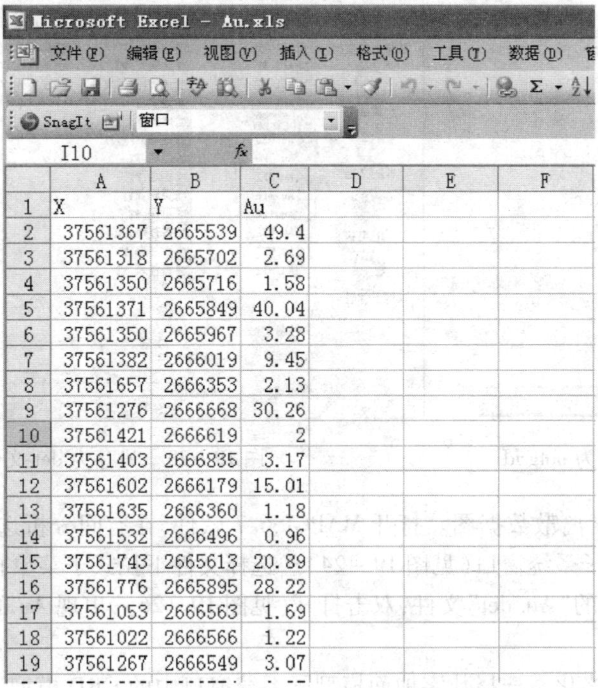

	A	B	C	D	E	F
1	X	Y	Au			
2	37561367	2665539	49.4			
3	37561318	2665702	2.69			
4	37561350	2665716	1.58			
5	37561371	2665849	40.04			
6	37561350	2665967	3.28			
7	37561382	2666019	9.45			
8	37561657	2666353	2.13			
9	37561276	2666668	30.26			
10	37561421	2666619	2			
11	37561403	2666835	3.17			
12	37561602	2666179	15.01			
13	37561635	2666360	1.18			
14	37561532	2666496	0.96			
15	37561743	2665613	20.89			
16	37561776	2665895	28.22			
17	37561053	2666563	1.69			
18	37561022	2666566	1.22			
19	37561267	2666549	3.07			

图 19－19 Au 元素含量数据

(2) 将 Excel 文件另存为文本文件(. txt)。单击 Excel 中的文件选项,选择另存为,在另存为对话框的保存类型中选择文本文件(制表符分隔)(＊. txt),另存为文本文件(见图 19－20)。

打开文本文件,复制两个数据之间的空格,点击编辑中的替换,在打开的替换对话框中的查找内容中粘贴,在替换为选项中输入英文状态下的逗号,单击全部替换(见图 19－21),至此,文本文件中的空格全部被逗号替代,关掉对话框。

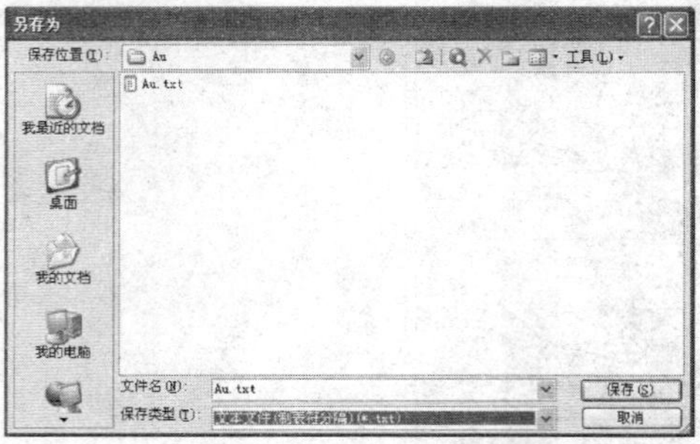

图 19－20　另存为文本文件

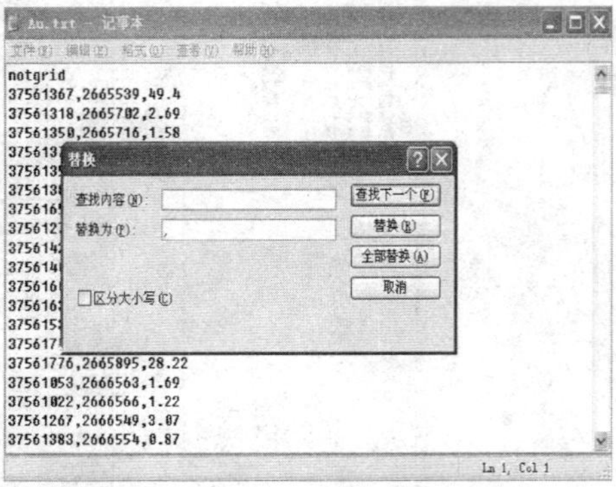

图 19－21　用逗号替换文本文件中的空格

选择文本文件中第一行"X,Y,Au",将其改为 notgrid(见图 19－22),保存。

(3) 将处理后的文本文件另存为 det 文件。单击文件,选择另存为,在另存为对话框的保存类型中选择所有类型,将文件名改为 Au. det(见图 19－23),保存,退出。

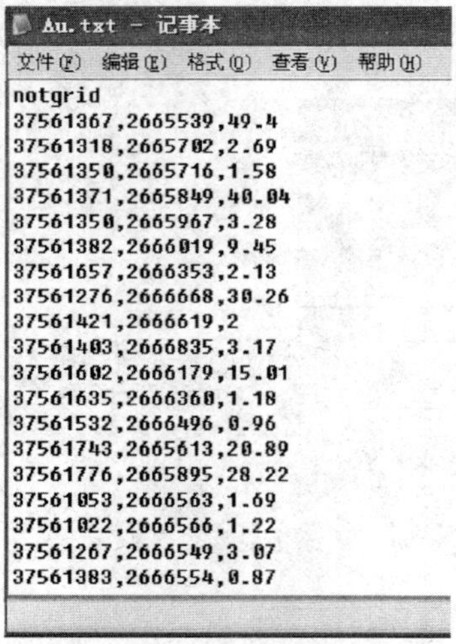

图 19－22　首行改为 notgrid

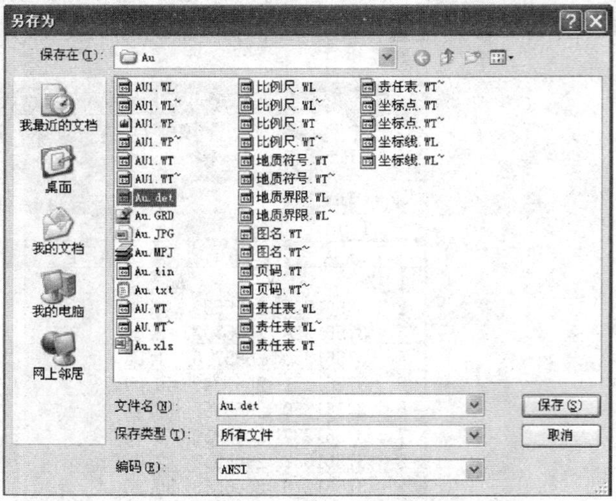

图 19－23　另存为 det 文件

(4) 生成 Au 元素离散数据图。打开 MAPGIS6. 7 软件,在空间分析选择 DTM 分析选项,单击进入数字地面模型子系统窗口(见图 19－24)。选择文件下拉式子菜单打开三角剖分文件(见图 19－25),选择建好的"Au. det"文件,双击打开(见图 19－26),出现 Au 的离散数据窗口(见图 19－27)。

(5) 离散数据网格化。选择数字地面模型子系统窗口中的 GRD 模型,单击其下拉式子菜单离散数据网格化,出现离散数据网格化窗口(见图 19－28),直接点击文件换名,将文件命名为 Au. grd,保存,退出。

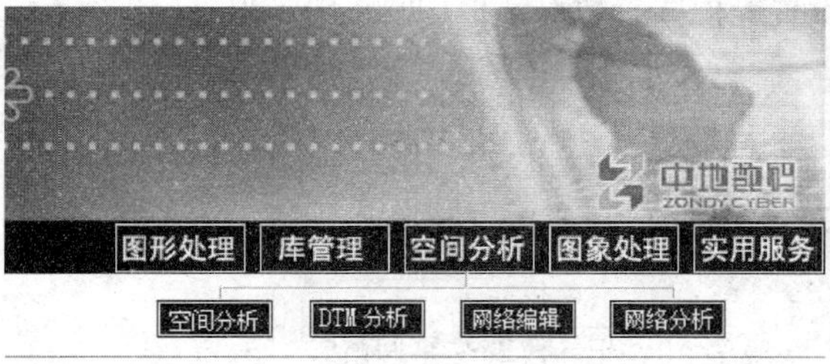

图 19 - 24　MAPGIS6. 7 主界面中 DEM 分析选项

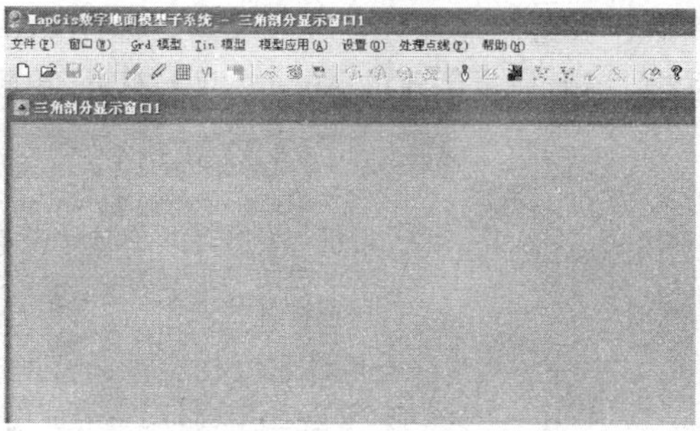

图 19 - 25　三角剖分文件显示窗口

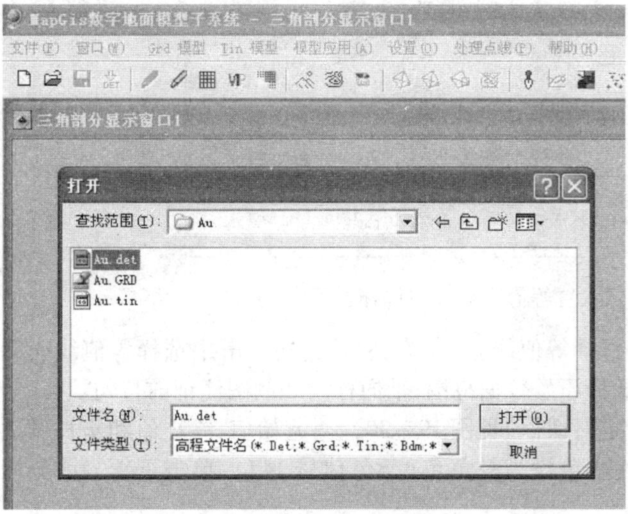

图 19 - 26　打开 det 文件窗口

图 19 - 27　Au 元素含量离散数据窗口

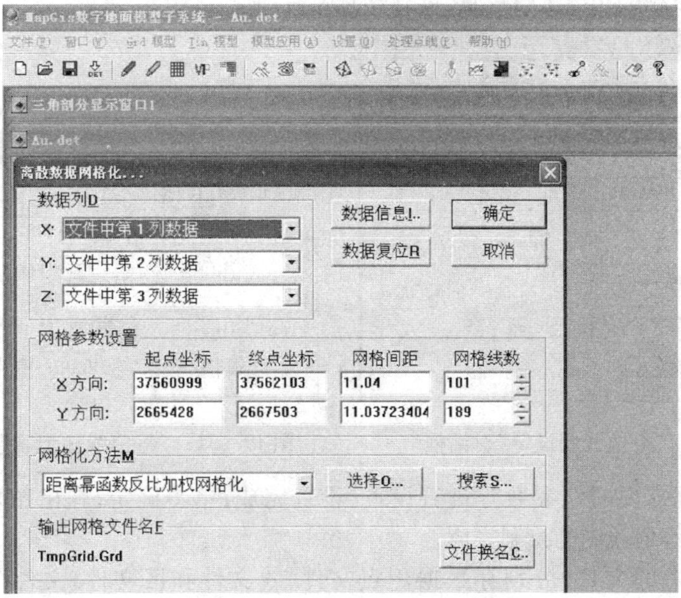

图 19 - 28　离散数据网格化窗口

(6) 绘制地球化学等值线图。选择 GRD 模型中的平面等值线图绘制选项,弹出打开文件对话框,将上一步创建的 Au. grd 双击打开,出现设置等值线参数对话框(见图 19－29)。

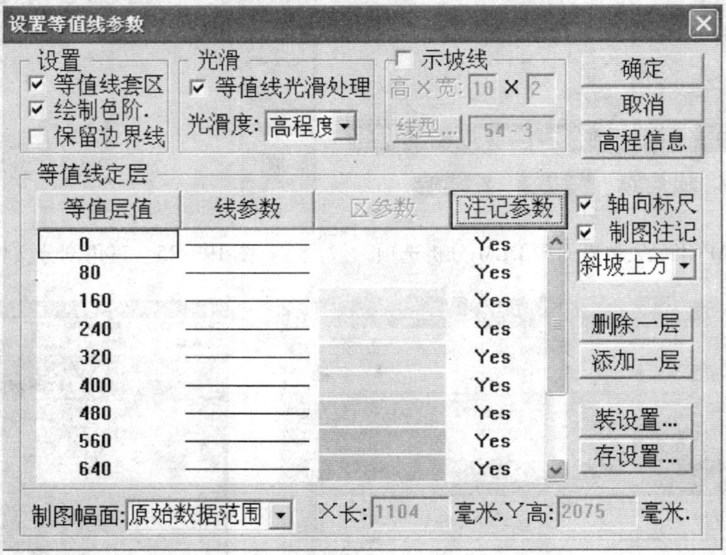

图 19－29　“设置等值线参数”对话框

在设置等值线参数对话框中,设置中选择等值线套区,绘制色阶;在光滑中选择等值线光滑程度处理,光滑度为高程度;制图幅面中选择原始数据范围;轴向标尺和制图注记前打勾。

单击等值线值按钮,弹出等值线层设定对话框(见图 19－30),对起始值、终止值和步长做适当修改,起始色设为白色(颜色代号 9),终止色设为棕黄色(颜色代号 147),单击更新当前分段按钮,保存选择。确认,退出。

单击注记参数按钮,弹出等值线注记参数设定对话框(见图 19－31),可以对图例的大小,等值线数据间距和习题大小等进行设置,设置好后确定,退出。

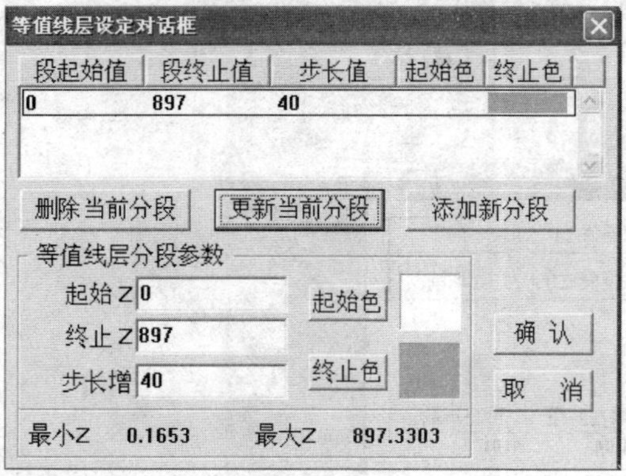

图 19－30　“等值线层设定”对话框

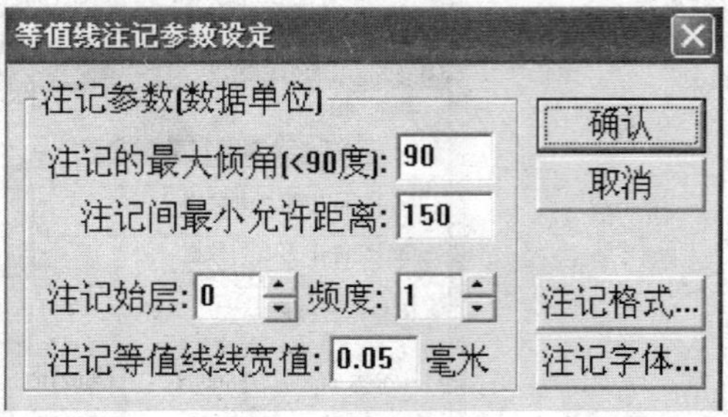

图 19－31　“等值线注记参数设定”对话框

另外可以根据需要对线参数等进行设置,设置完成,单击确定,弹出图形绘制窗口(见图 19－32),Au 元素等值线图的绘制完成。

点击主界面中的文件,分别存数据于点文件、线文件和区文件,文件名分别为 Au. WT、Au. WL 和 Au. WP,以备在输入编辑中对等值线图进行完善操作。

(7) 地球化学等值线图完善。打开 MAPGIS6. 7 图形处理中的输入编辑,将上一步保存的点、线、面文件添加进去，将已经做好的地质内容添加进去，加上图名、图例、比例尺等（见图 19－33）。至此，Au 元素地球化学等值线图的绘制工作彻底完成。

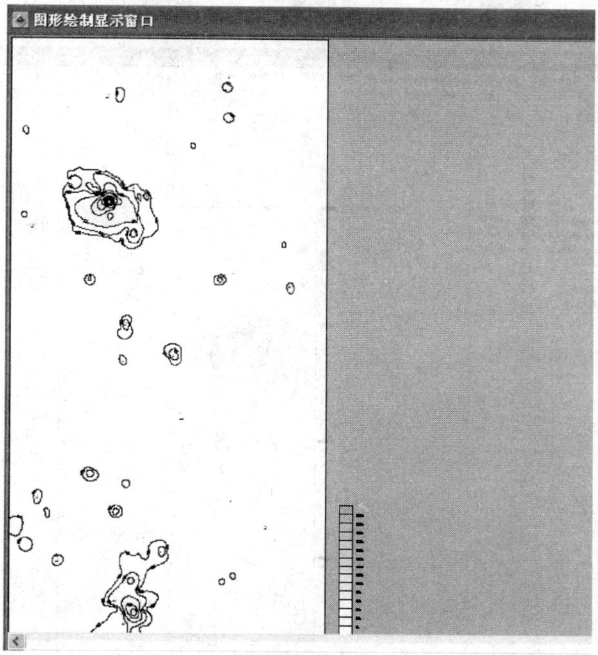

图 19－32　“图形显示绘制窗口”对话框

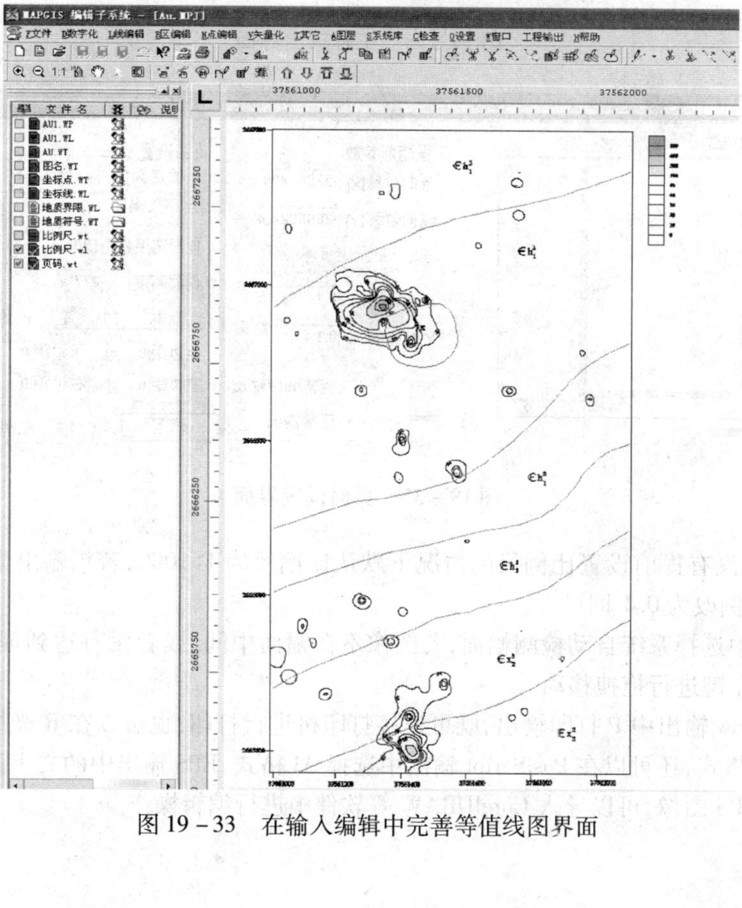

图 19－33　在输入编辑中完善等值线图界面

（8）地球化学等值线图输出。单击输入编辑界面中的工程输出，进入输出界面（见图19－34）。点击F文件中的页面设置，弹出工程输出编辑对话框（见图19－35）。

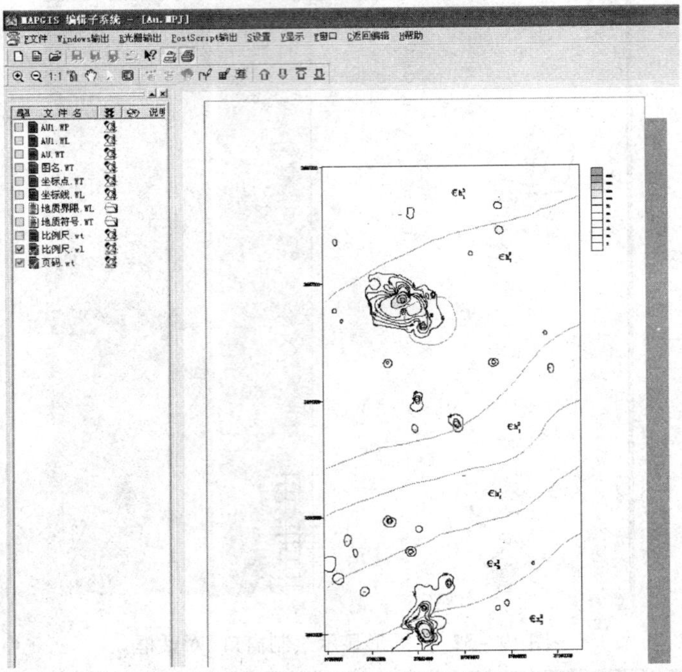

图 19－34　工程输出界面

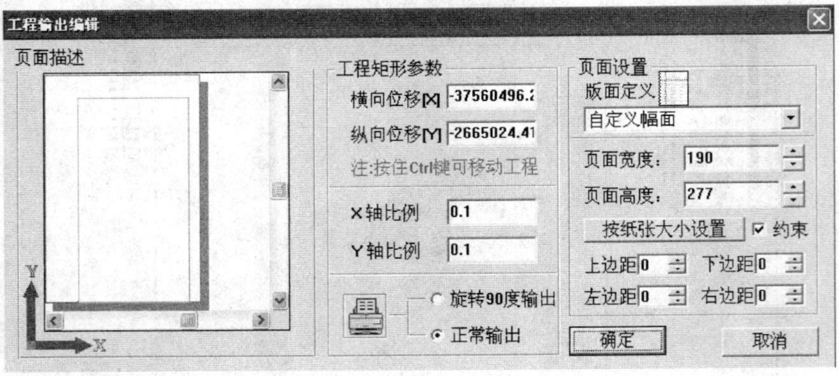

图 19－35　页面设置界面

注意：一般没有提前设置比例尺的情况下默认比例尺为1:1000，若想输出为1:10000，只要把X和Y轴比例改为0.1即可。

版面定义中选择系统自动检测幅面，若图像不在幅面中间，或者没有达到理想的位置，可按住Ctrl用鼠标左键进行拖拽移动。

选择Window输出中P打印输出，既可连接打印机进行打印，也可以在R光栅输出中输出为Jpg、Tif等图像格式，还可以在PostScript输出中选择AI格式，EPS输出中的文字按编码方式输出选项，输出成EPS图像，可以导入CorelDRAW等软件中进行编辑操作。

19.2.4　样品数据图的编制

在 MAPGIS6.7 中编制样品数据图，操作的前四步和编制地球化学等值线图一模一样，第五步可以选择模型应用中的高程点标注制图，弹出高程点标注显示对话框（见图 19－36），可以根据需要设置标注的位置、符号大小、标注字体大小等内容，设置完点击确定按钮。

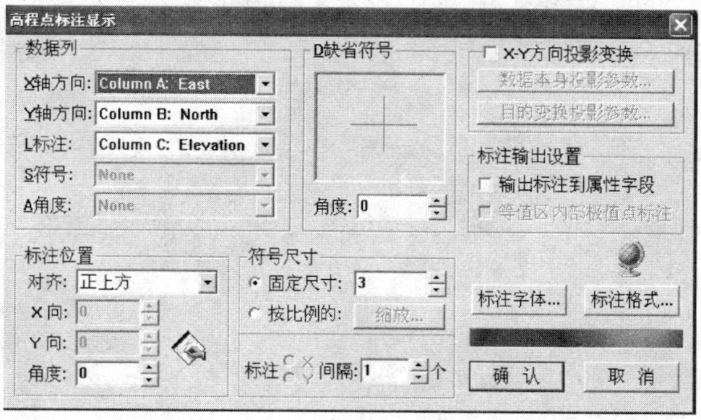

图 19－36　“高程点标注显示”对话框

弹出图形绘制显示窗口（见图 19－37、图 19－38），点击主界面文件中的存数据于点文件和线文件，分别保存为 Au－1.WT 和 Au－1.WT，样品数据图绘制完成。若有需要，可以再输入编辑中对样品数据图进行编辑操作，操作步骤同地球化学等值线图的绘制。

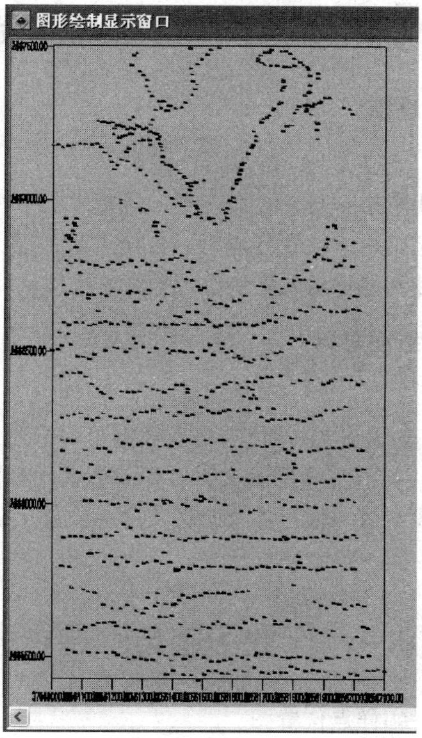

图 19－37　图形绘制显示窗口

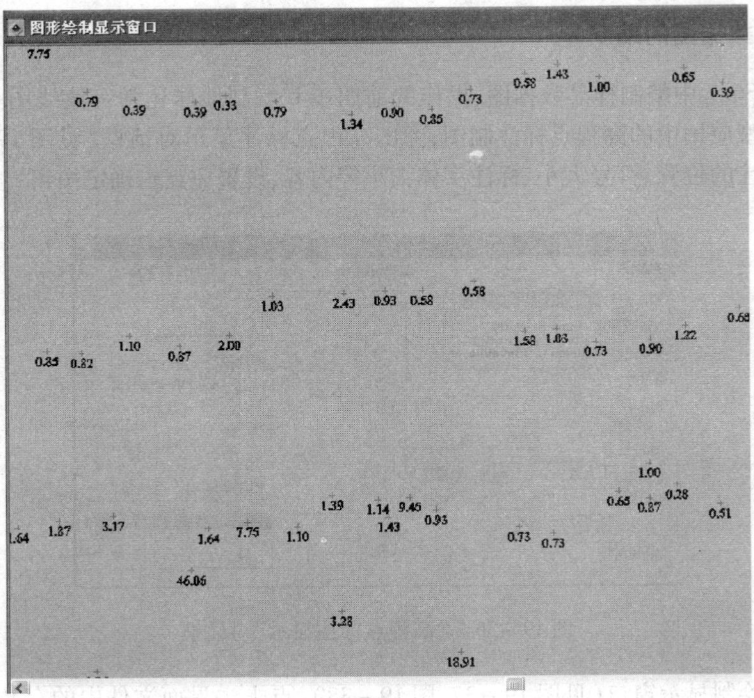

图 19-38 图形显示窗口局部放大

在工程输出中如何设置使图件按照实际比例输出？

19.3 流程分析及要点总结

19.3.1 编制采样点位置图总结

主要技术流程如下：

建立文本文件→逗号替代空格→打开投影变换→选择 P 投影变换→U 用户文件投影转换→打开文件→选择第二行作为起始行→设置分隔符→数据生成→点 1∶1 浏览数据→在输入编辑中标注点属→添加生成的点文件到地形地质图中。

19.3.2 编制地球化学等值线图总结

主要技术流程如下：

建立文本文件→逗号（英文状态下）替代空格→数据第一行改为 notgrid→另存为 det 文件→空间分析→DTM 分析→文件→打开三角剖分文件→Grd 模型→离散数据网格化→文件换名→平面等值线图绘制→设置等值线参数→保存点、线、区文件→在输入编辑中根据需要添加别的内容→工程输出。

19.4 作业习题与问题思考

（1）以现有的数据绘制一幅样点位置图。

原始数据（文本文件中的标准格式）见表 19-1。提示：只要将下列数据复制到文本文件中，即可按照本章所讲的操作步骤完成采样点位置图的绘制。

表 19－1 原始数据

X	Y	点号	X	Y	点号	X	Y	点号
37562048	2665601	F1－1	37561358	2665638	F1－33	37561365	2665812	F2－15
37562032	2665607	F1－2	37561338	2665601	F1－34	37561393	2665817	F2－16
37562011	2665574	F1－3	37561054	2665599	F1－35	37561412	2665790	F2－17
37561989	2665550	F1－4	37561076	2665600	F1－36	37561651	2665724	F2－18
37561966	2665572	F1－5	37561100	2665594	F1－37	37561633	2665721	F2－19
37561932	2665592	F1－6	37561111	2665603	F1－38	37561612	2665720	F2－20
37561918	2665578	F1－7	37561137	2665609	F1－39	37561589	2665713	F2－21
37561891	2665586	F1－8	37561153	2665616	F1－40	37561570	2665719	F2－22
37561874	2665595	F1－9	37561175	2665618	F1－41	37561552	2665718	F2－23
37561853	2665596	F1－10	37561195	2665620	F1－42	37561534	2665716	F2－24
37561831	2665613	F1－11	37561207	2665619	F1－43	37561511	2665718	F2－25
37561810	2665614	F1－12	37561215	2665607	F1－44	37561493	2665709	F2－26
37561782	2665627	F1－13	37561240	2665602	F1－45	37561472	2665706	F2－27
37561760	2665614	F1－14	37561255	2665603	F1－46	37561453	2665701	F2－28
37561738	2665626	F1－15	37561278	2665594	F1－47	37561433	2665711	F2－29
37561704	2665637	F1－16	37561298	2665589	F1－48	37561420	2665694	F2－30
37561679	2665625	F1－17	37561311	2665587	F1－49	37561407	2665682	F2－31
37561663	2665631	F1－18	37561320	2665569	F1－50	37561402	2665679	F2－32
37561641	2665619	F1－19	37562035	2665676	F2－1	37561377	2665680	F2－33
37561625	2665601	F1－20	37562015	2665681	F2－2	37561351	2665684	F2－34
37561603	2665601	F1－21	37561994	2665677	F2－3	37561342	2665673	F2－35
37561589	2665601	F1－22	37561972	2665665	F2－4	37561313	2665666	F2－36
37561570	2665614	F1－23	37561951	2665683	F2－5	37561301	2665649	F2－37
37561551	2665621	F1－24	37561935	2665685	F2－6	37561280	2665658	F2－38
37561535	2665615	F1－25	37561910	2665669	F2－7	37561250	2665678	F2－39
37561520	2665601	F1－26	37561893	2665678	F2－8	37561228	2665665	F2－40
37561500	2665604	F1－27	37561870	2665690	F2－9	37561200	2665665	F2－41
37561479	2665592	F1－28	37561249	2665819	F2－10	37561171	2665679	F2－42
37561458	2665575	F1－29	37561283	2665805	F2－11	37561143	2665717	F2－43
37561426	2665612	F1－30	37561303	2665814	F2－12	37561120	2665722	F2－44
37561397	2665641	F1－31	37561316	2665817	F2－13	37561104	2665728	F2－45
37561377	2665636	F1－32	37561345	2665822	F2－14	37561066	2665734	F2－46

（2）使用空格作为分隔符制作一幅采样点位置图。

思考：在投影转换中为何选择数据的第二行作为起始行？

（3）以现有的数据绘制一幅地球化学等值线图。

提示：原始数据（文本文件中的标准格式）见表 19－2。提示：只要将下列数据复制到文本文件中，把第一行的“X，Y，Cu 含量”改为 notgrid，再另存为 det 文件即可打开 MAPGIS，按照本章所讲的操作步骤完成地球化学等直线和样品数据图的绘制。

表 19－2　原始数据

X	Y	Cu 含量	X	Y	Cu 含量	X	Y	Cu 含量
37561367	2665539	49. 4	37561769	2665902	2. 28	37561718	2665450	1. 03
37561318	2665702	2. 69	37561769	2665955	1. 03	37561739	2665455	1. 14
37561350	2665716	1. 58	37561792	2666031	0. 93	37561759	2665456	0. 87
37561371	2665849	40. 04	37561805	2666128	0. 65	37561777	2665454	2. 52
37561350	2665967	3. 28	37561799	2666140	1. 1	37561791	2665476	0. 96
37561382	2666019	9. 45	37561800	2666170	10. 78	37561812	2665467	0. 82
37561657	2666353	2. 13	37561780	2666177	2. 13	37561841	2665460	0. 93
37561276	2666668	30. 26	37561792	2666223	1. 43	37561865	2665464	0. 87
37561421	2666619	2	37561733	2666319	1. 39	37561884	2665459	0. 82
37561403	2666835	3. 17	37561675	2666353	1. 43	37561906	2665457	0. 65
37561602	2666179	15. 01	37561667	2666363	1. 69	37561926	2665449	0. 58
37561635	2666360	1. 18	37561661	2666382	2. 28	37561949	2665449	0. 51
37561532	2666496	0. 96	37561405	2666621	0. 85	37561969	2665439	1. 93
37561743	2665613	20. 89	37561509	2666611	1. 22	37561990	2665452	2. 36
37561776	2665895	28. 22	37561535	2666591	0. 93	37562011	2665448	1. 48
37561053	2666563	1. 69	37561450	2666766	0. 87	37562047	2665461	0. 73
37561022	2666566	1. 22	37561743	2665613	0. 73	37562067	2665461	0. 65
37561267	2666549	3. 07	37561776	2665895	11. 14	37562081	2665465	0. 58
37561383	2666554	0. 87	37561379	2665447	12. 72	37562103	2665458	2
37561650	2666388	1. 14	37561402	2665459	4. 88	37561396	2665493	4. 72
37561448	2666636	2. 06	37561436	2665446	18. 3	37561416	2665514	114. 42
37561478	2666594	1	37561463	2665445	0. 79	37561439	2665500	255. 92
37561476	2666636	1. 07	37561484	2665428	0. 65	37561459	2665508	8. 28
37561475	2666661	1. 14	37561506	2665448	1. 43	37561483	2665512	1. 53
37561386	2666764	1. 111	37561521	2665458	2. 87	37561505	2665502	1. 64
37561344	2666886	9. 14	37561544	2665458	1. 93	37561530	2665491	0. 96
37561341	2666931	946. 23	37561564	2665450	2. 28	37561554	2665491	1. 22
37561729	2666667	36. 05	37561584	2665449	1. 03	37561574	2665494	0. 82
37561678	2665520	1. 58	37561606	2665462	1. 39	37561593	2665500	1. 58
37561800	2665744	4. 72	37561636	2665457	1. 22	37561615	2665509	0. 9
37561821	2665818	2. 06	37561671	2665471	0. 73	37561631	2665503	0. 85
37561816	2665839	0. 73	37561696	2665455	1. 03	37561650	2665498	0. 9

（4）如何改变等值线上标注数据之间的间距。

（5）如何改变等值线图右边分色柱的大小。

(6) 为何等值线图做出来有的地方太密有的地方太疏。

参考文献

[1] 吴信才．MAPGIS 地理信息系统．北京:电子工业出版社,2004.
[2] MAPGIS 操作手册．武汉中地信息工程有限公司,2003.
[3] 靖娟利．《地理信息系统》实验指导书．桂林工学院,2005.
[4] 武法东,田明中,詹骞．实用计算机制图．北京:地质出版社,2005.
[5] 李勤,王万银,崔莉．MAPGIS 在地球物理数据成图中的应用．地球科学与环境学报,2008,30(2):200 ~ 203.
[6] 李妩巍．MAPGIS 在地质制图中的应用．铀矿地质,2005,21(6):370 ~ 375.

[课外阅读]我的六字法则"定位、勤奋、执着"

(一)

昨晚一位毕业三年学生的家长请我去吃饭,讲到孩子成长的烦恼问题,这个学生两三年内见到别人做什么他也心痒痒,热情地去干同样的事情,眼见别人能成功而自己不能,苦思不得其解。

其实很多刚出校门的大学生都遇到过同样的心路历程与烦躁,万花世界都想去尝试一下,反正年轻有失败的资本和退路,事实上的结果是,不仅浪费了宝贵的年华,更重要的是挫伤了一颗继续勇闯的自信心。

此时需要静坐下来思索一下,如何找到自己差异化生存的要诀。

我认为要把握住"定位、勤奋、执着"六字法则,如何理解呢?

"定位"就是你要多想想你的优势在哪里?静心下来列出一个表格,左列是优势与特色,右列是缺点和不足,哪些是可以发展的,是自己喜欢的,有市场的,可以培养并突破的。例如改革开放初期,很多老师下海去经商,我的一些朋友也做起了电脑生意,我静下来分析这事真诱人,但不是我的优势,我还是热爱教学,特色是软件而不是硬件生意,因此不下海,我可以作为他们公司的技术顾问收一份加薪而不入股。然后又想,在软件领域里是做开发呢还是做应用?我认为开发不适于我们的生存环境,有时一年开发出来的软件只用到一到两家,没有生命力,这个领域不行,除了有时几天不思茶饭解决了一个算法傻乐傻疯外,几乎没有多少乐趣而言,而且累得要死,这行不适合我。

那么在应用领域到底选什么呢?我喜欢应用软件,因为从中能领悟到智慧带给人美好的享受,因此选择软件领域的应用软件的多媒体应用及行业软件应用这两个领域,那么就需要破解并熟练掌握相当多的应用软件才行,就像十八般武艺,需要样样精通,如果你掌握的软件有限,当别人给你一件事情做的时候,你只能用你掌握的有限软件去拼命实现它,苦不叠口,还以为自己没用功到位,影响了享受美好生活的时间和心情。

事实上有更多的软件群可以快速、完美地完成这个任务,因为你不知道这些软件工具的使用,因而制约了你的水平发挥。"工欲善其事,必先利其器",你掌握了 30 多个软件,先不要问这些软件能为你做什么,先学习学习再学习,到一定时候自然会水到渠成,你不知道左右逢源是多么地令人快乐,每个软件都有优点与缺点,就像管理一个团队,每个人都有长处和不足,事实上是没有完美的人才也没有完美的人,你到时就能使用 N 个软件进行优化形成一套快速的技术路线,来实现别人给你的活儿,从而得到金钱上的回报,定量地得到社会的承认。

知识换取价值是一种高级的满足,而且是成本最低并可以四海为之用的技能,它放在你的头脑里永远升值,你走到哪儿都是你"牛",空手走天下,我曾试着不带银两在一个城市生存一周,还结余了两千多元,靠的就是你的智慧与知识转换成通用的人民币。因此,开发你两肩上的大脑房地产,你是最有资格的优秀开发商。

因此我定位在"行业领域的群软件应用集成技术"这个点上,这就是我的差异化生存第一点所做的选择,到现在已掌握 130 多个软件了。其实人生很短,选择远比勤奋重要,方向不对,纵然使出再大的力气和汗水,耗损时间、耗损健康、耗损心力,到头来一事无成而迷茫,且还不甘心,这种事我见多了,他下一步就是怨天尤人,愤世嫉俗,你和这种人交朋友你也会变成这种样子,还不如不交这类朋友,交往一些积极心态的朋友,当然你也要以积极的心态去被别的朋友结交。

现在想想，经过20多年后成功者真是少数，大多当年下海的老师又想回校教书了，找一处避难所，上些不痛不痒的无用且空洞的课程，真是误人子弟；有些朋友在商海做生意也不成功，转行无数，牢骚满腹。我认为这都是人生定位不准，随意浪费自己生命的结果，值得我等反思，更值得我的学生们去借鉴与领悟。

(二)

定位准确不是一件简单的事情，需要听取别人的建议并要敢于修正，也需要多思索、多看书学习、多反观内心，不能定位得太高或太低，当定位确定好之后，第二法则是“勤奋”！

勤奋是一种美德，事实上很多人都愿意与勤奋的人在一块获取影响力，以加强自身的充实，弥补自身的不足。

我总认为自己是一只“笨鸟”，笨鸟先飞。18岁的时候就从湖北考到本院，学的专业是勘查地球化学，是找矿的一个较好的专业，当时在贫困的计划经济年代，因为家庭赤贫，唯一的愿望是早日有一份工作，有收入后，为老弱的父母分担家庭的责任，这个专业的收入较高，是个吃苦的专业，但我不怕苦，在很多同学认为专业不好而去放纵自己的时候，我始终在学习，一直是拿特等奖学金，每天少吃点，省些钱用在购买当时很昂贵的关于计算机技术的张张磁盘上，一年含来回路费，只用家里90元，当得到院级优秀班干部的奖金50元时，我把其中的15元寄给了父母买吃和穿，5元给弟弟读高中，10元给一直支持我的舅舅治病，剩下的买了一些磁盘装软件学习，不敢买吃的，读几年书几乎没吃饱过，读初中高中时有时是一天两顿，喝很多水还是治不了饿，有一次我看到一个同学大口吃桃子，我真羡慕，一直流口水，我想人生的快乐就是能大口吃上桃子，因此要为基本生存而奋斗，并且为爱我的人和我爱的人的快乐生存而奋斗。

为了在机房多待会时间，跟老师搞好关系主动拖地，当我坐在电脑前面的时候，不知人在何处，身心全融入到计算机世界之中，其乐无穷无尽，忘记了饥饿和时间，成绩自然也是最好的，一直参与老师的软件编程之中，帮助老师建立了很多图形图像函数绘图数据库。因此在毕业时吴虹老师一定要我参加遥感数字图像弱信息提取的研究课题，到如今吴老师已是遥感领域的博士生导师了，上研究生课的时候还把我当年做的本科毕业设计给学生看，言必称水平早已超过硕士，我知道这是他给我的鼓励，实在不敢当。后来学院把我留校了，当年留校三人，另两人从事于政工管理学生工作，我直接参与老师的科研实验工作之中，现在想起来还真不容易，如果不是在计算机方面表现出来的天赋与勤奋，恐怕现在不在高校而在矿业公司了。

毕业的第一年正好与清华大学毕业来我校的小陈住在一个宿舍里，当我看到他读五年清华，其读过的本科硕士课程教材依然是很新鲜的时候，表达了我想看这些书的愿望，他很支持。然后我列出了计划，在教一楼五楼的一个孤独的实验室里，幸运的是有一台铁架床和一台电脑伴随着我，每天在里面16个小时的苦学，累了洗个冷水澡，那真是一个快乐无比的时光，每天早上六点半起床，跑步洗澡后就到实验室，直到晚上一点回来，这时我感到非常劳累、非常充实、非常满足，那真是一个春蚕化蝶凤凰涅槃的时期，一年把所有的书都看完了，记了大量的笔记，这为以后计算机水平的发挥打下了坚实的基础，甚至比读一个本科计算机专业还要强，而且培养了自己自学的悟性和能力。

在以后的软件学习中，我利用空余时间，在别人玩的时候我在学习新软件，领悟其中的智慧，并把这些领悟传授给我的学生们，与他们分享软件带给我们美的享受，领略软件提高技能的境界。除了必要的锻炼外，在前15年里，几乎每天晚上不是讲课就是学习，几乎没有周六周日，现在好像节奏慢下来了一些，但绝没有松懈。

学习真是像攀登一座高山，越向上风光越美丽，越能让你心旷神怡，当你走到一定高度时，你的思维也得到了相应提高,眼光也高远了,心胸也开阔了,事实上这也是一种个人的修炼啊。我在读博士的时候,接触过的著名教授和院士们都是大视野、大境界的一代高宗,从哲学的高度探讨一些科学问题,我真差远了,还得苦苦修炼才行。

我的母亲几乎没有文化,一生命苦,认得的几个字还是我不断地重复教她得来的,到如今想到她识字念字的认真劲我都觉得是一种温馨和感动。母亲给我说过"人不要怕用了力气,这力气越用越有,穷人是不缺少的;人也不要怕吃亏,有东西吃总比饿着强;不要懒惰,你春天多种一些,秋天总能多收成一点",对我来说,这简直就是经典著作,比伟大领袖的指示还要管用,深邃的道理在朴实无华的母亲那里得到了完美的诠译,大道自然。

但愿我的研究生、我的弟子们、我的学生们都能放下自认为聪明的所谓伪自尊,踏实学习,多多请教,土低成海,人低成王,虚心领悟,一定能成为一个个优秀的年轻人,事实上多年的教学也影响了一批学徒,他们在社会上已经成功了,这一点真是满足了我作为一名教师的虚荣心啊,想想看,当学生成功后当我的面笑着对别人说我就是陈老师的弟子,这岂止是好听,完全是我的骄傲。

(三)

人生有了适应于自己特长的正确定位、不辞劳苦的勤奋还不够,"执着"是最后由量变到质变的关键。

我常常用灯光来给学生比喻精力集中所爆发出的能量差别:同等时间内,一盏 60W 的泛光灯不够亮堂,是因为光量子向四周扩散了;一盏 40W 的日光灯比它更亮,因为光量子大多集中起来产生了辉光;如果一台 15W 的激光呢,它足够可以穿透板材,是武器级别了。什么原因导致功率越小能量却越大,道理很简单,激光集中了所有的光子向同一个方向聚焦,产生了能量的叠加效应。人也一样,如果所有的精、气、神朝同一个目标聚焦,你会发现力量出现了倍增效应。所谓成功是迟早的事情,一路上收获果实也只是人生途中的顺带结果。

在地学领域也是有同样的情况,钻孔打钻才能验证地下有无矿体,我在矿山看到有很多新发现就是在原来的废孔中继续下钻后发现了新的矿脉,如果一个钻孔打到 500 m 还没见矿化,如何办?继续向下花费更多且难度更大,可偏偏再向下打一两百米就可见到矿体,这次广西大厂 215 队在铜坑布下的钻孔就是在 420 m 时继续向下掘进了 153 m 见到了两条富矿脉,我在给 215 队工程师上课的时候,范总说真想放弃之前的努力,这一见矿结果不仅让他们成为全国的模范,而且为广西找到了近三百多亿的矿产储量,其开采出来带动的间接社会财富不可估量。是什么原因导致有些人所说的前功尽弃?其实前功并没有丢弃,只要再坚持一下,执着一下,成功往往就在眼前,古人所说的"水滴石穿"还是值得琢磨琢磨。真理是这个样子,可是要实现起来的确不易。

我身边有很多老师和朋友经常更换自己的研究领域或经营范围,有很多学生也是不断地更换工作或是男、女朋友,我觉得这是一种浪费生命的习惯,一个人不执着往往极易迁怒于环境,我院有一个老师调出去后到过四所大学任教,到如今说还是我们学校好,我说你也可以回来啊,如今好马也能吃回头草的,关键是你认识到了自己的不足。我不喜欢调动,总信奉"远跳不如近爬"的人生哲学,纵向挖掘自己的潜力,把自己当作一支潜力股票经营,执着地朝一个方向努力再努力,并把这种努力转变成人生的一种乐趣来对待,享受一件快乐的事情。我以前不理解为何愚公一定要移山呢?为何不搬出去住更方便快乐呢?才知道原来向一个方向努力也是人生的一种修炼,他是在挖掘快乐与充实,有可能唱着山歌和子孙们在持之以恒地劳动呢,快乐与充实并非是你变得富裕了才有,有时在执着中才能真正体会得到。

今年过年后要过四周才上课,我看了看我们系的老师,很多早就在工作室工作了,可是有些老师尤其是搞政工的一定要等到开学才到办公室,还没玩够,这里可以看出一个区别:有些人把教书当成自我生存的一个“职业”来对待,而有些人把教学当成自己的一种“事业”来享受。我的老师宋慈安教授对我说,60 岁的他得到了国家自然基金就是政府支持他玩游戏,更方便地做自己喜欢做的事情,而且他一直在执着地研究他快乐的植物地球化学找矿领域。人生境界真的不一样,我愿意在我的工作室里经营我的人生事业,因此没有所谓的加班加点受苦受累,是一种自愿、是在找乐、是一种牵挂、是心的依靠,这就是“执着”。

终于把我这个六字方针写完了,可能有些长了点,但愿我的学生们以此为借鉴,参考自己的情况,把握好人生的方向盘。有的会说到,我还没有特长怎么办,不要玩,跟着我学习吧,学会两套技术后再去闯。

2009 - 2 - 17

第三篇　地质体三维模拟系统3DMine在数字矿山上的应用

矿业软件的应用是一个逐渐被认识的过程，经过20多年的发展证明，矿业软件已成为矿山循环过程中的四个必备条件（资源、设备、技术、软件）之一。要真正实现计算机系统帮助矿山提高生产效率并降低成本，必须对矿业软件的应用特点有明确的理解。

国际矿业软件起步于20世纪70年代，早期的矿业领域应用计算机还是落后于其他的产业，基本上都是从某个功能的计算机应用开始，或是基于专业技术——测量、图形、可视化、地质数据计算等需求在计算机上的应用。

随着我国对外开放和矿业市场环境的变化，很多外国矿业企业进入中国，他们直接带来了国外软件产品以及围绕着如何提高矿山生产效率和管理效率、提高矿山开采的技术水平等方面的实质性成果，带动了矿业软件的发展。与此同时，国外矿业软件商也开始将市场转向中国，国内相继出现这些国外矿业软件代理商（如Datamine、Micromine、MineSight、Surpac等），他们利用自己在国内的客户关系与国外软件厂家密切合作，使得目前国内矿业软件市场正在迅速发展。

3DMine矿业工程软件是国内第一款拥有自主知识产权、全中文开发、完全达到国外同类软件模块功能、符合国际行业标准且易于操作的三维矿业软件系统。3DMine软件打破了过去国外软件垄断的局面，为我国地矿行业实现信息化和数字化提供了专业的软件平台。

3DMine的学习分别从三维矿业软件介绍、地质数据库应用、地质模型的建立、地质统计学应用、储量计算方法和测量应用等方面，以基本概念、软件操作和显示结果为主要形式进行介绍。在每个章节之后，将配有练习数据，从而可以做到学以致用。

书中配套的光盘中有北京东澳达软件有限公司奉送给读者的一套教学版的3DMine软件，需要软件的其他相关资料可进入其网址：www.3dmine.com.cn，需要更深层的培训学习可以在网上预约联系。

20　三维矿业软件的发展现状

20.1　矿业信息化概述

“数字化矿山”的论调早已提及，目前已到了万事俱备的时候，数字化给矿山企业带来了全新的速度和效率提升。近年来，随着我国矿业经济的繁荣以及信息技术的发展，我国矿山企业对信息化软件产品的需求大量增加。实现矿业的可持续发展，达到资源开发与环境保护和谐统一，是“十一五”矿业发展规划要解决的重要任务之一。

矿山信息化即是挖掘先进的管理理念，应用先进的信息技术去整合矿山现有的生产、经营、设计、管理，及时地为矿业“三层决策”（战术层、战略层、决策层）系统提供准确而有效的数据信息，以便对市场需求做出迅速反应，进而提升矿业经济核心竞争力的过程。矿山企业作为资源开发的主体，其信息化不单是矿山技术信息的管理，更重要的是矿产资源管理、组织结构、业务流程的系统建立和延伸。

20.2　在矿业生产管理中的应用

矿业软件服务于地质、采矿、选矿和设备维修管理等方面。矿业软件主要模块的功能包括：矿山地质数据的获取、输入与管理，建立矿床地质模型，实现矿山地质图件编制，运用地质统计学进行品位估值，引入块体模型的概念进行储量估算，进行三维采矿设计等。在真实三维环境下，延伸到露天境界优化、生产进度计划编制、爆破设计等领域的应用，构成了矿业信息化的基础。结合实际空间信息（GPS定位系统）的应用，在虚拟现实平台上，完成采矿过程。可以清楚地显示矿山实际面貌：矿区地形地貌、矿体形态、构造布局、采矿工程设计等，并改造传统管理模式，将矿山开采环境可视化评价与矿山开采方案优化选择/设计、开采计划编制、矿山井上/井下通讯系统、生产调度与过程控制、开采环境监测、灾害紧急撤退系统、矿山生产过程模拟、矿山ERP管理系统相结合，实现矿山资源优化配置，资源合理开采，获取最大经济效益。这种全新的矿山信息管理模式在采矿系统工程中能将各种采矿工序融为一体，实现实时管理，提高矿山生产管理效率和矿山开采的技术水平，最终实现采矿作业的全面自动化。

20.3　矿山资源模型及基本原理

20.3.1　建立数据库和矿体模型

一般根据不同阶段的勘探资料建立数据库。数据库通常由三类文件组成，即工程定位文件：工程空间定位、深度和轨迹类型等数据；工程测斜数据文件：包括工程测斜位置、方位与角度等；工程编录数据文件：包括物探及化探异常值、各种探矿工程样品的品位、岩性、构造、岩石力学数据等。数据库和三维图形系统紧密相关，通过三维软件平台可以迅速浏览钻孔和剖面的图形。在屏幕上可以选择和编辑感兴趣的钻孔剖面，通过查询工具可以快速报告中段或者剖面上的品位和面积等情况。形成的钻孔图形中，能显示钻孔的岩性、品位、轨迹和深度等。这样，可以应用边界品位指标，在充分考虑投资和赢利的时间价值后，动态地圈定矿体，再由一系列的剖面，可以自动或者手动创建实体模型，用数字化表面模型去切割某一个实体，快速计算出精确的体积。

20.3.2　建立资源模型

基本原理是引进块体模型的概念，运用地质统计学的方法，对矿体空间进行估值，从而形成精确的资源模型。运用块体空间逻辑约束的方法，求出任意范围的资源量和储量级别。

块体模型具有灵活的资源建模功能，每个块的属性可以量化或描述，也可以在任何点增加或者删除块的属性，这些属性可以是矿石的品位、质量、成本、物理特征等。块体的属性和图例可以用不同颜色显示。块模型可以在采矿设计中组合约束条件，根据合理的定义，在限定的区域内，快速提供矿块的体积、重量、品位等，从而可以在矿山生产过程中，结合生产勘探资料，实时对矿体进行二次圈定，及时反映矿体的形态、规模、品位和构造的变化，准确把握三级矿量和资源量的变化趋势，从而计算矿石储量及质量分布，评价矿床的开采价值。

经过实践表明，只有通过真三维平台对钻孔、物探、测量、设计等数据进行过滤和集成，并实现动态数据维护（局部快速更新、细化、修改、补充等），才能对三维地层环境、矿山实体、采矿活动、采矿影响等进行真实的、实时的真 3D 的可视化再现、模拟与分析。应该说,通过矿山 3D 拓扑建模与分析技术是矿业软件的主流方向。

20.3.3　矿山优化与设计

20.3.3.1　境界优化

块体模型是实现境界优化的前提。在所有子块中,除了相应的矿石品位值外,可以赋入矿产品的单位售价、采矿成本、选矿成本、运输成本,以及台阶高度、边坡角度等参数,形成经济模型。在此基础上,运用浮锥法和 L－G 法可以圈定出实现“净现值”最大化的露天境界。通过三维软件,不仅可以快速完成复杂的计算过程,而且还可以通过调整某些参数,快速计算不同的方案结果,为设计人员提供设计方案可靠的比选数据。

20.3.3.2　采矿设计及其优化

可以利用图形模块中的三维设计工具,充分利用矿山地质、岩性和构造模型,在屏幕上完成三维数字化设计工作。

在露天采矿设计中,可以快速形成台阶、公路、掘沟位置和坡道。结合矿体品位分布和最终境界位置,动态调整台阶位置和公路设置,动态圈定采掘带和矿岩量,并快速打印成图。

在地下采矿设计中,可以按照设计参数快速形成工程立体图,可以选定中心线,使用实体模型工具形成天井或巷道的三维模型。可以根据相关参数,通过指定位置或指定点完成岔道设计。品位控制模块可以提供诸如刻槽取样或爆破孔的信息,方便地获得井下剖面的顶、底板测点数据和爆破设计图形。

20.3.3.3　矿山生产进度计划与实时监控

A　进度计划

软件将矿山管理的大部分信息,包括地质、测量、采矿的信息集中在一个系统中,便于统筹使用和管理。解决了开采计划中矿物多样性、目标多样性、采矿地点多样性等复杂情况带来的难题,可以方便地解决哪里开采、如何开采的问题。

软件可快速报告开采工作进行的地点,并且给出每个周期的开采数量和质量。整个矿山的开采进度计划可以在几分钟内模拟运行一次,同时可以对多个开采方案进行有效的分析。

软件具有的功能特点为:计划的时间段可以是任意长度(小时、天、周等),可以改变单个时间段;可以定义多种矿石与围岩,可以在开采时间段中根据品位的变化和地质标准来改变矿石与围岩的原始定义;可以根据单个矿物或多种矿物的组合来计算生产率;多个采矿点可以使用单一的生产参数,也可以交互使用不同参数;可以根据块模型的属性值(如岩石类型)来改变生产率;可以定义一体化的存储管理;可以定义自己的数学表达式,得到开采时间段内的平均和综合结果;可以得出多矿物多地点的单个或混合的结果(品位、重量、表达式);可以自动生成时间段内的生产结果图形,每个图形包含有属性、品位、重量等;允许管理人员在屏幕上研究生产计划,在不同的开采区域中用图形查询功能了解矿石品位等情况。

B　虚拟现实系统

在矿床三维可视化的基础上,利用智能化技术优选开采方案,并将选定的开采方案数字化,利用虚拟现实(VR)技术创建出逼真的三维矿山工程环境,将初步设计方案在 VR 设计系统上“预演”,模拟分析开采方案的可行性及各种技术参数、经济指标的合理性,为矿山设计、建设、生产、管理提供决策依据,为实现矿山无人开采或少人开采奠定基础。

矿山虚拟现实系统通过虚拟的工作区和生活区的构建,使用户犹如处在真实环境之中,通过漫游了解生产与生活区，通过与三维虚拟环境的交互，对生产设备进行操作使用，达到一种身临其境的感觉。随着 GPS 技术的发展，在上述真实三维环境下，接入 GPS 实时数据，能够随时查询车辆所在的位置，并在三维空间上直观地显示出来，通过合理路线的调度，可以规划车辆的运行线路，也是矿业企业进行安全监控、员工培训和规划管理的辅助工具。

20.4 3DMine 矿业工程软件的开发与应用

3DMine 软件就是在充分了解国外矿业工程软件的架构、模块构成和开发模式的基础上，采用先进的三维技术和软件设计理念，算法思想先进，软件界面友好，操作交互性强，简单易用，符合中国矿业行业规范和技术要求的普及型三维软件系统。随着矿山行业的发展，矿业软件必将是未来矿山工程师们日常应用的工具之一。

3DMine 由核心模块、测量模块、地质数据库、地质模型、储量计算、地质统计、露天采矿设计和地下采矿设计等 8 个主要模块组成，具有空间分析计算、剖切制图、飞行浏览、信息查询等功能，建立深(高)度可视化的矿山资源信息服务工作的基础软件平台，为矿山勘探报告、预可行性研究、资源开采效率管理和生产数据管理提供快捷、有效的服务。

21　3DMine 软件构成和特点

3DMine 软件是一个界面友好、功能强大的三维显示和浏览平台,也是一个完全集成的数据可视化和可以编辑的真实环境,有 Excel 和 CAD 使用经验的人很容易上手,因此称它为矿山工程师的 Office。

21.1　基本概念和约定

21.1.1　软件界面组成

软件的界面如图 21 - 1 所示。

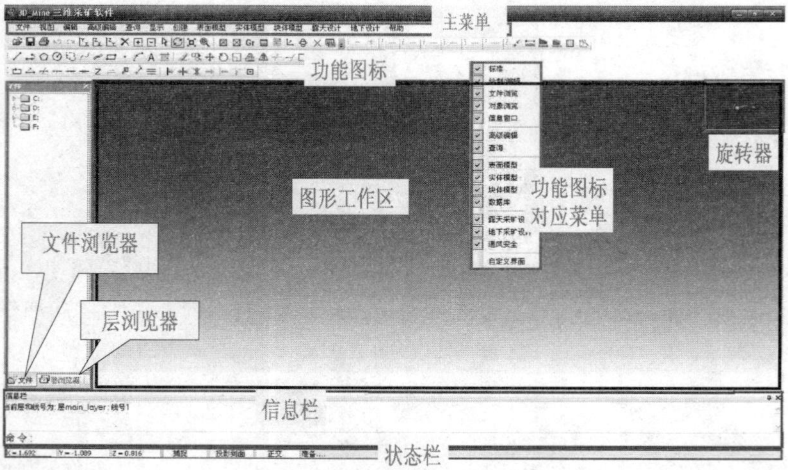

图 21 - 1　3DMine 软件界面及说明

(1) 主菜单栏。主要功能划分了很多主菜单,根据逻辑关系将同类应用功能放在一起方便用户查找使用,包括一般的编辑功能、高级编辑、数据库、地质模块、采矿设计等。

(2) 工具栏。一般位于菜单栏的下面。工具栏就是一些常用的菜单命令以图形标志的快捷方式摆在工作界面上,使运行常用的命令更加方便快捷。

(3) 层浏览器。3DMine 软件是一个基于图层管理的矿业软件,在 3DMine 中每载入一个文件都会将其文件名作为一个图层显示在层浏览器中,层浏览器可以对当前载入图形区的数据进行显示和隐藏的控制。

注意:当载入面文件时层浏览器中将添加两个图层,还包含一个线图层,因为 DTM 面是由线构成的,当载入面的同时线文件也被载入。

右键单击图标空白区在下拉菜单中选择对象浏览,或选择"视图→工具条→对象浏览"即可以将层浏览器调出或隐藏。

左键“新建空白层”将弹出如图 21－2 所示对话框。输入想要创建的图层名称例如“点层”，则在层浏览器中将会生成新的图层。

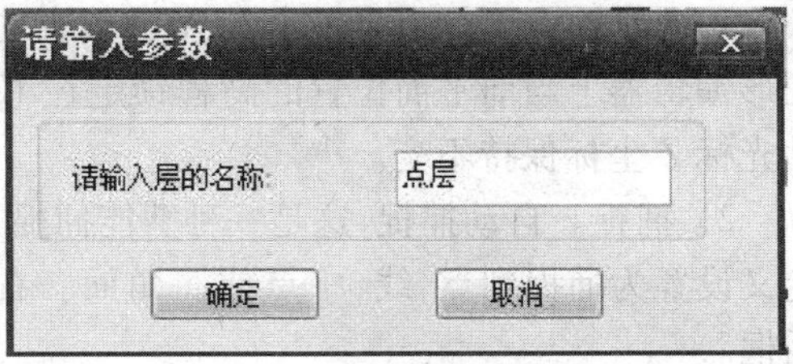

图 21－2　新建层参数设置对话框

（4）文件浏览器。显示所有文件，类似于资源管理器。右键单击图标空白区在下拉菜单中选择文件浏览，或选择“视图→工具条→文件浏览”即可以将文件浏览器调出或隐藏。

每做一个工程时可以将其目录设为当前工作目录，一旦设置了工作目录以后项目接下来的操作很多文件的导入和保存都会默认该文件的路径。

（5）图形工作窗。通过调入相关的文件，可以察看和编辑图形数据。

三维状态下在图形工作窗上的任一点右击，如图 21－2 所示，可见如下选项：

1）切换到二维：在图形工作窗上直接右键，在弹出的下拉菜单中左键单击第一个选项可立即实现从当前三维视图到二维视图的切换。

2）XY 剖面：将 3D 图形转到 XY 剖面上查看。

3）从剪贴板粘贴线条：这是 3DMine 中独特的数据导入形式。在 Excel，Word，写字板中选择坐标数据复制，在 3DMine 图形界面上直接右键点击从剪贴板粘贴线条立即可在图形工作窗中查看与数据对应的图形，轻轻松松即可将简单的文本数据导入为线条数据；同样，在 3DMine 图形界面上选择图形后右键复制坐标到剪贴板，转到 Excel，Word，写字板直接粘贴即可见所有点线的坐标及属性信息，不同线条之间以空行分割。同样可以通过在 3DMine 上选择图形后右键复制坐标到剪贴板，转到 CAD 中右键选择粘贴板菜单→从剪贴板粘贴线条，这样就可以快速将 3DMine 中的图形数据转到 CAD 中去，同样，复制 CAD 中的图形在 3DMine 中右键点击从剪贴板粘贴线条也可实现将 CAD 中的图形数据转到 3DMine 中来。这是 3DMine 软件的特色之一。

4）线显示设置：此对话框也可选择“视图→当前线显示”设置左键点击调出。在图形工作窗上线条和面的显示属性和风格样式可以通过用户自定义完成。在图形工作窗上右键选择线显示设置即可弹出点、线、面的属性，可以通过键入或下拉菜单中选择。默认的线条颜色为白色，面的颜色为黄色，若要改变默认颜色，直接左键单击颜色选择器，可以任意自定义线和面显示的颜色。

5）系统设置：右键图形工作区左键单击最后一个选项即可自定义系统设置（此对话框也可以选择视图→系统设置左键单击调出）。通过对话框中颜色和图形显示模式进行设定。

（6）状态栏。位于界面下方的窗口，左键单击视图→状态栏可调出或隐藏。

1）显示当前光标位置的动态三维坐标，随光标的移动而变化。双击 X、Y 或 Z 坐标的任意位置，即可弹出如图 21－3 所示的对话框。

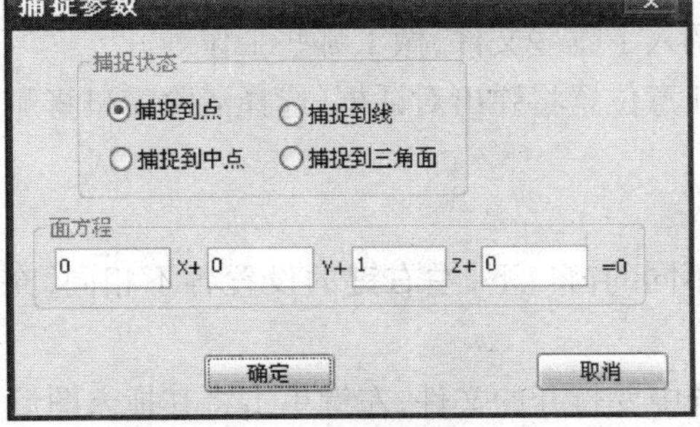

图 21－3　“捕捉参数”对话框

可通过输入坐标值来锁定 X、Y 或 Z 方向上的距离，如双击 Z 坐标在对话框中输入 1290，使图形编辑器上当前平面位置的高程锁定在 1290 m 上，Z 坐标处会显示为蓝色表示已锁定，再移动光标 Z 坐标保持不变。

2）捕捉。自动捕捉，这是一种智能捕捉方法，捕捉状态可由运行命令自动设置，用户也可自定义设置为捕捉到点，线，中点或三角面。右键点击“捕捉”二字，将弹出如图 21－3 所示的对话框。

这里只介绍捕捉到三角面，捕捉三角面通过输入面方程确定，我们知道一条线的方程为 $ax+by+c=0$，面方程为 $ax+by+cz+d=0$，怎样得知捕捉的面方程的系数 a,b,c,d 值呢，可以通过选择“查询→三点面方程”来查询，在需要查询 a、b、c、d 值的面上任意选择三个点左键点击，在信息栏中将出现图 21－4 所示的信息。

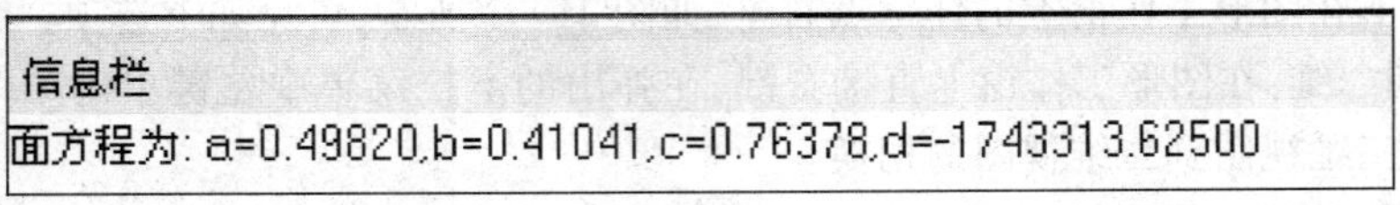

图 21－4　查询三角面信息栏提示

按照信息栏中显示的值输入到面方程中，从左到右依次为 a、b、c、d，如图 21－5 所示。

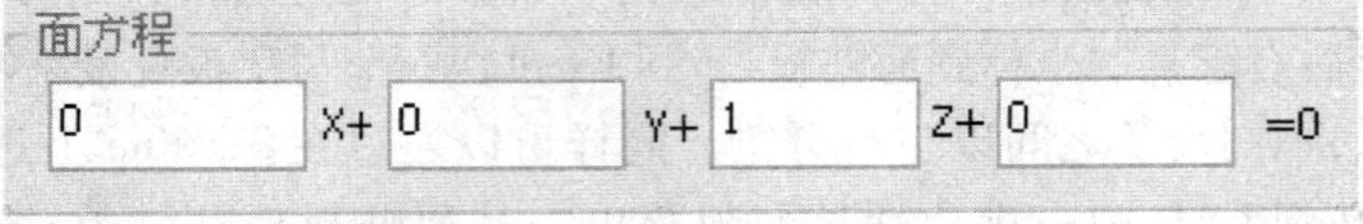

图 21－5　面方程参数输入对话框

3）正交。正交功能用于绘制水平线和垂直线。

方法：左键双击状态栏的正交键（即打开了正交功能），这时就可以创建线段或多线段绘制水平线和垂直线了。在正交状态下，是不能绘制斜线的，再次双击“正交”键可关闭正交功能。此外，在正交状态下对对象进行移动的操作也是只能垂直移动或水平移动。

4）操作提示栏：当用户运行某一功能时对用户操作有指导作用，它可以提示用户在每一步执行哪些操作，显示命令运行的进展情况，对正在进行的功能是有用的指示器。用户要注意在运行命令的时候随时查看该栏中的提示。

5）显示是否命令正在运行及命令运行进程。

（7）旋转器。在三维环境下，用鼠标旋转时可以实现对三维图形的旋转位置进行查看。同时在二维状态下直接在旋转器上就可直接实现对 3D 图形的旋转查看。

（8）信息栏。提供某一功能运行的结果或过程进行中的情报信息，操作者可以通过查看信息栏中的信息了解之前都调入了哪些文件，做了哪些工作等。

右键点击信息栏中的任意位置将弹出对话框，选择清除窗口将删除信息栏中所有历史纪录。

21.1.2　鼠标的运用

在 3DMine 软件中，在不同的窗口下，左右键的设置各不相同，充分利用了这一点并注入了更多的应用技巧与方便。

（1）在文件浏览器中选中要打开的文件，左键单击将其拖入图形工作窗中后松开左键，即可实现文件在图形工作窗中的查看和编辑。在状态栏的右边会显示文件调入工作窗的进程。

（2）在图形工作窗口中三维状态下，左键旋转，中间缩放，右键切换。

（3）在图形工作窗口中二维状态下，左键进行选择，中间缩放，右键对所选择对象进行编辑处理；并且同时按住 Ctrl 键和左键同样可实现三维旋转。

（4）在文件浏览器中，与 Office 操作风格一致，左键选中任意对象，右键选择编辑。

（5）在层浏览器中，左键选择的不同属性（线、体）层，右键可以进行编辑。

（6）所有运行中的命令只需点击右键可立即结束，非常方便。

21.1.3　文件类型和格式

不同的软件都有不同的文件类型，通常以文件的后缀扩展名来区别。例如 AutoCAD 文件是 *.dwg(.dxf)，Surpac 线文件是：*.str，Surpac 体文件是：*.dtm，Datamine 文件是：* dm。3DMine 区分文件类型的约定与其他软件类似，是在后缀上区分而不是在名字上加以区分：

3DMine 线文件：*.3ds

3DMine 体文件：*.3dm

3DMine 块体模型文件：*.blk

在 3DMine 中，通过保存文件或者将选择对象另存为其他多种文件格式。

21.2　基本操作

3DMine 的操作简单、快捷、方便、人性化。

（1）图形工作区二维和三维之间的切换有两种方法：

1）按住 Ctrl 键切换。

2）在图形工作窗上右键点击选择切换到"二/三维"的选项，或选择菜单栏"显示→二/三维操作"，或直接点击工具栏中的（代表二维选择状态）和（代表三维旋转状态）进行切换。

（2）图形工作区在二维状态下进入选择级状态，3DMine 提供的选择集的构造方法功能很强，灵活恰当地使用可使制图的效率大大提高，与 Office 操作风格一致，按住 Shift 键可以依次进行多选，即一次选中任意多个对象，在图形工作区单击右键有全部不选，反向选择和条件选择供调用。

（3）图形工作区在二维状态下按住 Ctrl 键的同时按住鼠标左键不放并拖动，即可实现在二维状态下图形的旋转查看。

（4）图形工作区在三维状态下按住左键不放并连续拖动即可实现三维状态下图形旋转查看。

（5）所有运行中的命令只需单击右键或键盘上的 Esc 即可退出该命令的运行状态。

（6）我们在绘图过程中可随时滚动鼠标滚轮进行放大和缩小的操作，并可随时按住滚轮拖动来上下左右拖动图形，这将会对我们圈定矿体带来极大的方便和灵活性，非常方便顺手。

（7）在绘图过程中，经常需要在相对于已有对象的某个位置上拾取一个点，因此 3DMine 中所有的鼠标定位选择操作都可具备捕捉功能，可以捕捉到点、线、线段中点、三角面，甚至三角网上的点，使用动态标识辅助绘图，提高绘图效率，使绘图操作非常灵活方便。

捕捉到点，线，线段中点，三角面的方法如下：

在软件界面（见图 21-6）最后一行状态栏中右键单击

，将弹出两个选项；

点击选择捕捉参数将会弹出如图 21-7 所示的对话框。

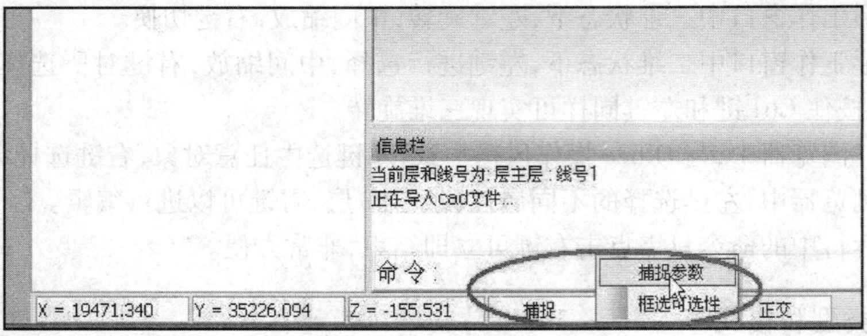

图 21－6　捕捉功能菜单项

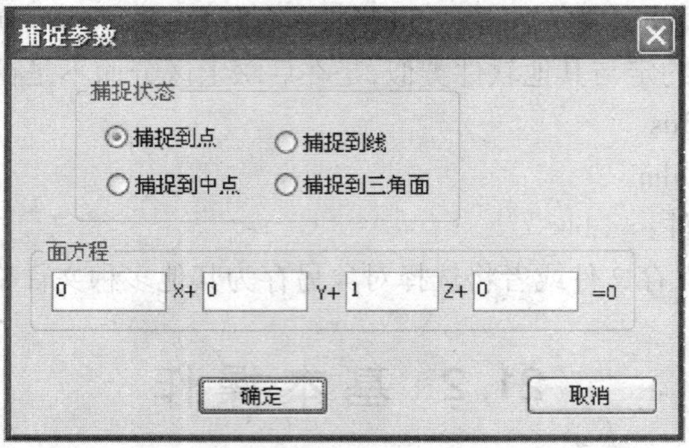

图 21－7　"捕捉参数"对话框

在捕捉参数对话框中可点选所需要的捕捉状态，点击确定即可。启用捕捉只需要鼠标左键在上双击，此时在信息栏中将会出现提示，见图 21－8。

图 21－8　捕捉功能信息提示

关闭捕捉只要再次双击即可，此时信息栏中提示如图 21－9 所示。

图 21－9　捕捉功能信息提示

用户可以在图形工作区中任意画一条线来尝试一下不同的捕捉效果，捕捉到点、捕捉到线、捕捉到中点，如图 21－10 所示。

捕捉到三角面的方法如下：

运行菜单"查询→三点面方程"，或者直接点击工具栏中的图标，接下来在要查询的面上任意三个点左键点击（三个点可以确定一个面），在点击第三个点后信息栏中会自动快速输出该面的面方程中 a,b,c,d 值（面方程为 $ax+by+cz+d=0$），见图 21－11。

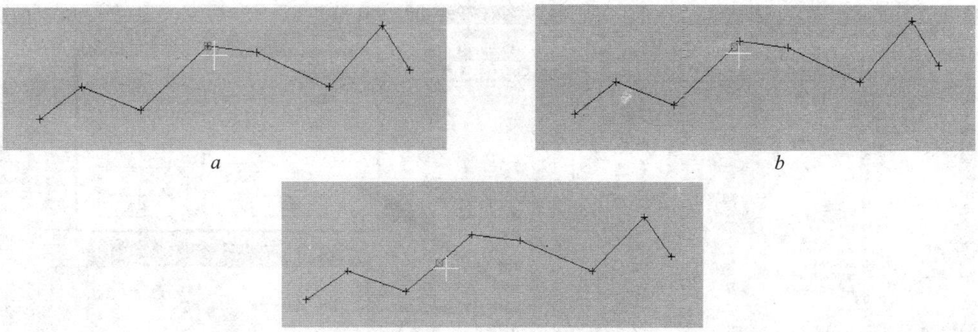

a b c

图 21－10 不同捕捉效果

a—捕捉到点；b—捕捉到线；c—捕捉到中点

图 21－11 捕捉到面功能信息提示

查询完成开始捕捉：在软件界面最后一行状态栏中右键单击 捕捉 ，在弹出的两个选项中选择捕捉参数，如图 21－12 所示。

在捕捉参数中做如图 21－13 所示设置（上次查询的面方程中的四个参数已被自动载入到对话框中，这也是 3DMine 开发人员设计程序时为了方便用户使用的细心设置）。

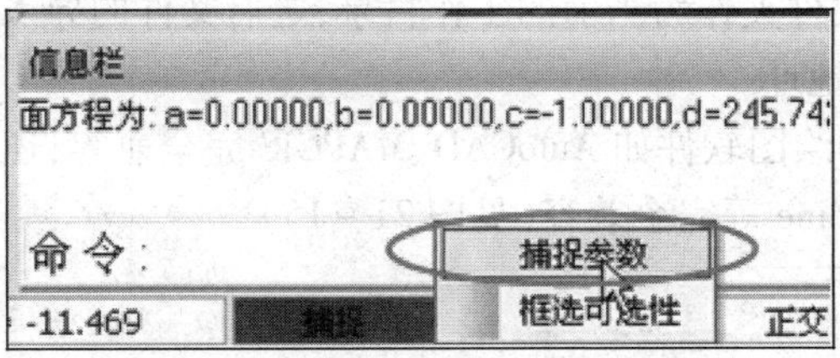

图 21－12 捕捉功能菜单项

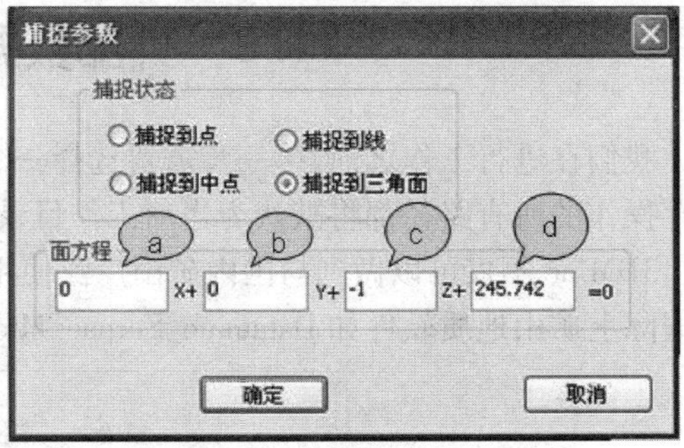

图 21－13 捕捉参数设置

（8）3DMine 中的图层非常重要，充分利用图层的功能可以提高制图的速度及修改的灵活性。

（9）参数化的设计方式，大大提高了工作效率。绘图时，输入图形的几何尺寸参数，使用程序实现图形的绘制，这种功能称为参数化设计，参数化设计使绘图工作更加精确，自动修改图形，减少了大量的重复劳动。例如：画线时可以通过单击右键从下拉菜单中选择输入不同的参数，如输入点坐标，输入指定方向的延伸距离，输入新点的方位距离（方位是指自北向顺时针旋转的角度，距离是指新点距离上一点的三维长度）来参数化精确定位画线（见图 21－14）。

同样，画点、移动线上和体上的点、复制移动对象、偏移、放大缩小、镜像……都可以通过单击右键来参数化精确定位。

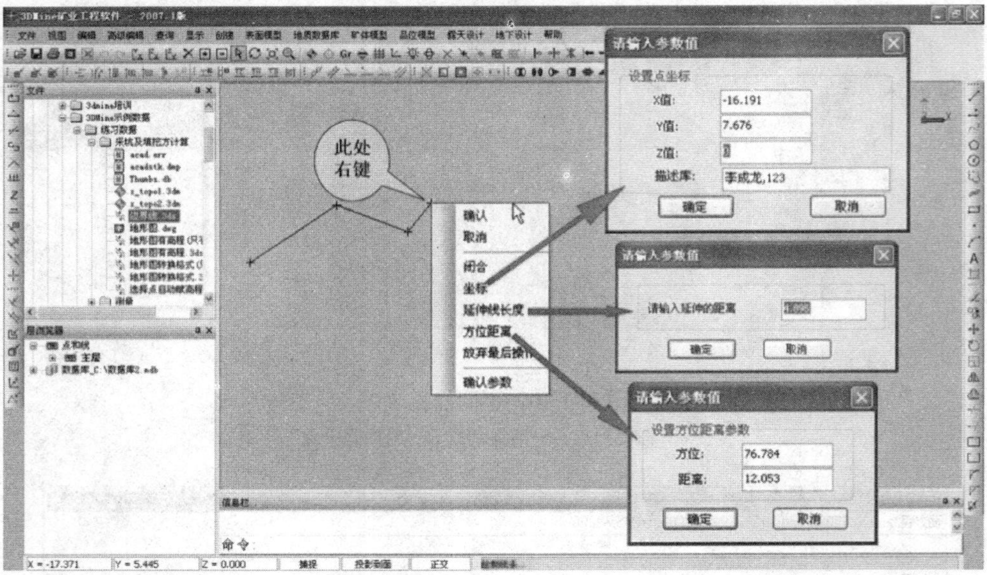

图 21 - 14 绘图功能右键参数化设计(以画线为例)

(10) 3DMine 中设计的操作使绘图工作非常方便轻松,能够很容易的实现图形的旋转、移动、复制、阵列、偏移、放大、缩小、镜像、修剪、删除等操作,利用这些功能可以方便地对已绘制的图形进行编辑。

(11) 出图更加方便,可以将三维模型直接通过将几何形体向所需要的平面上投影来获得二维视图。

21.3 外部数据文件导入与导出

我们在进行工作之前,第一步需要选择一个文件夹作为当前的工作目录,之后文件的导入和保存操作的所有路径都将默认为当前工作目录的地址。

3DMine 不仅可以做到与国内矿山广泛使用的绘图软件如 AutoCAD、MAPGIS 完全兼容,还可与国际上矿山地质软件如 Datamine、Surpac、Micromine 等完全兼容(见图 21 - 15)。

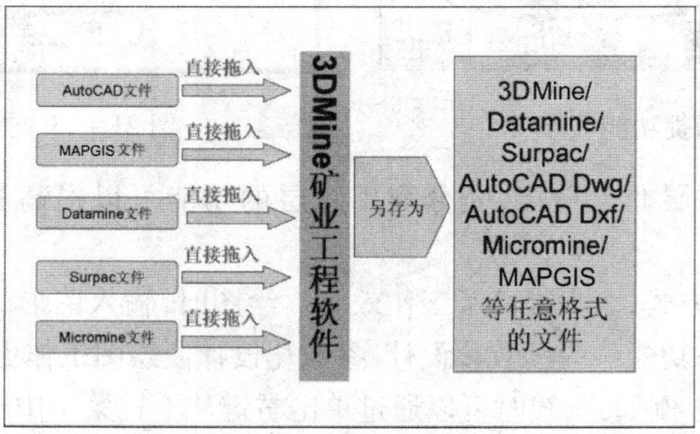

图 21 - 15 3DMine 软件与不同数据的快捷兼容方式

方法一:直接拖入 Datamine、Surpac、AutoCAD、Micromine、MAPGIS 等格式的文件到 3DMine 绘图框中,即可当作 3DMine 格式的文件进行编辑。

方法二：运行菜单“文件→外部文件”导入。此功能可进行导入 Datamine，Surpac，AutoCAD，MAPGIS 等其他格式文件的操作。文件→外部文件导入中有如图 21－16 所示的选项：

图 21－16　3DMine 软件外部文件导入

3DMine 可以导入任意 MAPGIS 格式的 WI 文件、WP 文件和 WT 文件（见图 21－17）。

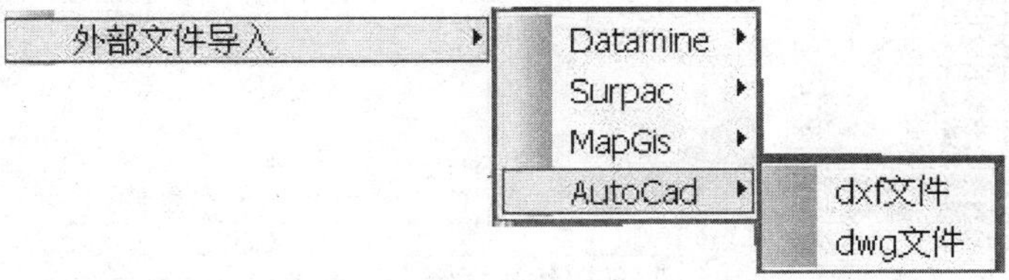

图 21－17　3DMine 软件直接导入 AutoCAD 数据格式

不仅可将 AutoCAD 格式的 dwf 文件和 dwg 文件直接导入 3DMine 中，3DMine 还可以与 AutoCAD 通过剪贴板实现图形数据互粘。

21.4　“互粘”技术

从剪贴板粘贴线条，这是 3DMine 中独特的数据导入形式。在 Excel、Word、写字板中选择坐标数据复制，在 3DMine 图形界面上直接右键点击从剪贴板粘贴线条，立即可在图形工作窗中查看与数据对应的图形，轻轻松松即可将简单的文本数据导入为线条数据；同样，在 3DMine 图形界面上选择图形后右键复制坐标到剪贴板，转到 Excel、Word、写字板直接粘贴即可见所有点线的坐标及属性信息，不同线条之间以空行分割。同样可以通过在 3DMine 上选择图形后右键复制坐标到剪贴板，转到 CAD 中右键选择粘贴板菜单→从剪贴板粘贴线条，这样就可以快速将 3DMine 中的图形数据转到 CAD 中去，同样，复制 CAD 中的图形在 3DMine 中右键点击从剪贴板粘贴线条也可实现将 CAD 中的图形数据转到 3DMine 中来。

下面详细介绍操作过程：

例 1：在 3DMine 下选择包含属性（例如品位、颜色、线号等）的一组线条，选中后从右键弹出的下拉菜单中左键单击“复制坐标到剪贴板”，或选择“编辑→复制坐标到剪贴板”（见图 21－18）。

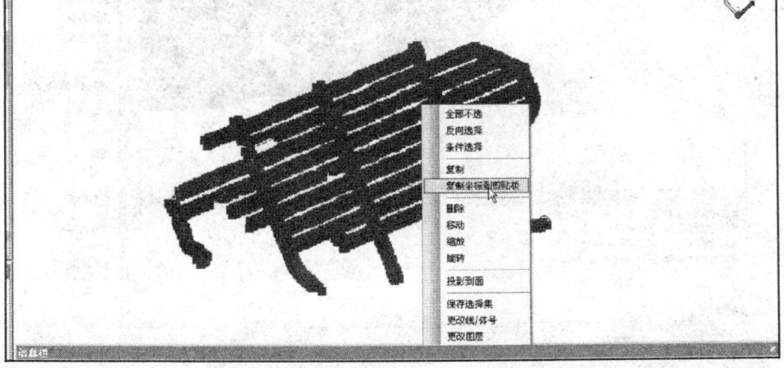

图 21－18　3DMine 右键“复制坐标到剪贴板”功能示例

然后转到 Excel、Word、写字板或记事本下。以 Excel 为例，直接在 Excel 下右键粘贴，点击粘贴后立即可见以上线条的三维坐标及其属性信息，可见不同线条之间以空行分隔，见图 21－19。

图 21－19　3DMine 信息在 Excel 中直接粘贴显示

例 2：与 CAD 的图形数据快速“流通”，本例中我们将选择下列图形数据将其转移到 CAD 中编辑，选中图形区中数据从右键弹出的下拉菜单中左键单击“复制坐标到剪贴板”，或选择“编辑→ 复制坐标到剪贴板”，见图 21－20。

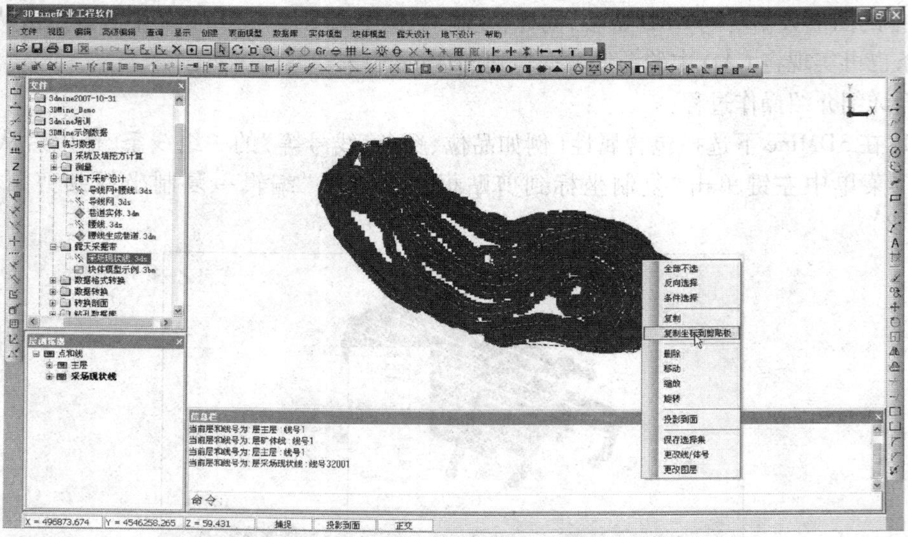

图 21－20　3DMine 右键“复制坐标到剪贴板”功能示例

打开 CAD,右键选择粘贴板"菜单→从剪贴板粘贴线条",见图 21－21。

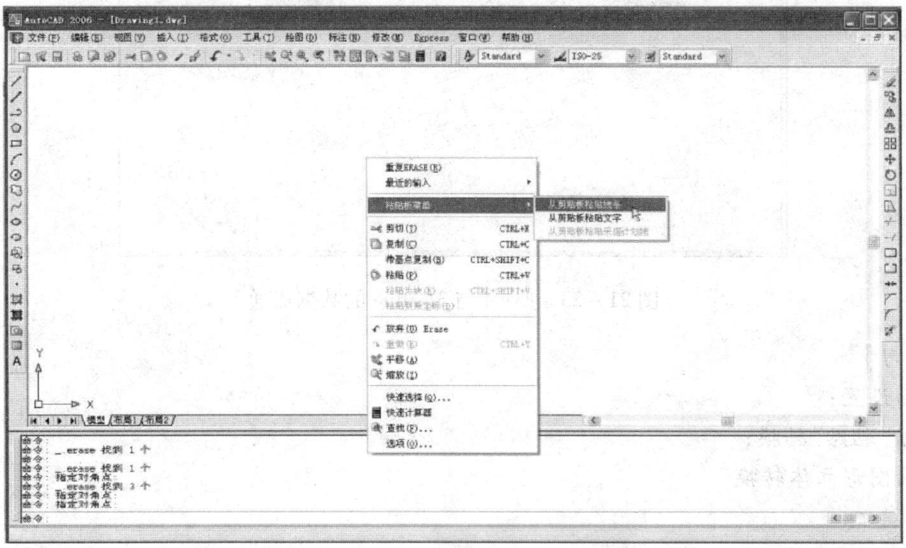

图 21－21　AutoCAD 中直接粘贴数据

如图 21－22 所示,3DMine 与 CAD 图形数据相互流通就是如此简单,方便,快捷!

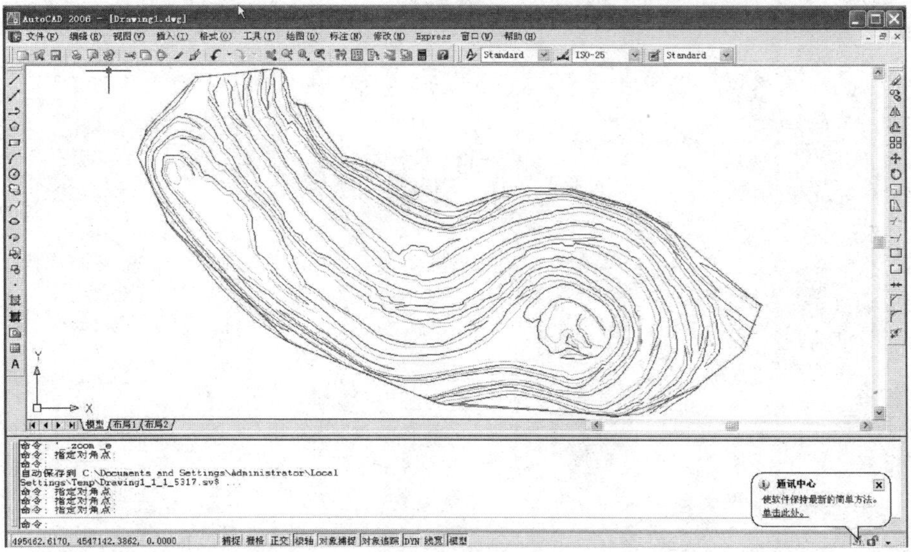

图 21－22　3DMine 与 AutoCAD 的数据流通

同理,AutoCAD、Excel、Word、写字板和记事本中的图形数据通过复制转到 3DMine 中右键选择从剪贴板粘贴线条可以实现图形数据反向流通,这里只举一个例子,选中 Excel 表中的数据右键选择粘贴。转到 3DMine 图形区中右键选择从剪贴板粘贴线条,操作完成,图形工作窗上将显示与数据对应的线条文件,见图 21－23。

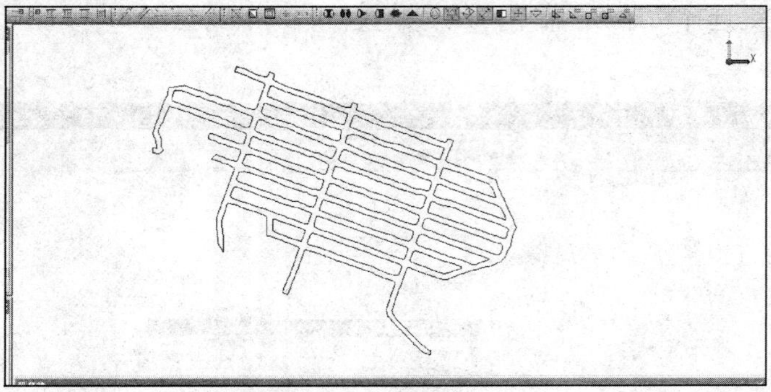

图 21 - 23　Excel 与 3DMine 的数据流通

[练习]

界面设置；

数据“粘贴”转换；

剖面图形立体转换。

22 地质数据库

22.1 数据的定义和数据准备

地质数据一般通过钻探、坑探、槽探、物探等手段获得，通过地质编录记录了矿石品位、岩性、断层等分布情况。这些信息对于不同的矿种，不同的矿区是各不相同，但总的来讲，有一些基本信息是必不可少的，例如信息记录中工程名称、取样位置、分析品位以及岩性等等。如何来有效地组织和管理这些信息？在这类的软件中，最常用的手段就是通过外接数据库来进行存储，同时，在软件系统里建立数据库和中心图形系统内在逻辑联系，通过菜单选择或者鼠标右键功能可以迅速的浏览钻孔的图形，可以通过不同属性的颜色设置显示单个或多个工程的地质岩性、品位、轨迹和深度等数据信息。在屏幕上可以选择容差范围内的数据按照标高生成平面或沿勘探线形成竖直剖面。在剖面上，通过鼠标切换，轻松辅助用户进行数据查询、地质解译和剖面品位计算。

通常是通过 Excel 表格来收集整理这些基础数据。

22.2 数据的格式内容

基础数据中，通常是通过数据表和相关字段来进行记录的，主要有以下格式。

22.2.1 定位表（强制性表）

工程编号	起点 X 坐标	起点 Y 坐标	起点 Z 坐标	最大深度	轨 迹

这个表存储了每个工程的相关信息，主要包括工程号（Hole_id），起点位置（X/Y/Z 坐标），记录工程的最大深度（Max_depth）和钻孔的轨迹 Hole_path。字段 Hole_path 指的是在工程轨迹摘取时用到的数学法则，表明轨迹的性质（直线 linear，曲线 curved，垂直的 vertical）。同时，还可以根据需要加入不同的字段（如所在剖面线、工程施工竣工时间，区域，或编录人员等等）。

22.2.2 测斜表（强制性表）

工程编号	测斜深度	方位角	倾 角

这个表储存工程的测斜信息，对于钻孔而言比较容易理解，即是被用来记录钻孔的测斜参数，主要字段包括：钻孔编号（Hole_id）、测斜深度（depth）、钻孔的方位角（azimuth）和倾角（dip）。但实际上，对于坑道和探槽工程来讲，主要是将它们理解为一个特殊的钻孔，不过，其轨迹都按照直线来考虑即可，角度是根据取样位置和方向来确定该线段的方位和倾角。

对于没有测斜过的垂直钻孔，测斜表的深度值就是默认值，表明钻孔的起点即测斜深度值为 0，方位角为 0°，倾角为 -90°。

22.2.3　岩性表和分析表(非强制性表)

工程编号	起始孔深	结束孔深	分析元素	地质岩性
工程编号	样品起始孔深	结束孔深	品位值	描　述

这是最基本的数据信息表,实际工作中,可以将他们合并在一张总表上,也可以按照定位表,测斜表,岩性表和样品表分开,以符合矿山实际工作流程为出发点。每个表都有其“工程编号”,所有这些信息相互之间通过这个主要字段建立了联系。其中,钻孔定位表和测斜表决定了钻孔在三维空间的轨迹,属于强制性表,岩性表和化验表属于非必须表,描述岩性和品位。

22.3　数据库的创建和导入

22.3.1　数据库的创建

3DMine 吸收了开放数据库技术(ODBC)的优势,通过常用数据库来存储和操作地质信息。软件直接导入数据源文件可以是 Excel、Text 文本或数据库格式。

在主菜单“地质数据库→新建数据库”下,将弹出如图 22-1 所示的对话框。

图 22-1　新建数据库保存路径对话框

左键点击浏览,从下拉菜单中选择新创建文件的保存地址,在“文件名”一栏中输入要新建数据名称(例如数据库 1,见图 22-2)。

图 22-2　新建数据库文件名称输入对话框

输入完成点击打开(O),将弹出如图 22-3 所示窗口。

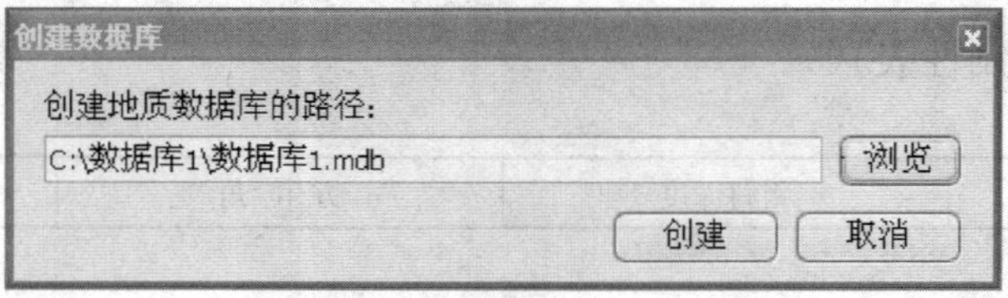

图 22-3　新建数据库保存路径示例

点击创建,此时将弹出一个新创建的空数据库,如图 22-4 所示。

左边显示新建数据库中默认的表名称,右边第一行显示每个表中默认的字段名。

在左边第一行显示当前连接的数据库名称的地方右键点击,此时我们可以对当前数据库进行两项编辑操作:(1) 添加表;(2) 删除所有表中的记录。见图 22-5。

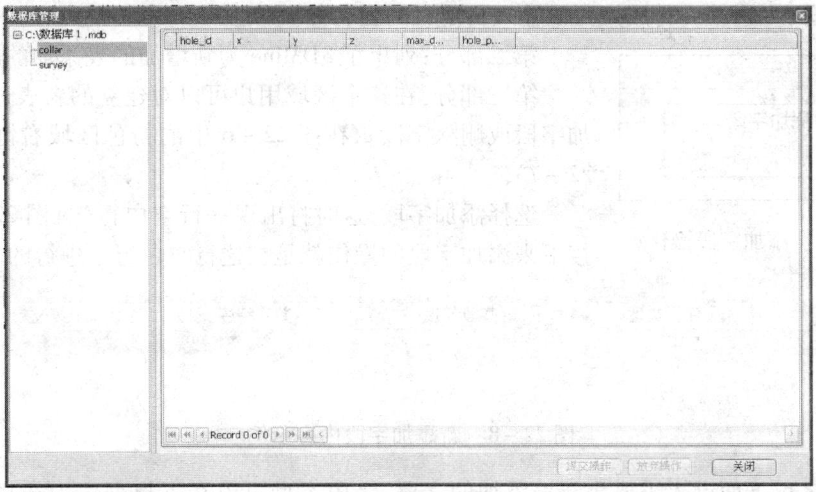

图 22－4　新建数据库示例

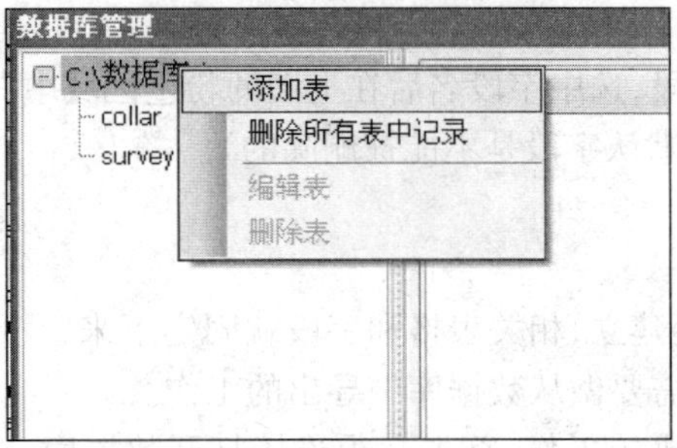

图 22－5　添加表操作

如果选择了添加表，窗口的右边将出现三部分，如图 22－6 所示（三部分分别用不同颜色的方框圈出）。

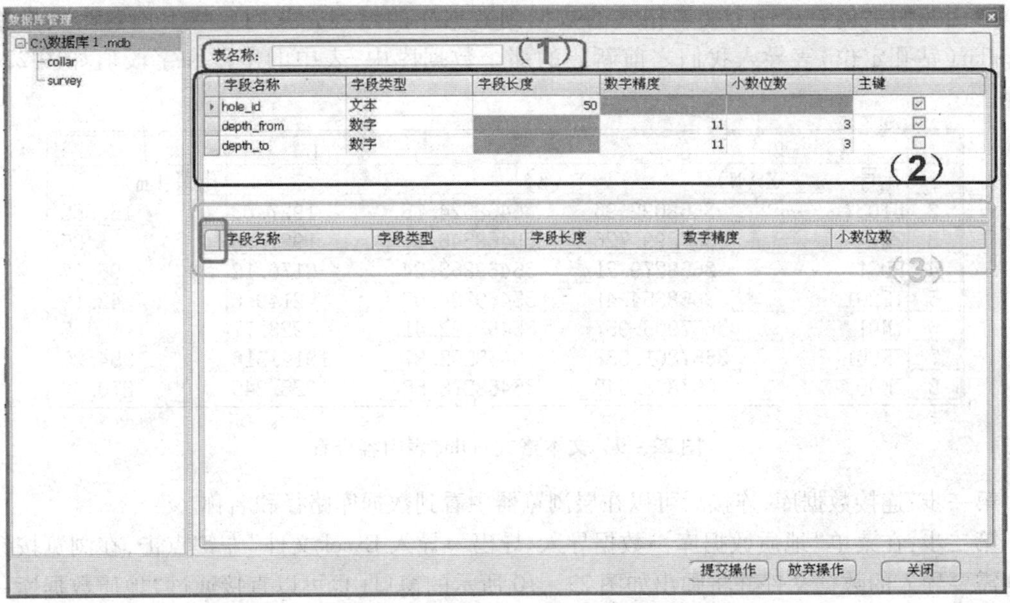

图 22－6　新添加表结构以及各部分功能

第一部分:上边第一行用户可以输入自定义的表名称。

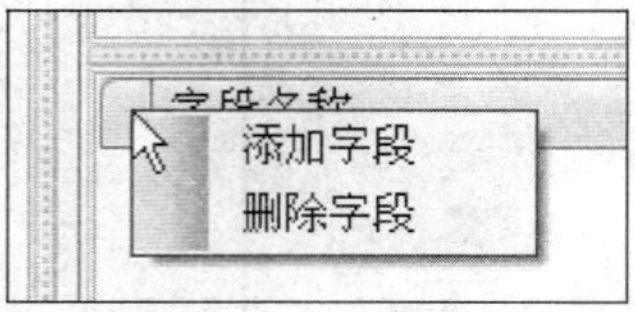

图 22 - 7　添加字段操作

第二部分:列出了 3DMine 为新增加的表添加的默认字段。

第三部分:在这个区域用户可以对建立的新表进行编辑(添加字段或删除字段),在图 22 - 6 中的粉色区域右键点击(见图 22 - 7)。

选择添加字段,这时将出现一行空白行(见图 22 - 8),我们接下来添加字段的操作就是在这行空白行上进行的。

图 22 - 8　新添加字段内容示例

在字段名称下面键入需要为新表添加的字段,字段类型可以在下拉列表中选择(注意定义不同属性的字段类型),字段长度用户可以自定义设置,对新添字段添加完毕点击最后一行 提交操作 即可。

若想删除之前定义的字段,选中字段名后在上图的粉色区域中右键点击选择删除字段即可。(注意:数据库中为表定义的默认字段是不能被删除的)。

22. 3. 2　数据的导入

通常情况下,数据库一经建立,相关表格和字段就固定下来,我们就需要将整理好的数据导入到数据库中,同时,也可能需要做从数据库中导出的工作。

任何需要通过数据库完成的工作,首先必须连接打开数据库,在 3DMine 软件中,只需要在左侧文件管理器中找到相关的数据库文件,点击该文件或拖动到图形窗内即可完成连接。

选择"地质数据库→数据导入/导出"可以直接从 Excel 数据表导入数据,也可以将 Excel 表另存为文本格式(*. txt)。

下面我们举例导入一个文本格式的数据到数据库的过程。我们要将下面这个文本格式的 collar(钻孔定位)表导入我们之前新建的那个数据库中,表中的字段和字段值如图 22 - 9 所示。

	A	B	C	D	E
1	孔号	X (N)	Y (E)	Z	孔深 (m)
2	BT037	3658092.96	35468324.15	1927.03	16.552
3	CM1	3657899.726	35468346.51	1921.98	35
4	PD311	3658279.21	35469863.24	2170.12	95.27
5	TC291	3658354.41	35469784.08	2149.6	42.19
6	YM01	3657905.957	35468392.41	1923.77	5
7	ZK001	3657861.538	35468252.87	1914.316	354.28
8	ZK003	3657808.842	35468278.58	1928.245	270.02

图 22 - 9　文本格式 collar 表内容查看

第一步:连接数据库,连接后可以在层浏览器中看到数据库路径和名称。

第二步:在菜单"地质数据库→数据导入/导出→导入 Excel 文件"左键点击,在浏览按钮下找到需要导入的数据文件并将弹出如图 22 - 10 所示的窗口(也可以直接通过"地质数据库→数据导入/导出→从剪贴板导入数据→需要将数据文件打开并全部选择)。

图 22 - 10　“导入 Excel 文件”对话框

此时可见文本文件中的所有数据已经被载入到窗口中的数据区，最后在表名称处选择 collar 表。

第三步：确认选择完毕点击 下一步 ，如图 22 - 11 所示。

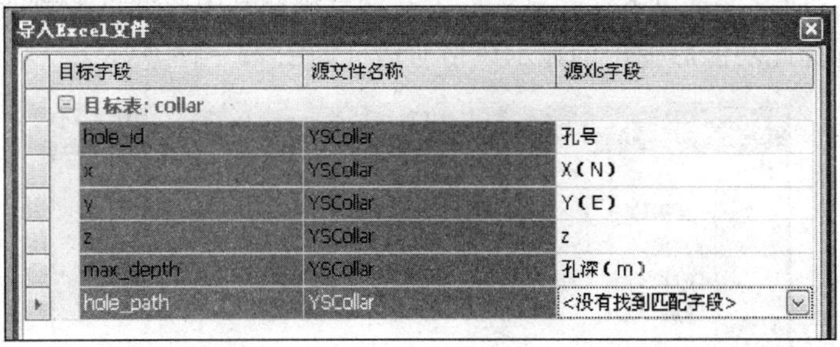

图 22 - 11　3DMine 与 Excel 数据字段对应

此时注意在导入文本文件的窗口中第一列（目标字段）与第三列（源文本字段）的对比（目标字段指的是 3DMine 数据库中表的默认字段），通过最后一列显示的信息可以发现，只有一个字段的目标字段没有在需要导入的文本文件中找到对应的字段，此字段（hole_path）不是输入数据库中的必需字段，因此不影响我们以后的操作。接下来点击 导入 ，将会出现一个显示导入进程的窗口（见图 22 - 12）。

最后显示导入成功和失败记录的条数，若无错误输入提示则点击 完成 ，此时代表已经成功地将上面文本文件中的数据导入到数据库中（若显示有很多错误导入的记录则需要点击 上一步 查看上边的操作有何错误或遗漏）。

通过相同的步骤可以将所有的列表数据导入到相应的数据库中。

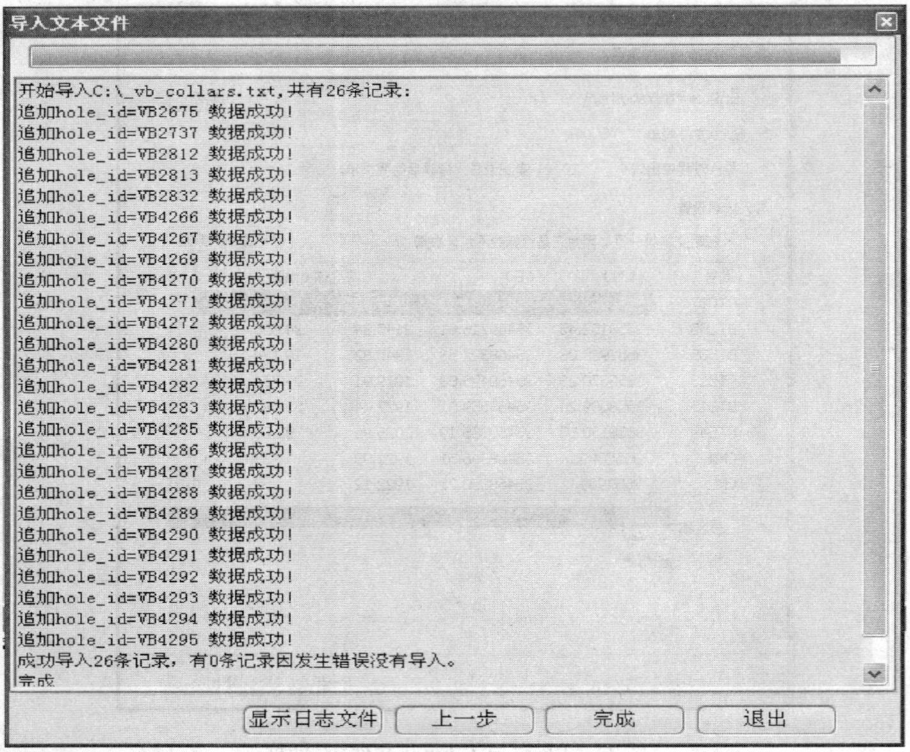

图 22－12　文本文件导入进程显示

22.3.3　数据显示和风格设置

连接数据库后，通过主菜单下钻孔显示或者左侧层浏览器中右键点击数据库，都可以找到显示钻孔的功能。选择此功能后弹出的显示风格对话框如图 22－13 所示。

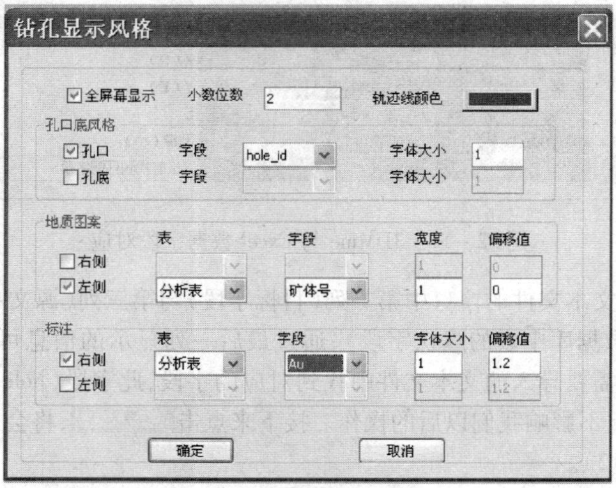

图 22－13　“钻孔显示风格”对话框

根据上述对话框中所提示的显示风格，在图形中可以看到相关的信息。我们所看到的显示结果，不同的岩性、不同的品位级别可以用不同的颜色和图案来展示，这是如何设置的？

选择主菜单“地质数据库→定义钻孔显示风格”功能，弹出如图 22 - 14 所示的对话框。

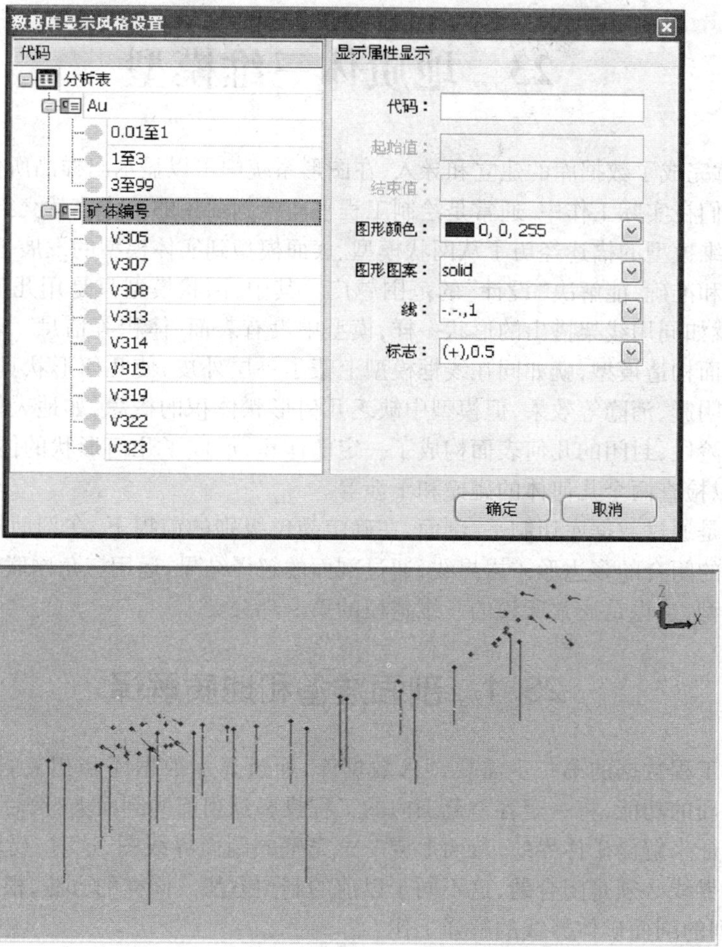

图 22 - 14 钻孔显示风格定义对话框及显示示例

通过此表中对不同数据表中的不同字段进行选择定义，可以是分析品位的不同品级（数字字段的范围），可以是不同的岩性名称（文本属性字段）或其他属性。设置完成后，确定即可保存以便在显示时呈现出来。

［练习］

数据准备（Excel 表）；

建立数据库；

导入数据；

数据显示（显示风格设置）。

23　地质体三维模型

在第 22 章完成了数据库的建立和导入，在图形系统中可以显示出样品所代表的工程位置和品位分布。我们在实际工作中，通常是绘制工程平面或剖面图的工作也就交给计算机来完成。

计算机三维模型的描述经历了从网状模型、表面模型到实体模型的发展，所表达的几何体信息越来越完整和准确，能解决“设计”的范围越广。其中，网状模型只是用几何体的棱线表示几何体的外形，就如同用线架搭出的形状一样，模型中没有表面、体积等信息。表面模型是利用几何形状的外表面构造模型，就如同在线框模型上蒙了一层外皮，使几何形状具有了一定的轮廓，可以产生诸如阴影、消隐等效果，但模型中缺乏几何形状体积的概念，如地表模型。几何模型发展到实体模型阶段，封闭的几何表面构成了一定的体积，形成了几何形状的体的概念，如矿体空间模型，且可以检查两个几何体的碰撞和干涉等。

本章主要是通过数据库切制平/剖面，在确定品位级别的前提下，在剖面对矿岩界线进行圈定形成一系列的闭合的多边形矿岩界线，通过剖面的解译结果，运用三角网联结方法形成矿体或岩体的立体模型，这也是通常所说的三维建模的第一部分。

23.1　剖面准备和地质解译

处理地质工程数据的第一步需要调入数据库，通过显示数据库和相关岩性以及品位信息。再通过切制剖面的功能，将一定容差范围内的工程投影到当前的剖面上，然后，根据岩性、品位分布或构造等特征来解译矿体界线，从而形成一个完整的剖面界线图，这时，要求不同的是每个矿体界线或岩性界线必须是闭合的，这不同于以前的制图方法。同样的方法，根据不同的勘探线间距，完成一系列的剖面矿体界线的解译工作。

连接数据库：直接点击数据库文件，退入到图形界面，左侧层管理器中可以看到数据库以及路径。或者在主菜单“地质数据库→连接数据库”即可找到相关数据库。

数据显示：主菜单“地质数据库→钻孔显示→显示钻孔”，或右键点击层浏览器中的数据库文件，如图 23 – 1 所示。

再在对话框中选择相应的内容，确定后显示的情况如图 23 – 2 所示。

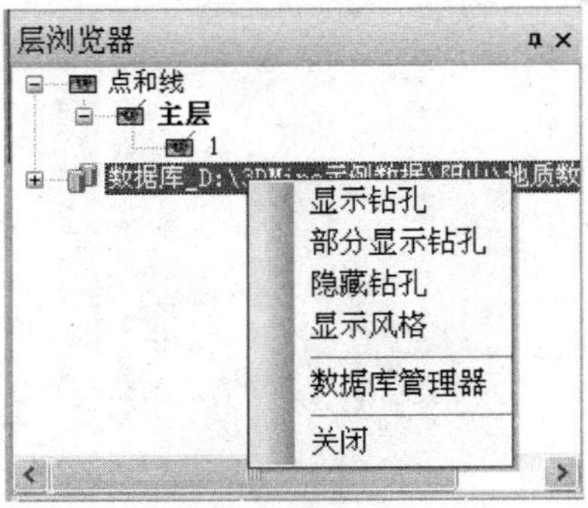

图 23 – 1　层浏览器中数据库显示功能

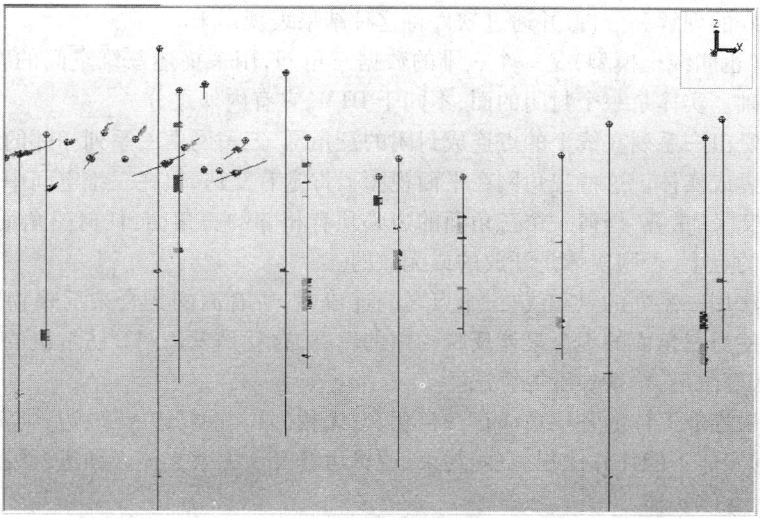

图 23－2　钻孔显示结果

切制剖面：在主菜单“创建→剖面→创建静态剖面”下，鼠标左键选择剖面位置（如果定义了勘探线，在勘探线上捕捉端点）、选择剖面线两侧的容差范围而形成了勘探线剖面（如图 23－3 所示）。

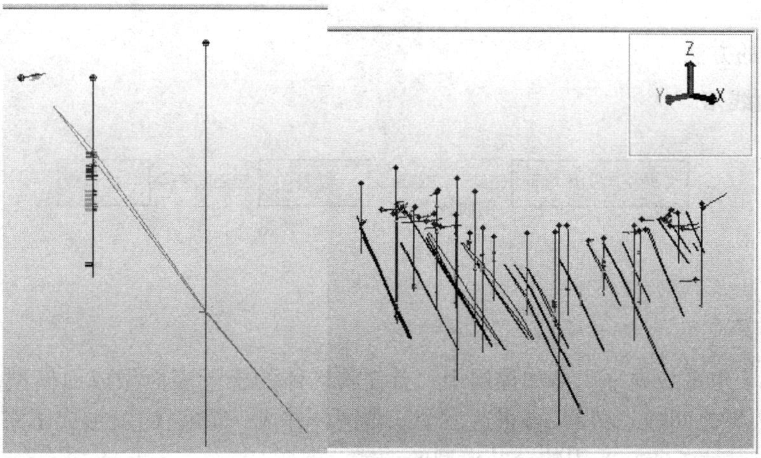

图 23－3　剖面状态下矿体界线圈定示意图

在圈定界线时，通常锁定在二维平面上，同时，通过中键移动放大不同的区域，通过捕捉到点的模式，所划的线条将是准确通过品位点或界线点。每次圈定时，最后的一点通过右键选择闭合完成解译工作。

类似的方式，分别按照勘探线间距（向前移动或向后移动剖面的方法），解译出一组剖面线图。

23.2　矿体模型概念

通过上述工作完成的一系列剖面界线，保存后形成某个矿体剖面界线文件（如矿体 305.3ds）。注意：在实际矿体解译过程中，往往会出现矿体的分枝复合的情况，这需要对矿体的空间位置有较好的理解和分析，并通过软件将这种结果表现出来。

实体模型（也叫线框模型）是一个三维的数据三角网，用来描述三维空间的物体，是 3DMine 三维模型的基础。实体是一个封闭的面，不同于 DTM，它有内外之分。

线框模型是由一系列在线上的点连成封闭的三角网，三角网由一系列相邻的三角面构成，由这些三角面包裹成实体。这些三角网在平面视图上肯定有交迭，但在三维空间中，任何两个三角面之间不能有交叉、重叠，任何一个三角面的边必须有相邻的三角面，任何三角面的三个顶点必须依附在有效的点上，否则实体是开放的或无效的。

三角网算法用一系列的点和线、三个点之间连成面，所有面的集合来反映物体的轮廓，采用什么样的算法使得三角面的集合最能反映物体的轮廓，这就是三角网算法解决的问题，最主要的有最小表面积，等角形，均衡长度等算法。

验证。如果连成实体的各三角面存在自相交，无相邻边，重复边，无效边，则实体不是一个有效实体，无效的实体不能计算体积，空间约束，逻辑运算等。无效实体必须进行编辑，使其符合各约定，才称得上有效实体。

线框模型用来描述矿体（矿体模型）、巷道（工程模型）、硐石、采场、采掘带等。线框模型不仅仅描述物体的轮廓，还具备以下功能：快速计算体积和表面积；任意方位的切割剖面；可用于空间约束，如内外的约束体之间；体与面可进行交，并，差运算；与地质数据库相交。

23.3　连接三角网参数设置

建立矿体的方法：

23.3.1　剖面线法

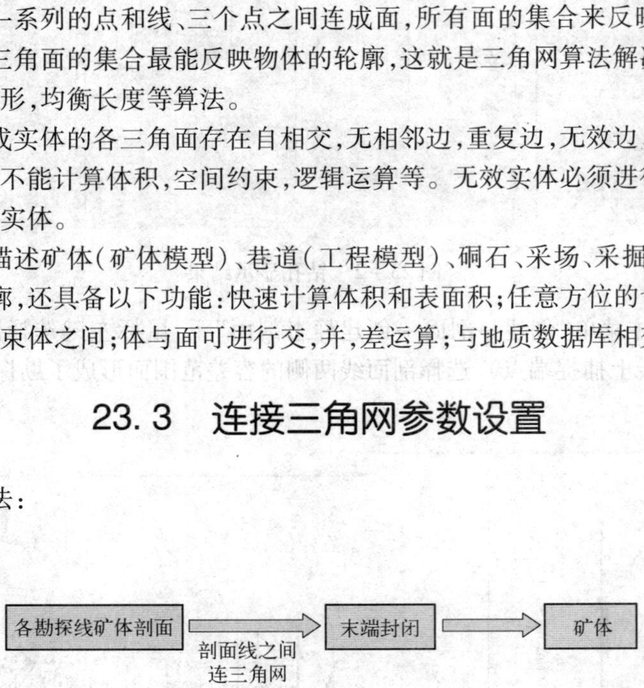

23.3.2　合并法

此法适用于水平或扁平矿体如煤层中。首先将矿体的上下表面做成面模型，再获取上下面的边界，两个边界之间连三角网，再将这三个三角网合并成一个实体，就形成了完整的矿体模型。3DMine 软件中设计了非常实用的合并模型的功能。

在创建矿体模型之前，首先需要对连接三角网的参数做一些设置，下面分别作详细说明（参见图 23－4）。

使用什么样的算法使得三角面的集合（即三角网）最能反映物体的轮廓，这就是三角网算法解决的问题。3DMine 软件收集了目前国际上通用的三种算法：最小表面积法，等角度法，距离等分法。

遇到复杂矿体时，往往需要借助一些手段帮助连接。

（1）使用坐标转换。当两个需要连接三角网的闭合线条形态相似，但空间错位太悬殊时最好使用坐标转换再进行连接，这样做的好处在于，软件将自动将其上下左右对齐连接，然后将对齐连接后的模型按照两个闭合段的原空间位置进行“牵拉”。

（2）使用控制线。连接矿体时，地质师根据矿体的赋存情况，需要人为地加以控制，将地质思想用软件体现，比如规定哪个点必须要和哪个点相连。控制线的创建可沿矿体走向，用若干根线连接起来即可。注意控制线不能交叉,且控制线在两个相邻段之间中间不能有另外的点。

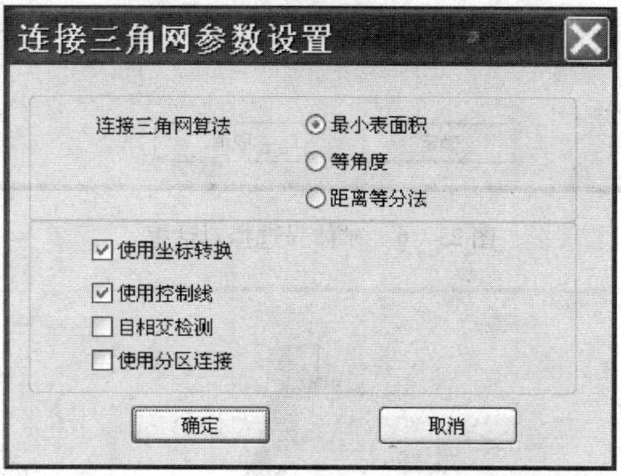

图 23－4　“连接三角网参数设置”对话框

(3) 使用分区连接。对于复杂矿体如发分叉矿体,需要使用分区连接来实现。3DMine 软件中设计的分区连接操作非常简单,步骤少,实现效果佳。

(4) 自相交检测。在连接两段的过程中,一旦出现三角网自相交的情况,会自动拒绝连接,并显示出现自相交三角形的位置。

23.4　矿体模型连接

23.4.1　剖面线间连实体

几种最基本的简单矿体连接方法:

23.4.1.1　线之间连三角网

运行菜单“矿体模型→连接三角网→线之间连三角网”。在若干剖面线条之间联结三角网。例如:图 23－5 为某矿体的剖面图。

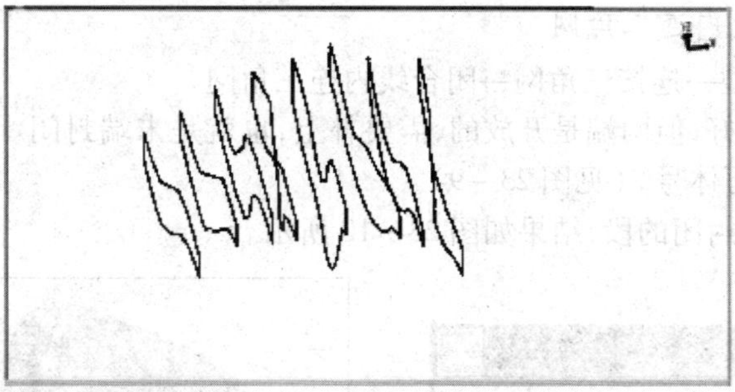

图 23－5　某矿体界线剖面图

找到“矿体模型→线之间连三角网”,单击选择后将弹出如图 23－6 所示的对话框。

使用不同的实体号来区分不同的矿体,在此我们可以任意输入一个新的体号比如 1,选择任意两个需要连接三角网的剖面线,产生如图 23－7 所示的结果:

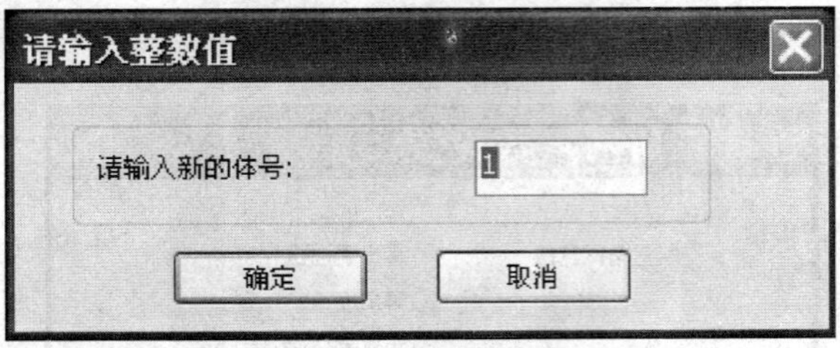

图 23 - 6　矿体号选择对话框

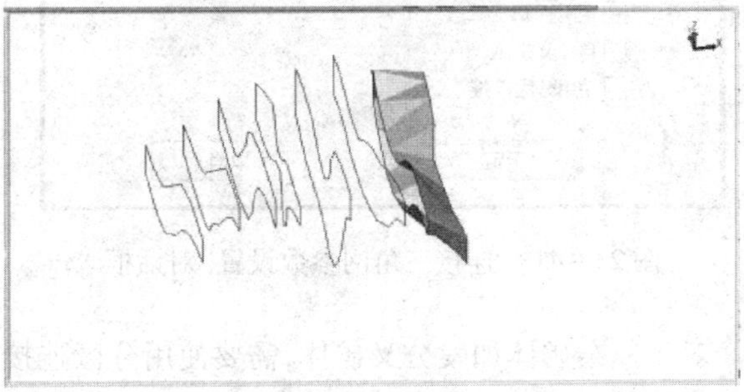

图 23 - 7　闭合线间连接三角网示例

可以依次连接多个段，只需要连续点击多个段即可，按 Esc 键结束连接三角网连接，如图 23 - 8所示。

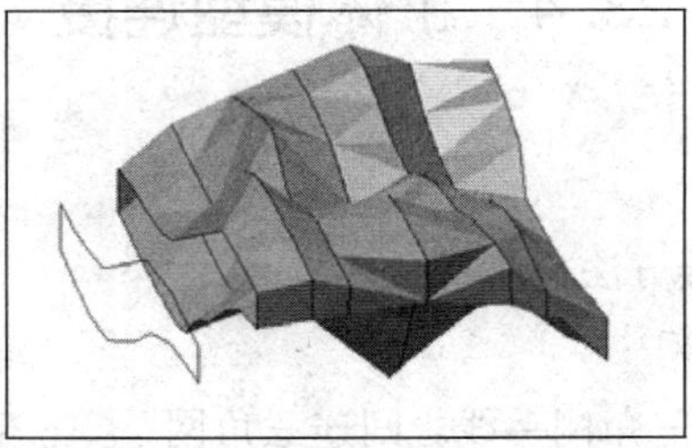

图 23 - 8　闭合线间连接三角网生成矿体示例

23.4.1.2　闭合线内连三角网

运行菜单"矿体模型→连接三角网→闭合线内连三角网"。

段之间三角网已连好，但两端是开放的，需要补上，也就是末端封闭。运行菜单矿体模型→闭合线内连三角网，填写体号 2（见图 23 - 9）。

选择点击需要末端封闭的段，结果如图 23 - 10 所示。

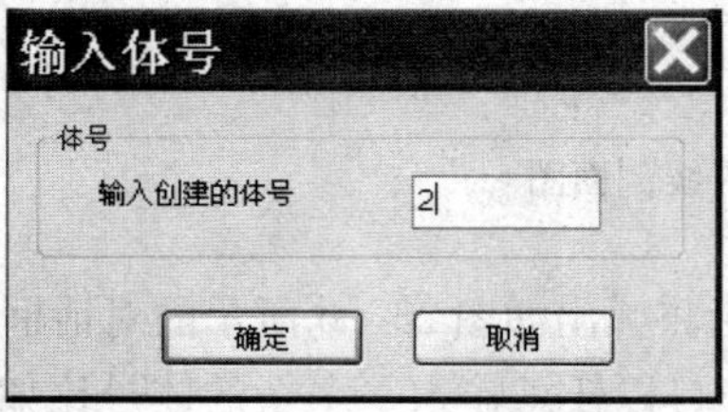

图 23 - 9　矿体号选择对话框

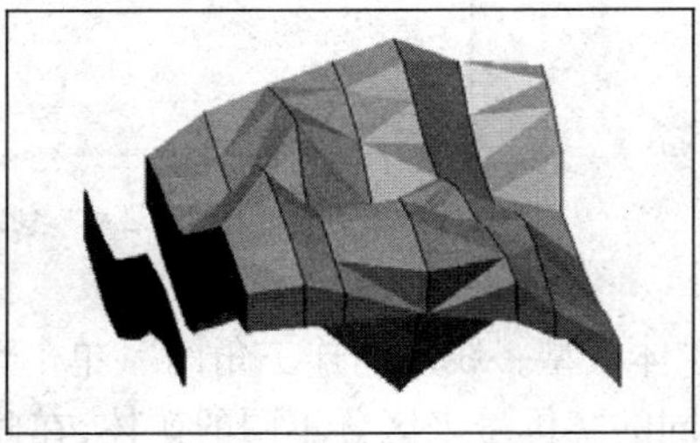

图 23 - 10　闭合线内连接三角网示例

23.4.1.3 闭合线到开放线

运行菜单“矿体模型→连接三角网→闭合线到开放线”。矿体可以尖灭到一条线(见图23－11)。

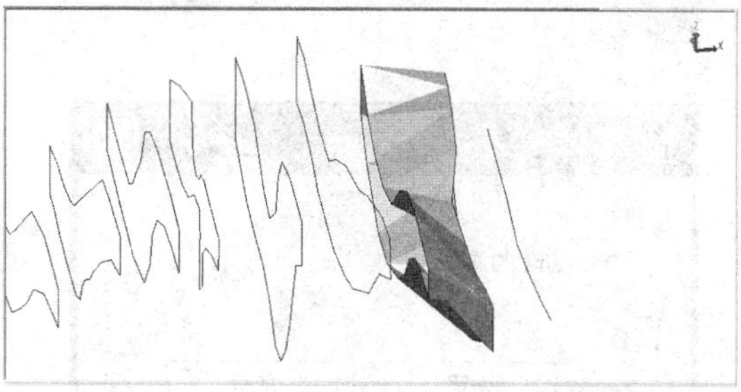

图23－11 矿体尖灭到线示例

运行“矿体模型→闭合线到开放线”,输入要创建的新体号3(见图23－12)。

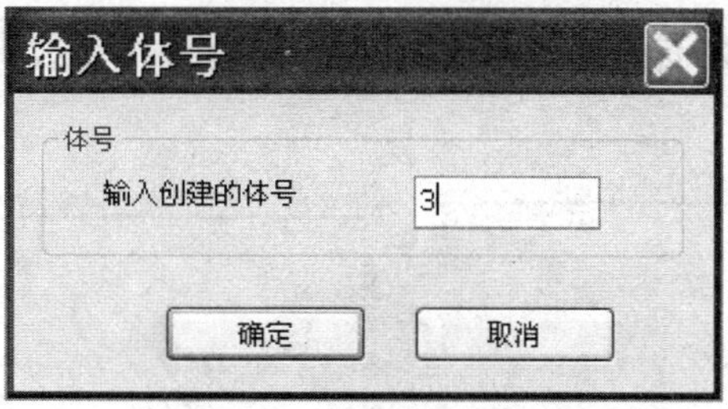

图23－12 矿体号选择对话框

然后依次选择闭合线条和开放线条,结果如图23－13所示。

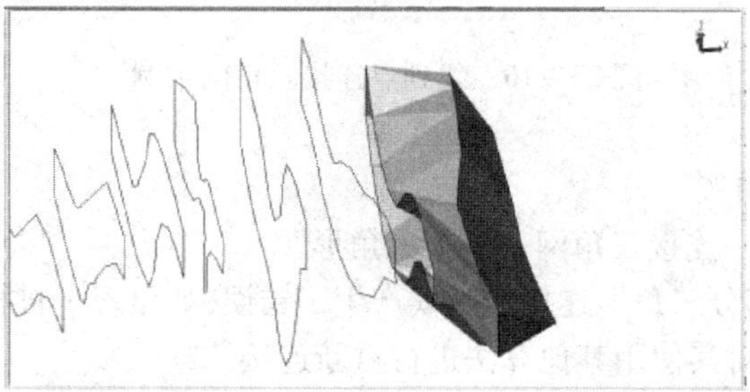

图23－13 闭合线和开放线连接三角网示例

23.4.1.4 开放线到开放线

运行菜单“矿体模型→连接三角网→开放线到开放线”。运行该命令后,输入要创建的新体号,依次选择需要连成三角面的两条开放线条。连接前、后如图23－14所示。

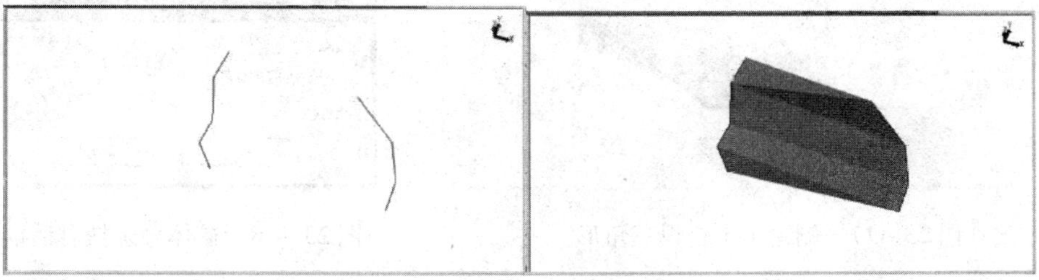

图23－14 开放线到开放线连接三角网示例

23.4.1.5　线到点

运行菜单“矿体模型→连接三角网→线到点”。运行该命令后，输入需要创建的体号（见图 23－15）。

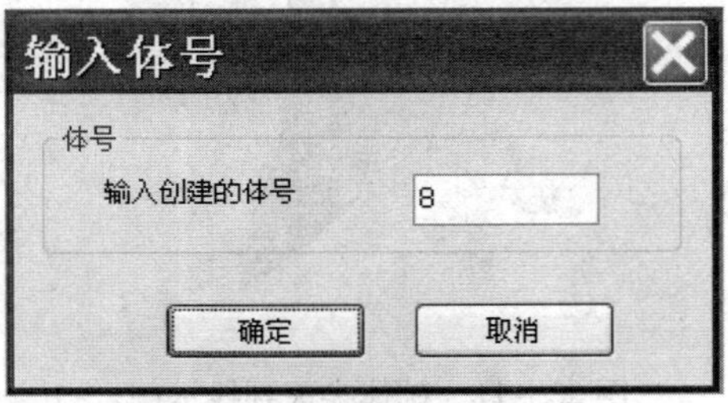

图 23－15　矿体号选择对话框

依次选择需要连接成三角面的线条和点（线和点不在同一直线上），连接前、后如图 23－16 所示。

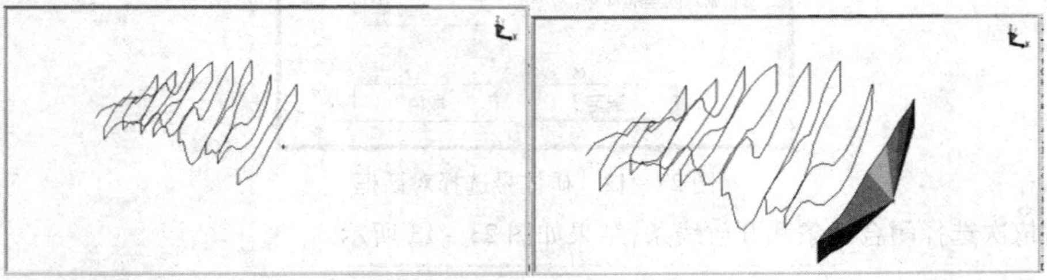

图 23－16　线到点连接三角网示例

23.4.1.6　单个三角形

运行菜单“矿体模型→连接三角网→单个三角形”。

当连成的实体中有部分三角形连接的时候产生了错误，如出现了自相交三角形，我们可以选择删除单个三角形后，再对其使用其他算法进行重新连接。

例如，借用上个命令中的图形，我们选择其中一个三角面删除后如图 23－17 所示。

运行该命令，输入新的体号，见图 23－18。

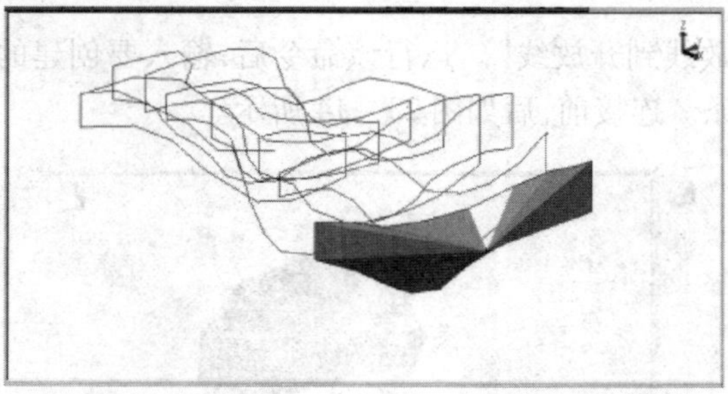

图 23－17　删除单个错误三角形

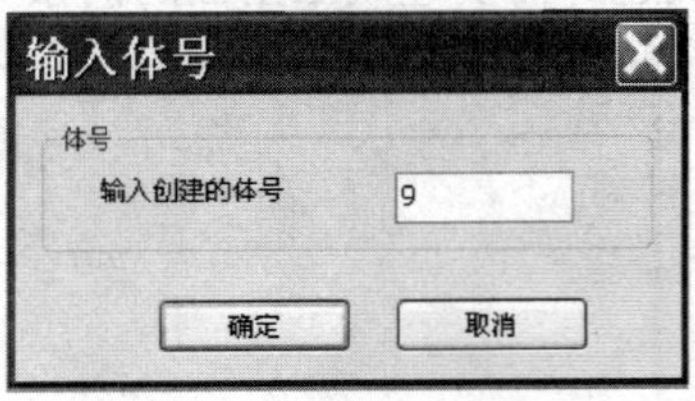

图 23－18　矿体号选择对话框

选择需要重新连接的三角形的三个点，结果如图 23－19 所示。

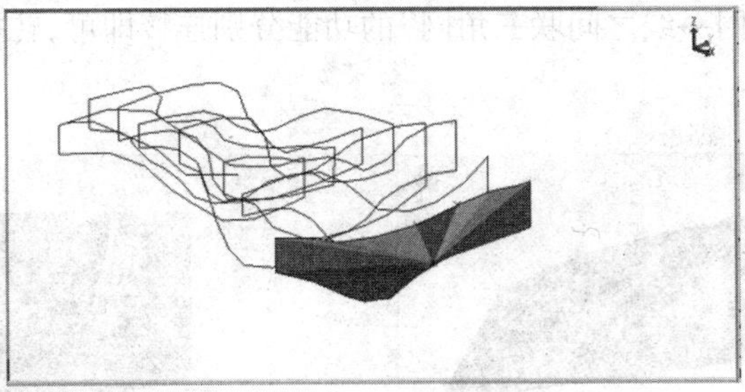

图 23－19　连接单个三角形示例

23.4.2　几种复杂矿体连接的处理方法

23.4.2.1　使用控制线连接

功能开关选择，即使用辅助控制线的方法，在相邻剖面可能对应的连接位置上，用捕捉点的方法，连接两个剖面，在此功能的作用下，矿体连接趋势随控制线方向进行（见图 23－20）。

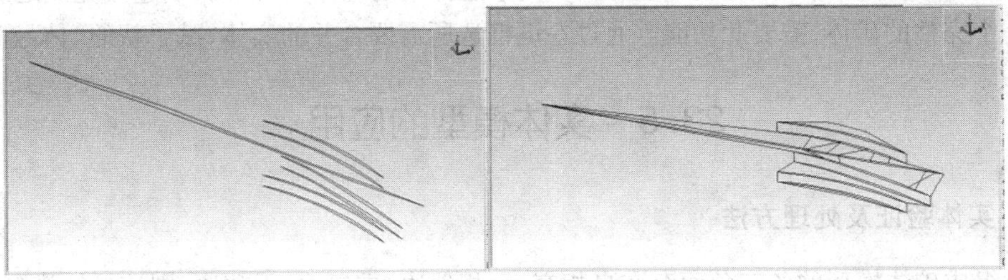

图 23－20　使用辅助控制线示例

23.4.2.2　使用分区连接

功能开关选择，对于两个剖面矿体界线的变化较大以及出现分支复合的情况，在剖面间连接矿体模型时往往是需要人工干预，增加分区线或控制线，从而保证矿体模型的合理性。在实际操作时，这一部分是比较难的，需要有较好的空间理解能力，同时需要对矿体的特征如分枝复合规律有所了解，这也是为什么只有在地质师的理解下才能完成的工作。

如图 23－21 所示，两组剖面的矿体界线有明显的分支且形态变异的特征。

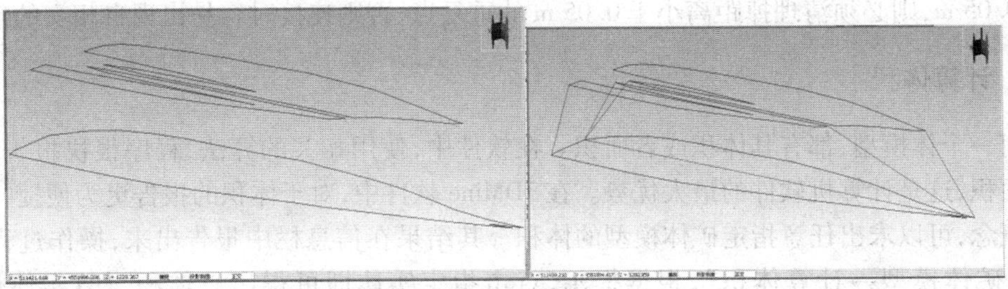

图 23－21　矿体线分区示例

通过将其中一个剖面用分区线合理分开，同时，将两组剖面用控制线对应连接（如图 23－22 所示）。

然后使用“连接三角网→线之间联三角网”的功能分别连接即可，转换视角查看如图 23－22 所示。

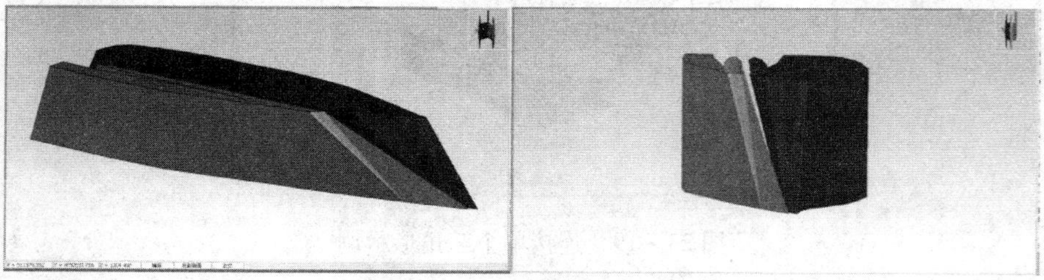

图 23－22 使用分区连接三角网生成矿体示例

23.4.3 矿体模型的合并

在上述过程中，通过连接完成的三角网是赋予不同的体号，表现为不同的颜色，一方面，在连接时容易区分，另一方面便于编辑修改(3DMine 中选择集的应用)。最后，当连接完成之后，需要合并成一个完整的矿体，需要此功能。通过左键框选所需要合并的实体，赋予新的“体号”即可。

23.5 实体模型的应用

23.5.1 实体验证及处理方法

如果组成矿体模型的各三角面存在自相交，无相邻边、重复边、无效边，则该矿体模型实体不是一个有效的实体，无效的实体不能进行计算体积、空间约束、逻辑运算等。无效实体可以通过编辑使其符合各约定，才称得上有效实体。

无效实体分为：

(1) 自相交边。三角面产生相交，不符合空间关系。

(2) 开放边。实体中发现有三角面无相邻边，即内外不封闭。

(3) 重复边。两个三角面连接了相同的三个点。

(4) 无效边。一个三角网的边有两个以上的相连边。

注意：构成三角面的三条边长必须都大于 0.05 m，如果连接三角网的相邻两个点之间的距离小于 0.05 m，则必须清理掉距离小于 0.05 m 的重复点，否则连接时容易出现自相交的情况。

23.5.2 计算体积

任何一个体模型，都有其体积或者面积。在软件中，使用相关的算法，程序很快报告出相关体积或面积，这是计算机软件的最大优势。在 3DMine 软件中，对于体积的报告更为便捷，使用选择集的概念，可以求出任意指定矿体模型的体积。其结果在信息栏中报告出来，操作过程：选择主菜单“矿体模型→计算体积”，根据提示，点击指定实体即可得出总体积，如：实体体积为 15113927.68。

23.5.3 布尔运算

预备知识：实体之间可以进行空间运算，下面介绍它们之间的运算关系。

实体与实体之间,如果有公共部分,可以得出公共部分的实体,这个过程为“交”运算;将两个实体合二为一,这个过程为“并”运算;从某个实体中扣除另外一个,这个过程为“差”运算。

下面举例说明,图 23－23 为两个实体模型(一根较粗圆柱体中间斜插进一根较细圆柱体),我们将对其进行相交、合并、相差运算。

(1)“矿体模型→实体间布尔运算→交”。选择该命令后按照提示依次选择要进行空间“交”关系运算的两个实体,选择完毕后立即得出如图 23－23 所示的结果:即两个实体之间相交的部分。

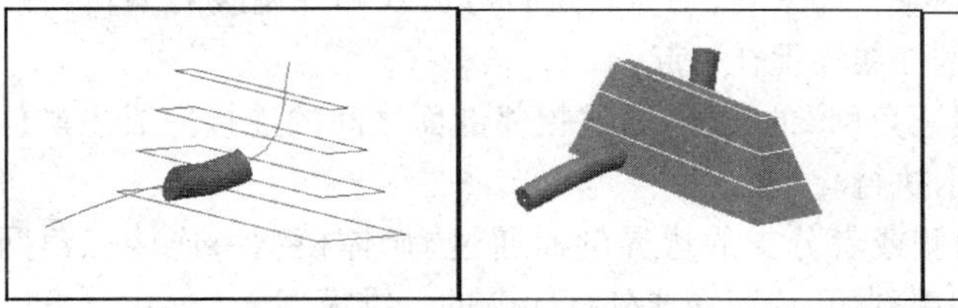

图 23－23　实体布尔运算——交运算示例

(2)“矿体模型→实体间布尔运算→并”。选择该命令后按照提示依次选择要进行空间“并”关系运算的两个实体,选择完毕后立即得出合并成一个体。

(3)“矿体模型→实体间布尔运算→差”。选择该命令后按照提示依次选择要进行空间“差”关系运算的两个实体,选择完毕后立即得出如图 23－24 所示的结果(以下结果是先选择圆柱体后的结果,也就是从圆柱体中扣除立方体的部分后剩下的部分)。

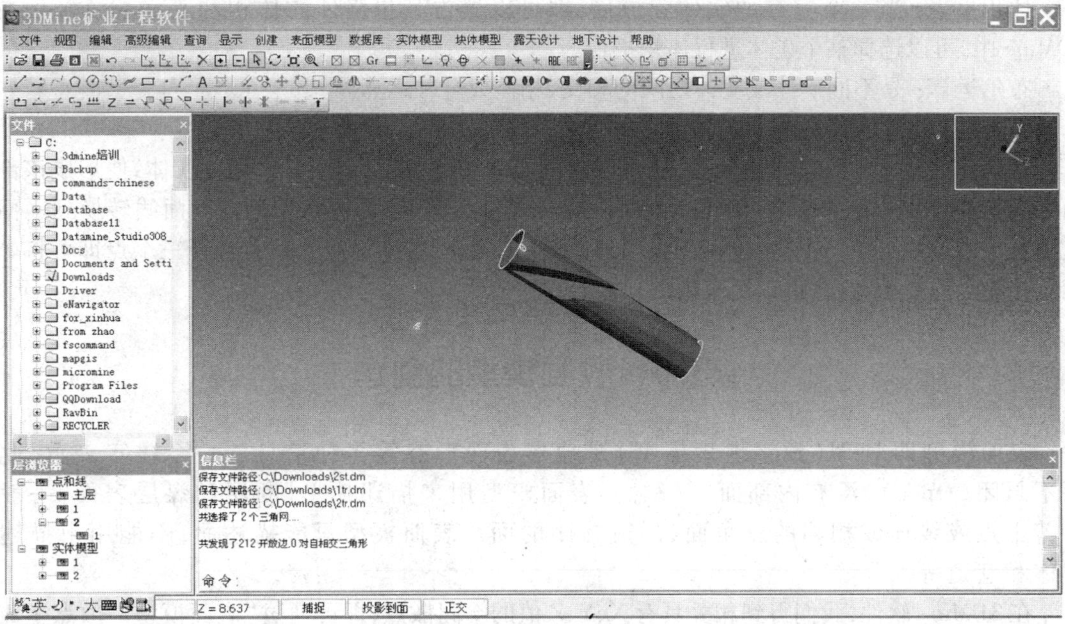

图 23－24　实体布尔运算——差运算示例

还有两个实体之间生成相交线、体的编辑、任意切割实体剖面等功能在实际工作中应用较为普遍,操作也很简单,在此不再赘述。

23.5.4　练习实例

23.5.4.1　*模型建立过程*

在上述数据中,我们通过矿体解译形成了剖面线文件(矿体 305.3ds),调入该文件后,需要分析一下剖面之间的矿体变化情况,然后采取适当的方法进行连接。

检查剖面界线是否闭合?检查线上的点间距,如果太稀或者不规则,可以通过"高级编辑→按距离加密线上点"的功能加密或者进行删除。

剖面间是否存在分支分叉的现象?如果有,则需要进行分区线和控制线的编辑(注意:控制线和分区线在剖面位置一定是与剖面线捕捉在一起)。

通过主菜单"矿体模型→连接三角网"的功能,通过相邻剖面之间的连接完成主矿体的三维模型,如果有分区,将按照操作提示执行。

剖面连接完成之后,需要对两侧或者分支的边界剖面通过"矿体模型→连接三角网→闭合线内连三角网"的功能进行封闭端部剖面,从而完成外框闭合的三维模型。

在实际连接时,往往要求定义"体号",这是在连接时给予不同的单元确定不同的编号,以便区别和编辑。

在连接一个矿体时,不同部分在连接时可以定义为不同的"体号",但在最后,需要通过"矿体模型→合并三角网为一个实体"的功能,右键选择后可以合并成一个完整的线框模型。

23.5.4.2　*矿体模型建立后的应用*

实体验证:目的是检查所连接的矿体模型是否密闭。如果有三角网交叉、重叠或者空区,需要编辑和修改。通常是通过线上点的编辑来完成。

体积报告:当一个完整的实体建成后,即可以报告其包络体的体积和表面积,同时,在 3DMine 中,可以选择某个矿体进行体积报告。

布尔运算:是不同矿体或实体之间的相交、相差或合并运算。

相交线:指形成任意两个实体之间的相交线。

切制剖面线:任何实体建成后,通过创建剖面的功能,任意剖面方向切割实体,便形成该剖面方向上的界线。在主菜单"创建→剖面→旋转视口到面上"即可将切制的剖面线转换到平面上浏览。通过主菜单"创建→剖面图投影到平面图"功能,在剖面线上任意选择三个点即可将坐标转化成当前平面,这样可以用来出图和输出。

23.6　表面模型的创建

表面模型即 DTM(数字地表模型)是地形表面形态等多种信息的一个数字表示,此面不封闭(Open),没有内部面的概念。表面模型用来描述地形、断层和煤层表面,一般由若干点或线连成相邻的三角面,形成封闭的面。表面模型只能描述面,不能用来描述矿体和巷道等。

在 3DMine 软件,我们得到相关具有 X、Y、Z 值的空间散点,即可通过"表面模型→散点生成 DTM"的功能完成。但实际上,空间的散点是不规则的,这时,需要通过"表面模型→网格加密"的功能来进行内插值,形成一定网度的曲面(见图 23-25)。

完成表面模型后,可以进行以下的应用。

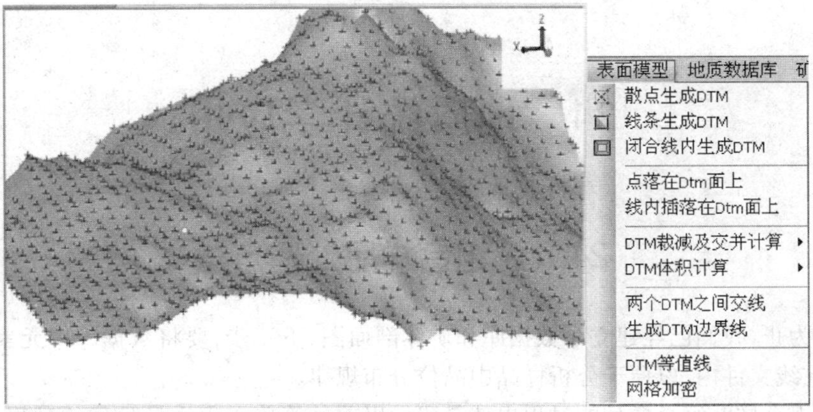

图 23-25 散点网格加密生成表面模型示例

23.6.1 将点或者线落在表面上

任何空间的散点，需要落在 DTM 面上，只需调入这两个文件，应用此功能，框选需要处理的点，点击右键结束即可，发现所选择的点落在了 DTM 上。注意，这里的 DTM 面必须是一个体号，如果有多个体号或不同的颜色，需要变成统一的体号。

如果是一条空间的线条，同样的步骤可以实现将线条落在 DTM 面上，并在 DTM 三角网上形成许多拟合点，从而使得线条与地形一致。

23.6.2 封闭区域裁剪表面

在 DTM 上，沿任意闭合区裁剪即可形成两部分 DTM，即内部和外部。其操作过程：调入 DTM 文件和闭合的线文件到图形区，选择"表面模型→DTM 裁剪及交并计算→闭合线裁剪 DTM"功能，根据提示，先选择闭合线，右键结束，再左键选择被裁剪的 DTM，右键结束即可。

（1）两个面之间的体积计算；

（2）面与面、面与体之间的布尔运算；

（3）两个面或多个面之间的交线；

（4）快速形成等高线。

在进行上述功能的操作时，通过点击该功能，根据对话框或提示进行填表或者选择完成。注意在左侧层管理器中不同图层的含义。

［练习］

数据库准备（地质数据库 . mdb）；

剖面解译结果；

矿体建模；

地表模型；

等高线的生成。

24　地质统计学应用

24.1　组合样品处理方法

到目前为止，我们已经建立了数据库和矿体剖面图，下一步，要将数据库中元素的品位提取出来，保存在线文件内，以便于分析样品中品位分布规律。

什么叫组合样？组合样品的过程也就是我们以前计算单工程样品品位的过程，在软件中有两种组合类型，一是根据元素边界品位，将矿带（岩性）连续的样品通过品位与样长的加权计算出平均品位；二是将空间不等长的样长，按照指定的长度进行组合量化到一些离散点上，并且通过长度加权得到每个等长样品的品位。这里所讲的组合样不同于地质工作中（教科书上）将一组样品合成一个样品进行化验的概念。地质统计学估值时要求所有参与插值的样品具有相同的承载，即样品具有相同的样长。而地质勘探阶段获得的原始样品一般是随机的，为此需要按照一定的长度对工程原始样品进行组合。在实际工作中，可以采取对所有样品按照平均样长进行组合，也可以按照矿源层属性进行指定组合，还需要考虑贫化和夹石剔除厚度等参数。

——组合样最终产生一些离散的点，除了三维坐标外，在它的描述字段中，存放该点最有可能的品位值。

——只有在工程的方向上，产生均匀（等距离）的离散点，才可用于地质统计中。

——组合样产生的离散点，将用在块体模型中，进行估计插值。

3DMine 提供了以下两种组合 6 种方式的方法，见图 24－1。

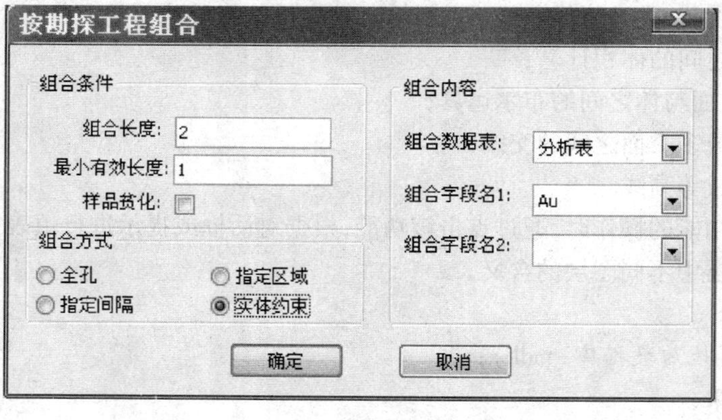

图 24－1　3DMine 中样品点组合方式

按照勘探工程进行组合：

（1）“全孔”是指全部样品按照组合长度依次加权；

（2）“指定区域”根据岩性表中指定岩性代码范围内的样品进行加权；

（3）“指定间隔”根据矿带或岩性带的代号确定其顶板至底板的组合样品值；

（4）“实体约束”是指圈定的矿体范围内的样品进行加权，这是最常用的功能，在这个功能中，运用了实体模型的奇偶检测原理，可以将矿体内的夹石样品剔除。

按照边界品位进行组合(见图 24 - 2)。

图 24 - 2　按边界品位组合参数设置

(1) 在边界品位以上,按照组合长度,确定夹石剔除厚度,在指定岩性带中点形成加权品位点。这是圈定矿体时常用的方法,根据组合样品的位置确定矿体的边界。

(2) 同样方法,在组合样品段上形成起止两个点,在线文件中,将间隔距离(厚度)值写入第三项说明中,通过这个属性,可以通过 DTM 模型等值线方法,形成厚度等值线(等厚线)。

下面以实体约束为例,运用数据库: C:\3DMine2009.1\示例数据\练习数据 2\数据库 2.mdb,在"矿体 aa.3dm"范围内进行组合样品的过程如下:

(1) 打开连接数据库并显示钻孔和矿体实体文件;

(2) 选择菜单"地质数据库→组合样品点→根据地质带组合",填如图 24 - 3 所示的对话框。这里需要说明的是"组合长度"一般选择勘探取样的规范样长,不同的矿种和类型,要求的最大样长是不同的;"最小有效长度"即是组合到最后一个样品的长度,太短就不做样品考虑;"组合字段名 1" 该元素的组合值写入线文件的字段中。

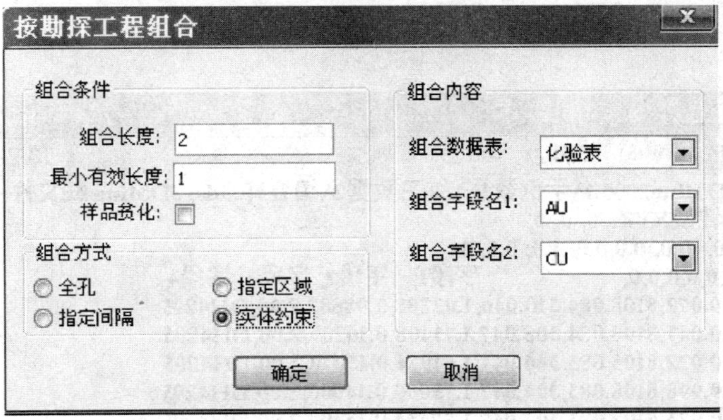

图 24 - 3　组合条件、方式以及内容设置

(3) 指定矿体作为约束条件,将需要选择体文件"矿体 aa.3ds"(见图 24 - 4)。注意,此时的矿体 aa.3ds 文件是含有夹石的,此功能将只是对矿层进行组合。

这样,我们就把钻孔的品位信息,形成图层"实体区域内组合样",量化到空间的离散点上,为地质统计和块体赋值提供依据(如保存为文件组合样.3ds)。通过切割剖面显示的结果如图 24 - 5 所示。

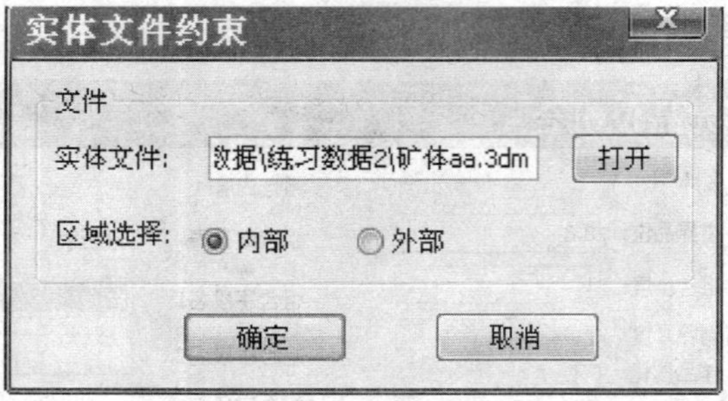

图 24－4　矿体实体文件约束以及区域选择

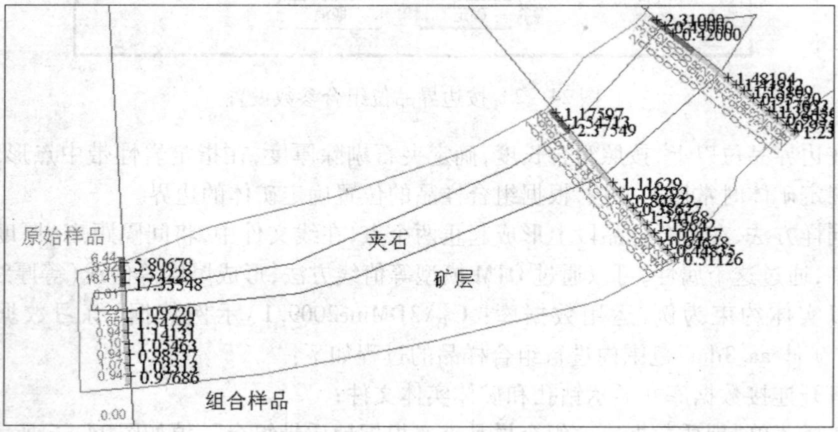

图 24－5　样品点组合结果显示

将保存的组合样文件编辑打开后的结果是：字段 1 = Au 的组合值，字段 2 = Cu 的组合值（见图 24－6）。

组合样.3ds - 记事本

文件(F)　编辑(E)　格式(O)　查看(V)　帮助(H)

C:\3DMine2009.1\示例数据\练习数据2\组合样.3ds, 3DMine 线文件
指标转换XYZ: 0, 0, 0,
1, 7, 0, 0.0, 0.0,0.0, 1.0, 0.5, 0,
0,0,0,0,0,0,0,0,　　字段1, 字段2, 字段3, 字段4
1,6690.072,8108.084,310.046,1.02288,0.08887,2.00,DH4295
1,6690.047,8108.084,308.047,1.15408,0.10209,2.00,DH4295
1,6690.022,8108.083,306.047,1.61974,0.13070,2.00,DH4295
1,6689.998,8108.083,304.047,1.75000,0.14000,2.00,DH4295
1,6689.973,8108.083,302.047,1.77434,0.14209,2.00,DH4295
1,6689.948,8108.083,300.047,2.04159,0.16583,2.00,DH4295
1,6689.923,8108.083,298.047,1.25513,0.11000,2.00,DH4295
1,6689.898,8108.083,296.048,1.23381,0.11278,2.00,DH4295
1,6689.874,8108.083,294.048,1.84434,0.15209,2.00,DH4295

图 24－6　组合样文件以文本形式查看

24.2 断面品位计算

在3DMine软件中,加载了传统储量计算方法之一的断面法。通过单个剖面中矿体界线的圈定,同时对矿体范围内的样品按照样长加权求出剖面的平均品位,在选择剖面线时还报告出相应的剖面面积,并且将计算的信息写入剖面线中。

应用时分别按照相邻剖面和单剖面外推两种方式进行。其具体步骤为:

(1) 调入数据库文件“C:\3DMine2009.1\示例数据\练习数据2\数据库2.mdb”。

(2) 根据品位或岩性特征圈定矿体界线(如文件“矿体aa.3ds”)。

(3) 在主菜单“地质数据库→传统储量计算→两个剖面间的矿量及品位”,在对话框中选择数据库表、相应元素和单剖面(如果计算相邻两个剖面的量则不选择单剖面),见图24-7。

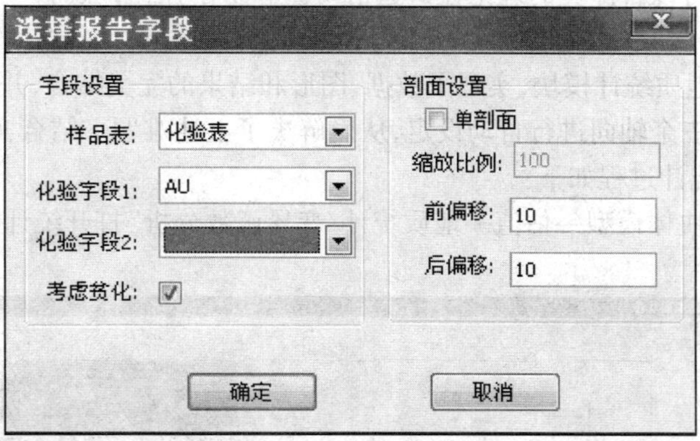

图24-7 报告参数设置对话框

(4)“确定”后,需要选择相邻的剖面线或者单剖面,从而得到相关的剖面间储量计算结果如图24-8所示。

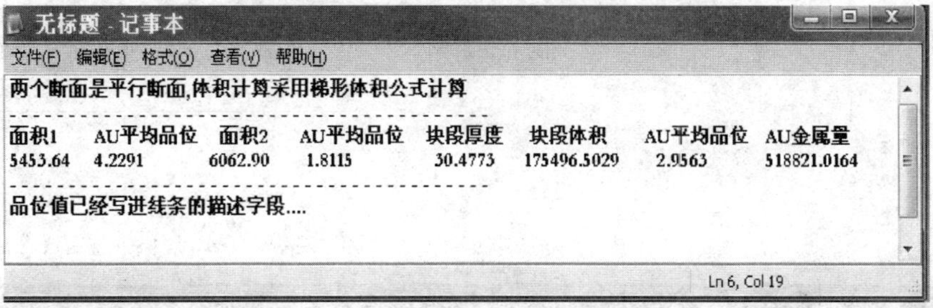

图24-8 剖面间储量计算结果

注意:此功能目前只能对单一的矿体剖面进行计算,如果有夹石的剖面,则需要通过对夹石的另行计算。在下一个版本中将考虑一次剔除夹石的算法。

24.3 地质统计与应用

组合样的结果为一个空间的散点文件(如组合样.3ds),通过对该文件的属性(即品位值)进行统计分析。地质统计是根据组合样品值进行基本地质统计和高级地质统计分析(变异函数分析)。

其中,基本统计可以得到所有组合样品的数量、平均值、方差、均方差、峰度、偏度等统计数据和图形结果。

高级地质统计则是变异函数的具体应用,是克里格估值方法参数的求证过程。计算变异函数的目的是为了应用计算的参数、根据已知样品数据对块体模型中单元块相应的属性采用一定方法进行估值。建立的变异函数模型及其参数是影响估值精度的重要因素之一。目前在分析变异函数模型时,采用了球状模型、高斯模型、指数模型和嵌套模型。一般的过程是通过样品的统计分析,计算出主轴、次轴和短轴三个方向的变化,从实际数值的变异分析(实验半变异函数)进行拟合成理论半变异函数,从而可以判别样品品位结构性和变异性,即是品位值既是随机的,又是与周围一定距离内的样品值有关。

在 3DMine 软件中,独立开发出一套地质统计模块,作为主要数据处理和分析模块,在过去的很多年中一直是难以理解和接受的,一方面理论较深奥,公式和算法都不是简单的函数;另一方面,没有一套软件可以将深奥的理论让人通俗易懂和易于操作,从而,一直是成为这类方法推广的瓶颈。

3DMine 软件中地质统计模块,实现了数据、图形和结果的完美结合,并对难以想象的搜索椭球体形态可视化,对三个轴向进行自动设定,从而解决了上述难题。结合实际的组合样数据"组合样 . 3ds",其基本统计过程如下:

(1) 在主菜单"块体模型→估值→地质统计/变异函数分析"打开统计模块,见图 24 - 9。

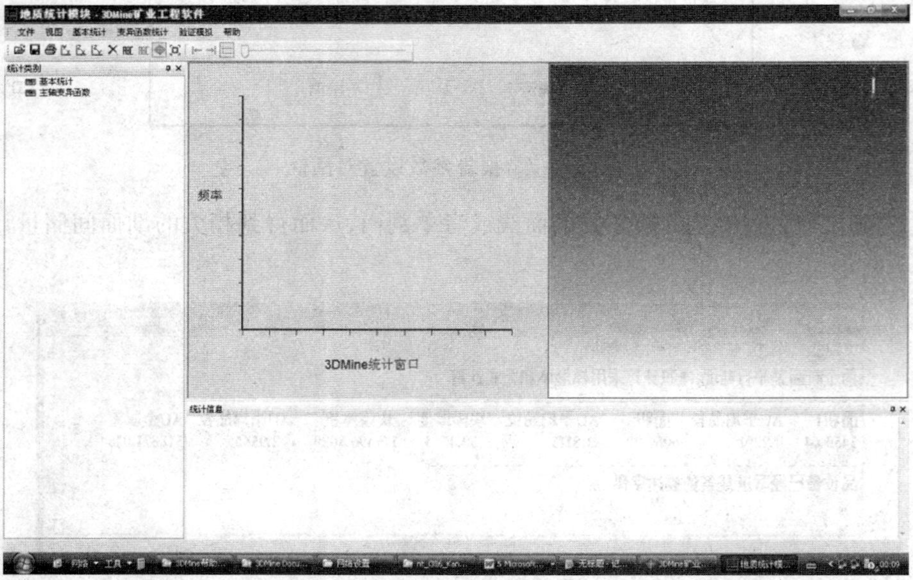

图 24 - 9　3DMine 地质统计模块界面

(2) 在菜单"文件→打开样品点文件",找到文件"组合样 . 3ds",确定后在右侧的图形窗口中即可以看到样品点文件的空间分布。

(3) 在菜单"基本统计"或右键点击统计类别中的"基本统计",选择"新建基本统计"弹出的对话框如图 24 - 10 所示。在数据转换中,可以选择方式的变换,如对数转换。

(4) 点击"确定"后,在统计窗口、信息窗口和图形窗口分别得到相应的内容见图 24 - 11。

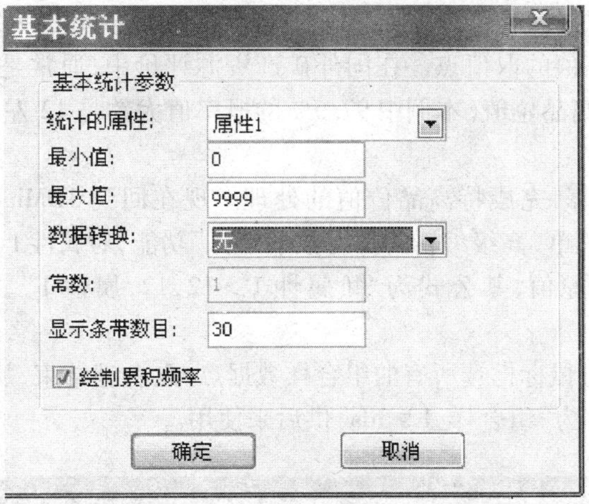

图 24－10　基本统计参数设置对话框

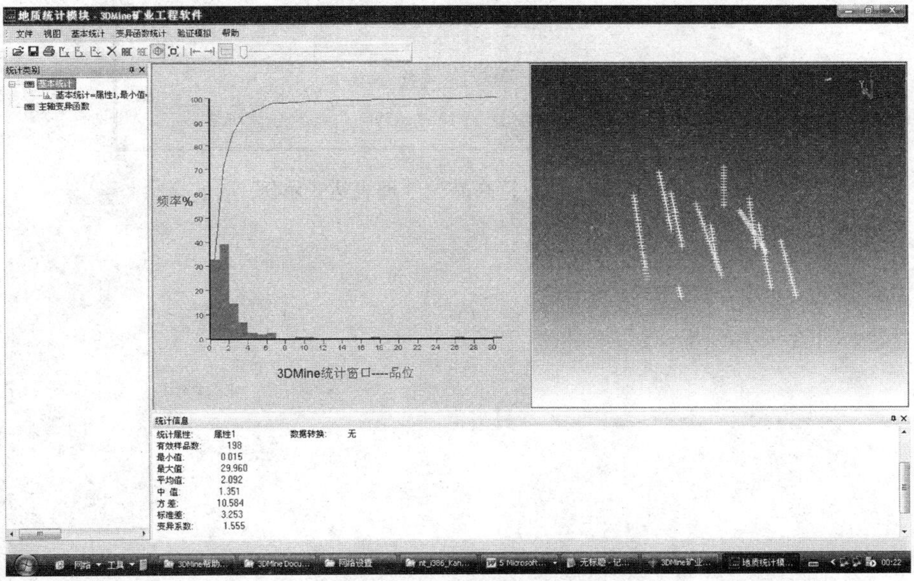

图 24－11　基本统计结果显示

从上述信息中可以看到:此组合样文件中“属性 1”即金品位的统计结果见图 24－12。

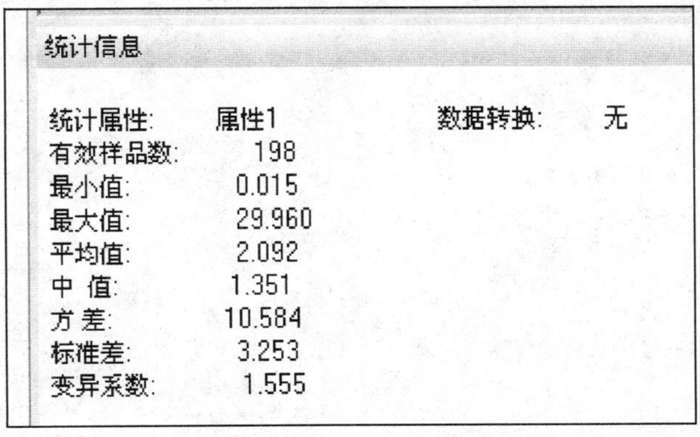

图 24－12　基本统计信息提示

根据信息结果,可以对参与统计的样品进行分析,其中最重要的一个应用即是根据累计频率分布曲线,可以求出特高值的取值点。在国外矿产资源评价中,通常是选用分布概率为 95% 或 97.5% 的品位值作为特高品位值(本例中 97.5% 的概率值大约是 12 左右,与国内采用平均品位的 6 ~ 8 倍相同)。

(5) 通过相关的计算,完成特高品位值的处理。现在回到 3DMine 软件菜单中,打开文件“组合样.3ds”,选择主菜单“高级编辑→图元数学计算”功能,对属性 1(Au)值大于 12 的按照 12 处理,小于 12 的值保持原值,其公式为“If 属性 1 > 12,12,属性 1”。因此,填写对话框如图 24 - 13所示。

“确定”后,需要通过鼠标框选所有的组合样数据点,点右键结束,从而完成了特高品位的计算和处理,将此文件保存为“组合样_12.3ds”供后来使用。

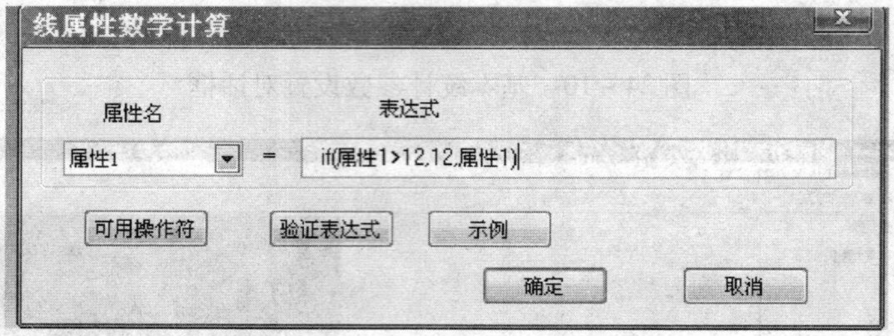

图 24 - 13　特高品位处理表达式示例

25　品位模型及其应用

品位模型(也称块体模型)是另一种数据库的格式,是将数学地质与品位空间分布的结合的具体应用。这是和传统的数据库不同的地方,存储数据的时候更像内插替换一个值,而不是度量一个值。另外一个主要的不同在于这个值具有空间参照性。第三个不同在于块模型在打开的时候完全放在了内存中,实现了动态操作,如画等值线等属性,当然同时对内存也提出了较高的要求。

当前矿业软件中引入块体模型概念是在空间上、在一定的范围内,确定一定尺寸的空间块体,相对应的块体都有一个质心点,这样,在质心点上可以存储所有属性;同时,引进次级模块的概念,则是保证矿体边缘的块体尽可能地与矿体界线(曲面)相一致,从而得到准确的报告值。与地质统计学相结合,是应用数学方法对品位分布进行估值,是块体模型的重要特点之一。由于品位分布是在资源中受地质因素控制而明显存在的,从而形成一定约束条件下的品位模型。在资源储量估算中,利用块体模型可以准确地进行资源量和品级报告。

25.1　块体模型的概念

在创建块体模型时需要明确的几种概念:

(1) 块体空间范围。尽可能建立的块体模型能够包含所有矿体以及采掘的岩石范围以便可以计算出矿岩量,而不仅仅是矿体范围。

(2) 块体尺寸。通常情况下,块体尺寸的大小取决于矿体的类型、规模和采掘方式。例如,脉状金矿或铜矿与层状铁矿的块体尺寸是不同的,并且露天开采与地下开采方式的不同,定义的块体尺寸也是不同的。

(3) 次级模块。每个有一定体积的长方体叠加构成了块体模型,然而,在矿体边缘(曲面),需要对边缘块体进行分割成更次一级的子块,以期使得矿体边缘的块体更接近于矿体,从而保证了计算的误差在许可范围之内。次级模块的分割是按几何级数进行,也不能太小。

(4) 估值方法。通常根据矿床类型和样品数量来选择不同的估值方法。对于详查或勘探级别的矿山而言,数据量往往不多,一般采用距离幂次反比或最近距离法,对于详细勘探和生产矿山来讲,样品量比较大,可以选用克里格法,但需要对数据进行分析后才能使用。

(5) 约束条件。块模型的部分空间是块的组成部分,每一个都和一个记录相连,这个记录是以空间为参照的,每个点的信息可以通过空间点来修改而并不仅仅是取决于其精确测量,空间参照就是一些额外的操作,空间操作的方式是在某个实体的内(外)、表面的上部或下部空间、可以按照块体本身属性的大小等逻辑操作。这样便于计算出任意空间范围的矿量和品位。

25.2　品位模型的建立和显示

在3DMine软件中,设置了一系列的菜单功能来简单快捷完成下这些过程,通过一个实例学习相关的内容,更容易理解和掌握其原理和操作过程。

(1) 块体模型建立:调入矿体线框文件(C:\3DMine2009.1\示例数据\实例数据\矿体

.3dm)到图形区，然后在主菜单“品位模型→模型→建立块体模型”，弹出下列对话框，并自动确定了矿体空间范围(X、Y、Z 的坐标范围)，定义块体尺寸和次级模块的大小。

注意：定义块体的范围时，一般要尽量将矿体和希望包括的区域覆盖。对于块体最大尺寸一般定为勘探网度的四分之一或五分之一，次级模块的尺寸与矿体的形态和厚度有关。如果矿体的走向不是近似于南北或东西时，需要考虑用旋转块体模型。

本例为一脉型金矿，走向 115°左右，最小矿脉厚度在 1 m 左右，延长和延伸性较好，因此定义为 5 × 2 × 5，即南北向(厚度方向)的尺寸最大为 2 m(见图 25 − 1)。

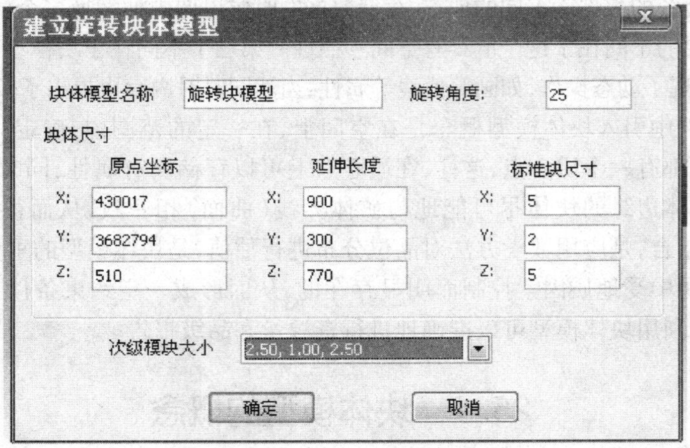

图 25 − 1　旋转块体模型尺寸定义

(2) 点击“确定”后，块体模型文件即创建完成，并在左侧的层浏览器中可以看到相应的路径和名称(新建块体模型)。点击右键选择“显示”或者选择主菜单“品位模型→显示→显示块体模型”在图形区显示该模型。通过右键点击“添加约束显示”或主菜单“品位模型→块体区域显示→添加区域显示”，不同的约束类型(实体内外、表面上下、闭合线延伸、块值大小和已定义的区域文件)，相应有不同的选项并可以将条件保存到区域(约束)文件中(如区域_矿体.zon)，见图 25 − 2。

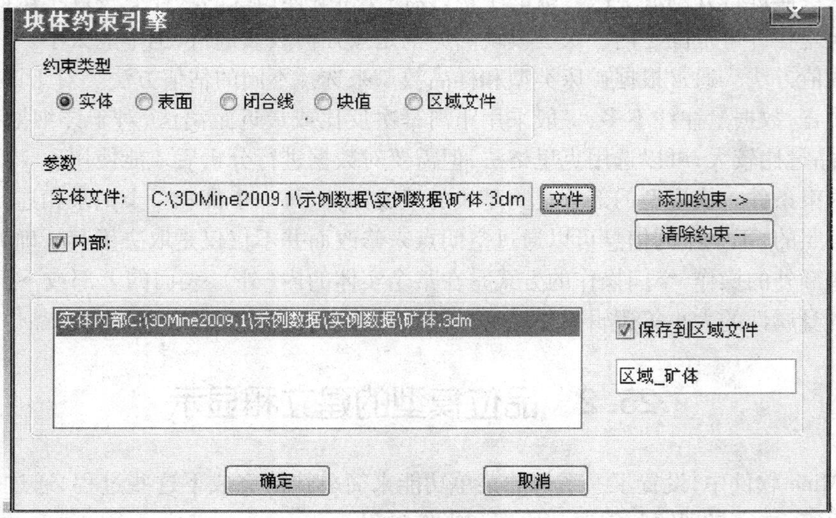

图 25 − 2　添加实体约束文件及参数设置示例

在矿体范围内的块体模型为图 25－3,并在剖面上看到相应的内部块体边线。

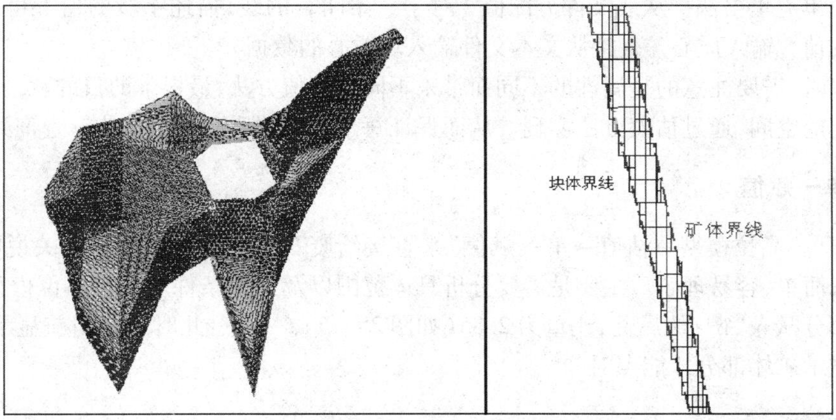

图 25－3　添加实体约束后的块体模型及剖面示例

（3）添加属性：模型建立完成之后,需要为模型的块体添加属性,这里的属性有分析元素名称、比重(密度)、矿(岩)石类型以及其他的含义。在层浏览器中右键点击块体模型文件选择“建立新属性”或在主菜单“品位模型→属性→新建”,根据矿体特征和属性需要进行定义。注意:在定义任何属性时,要明确属性的类型和背景值的含义。本例中建立了 Au 元素、比重矿岩类型和矿体编号四个属性(见图 25－4)。

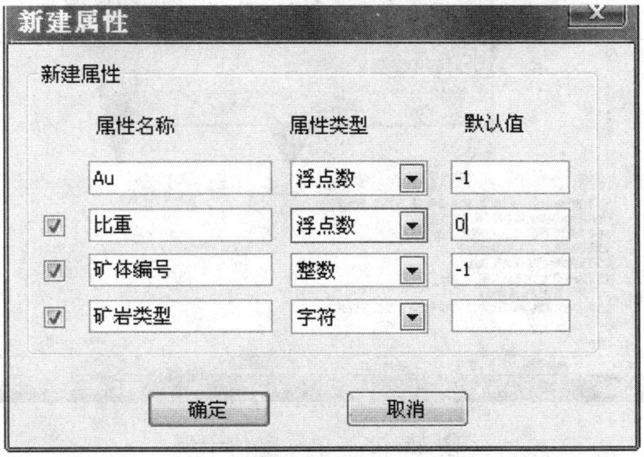

图 25－4　新建属性设置示例

上述工作完成之后,注意保存块体模型文件(如:品位模型 . blk)。

25.3　估值方法的选择与应用

对于属性的不同,估值(内插值)的方法也不同,通常情况下,属于文本类型的属性,往往是通过直接赋值的方法,给特定的区域赋入特定的属性,如矿石类型、级别或夹矸等等;对于元素品位、比重(密度)等属性则是通过内插值的方法进行分配的。其中估值的方法有:

（1）直接赋值法(给块模型分配一个精确的值——单一赋值）。

（2）最近距离法（将距离最近的样品点的值分配到待估块质心)。

（3）距离反比法（指定的有效范围内的样品的权重是根据距块质心的距离反比)。

(4) 普通克里格法(使用克里格法以地质统计研究中的方差参数来修改块模型中的值)。

(5) 简单克里格法。从线文件分配值（对于一条闭合的线,描述字段的值都可以作为落在其中的块的值）输入质心（直接从文本文件输入块质心的数据）。

在赋值时,需要注意的是属性的不同而带来不同的估值方法,最根本的目的就是保证在希望有数据分配的空间,通过估值方法实现。从而保证每个块体的质心点上都能够查询到相关的值。

25.3.1　单一赋值

在主菜单“品位模型→估值→单一赋值”来直接给废石和矿体区域指定相关说明或分配比重值。方法简单,容易理解。主要是需要分析具体范围以及约束条件。如在品位模型 . blk 中为矿体内的部分赋入“矿石”属性,比重为 2. 85(如图 25－5)。注意:此时选择当前显示的块赋值,需要约束显示矿体部分才能点对勾。

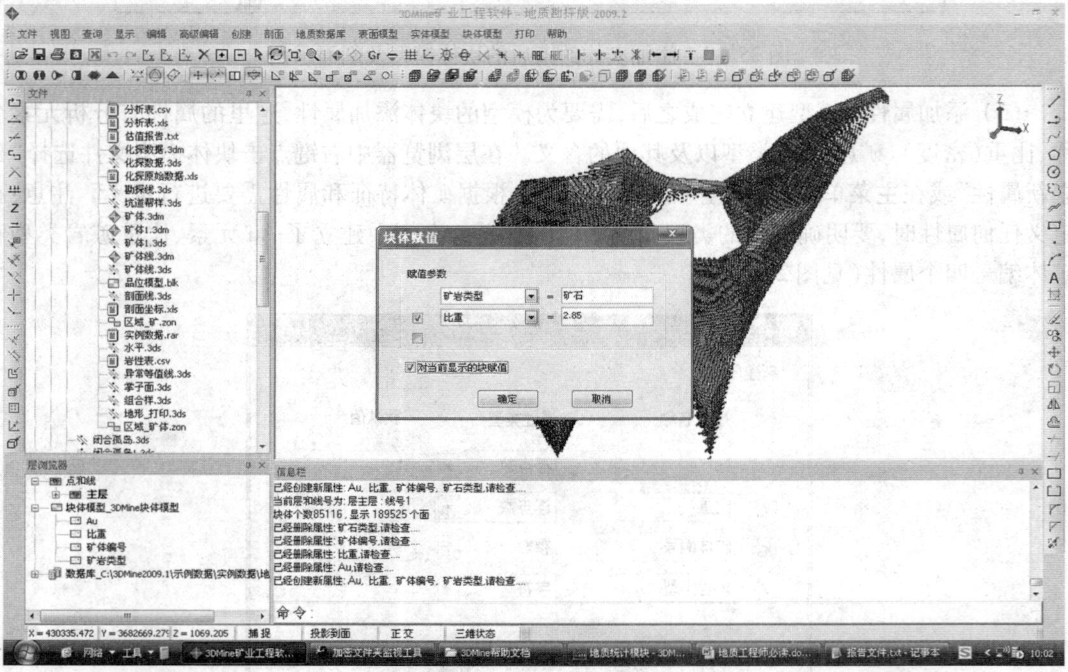

图 25－5　单一赋值示例

根据特征名字和输入文件的字段,来填充数据行,日志文件将告诉你是否你的操作已经成功完成“对当前显示的块赋值成功....”。

25.3.2　距离幂次反比法

对于元素品位、煤质指标等数据是不能用单一赋值的方法为每个块体赋入相应的数据(除了用多边形法),这时引进了距离幂次反比法和克里格法。距离幂次反比法即是通常所说的线性插值方法。在地质调查和测量中,通常表现为一系列离散的空间上分布不均匀的数据。利用这些数据对空间单元块进行估值,往往使用内插值的方法。空间数据插值的方法很多,主要有:单一法、多边形法、最近距离法、距离幂次反比法等。一般来讲,不能简单地套用现成的自动插值方法,需考虑矿床地质数据以及相关的地质学原理,选择合适的方法来模拟。距离幂次反比法是最广泛应用的差值方法之一,其原理是待估点的品位值与已知品位点的空间位置成反比,即距离

越远,对待估点品位值的影响越小,越近的影响就越大。其估值公式为:

$$C(x) = \sum \frac{1}{d_i^2} C(x_i) \Big/ \sum \frac{1}{d_i^2}$$

式中　$C(x)$——待估点的品位值;

$C(x_i)$——已知样品点的品位;

d_i——第 i 个点到待估点的距离。

其中,在地勘阶段,由于数据量较少、很难找到相应的变异函数的变化规律,因而,距离幂次反比法是最常用的方法之一。

我们需要用到前面形成的矿体钻孔组合样文件"组合样 .3ds",此文件上,第一字段的属性即是金的品位,我们使用"距离幂次反比法"菜单,查找如下的参数。

第一步,选择"品位模型→估值→距离幂次反比法",按图 25 – 6 内容填值。

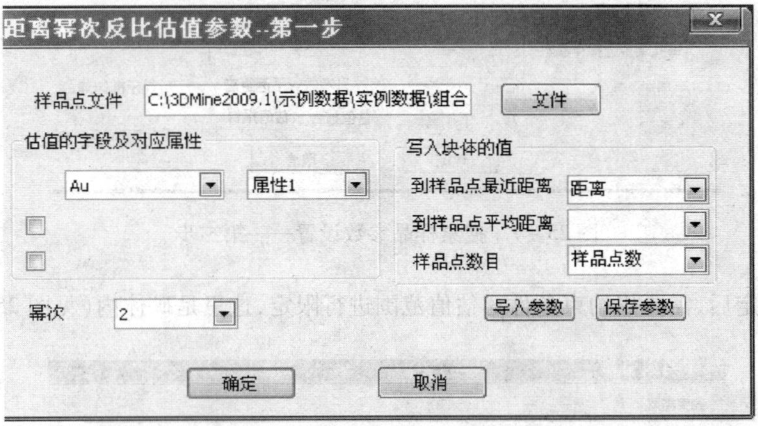

图 25 – 6　距离幂次反比法估值参数设置——第一步

我们在这一步中必须包含线数据,因为线文件在数据库组合的时候已经限定了数据。

"幂次"填选任意整数次,但一般选择"1、2 或 3" 通常选择"2"即为"距离平方反比法"。

在记录"到样品点最近的距离"栏中添加"距离值"属性,将自动记录用此方法赋值时,被赋值的块体与样品点的最近距离,并将此属性保存在块体模型中。同样的道理,为"平均距离"和参与的"样品数"等属性直接求出并保存在块体模型中。

第二步,输入如下参数(见图 25 – 7):

(1) 最大搜索半径。根据数据空间位置,确保所有块体都能够找到数据源为主;

(2) 主轴。即矿体走向轴;

(3) 次轴。矿体的延深方向轴;

(4) 短轴。矿体的厚度方向轴;其比值决定矿体的形态。一般矿体的长度和延伸差不多时,其主轴/次轴的比值为 1;矿体越是扁状,主轴/ 短轴的值越大。

(5) 椭球体方位角。就是主轴方位角;

(6) 主轴倾角。即通常所说的矿体侧伏角;

(7) 次轴倾角。即是矿体的倾角。

(8) 选择的样品的最小的数量小于没有评估时候的数量(这里如果只有一个样品被发现就不进行评估);

(9) 样品的最大数量意味着这个数值将制约评估时候的有几个最近的样品(这里是 12)。

(10)描述点:如果这些字段都是 3,3 和 3,模型中用户块将会分成 27 个小的次级块,品位评估的就是每个次级块的质心,27 个次级块的品位可以计算,再分配给质心,明显地增加了处理时间(相比较这里的 x,y,z 为 1 的时候),对这样额外的计算在使用这个距离反比功能中并没有任何好处。

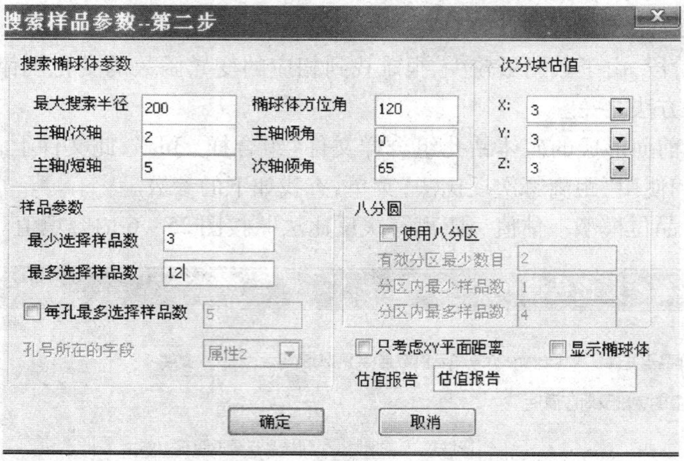

图 25－7　搜索样品参数设置——第二步

第三步,确定后,需要用约束条件对估值范围进行限定,这里是矿体内(见图 25－8)。

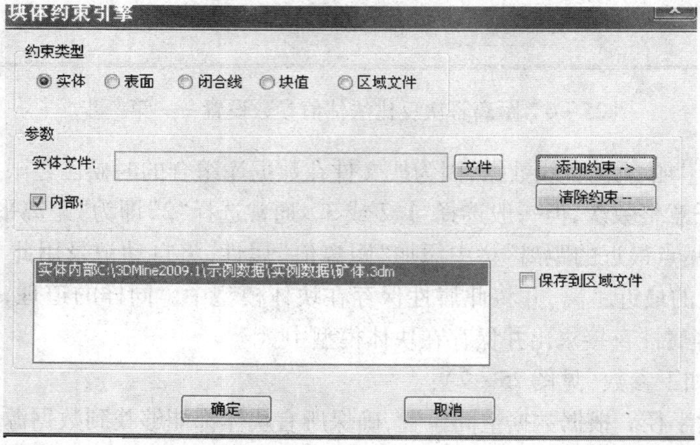

图 25－8　添加矿体实体约束

(1)估值过程。一般块体越小,数量越多,估值时间越长。

(2)估值报告。完成赋值后,将相关应用参数以文本报告形式显示并保存(见图 25－9)。

一旦处理完成,保存更新后的模型,输出的文件将包含评估参数的摘要。

如果用户使用的数据量较大,用户在赋值前先创建好需要赋值的约束文件,以便使赋值过程时间短,效率高。应用的数据范围通常有两种情况:一是指定某矿体内(通过线框实体约束钻孔数据),另一个则是通过岩性带组合以及通过边界品位约束组合样的范围。而不是泛泛地对工程数据进行组合并用来估值。

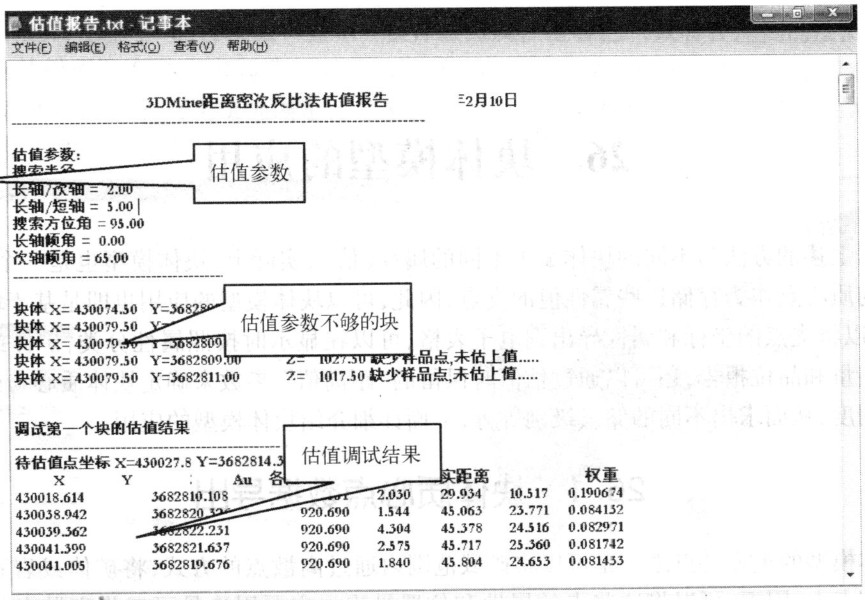

图 25－9 距离幂次反比法估值报告

25.3.3 地质统计学方法

地质统计学是目前世界各国地质学界和矿业界普遍通行的一种地质研究和储量计算方法。其实质是以矿石品位和矿石储量的精确估计为目的,以矿体参数(变量)值为的空间相关为基础,以区域化变量为核心,以变异函数为基本工具的数学地质方法。从地质勘探的角度来看,地质统计学就是在地质变量具有二重性Z(随机性和规律性)的条件下建立起来的一套解决问题的统计方法。它能够充分利用各种信息,从方法本身上能够给出每一估计量相对应的估计方差,并且这种估计是最优的和无偏的,因而比传统的地质学方法更具优越性。地质统计学的广泛应用是矿山软件开发和应用的前提,特别是储量计算的合理性,更使得地质统计学的应用得以扩展。目前,地质统计学方法已经作为我国的一种标准储量计算方法。

地质统计学法被大部分人认为是一种较好的品位估值方法,尤其适用于品位变化大,矿岩界线由品位控制的矿床,如浸染型的贵金属矿床。必须指出,无论方法在数学上如何复杂,在理论上如何先进,方法本身不能增加已知信息量,而品位与矿量估算的准确程度主要取决于已知信息量的大小。另外,不同的估值方法有不同的适用条件。在实践中,国际上通常的做法是:在对矿床进行初步评价或是数据量不足时,选用较简单的、非地质统计学方法(一般是距离N次方反比法)。当有了足够的数据,对矿床进行正式可行性评价时,选用地质统计学法。

冶金工业出版社部分图书推荐

书　　名	作　者	定价(元)
地质学(第4版)	徐九华	40.00
基础地质学实习教程	钱建平	26.00
采矿手册(第1卷)矿山地质和矿山测量		99.00
矿山地质手册(上册)		75.00
矿山地质手册(下册)		85.00
计算机辅助矿山建设项目管理	侯运炳	16.00
冶金矿山地质技术管理手册	中冶矿企协办	58.00
CATIA V5R17 典型机械零件设计手册	王霄　等	39.00
CATIA V5R17 高级设计实例教程	王霄　等	35.00
CATIA V5R17 工业设计高级实例教程	王霄　等	39.00
VRML 虚拟现实技术基础与实践教程	张武军	35.00
Auto CAD 2010 基础教程	孔繁臣　黄　娟	27.00
Visual C++环境下 MapX 的开发技术	尹旭日　张武军	39.00
CAXA 电子图板教程(第2版)	马希青	36.00
爆破振动信号的 HHT 分析与应用	张义平　等	20.00
采场岩层控制论	何富连　等	25.00
汉英—英汉矿物加工图解词典	邹志毅	75.00
矿井热环境及其控制	杨德源　杨天鸿	89.00
中国冶金百科全书·选矿卷	本书编委会	140.00
中国冶金百科全书·采矿卷	本书编委会	180.00
矿山地质技术	陈国山　等	48.00
矿山测量技术	陈步尚　等	39.00
矿山爆破	张敢生　等	29.00
矿山企业管理	戚文革　等	28.00
安全管理	陈宝智	20.00